◎ 滁州学院规划教材

园林建设工程总论

王慧忠　编著

合肥工業大學出版社

前　言

著名科学家钱学森先生说过这样一句话:“人类离开自然,又要回到自然”。喜爱绿色、喜爱大自然是人类的天性,在人类回归自然、拥抱自然成为时尚的今天,“师法自然”、创造与大自然和谐一致的园林,即通过建设创造人工环境的造园活动是人类社会实现这种追求的目标。

在中华文明史中,造园实践成果丰富,我国的园林艺术已成为世界园林艺术中的奇葩。众多典籍对园林建设工匠及其工艺也有详细的记载,如明代著名造园大师计成在其名著《园冶》中对造园的意境作了描述,认为造园最为精辟的莫过于“虽由人作,宛自天开”。虽然言简,但已经成为中国古代园林建设的一个纲领,也是评价一个园林艺术作品的重要信条。在这部园林艺术的大作中,计成大师详细论述了中国园林的精髓。《园冶》之《相地》篇中列举了山林、城市、村庄、郊野、江湖等不同环境中的园林选址和景观设计的要求;《园冶》之《立基》篇中叙述了各类园林建筑及假山选址立基的艺术和技术要领;《园冶》之《屋宇》篇中分述了各类建筑的名称、功能以及结构等的图示;《园冶》之《装折》篇中对古建筑的木装修的式样和做法作了介绍;《园冶》之《门窗》篇中对古建筑门窗的多种外形轮廓与做法进行了叙述;《园冶》之《墙垣》篇中揭示了不同材质构成的不同类型墙垣及其施工要领;《园冶》之《铺地》篇中概述了各种材料铺装地面形成的种种花纹图案;《园冶》之《掇山》中记录了各类假山以及石池、峰、峦、岩、洞、涧、水、瀑布等堆砌方法与工艺要求;《园冶》之《选石》篇中罗列了太湖石等石材的产地及其品质;《园冶》之《借景》篇中以实例说明了各种园林借景手段和要求。《园冶》中的这十部分内容全面诠释了中国园林艺术的含义,该书早已成为很多园林建筑人士的枕下椅侧、手边肘后的伙伴。

中国古代园林追求的“天人合一”,既是一种人生哲理,又是人工与自然高度和谐的境界。源于自然、高于自然始终是从事园林创作工作者的主旨。在现今中国社会经济不断发展的过程中,城市建设出现“大建设、大破坏”,这就要求市政、园林建设实践中应该着眼于人类社会生产发展与自然环境相协调的关系。城市的属性应该是以人类聚集的生活环境为主,城市化进程不应成为城市自然环境的对立面。在市政建设和园林建设中,要注意切实保护城市自然资源和人文资源,对于不得不破坏的城市自然环境,要在市政建设的过程中重新建立人造自然环境加以补偿,所以城市化的进程应当包含城市人工生态环境体系的构建和永续的发展。

园林建设发展到今天,其含义和范围有了全新的扩大和拓展。目前在建筑领域和景观建设领域中的工程师们早就达成了共识,即建筑与环境,尤其是建筑与园林艺术相结合而形成的景观被提高到非常重要的位置,建筑大师们纷纷提出要将建筑、城市镶嵌在绿色环境中。“’99 昆明世界园艺博览会”和“2011 西安世界园艺博览会”在中国举办,将世界各国的园林精品展现在世人面前,成为我国园林工作者展示自己园林艺术和向世界各国园艺工作者学习并进行交流的友好平台。

目前,园林的发展已不再是简单的栽花、铺草、种树等一些小的绿化工程,而是集合了建筑、掇山、理水、铺地、绿化、景观照明等多项建设工程内涵的大型综合性的园林建设工程。完成这类建设工程往往需要多个子项目、多个工种的协同配合,较长的建设工期才能完成建设项目。因而建设工程中的各种技术规范、规章制度等均在园林建设施工过程中加以运用,园林绿化事业已经发展成为一门新兴而又极有发展前景、充满生机的产业。但是,尽管园林建设意义重大,园林建设事业与其他新兴事业一样,有许多做法尚不规范,迄今为止在我国园林专业、景观工程专业的大学教育中还没有一部全面讲述园林建设工程总论的教材或专著。为了系统地在这类专业的课堂上给同学们全面介绍园林建设工程的招投标、概预算、施工工程的组织设计、施工管理、工程监理、工程的竣工验收和建设项目的结算与决算等方面的知识,尤其是符合大学课堂教学体制相适应的本科教材,作者编著了本教材。在教材的编写中采用了我国园林施工和建设领域大量的专著、教材中的宝贵资料,并遵从住房与城乡建设部、发展与改革委员会、国家工商行政管理总局,以及各省市建设行政主管部门各类法规的精神,以求减少或避免园林建设工程项目及其管理中的失误,使学习者能够在较短的学习过程中掌握园林建设工程中的基本知识。

本书编写与出版得到了滁州学院规划教材项目的大力支持,教材中引用的大量资料也是他人辛勤的劳动成果,在此编者对所引资料的前辈们致以崇高的敬意和由衷的感谢!作为教材,本书尽量做到符合教学需要,但编写中还有许多写法或提法有不到之处,对于某些值得借鉴的建筑行业的做法和技术还没有做到原汁原味地借鉴和学习;由于我们的知识水平有限,编著时间仓促,描述中必然会出现一些疏漏和问题。热切希望使用者能够提出宝贵修改意见,以使我们改正和完善,使本教材在修订中更加合理、科学与适用。

编　者

2011 年 12 月 8 日

目 录

第一章　园林建设工程概述

本章主要内容：

1. 介绍了园林建设工程的主要内容，以及各分项工程的基本概念。

2. 介绍了中国与西方园林及园林工程发展史，以及具有代表性的园林作品。

3. 园林建设工程各个阶段的参与主体、建设程序等。

本章教学难点与实践内容：

1. 园林建设工程项目的设计与施工是本章的重点与难点。要求学习中掌握建设工程实践过程中的7个阶段基本内容，了解建设工程设计阶段设计深度及相关的设计图纸。

2. 教学过程中可以利用多媒体手段将建设工程中涉及的建设工程各分部分项工程内容、名词等给学习者交代清楚，尤其是各分项工程在园林建设工程中的作用、在园林景观中的作用等。

3. 实践课内容：重点掌握园林建设工程工程识图方法及其基础知识。工程设计各阶段图纸对应的比例尺及其应用。

园林是在一定的地域上面运用工程技术手段和艺术手段，通过改造地形地貌（或进一步用人工方法进行“筑山”、“叠石”和“理水”等工程措施）、种植树木花草、营造建筑物和布置园路、广场等途径创作而成的美丽的自然环境和游憩境域。园林包括了庭园、宅园、小游园、花园、公园、植物园、动物园等。随着园林科学的发展，现代园林还包括森林公园、风景名胜区、自然保护区和国家公园的游览区以及休养胜地。

园林，在中国古籍里根据不同的性质也称作园、囿、苑、园亭、庭园、园池、山池、池馆、别业、山庄等，美英各国则称之为Garden、Park、Landscape Garden。它们的性质、规模虽不完全一样，但都具有一个共同的特点：即在一定的地段范围内，利用并改造天然山水地貌或者人为地开辟山水地貌、结合植物的栽植和建筑物的布置，从而构成一个供人们观赏、游憩、居住的环境。创造这样一个环境的全过程（包括设计和施工在内）一般称之为“造园”，研究如何去创造这样一个环境的科学就是“造园学”。在历史上，游憩境域因内容和形式的不同用过不同的名称。中国殷周时期和西亚的亚述，将以畜养禽兽供狩猎和游赏的境域称为囿和猎苑。中国秦汉时期供帝王游憩的境域称为苑或宫苑；将属官署或私人居住和游憩的后花园称为园、园池、宅园、别业等。“园林”一词，见于西晋以后的诗文中，如西晋张翰《杂诗》有“暮春和气应，白日照园林”句；北魏杨玄之《洛阳伽蓝记》评述司农张伦的住宅时说：“园林山池之美，诸王莫及。”唐宋以后，“园林”一词的应用更加广泛，常用以泛指以上各种游憩境域。

世界各地园林分类常以功能、规模等划分，如以历史区分为古典园林与现代园林；以地域划分为中国园林与西方园林；我国南方的苏式园林与北方的皇家园林；以规模区分的庭院、城市园林与森林公园；以功能划分的综合园林、动物园、植物园、儿童公园、园林小区与城市绿地。而在中国的古典园林中即有皇家园林、私家园林、宗教寺院庙宇园林、风景园林;西方园林中有规则式园林与自然风景园林。世界上著名的风景园林如:美国国家“黄石公园”(黄石公园位于美国中西部怀俄明州的西北角,并向西北方向延伸到爱达荷州和蒙大拿州,面积达7988平方公里。这片地区原本是印第安人的圣地,但因美国探险家路易斯与克拉克的发掘,而成为世界上最早的国家公园。它在1978年被列为世界自然遗产)、美国“大峡谷”国家公园(大峡谷国家公园位于美国西部亚利桑那州西北部的科罗拉多高原上。全长443公里,是世界奇景之一。峡谷由于受到科罗拉多河的强烈下切作用而形成,所以又称科罗拉多大峡谷。该公园也被列为世界自然遗产)、波兰和白俄罗斯的比亚沃维耶扎国家公园(别洛韦日国家公园和比亚沃耶扎国家公园,位于白俄罗斯西部和波兰东部,横跨白俄罗斯共和国和波兰共和国边境,面积达930平方千米。由于这里气候较寒冷,因此分布着大量的针叶林,栖息着许多野牛。1979年和1992年,别洛韦日国家公园和比亚沃维耶扎国家公园被联合国教科文组织分两次作为自然遗产列入《世界遗产名录》)、中国的黄山(黄山位于安徽省南部黄山市境内,有“天下第一奇山”之美称。徐霞客曾两次游黄山,留下了“五岳归来不看山,黄山归来不看岳”的感叹。黄山是著名的避暑胜地,是国家级风景名胜区和疗养避暑胜地。1990年12月被联合国教科文组织列入《世界文化与自然遗产名录》,是中国第一个同时作为文化、自然双重遗产列入名录的)。

园林工程是建设风景园林绿地的整个建设过程和活动。园林建设是为人们提供一个良好的休息、文化娱乐、亲近大自然、满足人们回归自然愿望的过程,是保护生态环境、改善城市生活环境的重要措施。园林建设与人们的审美观念、社会的科学技术水平相适应,它更多地凝聚了当时当地人们对正在或未来生存空间的一种向往。在当代,园林工程选址已不拘泥于名山大川、深宅大院,而广泛建置于街头、交通枢纽、住宅区、工业区以及大型建筑的屋顶,使用的材料也从传统的建筑用材与植物扩展到了水体、灯光、音响等综合性的技术手段。在目前国家城市化发展和农村集镇化建设过程中,园林建设工程将发挥越来越重要的作用。

园林建设工程泛指园林城市绿地和风景名胜区中涵盖园林建筑工程在内的环境建设工程,整个建设工程的内涵包括园林建设工程的招标投标、园林建设工程概预算、工程施工的组织管理、园林施工中的监理过程和项目的竣工验收等,其中的建设工程项目是园林建设的核心内容。而园林建设工程项目包括园林建筑工程、土石方工程、园林筑山工程、园林理水工程、园林铺地工程、广场建筑工程、道路绿化工程等,它是应用工程技术手段来表现园林艺术,是地面上的工程构筑物和园林景观融为一体的特殊的建设形式。园林工程一般具有以下主要特征:

1. 园林建设是一种公共事业,是在国家和地方政府领导下为提高市民生活质量、造福于人民的公共事业。

2. 园林建设要依据国家相关法律、法规实施。目前我国关于园林建设已经先后颁布了许多法律、法规,如《土地法》、《环境保护法》、《城市规划法》、《建筑法》、《森林法》、《文物保护法》、《城市绿化规划建设指标的规定》、《城市绿化条例》等。

3. 随着人民生活水平的提高和人们对环境质量的要求越来越高,对城市中的园林建设要求也呈现多样化需求,工程的规模和内容也越来越大,工程中所涉及的领域越来越广泛,尤其是许多高科技的内容逐渐深入到建设的各个领域。如“光-机-电”一体化的大型喷泉在广场建设中大量采用,新型的施工方法和施工材料等广泛地应用于市政建设中,这些都给园林建设带来了新的挑战。

4. 园林建设工程在实施过程中往往需要有多部门、多行业的协同作战。在园林建设的过程中,通过园林建设参与主体各方的共同努力和园林建设工程项目形式的实施,就可以对构成园林建设中的山、水、树、石、路、建筑工程等六大要素中的三十多个分项工程进行施工管理,最终完成园林建设工程所有环节。

第一节　园林建设工程的内容

园林建设工程按造园的要素及工程属性,可以分为园林建筑工程、园林工程两大部分,这两个部分又可以分为若干子项工程。它们共同组成了园林建设工程的整个内容,园林建设工程及其各子项工程内容详见图 1－1－1。

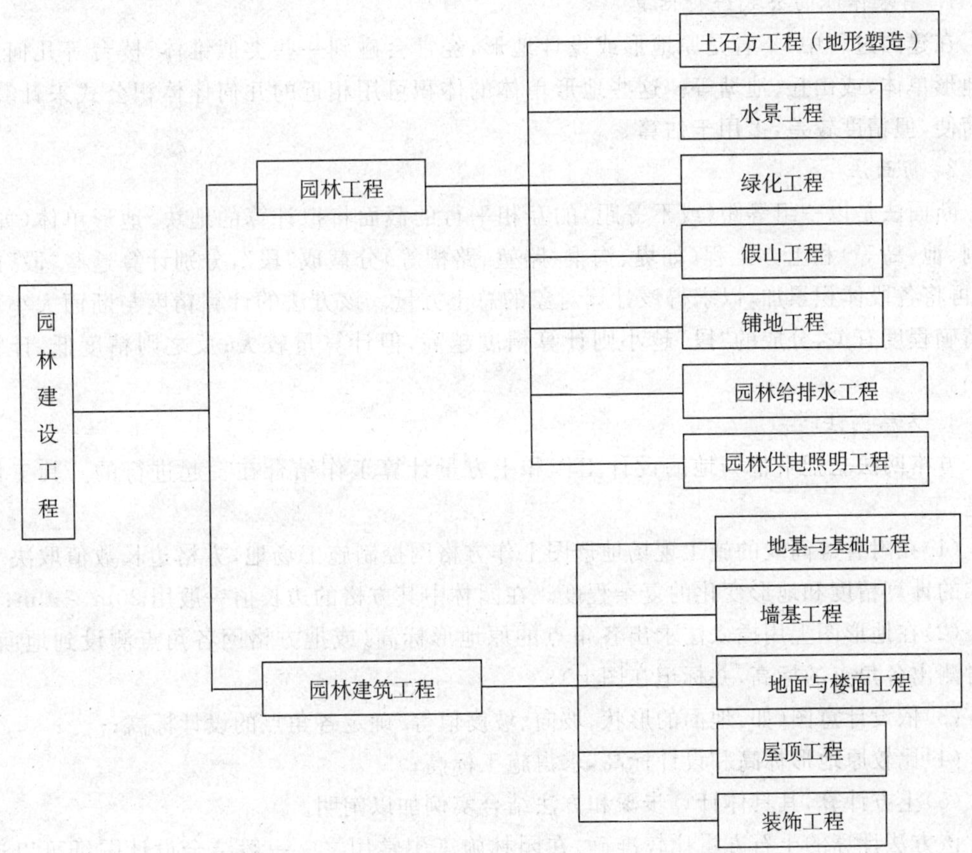

图 1－1－1　园林建设工程子项目工程组成图解

一、园林工程的内容

园林建设工程中涉及园林工程的内容主要有：

(一)园林土石方工程

在园林工程中土石方工程主要是依照设计图中竖向方向进行的施工内容，主要包括土石方工程量计算及土方施工、地形塑造、整理园林建设场地等。

其主要内容包括园林土石方的开挖、园林地形的堆积塑造，以及土石方的运输和填筑等施工过程，有时还要包括施工前对施工场地进行的排水、降水和土壁支撑子项目工程等的准备工作。在园林建筑工程中，最常见的土方工程有：场地平整、基坑(槽)开挖、地坪填土、路基填筑及基坑回填土等。

土石方量计算一般根据原有地形等高线的设计地形来进行，土方量的计算在规划阶段无须过分精细，只需估算即可。但在做施工图土石方计算时，其工程量就需要较为精确的计算。通过计算有时反过来又可以修订设计图中的不足，为设计变更提供依据。

土石方量的计算方法有：

1. 用求体积的公式进行估算

在建园过程中，不管是原地形或设计地形，经常会碰到一些类似锥体、棱台等几何形体的地形单体，或山丘、池塘等。这些地形单体的体积可用相近的几何体体积公式来计算，此法简便，但精度较差，多用于估算。

2. 断面法

断面法是以一组等距(或不等距)的互相平行的截面将拟计算的地块、地形单体(如山、溪涧、池、岛等)和土方工程(如堤、沟渠、路堑、路槽等)分截成“段”，分别计算这些“段”的体积，再将各段体积累加，以求得该计算对象的总土方量。该方法的计算精度与断面大小取舍的精确程度有关，分成的“段”越小则计算精度越高，但计算量较大；反之则精度低，计算量较小。

3. 方格网法

方格网法是把平整场地的设计工作和土方量计算工作结合在一起进行的。其工作程序是：

(1)在附有等高线的施工现场地形图上作方格网控制施工场地，方格边长数值取决于所要求的计算精度和地形变化的复杂程度。在园林中其方格的边长值一般用20m～40m；

(2)在地形图上用插入法求出各角点的原地形标高(或把方格网各角点测设到地面上，同时测出各角点的标高，并标记在图上)；

(3)依设计意图(如：地面的形状、坡向、坡度值等)确定各角点的设计标高；

(4)比较原地形标高和设计标高，求得施工标高；

(5)土方计算，其具体计算步骤和方法结合实例加以阐明。

该方法计算的土石方量比较准确，在园林施工中常用之。一般结合设计图纸可以进行场地平整、地形的堆塑和开挖方量的计算。

(二)园林给排水工程

园林给排水工程项目主要包括园林给水工程、园林排水工程。

园林给排水与污水处理工程是园林工程中的重要组成部分之一，由于园林中的树木、花草生长需要一定质量的灌溉水，同时园林广场与景观小区中的戏水项目也需要一定质量的水供给。所以，园林给排水中必须满足工程项目对水量、水质和水压的要求。水在使用过程中会受到污染，园林建设中完善的给排水工程及污水处理工程对园林建设及环境保护具有十分重要的作用。

1. 园林给水工程

园林工程中的给水分为生活用水、生产用水以及地面建筑中的消防用水。给水中的水源一是地表水源，主要是江、河、湖、水库等，这类水源的水量充沛，它们是风景园林中的主要水源。二是地下水源，如泉水、承压水等，选择这类给水水源时首先应满足水质良好、水量充沛、便于防护的要求。在市镇工程与风景园林建设中理想的给水是在广场、风景区附近可以直接连接城市给水管网，如果没有管网则优先选用地下水，其次才考虑使用河、湖、水库的水。

给水系统一般由取水构筑物、泵站、净水构筑物、输水管道、水塔及高位水池等组成。

给水管网的水力计算包括用水量计算，一般以用水定额为依据，它是给水管网水力计算的主要依据之一。给水系统的水力计算就是确定水网管径和计算水头损失，从而确定给水系统所需的水压。

给水设备的选用包括对室内外设备和给水管径的选用等。

2. 园林灌溉工程

园林绿化工程中的灌溉系统主要由给水管道系统、喷水喷头、水量控制阀等组成，其中水量控制阀主芯片(即微处理器)主要在泵房与输送水泵在一起，并与主控制室电脑联机。电脑可以利用程序实现对各控制阀出水流量、出水时间的控制。一般灌溉系统主管以绿地主轴平行排列，支管网与主管以一定夹角排列成树枝状；而喷水喷头可以依据园林绿化工程中绿地面积、地下管网出水支管管径等进行合理配置，且在处理芯片的控制下定时、定量地喷出灌溉用水。喷头有入地式喷头、带软管的可移动式喷头、手持式喷头等类型。大多数喷头喷水角度在60°到360°之间可调。

3. 园林排水工程

园林工程中的排水系统主要由园林构筑物、室内卫生设备、污水排水系统和室外污水管道系统、污水泵站及压力管道、污水处理及污水系统排放出水口等系统组成。而景区中的排水系统由雨水管渠系统、出水口、雨水口等组成。其中，园林工程中的污、雨水系统的形式一般在平面上由管道排列成树枝状，并顺地面坡度和道路由高处向低处排放，在设计与建设时应尽量利用自然地面或明沟排水，以减少投资。在利用地形排水时通过竖向设计将谷、涧、沟、堤坡、小道顺其自然地加以组织划分排水区域，就近排入水体或附近的雨水干管。在干管周围地表顺地形种植草坪，最小坡度为5‰。在利用明沟排水时，可以在一些地段视需要做砌砖、石、混凝土明沟处理，明沟坡度不小于4‰。在利用管道排水时常将管道埋于地下，有一定坡度并通过配水构筑物等排出。

在我国园林绿化实践中，结合塑形工程在排水中多采取地表及明沟排水为主，局部地段采用暗管排水的方式。这种处理往往是因地制宜，结合塑形利用地形因势利导。在排水过程中为使雨水在地表形成径流并能迅速疏导和排除，但又不能造成流速过大而冲蚀地表土引发地表水土流失，因而在进行竖向规划设计时应结合理水综合考虑地形设计。

4. 园林污水的处理

园林中的污水主要有生活污水、降水。风景园林中产生的污水主要有生活污水、景区和游乐园游人遗弃的物品造成的次生污水，它们常含有大量的有机质及细菌。所以，对于园林污水也应该通过污水处理设备处理后再行排放。在城市污水的治理和排放方法中，关于污水处理的方法有：物理法、生物法、化学法等。园林污水处理一般先进行沉淀处理（一级处理），生物处理（二级处理），为提高出水质量可以再进行化学处理（三级处理）后再行排放。目前，在风景区及市镇中的污水处理通过一、二级处理后基本能达到国家规定的污水处理排放标准。三级处理一般在排放要求特别高时（如景区作为生活用水水源保护区时）才考虑使用。

(三)水景工程

园林工程中的水景工程包括了小型水闸、驳岸、护坡和水池、喷泉等。古今中外，大凡涉及园林造景无不涉及水体，园林造景中水是环境艺术空间创作中的一个主要因素，可以借水景构成各种格局的园林景观，艺术地再现自然。园林中水的表现形式有四种：一曰流水，其有急缓、深浅之分。如“高山流水”、“小桥人家”即为这种意境。二为落水，水由高处下落，有线落、布落、挂落、条落等，可涓涓细流悠然而落，亦可奔腾磅礴气势恢宏。如世界著名的“尼亚加拉大瀑布”和我国的“黄果树瀑布”万马奔腾气势恢宏的场景。三是静水，平和宁静，清澈见底。如苏式园林中的各种水景。四则为压力水，喷、涌、溢泉、间歇水等表现出一种动态美。如大家熟悉的我国西湖园林景区中将动态的人造喷泉与背景音乐引入到西湖中，形成的西湖艺术喷泉，每当下午两次开放时将水景产生的动态美景与名曲结合在一起，并与远方的传统景点“三潭印月”遥相呼应，形成动、静结合的艺术场景，给中外游人留下深刻的印象。再如西式园林中的利用各类喷头和控制程序人工制造的喷泉、山东省济南市“趵突泉”的溢泉。各种用水造景，动静相补、声色相衬，虚实相映，层次丰富。园林中得水以后，古树、亭榭、山石形影相依，会产生一种特殊的魅力。中国园林中往往靠水池、溪涧、河湖、喷泉等水体将山石、亭台楼阁串连起来，水池、溪涧、河湖、瀑布、喷泉等水体往往给人以静中有动、寂中有声、以小胜多、发人联想的强烈感染力。

1. 城市水系与园林水景

城市水系规划的主要任务是为了保护、开发、利用城市水系，调节和治理洪水与淤积的泥沙、开辟人工河湖、兴城市水利而防治水患，将城市水体组建成完整的和谐水系。

城市水体具有排洪蓄水、组织航运以便进行水上交通和游览、调节城市的气候等功能。在园林建设中对城市水系的利用必须与城市水系中的河湖近期与远期规划水位来确定园林水体中驳岸的类型、岸顶的高程和湖底的高程。在市政规划和河流整治建设中应尽可能做到水工程的园林化，使水工程构筑物与园林景观相协调，以统一水工程与园林水景的矛盾。

2. 水池

水池在市政、园林工程中可以改善小气候、又可以美化市容，在市政广场、公园中水池往往起到对园林景观的重点装饰作用。水池的形态种类很多，其深浅和池壁、池底的材料也各不相同。水池依形态、深浅、砌筑材料等有较多形式，如西方园林中的规则的方整之池，肃穆气氛；东方园林中具有自由布局、复合参差跌落的水池，可使园林空间活泼、富有变化。在池底设置石景、水下彩灯等，使水景在工程的配合下，无论在白天或晚上都表现出各种变幻无穷的奇妙景观。

水池设计包括平面设计、立面设计、剖面设计及池内管线设计。平面设计主要是显示水池的平面位置及尺度，标注出池底、池壁顶、进水口、溢水口和泄水口、种植池的高程和所取剖面的位置。水池的立面设计应反映主要朝向各立面的高度变化和立面景观，剖面应有足够的代表性，要反映出从地基到壁顶各层材料厚度。

水池构建多为混凝土水池、砖水池、柔性结构水池等。近年来，随着新型建筑材料的出现，水池结构出现了柔性结构，以柔克刚，另辟蹊径。

园林工程中有各种造景水池如汀步、跳水石、跌水台阶、养鱼池等，进一步丰富了水池的景观和功能，而在水池中设置各种人工喷泉并配以各式多彩的水下灯，可表现出变幻多端、如幻的梦境，为园林增添了无穷的魅力。

3. 驳岸与护坡

园林水体要求有稳定、美观的图案以维持陆地景观和水面的比例，为防止水体周围陆地结构的稳定、避免岸壁崩塌而淤积水体并破坏原有的设计意图，因此在水体边沿必须建造驳岸与护坡。园林驳岸按其断面形状可分为自然式和整形式两类。大型水体或规则水体常采用整形式直驳岸，用砖、混凝土、石料等砌成整形岸壁，而小型水体或园林中水体稳定的水体常采用自然式山石驳岸，以做成岩、矶、崖、岫等形状。

在进行驳岸设计时，要确定驳岸的平面位置与岸顶高程。城市河流接壤的驳岸按照城市河道系统规定平面位置建造，而园林内部驳岸则根据湖体施工设计确定驳岸位置。平面图上场水位线显示水面位置，岸顶高程应比最高水位高出一段以保证湖水不致因风浪拍岸而涌入岸边陆地地面。修筑时要求驳岸坚固稳定，驳岸多以打桩或柴排沉褥作为加强基础的措施，并常以条石、块石混凝土、钢筋混凝土做基础，用浆砌条石或浆砌块石勾缝、砖砌抹防水砂浆、钢筋混凝土以及堆砌山石做墙体，用条石、山石、混凝土块料以及植被做盖顶。

护坡主要是防止滑坡、减少地面水和风浪的冲刷，以保护岸坡的稳定，常见的有：编柳抛石护坡、砌石护坡等。

4. 小型水闸

水闸在园林中应用较为广泛。水闸是控制水流出入某段水体的水工构筑物，水闸按其使用功能可分为：进水闸、节制闸和分水闸。在闸址选定时应了解水闸设置部位的地形、地质、水文等情况，特别是各种相关设计参数的情况，以便进行闸址的确定。

水闸结构由下至上可分为地基、闸底、水闸的上层建筑三部分。在进行小型水闸结构尺寸的确定时须了解闸内外水位高程、内湖水位、湖底高程、安全超高、闸门前最远岸直线距离、土壤种类和工程性质、水闸附近地面高程及流量要求等。

在水闸设计时常需计算闸孔宽度、闸顶高程、闸墙高度、闸底板长度及厚度、闸墩尺度、闸门等。

5. 人工泉

人工泉是近年来在国内兴起的园林水景布置，出现了各种诸如喷泉、瀑布、涌泉、溢泉、跌水等，不仅大大丰富了现代园林水景景观，同时也改善了景区的小气候。瀑布、间歇泉、涌泉、跌水等也是水景工程中再现水的自然性态的景观。该技术与我国传统园林艺术结合，应用源流、动静、对比、衬托、声色、光影、藏引等手法，起到了“小中见大”、“以少胜多”、“旷奥有之”的作用。

喷泉的类型很多，常见有：

① 普通装饰性喷泉：常用各种花形图案组成，其喷泉花形图案固定；

② 雕塑装饰性喷泉：喷水体与雕塑、小品等结合，常见于西方园林中；

③ 人工水能造景型：如瀑布、水幕等用人工或机械塑造出各种大型水珠等；

④ 自控喷泉：利用先进的计算机技术或电子技术将声、光、电等融入喷泉技术中，以造成变幻多彩的水景。如音乐喷泉、电脑控制的涌泉、间歇泉等。

水池中的人工泉的规模取决于赋予它的功能，但人工泉与所处的喷水池所处的地理位置的风向、风力、气候湿度等关系极大，它直接影响了水池的面积和形状。在设计中其平面尺寸除应满足喷头、管道、水泵、进水口、泄水口、溢水口、吸水坑等布置外，也应防止水柱在设计风速下水滴被风大量吹出池外。所以，一般喷水池的平面尺寸应比计算要求的数据每边再加大 0.5m～1.0m。

人工泉喷水池的深度应按管道、设备的布置要求确定，在设有潜水泵时，应保证吸水口的淹没深度不小于 0.5m，在设有水泵吸水口时，应保证吸水喇叭口的淹没深度不小于 0.5m。水泵房多采用地下或半地下式，应考虑地面排水，地面应有小于 5‰的坡度，坡向集水坑。一般在园林景观设计中常将水泵房设计成景观构筑物，如设计成亭、台、水榭或将水泵隐蔽在山崖、瀑布之下等。

人工泉造景时常用的喷头形式有：单射流喷头、喷雾喷头、环形喷头、旋转喷头、扇形喷头、多空喷头、组合喷头等。在进行喷泉设计时，要进行喷嘴流量、喷泉总流量、总扬程等设计计算。

喷泉中的水下灯是保证喷泉效果的必要措施，特别是在现代技术发达的今天，光、声、机、电的综合应用将会使喷泉技术在园林景观中更具魅力。

(四)铺装工程

园林建设工程中的铺装工程包括广场铺装、桥面铺装、地面铺装、园林地面铺装、园路铺装、园林景观建筑墙面铺装等工程内容。按铺装材料的不同，可以将铺装工程分为软质铺装和硬质铺装两类。前者如用草坪、地被或人造草坪等材料进行的铺装，后者如用各类石材(包括花岗岩、大理石、各种微晶石、玄武岩、文化石等石料和板材)、砖(包括真空砖、陶土砖、广场砖、人行道砖、植草砖、彩色弹性橡胶地砖、仿古砖和各类青砖、古砖等)、卵石、砾石、混凝土、塑木、木材和其他可回收利用的材料(包括玻璃、陶瓷碎片等)。下面以园路铺装工程为例简单介绍园林建设工程中的铺装工程。

1. 园路

园路既是交通线，又是园林风景线。它们像网络一样既是分割各个景区的景界，又是联系各个景点的“纽带”，具有导游、组织交通、划分景区空间界面、构成园景的艺术作用。我们常常能够在园林绿化区域中看到一些人们行走形成的“羊肠小道”，这种情况我们不能简单地指责人们的公德意识问题，而是要从园路设计思路上反思自己，在实践中顺势而为，将这种小道直接补充铺装为园路，其效果将更加好。

园路分为主路、次路与小径(自然游览步道)。主园路连接各景区，次园路连接诸景点，小径则通幽。目前对园路的划分也有新的意见，即结合我国园林城市和风景名胜区的规划设计实践及参考国外园林实践经验，建议将其分为风景旅游道路与园路两大类，并各有其分类与相应的技术标准。

在园路设计中，道路道中平面线型设计就是说具体确定道路在平面上的位置，有勘测资料和道路性质等级要求以及景观需要，定出道路中心位置，确定直线段。带路纵断面线型设计主要是确定路线合适的标高，设计各路段的纵坡及坡长，保证视距要求，选择竖曲线半径，配置曲线、确定设计线，计算填挖高度，定桥涵、护坡、挡土墙位置，绘制纵断面设计图等。通过选用平曲线半径，合理解决曲直线的衔接等，以绘制道路平面设计图。

在风景游览等地的道路，不能仅仅看做是由一处通到另一处的旅行通道，而应当是整个风景景观环境的不可分割的组成部分，所以在考虑道路时，要用地形地貌造景，利用自然植物群落与植被，建造生态绿廊的景观效果。

在园林植物造景中还可以利用植物的不同类型的品种外观上的差异和乡土特色，通过不同的组合和外轮廓线特定造型以产生标志感。同时尽可能将园林中的道路布置成“环网式”，以便组织不重复的游览线路和交通导游。各级园路回环萦纡，收放开和，藏露交替，使人渐入佳境。园路路网应有明确的分级，园路的曲折迂回应有构思立意，应做到艺术上的意境性与功能上的目的性有机结合，使游人步移景异。

风景区旅游区及园林中的停车场设计应在重要景点进出口边缘地带及通向近端式景点的道路附近，同时也应按不同类型及性质的车辆分别安排场地停车，其交通线路必须明确。在设计时综合考虑场内路面结构、绿化、照明、排水及停车场的性质，配置相应的附属设施。

2. 园路的铺装

园路铺地是我国古典传统园林建设的技艺之一，现在又得以创新与发展。铺路既有实用要求，又有艺术要求。它主要是用来引导或用强化的艺术手段来引导组织游人的活动，表达不同的主题立意和情感，利用园路组成的界面功能来分割空间、格局和形态，强化视觉效果。铺地应有艺术设计内涵，包括纹路、图案设计、铺地空间设计、结构构造设计和铺地材料设计等。常用铺地材料有天然材料和人造材料，前者如各类板石材、卵石、碎石、条石等，后者如青砖、水磨石、本色混凝土、彩色混凝土、沥青混凝土等。

园路铺装施工内容主要包括：材料准备、场地放样、地形复核、地面具体施工等。

(五)假山工程

假山是我国园林中的传统组成部分，园林建设中的假山建造是一项传统的建设工程，工程内容包括假山的材料和采用、置石、假山布置、假山结构设施等。人们通常所说的“假山工程”实际上包括假山和置石两部分，我国园林中的假山技术是以造景和提供游览为主要目的，同时还兼有一些其他功能。假山是以土、石为材料，以自然山水为蓝本并加以艺术提炼与夸张，用人工再造的山水景物。至于零星山石的点缀则称为“置石”，主要表现山石的个体美或局部的组合。假山的体量大，可观可游，使人仿佛置身于大自然中，而置石则以观赏为主，体量小而分散。假山和置石首先可作为自然山水园的主景和地形骨架，如南京瞻园、上海豫园、扬州个园、苏州环秀山庄等均采用主景突出方式的园林，都以山为主、水为辅，建筑处于次要地位甚至点缀。其次可作为园林划分空间和组织空间的手段，常用于集锦式布局的园林，如圆明园利用土山分隔景区、颐和园以仁寿殿西面土石相间的假山作为划分空间和场景的手段。在园林设计与施工中可运用山石小品作为点缀园林空间和陪衬建筑、植物的手段。配置中假山可平衡土方，叠石可作驳岸，护坡，汀石，园林中的石凳、石桌、石护栏等。它们将假山的造景功能与使用功能巧妙地结合在一起，成为我国造园艺术中的瑰宝。

假山因使用的材料不同，分为土山、石山及土、石相间的山。常见的假山材料有：湖石（太湖石、房山石、英石等）、黄石、青石、石笋（包括白果笋、乌炭笋、慧笋、钟乳石等）以及其他石品（如木化石、松皮石、石珊瑚等）。

1. 置石

置石所用的山石材料较少，施工也简单，置石分为特置、散置和群置。特置常选用单块、体量大、姿态富于变化的山石，也有将好几块山石拼成一个峰的处理方法。散置又称为“散点”，这类置石对石材的要求较“特置”为低，以石之组合衬托环境取胜。它们常用于园门两侧、廊间、粉墙前、山坡上、桥头、路边等，或点缀建筑、或装点角隅。大散点则被称为“群置”，它与“散点”的异处是其所在的空间较大，置石材料的体量也较大，且置石的堆数也较多。

在土质好的地基上作“散点”，只需开浅槽夯实素土即可。土质差时则可以砖瓦之内夯实为底。大散点的结构类似于掇山。山石几案的布置宜在林间空地或有树荫的地方，以利于游人休息。山石排放除了其使用功用外，更应突出它们的造景功能。

2. 掇山

掇山方式较之于置石要复杂许多，它要将假山艺术性与科学性、技术性完美地结合在一起。由于假山工程属于园林中融入艺术的工程技术手段，所以在假山塑造中应该是“立意在先”，即必须掌握掇山的布局要领，掇山中一般要做到“有真有假，作假成真”，达到“虽由人作，宛自天成”的境界，处理时以写实为主，结合写意，山水结合，主次分明。同时注意因地制宜，景以境出，结合材料、功能、建筑和植物特征以及结构等方面，做出特色。三是寓意于山，情景交融。四是对比衬托，利用周围景物和假山本身做出大小、高低、进出、明暗、虚实、曲直、深浅、陡缓等既是对立又是统一的变化手法。

在我国园林建设过程中形成了从选石、采石、运石、相石、置石、掇山等系列理论。假山虽有峰、峦、洞、壑等变化，但就山石之间的结合可以归纳成山体的十种基本接体形式“安、连、接、斗、挎、拼、悬、剑、卡、垂、挑、撑”等，这些接体方式都是在长期的实践中从自然山景中归纳出来的，在具体施工时应力求自然，切忌做作。在掇山时还要采取一些平稳、填隙、铁活加固、胶结和勾缝等技术措施。

3. 塑山

用土石等材料堆积成山体，即为塑山。现在在传统塑山与假山的基础上，运用现代材料如环氧树脂、短纤维树脂混凝土、水泥及灰浆等，创造出了塑山工艺。塑山可省采石、运石之工程，造型不受石材限制，且有工期短、见效快的优点，但也有其使用寿命短的缺陷。

一般采用现代材料进行的塑山施工工艺主要有：①设置基架：一般有砖基架、钢筋混凝土基架或钢构基架，通过基架将所需塑造的山形链接起来；②铺设钢丝网：铺设钢丝网可有利于挂灰、泥等材料，尤其是在较大的塑山制作中，通过设网可以初步形成一定的几何图形；③抹灰成型：先初抹一遍底灰，再精抹一两遍细灰以塑出石脉和皱纹；④装饰：根据设计对石色的要求，涂刷或喷涂非水溶性颜料，达到设计效果。

（六）绿化工程

包括乔灌木种植工程、大树移栽、草坪工程等。

在园林工程中绿化树木、草坪能否成活、效果如何在很大程度上取决于种植地的小气候、土壤、排水、光照、灌溉等条件。所以绿化工程施工前，设计人员必须进行设计交底，让施工人员充分了解设计意图和设计对施工的具体要求。对主要材料及其规格大小作充分的了解，必要时先行进行苗木的“蹲苗”工作和苗木移栽前的断根处理等工作。对于施工中重点内容的定点放线、材料运输等施工准备要让施工人员“了然于心”。

一般绿化工程施工的重要内容有：

1. 树木的移栽

首先是确定树木合理的种植时间。在寒冷地区以春季栽植为宜，如在华北地区春季植树在 3 月中旬到 4 月下旬，雨季植树则在 7 月中旬左右；在气候比较温暖的地区，以秋季、初冬栽植比较相宜，以使树木更好地生长。如在华东地区，大部分落叶树都可以在冬季 11 月上旬待树木落叶后至 12 月中、下旬间以及次年 3 月下旬树木发芽前间栽植。

至于苗木的栽植方法很多，在城市中常用人行道栽植穴、树坛、植物容器、阳台、庭院栽植等。

在进行树木的移栽前还要做施工现场的准备工作，进行现场的平整土地及定点放线。在移栽前需要进行挖苗工作，挖苗时尽量挖深些并注意保护根系少受伤。一般常绿植物挖苗时要带“土球”，必要时需要用草绳等绑扎土球。树苗挖好后，要遵循“随挖、随运、随种”的原则，树苗运到现场如果不能及时栽植，就必须进行假植。如果是非种植季节栽植树木，还必须修剪苗木树冠，以减少树冠的水分蒸腾损失。

在园林树木栽植时，根据设计放样情况，依据位置刨栽植坑，坑大小应根据树苗的大小和土壤土质的不同来确定。如遇到现场土质不好，应换入无杂质的沙质壤土，以利根系生长。树木栽植前要进行修剪以减少树冠水分散发损失，保持树势平衡，保证树木的成活，修剪时也要对树根进行适当的修剪，主要将断根、披裂根、病虫危害根和过长的根剪掉。

2. 大树移栽

大树是指树胸径达 15cm～20cm，甚至 30cm 处于生长发育旺盛期的乔木或灌木，这类树木一定要带土球根移栽，球根具有一定的规格和重量，常需要专门的机具进行操作。由于通过大树移植能够在最短的时间内创造出园林设计师所理想的景观，所以在市政绿化工程等项目中大量采用。但在小区绿化和景区绿化时，在选择大树的种类与规格时，应该与景区树种、周围建筑物分格相适应。且要与建筑物的体量或所留的空间大小相协调。

大树移栽最适合的时间是春季、雨季和秋季。如果由于特殊工程中有工期需要时，则要对树木采取超大球根和采取适当的疏枝和搭盖着荫棚等方法以利大树成活。大树移栽时应该先挖树穴，树穴要排水良好，对于名贵树木或缺乏须根的树木移栽时，应做必要的移栽准备工作，即于移栽前 2～3 年开始，预先在准备移栽的树木四周挖一深沟，以刺激树木根部长出密集须根，创造树木移栽成活的条件。

大树移栽中的土球包装移栽常用软材料包装移栽、木箱包装移栽、冻土移栽以及专门的移植机移植等方法。移植机移植树木时，可以在栽植地点事先刨好移植树坑，并将起树点回填坑土准备到起树点，以便起树后及时回填空坑。大树起出后可以用移植机将大树运到栽植点进行移栽。这样可以节省劳力，又大大提高了工作效率。

大树移栽时也要事先准备好回填土等材料，而且在移栽时要注意移栽位置的准确无误、树干走向的正确和树木种植标高的合适。

3. 草坪移栽工程

草坪是指由人工养护管理的在园林中起到绿化、美化作用的草地，它是环境绿化中的重要组成部分，用于美化环境，净化空气，保持水土，并提供户外活动场所和体育运动场所。

草坪以其草种组成不同可以分单一品种草坪、多品种混播草坪、缀花草坪等；以功能分有游憩草坪、疏林草坪、广场分割草坪、运动场草坪和护坡水土保持草坪等。在园林工程中缀花草坪和混播草坪常见，其中缀花草坪以草坪为背景，间多种植以多年生、观花地被植物或草本花卉。我国北方地区一般用草地早熟禾、多年生黑麦草、匍匐翦股颖等冷季型草种建植单播或混播草坪，南方地区则以多年生黑麦草、假俭草、狗牙根等暖季型草种建植单播或混播草坪。

草坪工程分为坪床工程和草坪、地被植物种植(栽植)工程。坪床工程包括场地整理、培土、翻耕、施肥、灌溉及灌后再平整、草坪喷灌及排水系统埋设等，准备工作完成后即可进行草坪的种植或草坪块的铺植。

在园林绿化工程中，草坪的养护管理工作非常重要，而且对于草坪的养护管理经费一定要保证。在一个生长季节内，不同的时间和季节内对于草坪与地被植物的管理要制定出具体的措施和方法。常见管理方法有：刈剪、施肥、灌溉，病虫害防治、杂草防除等。

(七)园林供电与照明

随着社会经济的发展，人们对生活质量的要求越来越高，园林工程中电的用途已不仅是提供晚间道路照明，各种新型的水景、游乐设施、照明光源的出现，无不需要电力的支持。

在进行市政与园林规划、设计时，首先要了解当地的电力情况，如电力来源、电压等级、电力设备的装备情况(变压器的容量、电力输送等)，这样才能在设计与施工中做到合理用电。

园林照明是户外照明的一种形式，在设置时应注意与园林景观相结合，以最能突出园林景观特色为原则。在光源的选择上要注意各类光源显色性的特点，突出表现出色彩。在市政与园林中常用的灯具有路灯、庭院灯、草坪灯以及其他装饰效果灯等，采用的灯具有白炽灯、荧光灯、高压汞灯、高压钠灯等，在现在低碳经济浪潮中，要更多地选择各种类型的节能光源。在市政、园林的构筑物的立面常用彩灯、霓虹灯及各式投光灯进行装饰。总之在各型灯饰的选择上要注意灯具、光源与周围环境相配合，突出丰富的空间层次，并保证安全。

有关供电系统及其电源的选用，在园林规划设计时要与供电部门会商联系，并确定园林设施的用电量，选择合适的变电设备位置，确定低压供电方式，导线截面的选择和埋管形式，绘制出照明设备平面布置图和供电系统图。

二、园林建筑工程的内容

园林建筑是指在园林中有造景作用，同时供人们游览、观赏、休息的建筑物。它是一门内容广泛的综合性学科，它要最大限度地利用周围环境，在位置的选择上要因地制宜，取得最好的透视线与观景点，并以得景为主。

园林建筑按其用途可以分为：

① 游息建筑：有亭、廊、水榭等；

② 服务建筑:有大门、茶室、餐馆、小卖部等;

③ 水体建筑:包括码头、桥、喷泉、水池等;

④ 文教建筑:有各式展览、阅览室、露天演出场地、游艺场等;

⑤动植物园建筑:有各式动物馆舍、盆景园、水景园、温室、观光温室以及各类园林小品,如院墙、影壁、园灯、花架、漏窗等。

园林建筑是中国园林中的一个重要因素。在长期的园林实践中,无论在单体、群体、总体布局以及建筑类型上,都紧密地与周围环境结合。追崇自然,与自然环境相互协调是中国园林建筑的一个准则。园林建筑的主要特色在于"巧"、"宜"、"精"、"雅",这四个字实际上代表了园林建筑从设计到施工要遵循的原则和指导思想。

在古代建筑中常常使用在视觉两侧具有相同分量的构图形式,即所谓的均衡。均衡分为对称及不对称。一般而言,中国传统建筑中,宫殿、庙宇、住宅等喜欢用对称均衡方式,而在园林中却喜欢用不对称均衡构图。均衡构图给人一种稳定、安全、舒适的感受,是建筑构图中最重要的法则,而在生物界,不论是动物还是植物,在个体构造上都是对称的。但人类赖以生存的自然山川、河流以及植被等生存环境却都是不对称的,园林建筑从属于自然风景,应以不对称构图为主,以便更好地与大自然协调。在园林中,突出的主体应该是山水景观,而建筑只是配角,起到一个陪衬和渲染的作用,故其尺度不宜过大,否则会适得其反,喧宾夺主,破坏了景观。

园林建筑就其所用的承重构件材料和结构形式来分主要有:砖木结构、混合结构、钢筋混凝土框架结构、轻钢结构和中国古建筑物中的木结构。其中,砖木结构常见于古代园林中的楼、阁、亭等。混合结构是指建筑物的承重、楼板等用钢筋混凝土建造,同时楼梯、屋顶为木或钢筋混凝土,而墙体用砖砌。这种形式在现代园林建筑中多用。我国的古建筑已经有几千年的历史,是中华文明史的瑰宝。古代建筑物中的木梁、木柱、椽、檩属于主要的承重构件,它们是采用特殊的技法结构而成的结构。目前在园林工程的仿古建筑修建、古建筑的修复中应用较多。

第二节 园林建设工程简史

一、中国古代的园林

我国是一个具有悠久历史文化传统的国家,古代园林建设则是其中一枝奇葩。远在商周时已经有了供帝王贵族狩猎游乐的场所——"囿",自秦汉起形成了初具规模的园林,这时的园林的功能已经从早先的狩猎、通神、求仙、生产为主,逐渐转化为游憩、观赏为主。其间时间大约持续了1200年,说明在这期间的园林发展的进程极其缓慢。到了汉代园林工艺在汉代的皇家园林中得到较快的发展,其间的皇家园林意境已经发展为进行大规模地挖湖堆山的土方工程,并形成了"一池三山"的传统程式。从造园技术看汉代虽然仍以土山为主,但在著名的袁广汉园中已经有了构石为山的工艺,而且有了石山高达十余丈的记载,足见掇山技术已有新的发展;又有积沙为洲、激水为潮的技艺,可见在理水技术上亦有创新。在汉武帝时代的干泉园中即有“铜龙吐珠，仙人衔环受水下注”的记载，在汉代后期，已经出现了风景式园林的造园风格，其中的建筑为取得更好的游憩和观赏效果，在布局上已不再拘泥于均齐对称的格局，而有错落变化。在建筑造型上，其木结构的屋顶已有庑殿、悬山、硬山、攒尖和歇山这五种基本形式。

从魏晋到南北朝近 360 余年的大混乱时代，帝王园林中以山水为题的自然园林得以发展，这是中国古典园林发展史上的一个转折阶段，此时已由单纯地模仿自然山水，进而通过进行概括、提炼甚至于抽象化处理，使园林功能已经突出为以游赏为目的，形成了我国古代园林体系。史籍上记载的有北朝后魏著名的“华林苑”、南朝著名的“乐游园”等。这些园林中不仅有构石筑山，还能表现出重岩复岭、深溪洞壑的山景，达到有如自然的境界，不仅说明了当时对自然山水艺术的认识，同时也说明当时土木石作的技术工艺也已达到一定的水平。魏晋以后，进入中国古典园林的全盛时期。在园林建筑中主要以自然景观为主要观赏对象，以山、水、地貌为基础，以植被作为装点。将建筑美与自然美相融合，体现出诗情画意，使人在建筑中更好地体会自然之美。西晋以来就盛行选天然风景名胜区，将其稍加整理布置就成为自然园林。

唐代是园林突破传统而大发展的时期，长安东南隅的曲江，当时利用低洼地疏凿、展扩成一块公共风景游览地带，其中缀有亭、廊、台、榭、楼、阁，可供居民前来休息观赏，这是最早的城市公共绿地建设。唐朝时寺观园林的出现是当时宗教世俗文化的结果，当时城市寺观具有城市公共交往中心的作用，寺观园林亦相应发挥了城市公共园林的职能。

从宋代到清朝是我国古典园林发展的成熟期，北宋的宫苑已有“前种松、竹，后列太湖之石，引沧浪之水，陂池连绵，若起若付”，“楼阁相望，引金水天源河，筑土山其间，奇花怪石，岩壑幽胜，宛若生成”的记载。北宋时著名的园林“艮岳”即是一座大型皇家园林，它完全是为“放怀释情，游心赏玩”而创作的山水胜景，它把人们主观上的感情比较自觉地融入园林创作之中，是体现山水为主体的宫苑。艮岳的建造，其池、瀑布、溪、山洞相连构成艮岳的水系。从造景艺术言，艮岳是双岭分赴的山区景区，不同景区随着地形与功能的要求，布列建筑物，有景可眺，游人可歇息处必有亭，池中有洲，洲上建厅堂，均随形而设，是造景的产物，是“括天下之美，藏古今之美”，是有鲜明的民族风格和独特的艺术魅力的园林景观。

在园林植物的应用与栽培管理技术上，该时代也有了重大发展，由简单利用自然植被，发展到利用植物培植技术丰富植被阶段，观赏树木及花卉的栽培技术已出现引种驯化、嫁接等方式，并有各种专著如《洛阳花木记》、《扬州芍药谱》等。

在园林建造技术中，叠石构洞技巧在宋代时已有独到的特点。而独立特置峰石，在《南史》中有记载，“(梁武)到溉居近淮水，斋前山池，有奇礓石，长丈六尺”，这是特置峰石的最早记载。而在艮岳中特置的峰石更是多不胜举，在祖秀《华阳宫纪事》中记有列出的赐名的湖石就有数十余块，为了搜罗这些花石，特命朱勔“取浙中珍异花木竹石以进，号曰花石纲”。

在中国园林发展过程中，南北园林曾有广泛的交流和渗透，清康熙、乾隆皇帝数次下江南，使园林造园技术的交流发展到了一个高峰。在与外国造园技术的交流方面，广东的岭南庭院的建筑商吸收了不少外国的形式。可以发现，不论南方还是北方的园林建筑，其造型都比一般建筑灵活多样，精巧秀丽。

明清时代大量兴建园囿，尤其是清代乾隆年间最为鼎盛，在园林的数量和质量上大大超过历史上任何一个时期。著名的有承德避暑山庄和北京西北郊的三山五园(万寿山清漪园、玉泉山静明园、香山静宜园、圆明园、畅春园)。其中又以圆明园最大。颐和园地形有高低起伏，万寿山巍然耸立，昆明湖千顷汪洋，湖光山色、相互辉映，山区依势建筑亭台楼阁，长廊轩榭，构成园中之园数十处。

明清时期，中国园林的四大基本类型——皇家园林、私家园林、寺观园林、风景名胜园林都已发展到相当完善的程度，它们在总体布局、空间组织、建筑风格上都有其不同的特色。其中，北京是皇家园林的集中地；珠江三角洲为岭南庭园园林；风景名胜区及风景区的寺观园林遍布祖国大地；江南的私园主要集中湖、杭、扬、苏四州。其中尤以苏州园林最为有名，形成了闻名于世的“江南古典园林”，其共同特征是以山池泉石为中心，莳以花草，环以建筑，构成自然山水园。此类园林是把山水画立体化，将画的二维空间的手法运用于创造三维空间的自然山水园，主要由山、水、建筑、花、草、树木组成。其中山与水是园林构图的中心，也是造园的主体部分，因此园景呈现出“树无行次，石无位置。山有宾主朝揖之势，水有迂回萦带之情，是一派峰回路转，水流花开的自然风光”。它们主要是采用自然式丘壑布局的手法，即采用“延上引水”的手法将园外之山借景入园，园内人造的冈峦山峰作为远山的余脉处理，并把水引导入园，形成多种水景，如无锡的寄畅园，“利用地形，巧于结合外因，冶内外于一炉，纳千里于咫尺，能突破有限空间，以小胜多，小中见大”。

中国古代园林造园技艺中造山理水、点缀以古建筑物，以及园林内用天然石块堆筑假山等方面的实例不胜枚举，限于篇幅不一一列举。

二、古代的园林工程

在园林施工工艺方面，我国园林建设中也形成了独有的理论和方法。如在理水工程中就发展了包括引水、水闸、驳岸、瀑潭、喷泉、壁泉等。我国古代园林中在表现水景方面，在湖沼平原区的自然景观中，当有掇山或属山地时，溪涧泉瀑各种理水形式，无一不是因地制宜，随形而设。从艮岳园林中的东部以山为主、西部以水为主，体现出“左山右水”的格局；而元代的御苑“太液池”，池中三岛布列，其最大的岛名为万岁山，山上的水景基本上是仿宋代艮岳的理水方式。

山水是我国古代园林主要的组成部分，掇山必须理水，所谓“山脉之通按其水径，水道之达理其山形”，园林内开凿的各种水体也都是自然界的河、湖、溪、泉、瀑等的艺术概括，人工理水务必做到“虽由人作，宛自天成”，哪怕再小的水面亦必曲折有致，并以山石点缀岸、矾。园林中的水体还有其实用功能，大面积园林与风景区的水面，可以蓄洪排涝，调节城市用水、灌溉农田、进行交通运输。这类水体如北京的北海、昆明湖，南京的玄武湖，杭州的西湖等。北京的颐和园结合城市水系和蓄水功能，将原有与万寿山不相称的小水面扩展成山水相映的昆明湖。实现使湖面高出园外地面，但由于有适当的驳岸选材，结合较高的施工水平，很少出现渗漏现象，其后溪河的开辟不仅从园林景观上实现了“山因水活”的效果，同时也成为贯穿万寿山北的排放水体。

当代园林中如上海的豫园、苏州的狮子林、扬州的寄啸山庄都利用橼流布置有人工瀑布。圆明园是清代皇家园林中水面最多、理水手法最为丰富的一座人工景园，其中人工开凿的水面占一半以上，其水景的创作既继承了中国园林理水的传统，也开拓了新的理水情趣，更加入了西洋理水的形式。

在园林建设工程理论方面,历代的工匠和画师在长期实践的基础上,撰写园林工程专著,如明代的计成所著的《园冶》即是一部专事各种园林工程理法的专著。其他涉及园林工程艺术的还有沈括的《梦溪笔谈》、李诫编修的《营造法式》,明代文震亨的《长物志》和徐弘祖的《徐霞客游记》,清代则有李渔的《闲情偶记》和沈复的《浮生六记》。

三、近代的园林建设工程

这段时间由于中国社会长期处于军阀混战以及抗击日本侵略者等战事,整个园林事业处于停滞状态,大型的公共园林极少,仅有一些私家园林,如清末民国初期的广东的余荫山房等私家园林。在造园工艺上出现了岭南的灰塑等工艺。同时仿古建筑开始出现,利用钢筋混凝土进行一些仿古建筑的建设。在理水上除继承传统工艺外,在工艺中逐渐引入了西洋和日本东洋园林的理水方式,颠覆了中国传统园林基本上偏于静态水面的理水形式。尤其是在公共园林中采用动态理水——喷泉开始出现并逐渐占据主要地位,使中国园林理水进入了一个动静结合的时代。

四、现代园林建设工程

新中国成立后,园林建设事业得到了充分的发展。到新中国成立十周年时,全国城市绿地面积已达 12.8 万公顷。进入 20 世纪 60 年代,由于党和政府的经济发展政策使国民经济发展出现困难,城市绿化事业受到影响。1963 年 3 月,建设部颁布了《关于城市园林绿化的若干规定》将园林建设工作上升到法规的地位;但在“文革”十年浩劫中,园林绿化被作为资产阶级生活方式和“四旧”,一些古典园林建筑、园林植物资源被破坏。改革开放后,国家对市政园林绿化事业给予空前的重视,1978 年,国家建设委员会召开了全国城市园林绿化会议后,绿化事业进入了新的发展时期,作为绿化主体的园林建设也焕发了青春。1982 年城乡建设环境保护部颁布了《城市园林绿化管理暂行条例》,这一系列相关政策的出台使园林建设事业得以迅猛发展。北京的颐和园、天坛已被列入世界文化遗产,黄山等风景区也加入了世界文化、自然遗产之列。

目前随着我国社会、经济的快速发展,城市化进程的不断加快,在各地的城市新区或开发区建设中,规划部门注重城市公共设施的建设,各式新型公园、市政广场星罗棋布,城市绿化面积不断增加,这对于提高和改善城市人民生活环境、提高人民生活质量起到了重要作用。2010 年上海世界博览会和 2011 年西安世界园艺博览会将会对我国园林工程及园林建设事业发展起到重大促进作用。另外,电子计算机辅助技术在园林建设中得到广泛应用,使园林景观得以在电脑中模拟,如 2010 年上海世界博览会中首次采用的“网上世博会”(http://www.expo.cn/#&c=home),将使园林建设工程进一步发展,未来园林工程将呈现出崭新的面貌。在上海世博会的中国馆中利用计算机技术将我国著名的画卷“清明上河图”通过电脑动画技术,真实地再现于参观者的视野中,仿佛将当代的人们置身于宋代的市井生活当中。未来电子计算机技术在开发再现世界上已经被破坏消失的园林奇葩方面,作为一种特殊的表现形式必将发挥其独特的作用。

第三节　园林建设的设计与施工

一、园林建设工程中的参与各方主体

园林建设工程作为国家、政府主导的建设项目，其工程项目参与各方包括了建设项目的投资方、设计规划方、工程承包建设方和工程建设监理方等建设四方参与主体。其中，投资方也叫建设单位、业主单位。现阶段我国的市政园林建设主要是由政府主导的建设项目，也有部分相关企业（如房地产开发商、风景园林开发公司等）。作为业主单位，建设单位是园林建设的主体参与单位，它们具有对园林建设工程经费投入、使用和建设项目进度、投资等方面的主导权。但是，我国新的建筑法和建设规章也明确规定，政府主导的建设项目和企业投资的大型建设项目在执行过程中，对于经费使用、工程质量的控制、进度控制等项目管理事宜必须有工程监理单位参与实施，业主对建筑工程施工单位、监理单位和设计规划单位实施监管。设计规划单位通过项目招投标方式参与工程竞标，并获得工程项目的设计规划资格，才能参与工程项目，并承担项目各阶段的设计、规划和施工图设计以及在施工过程中相关设计变更的任务。工程建设承包单位也必须通过项目的公开投标方式参与工程建设竞标，获得项目建设承包权后方可进入建设工地进行工程建设。承包方承担整个项目的施工工作，施工项目完成后及时进行项目的工程验收和后期维护保养任务，并获得相应的施工建设费用。工程监理单位作为工程建设工地的管理一方，也必须参与项目招投标过程取得参与工程建设的资格后，才能够进入工地对项目建设进行工程管理，并全权向业主单位负责。监理单位派驻现场项目组，并在现场总监理工程师的总负责下实施项目管理，监理单位主要负责建设项目的投资控制、质量控制、进度管理和建设现场的安全管理等事宜。待园林建设项目完工后，监理单位首先进行工程的预验收，并根据预验收中发现的问题督促或监督施工单位整改和完善，为工程项目的最终验收做好准备。

工程项目完成后，项目参与各方在充分准备的基础上，由政府行政建设工程监督管理单位对建设项目进行正式的竣工验收并对园林建设项目的质量进行评定。

工程全部完工后，监理单位项目组在现场总监理工程师的组织下，完成园林建设项目的档案整理工作，总结项目建设的经验教训。全部档案材料上报业主单位进入档案室做永久档案保存。并使市政园林建设项目投入使用，发挥其社会、经济效应。

二、园林建设程序、步骤和内容

园林建设工程作为建设项目中的一个类别，它必须遵循建设程序，即建设项目从设想、选择、评估、决策、设计、施工到竣工验收、投入使用，发挥社会效益的整个过程，而其中各项工作必须遵循有先后次序的法则。一般而言，园林建设工程建设的程序为：

1. 根据地区发展需要提出项目建议书；

2. 在勘探、现场调研的基础上，提出可行性研究报告；

3. 有关部门进行项目立项；

4. 根据可行性研究报告编制设计文件，进行初步设计；

5. 初步设计批准后做好施工前准备工作；

6. 组织施工，竣工后经验收并交付使用；

7. 经过一段时间的运行，一般是1～2年，应进行项目后评估。

园林建设工程实施中，园林建设的各阶段中的主要实施内容和程序，以及各阶段项目实施的步骤与内容各不相同。其主要内容如下：

(一)项目建议书阶段

项目建议书是投资建设决策前对拟建园林建设项目的轮廓设想，主要是说明该项目立项的必要性、条件的可行性、可获取效益的可能性，以供上一级管理机构或部门进行决策之用。园林建设项目中的项目建议书的内容一般有：

1. 建设项目的必要性和依据；

2. 拟建设项目的规模、地点以及自然资源、人文资源情况；

3. 投资估算以及资金筹措来源；

4. 社会效益、经济效益的估算。

在我国现行建设项目模式下规定，凡属大中型或限额以上的项目建议书，首先要报送行业归口主管部门，同时抄送国家计划委员会。行业归口部门初审后再由国家计委审批。而小型和限额以下项目的项目建议书应按项目隶属关系由部门或地方计委审批。

(二)可行性研究报告阶段

当园林建设项目建议书一经批准，即可着手进行可行性研究，其基本内容有：

1. 项目建设的目的、性质、提出的背景和依据；

2. 建设项目的规模、市场预测的依据等；

3. 项目建设的地点位置、当地的自然资源与人文资源的状况，即现状分析；

4. 项目内容，包括面积、总投资、工程质量标准、单项造价等；

5. 项目建设的进度和工期估算；

6. 投资估算和资金筹措方式，如国家投资、企业自筹资金等；

7. 经济效益和社会效益。

(三)设计工作阶段

设计是对拟建设工程实施在技术上和经济上所进行的全面而详尽的安排，是园林建设的具体化。设计过程一般分为三个阶段，即初步设计、技术设计和施工图设计。但对于一些小型的园林建设工程一般仅需要进行初步设计和施工图设计即可进行项目的施工。

(四)建设准备阶段

项目在开工建设前要切实做好各项准备工作，其主要内容有：

1. 征地、拆迁、平整场地，其中的拆迁是一项政策性很强的工作，应在当地政府及有关部门的协助下，共同完成此项工作；

2. 完成施工所用的供电、水、道路设施工程；

3. 组织设备及材料的订货等准备工作；

4. 组织施工招、投标工作，精心选定施工单位和施工监理单位。

(五)建设实施阶段

1. 工程施工的方式

工程施工方式有两种,一种是由实施单位自行施工,另一种是委托有资质的承包单位负责完成。根据中华人民共和国《建筑法》和《合同法》规定,市政与园林建设项目等属于国家投资的公共项目,其建设过程必须通过招投标方式确定项目的施工单位和施工监理单位。所以,目前常用通告公开招标以决定承包单位,只有那些投资数额较小或者企业以自有资金来实施的园林建设项目才可以由项目实施单位自行施工和管理。其中,在施工单位确定中最主要的内容是签订承包合同(在特定的情况下也可以采取订意向合同的方式)。工程承包合同的主要内容有:

(1)所承担的施工任务的内容及工程完成的时间;

(2)双方在保证完成施工任务的前提下所承担的义务和权利;

(3)甲方支付工程款项的数量、方式以及期限等;

(4)双方未尽事宜本着友好协商的原则处理,力求完成相关工程项目;

(5)发生纠纷时仲裁或法庭处理的方式等。

2. 施工管理

施工管理是项目经理或施工员在现场具体解决施工组织设计和现场关系的一种管理方式,组织设计中的工作内容要靠项目经理或施工员在现场监督、测定、编写施工日志,上报施工进度、质量和投资情况等问题。项目经理对施工现场的管理主要从以下几点体现:

(1)工程管理:项目开工后,工程现场实行自主的施工管理,施工参与各方在合同约定的权限范围内行使各自主权。对甲方而言,主要是在如何确保工程质量的前提下保证工程顺利进行,以在规定的工期内完成建设项目。对乙方而言,则是以最少投入取得最好的经济效益。工程管理的重要指标是工程速度,所以要在满足施工质量要求的前提下,通过管理求得确实可行的最佳工期。

为保证如期完成工程项目,工程承包方应编制出合理的施工计划,包括合理的施工顺序、作业时间和作业均衡、成本等等。在制订施工计划时,将上述有关数据图表化,即可编制出工程表。在工程施工过程中如果出现预想不到的情况,应对施工计划予以补充或修正,以灵活应用。

(2)质量管理:目的是为了有效地建造出符合甲方要求的高质量的项目,因而需要确定施工现场作业标准量,通过合理的测定与测算这些标准量,并对数据进行分析,将数据填入图表中并加以研究运用。施工过程中有关管理人员和技术人员正确掌握质量标准,根据质量管理图进行质量检查及生产管理,确保质量稳定。

(3)安全管理:在施工现场应该有专人(安全组织)管理现场,制订安全管理计划以便有效地实施安全管理,杜绝劳动伤害、创造秩序井然的施工环境。

(4)成本管理:通过建立与施工现场各参与者之间的成本控制目标责任制度,并与其经济利益挂钩,来控制施工过程中的施工成本。建立制度前应对项目的成本进行合理的预测和计划,在过程中定期以例会的方式分析成本组成中消耗量与工程量关系,找出问题及时整改。对各种材料进行定额管理,对周转材料以在每项工程中摊销等方式达到节约成本、增加效益的目的。

(5)劳务管理:属于劳动力资源管理的范畴。在施工过程中施工前期要根据施工进度计划,依照劳动定额排出用工计划;在开工后要严格控制劳动力定额,发挥和解决施工中出现的用工不合理的现象,降低人工成本。必要时也可以在施工前由项目经营部与班组负责人签订责任书及承包书等。工程部内部也可以引入竞争机制,或在项目经营部定期举行一些小型的集体活动,增进员工间的感情和团队意识,极大地增进劳动效率。

(六)竣工验收阶段

竣工验收是建设工程的最后一环,是全面考核园林建设成果、检验设计和工程质量的重要步骤,也是园林建设转入对外开放及使用的标志。

1. 竣工验收的范围

根据国家现行规定,所有建设项目须按照上级批准的设计文件所规定的内容和施工图纸的要求全部建成。

2. 竣工验收的准备工作

主要有整理技术资料、绘制竣工图纸,并应符合档案要求,编制竣工决算。

3. 组织项目验收

工程项目全部完工后,经过单项验收,符合实际要求,并具备竣工图纸、竣工决算、工程总结等必需的文件资料,由项目主管单位向负责验收的单位提出竣工验收申请报告,由验收单位组织相应的人员进行审查、验收,作出评价。对不合格的工程则不予验收,工程遗留问题应提出具体意见,限期完成。

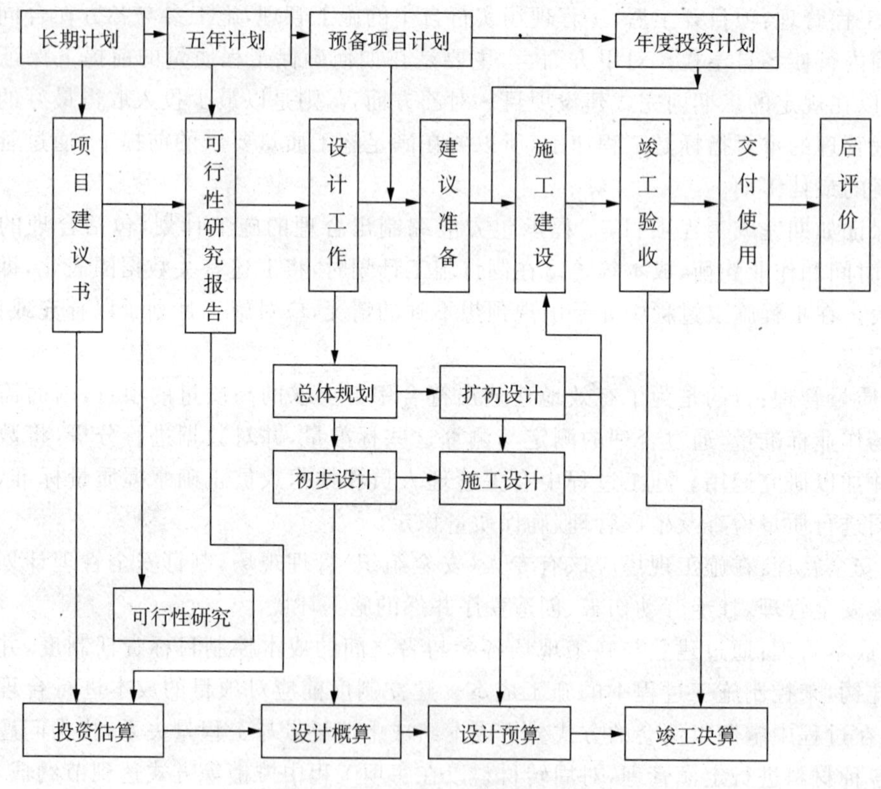

图 1-1-2　园林建设程序示意图

4. 确定对外开放日期

项目验收合格后，应及时移交使用部门并确定对外开放时间，以尽早发挥项目的经济效益与社会效益。

(七)后评价阶段

建设项目的后评价是工程项目竣工并使用一段时间后，再对立项决策、设计施工、竣工使用等工程内容进行系统评价的一种技术经济活动，也是单位固定资产管理的一项重要内容。目前我国开展的建设项目的后评估一般按三个层次组织实施，即项目单位的自我评估、行业评估、主要投资方或各级计划部门的评价等。

三、园林工程设计文件深度

规划设计单位取得项目设计承包合同后，应及时进行项目的设计，且设计水平应该与项目大小、复杂程度一致。按现行国家城乡与住房建设部和国家工商管理总局对设计单位资质要求，工程设计单位有甲、乙、丙、丁四级设计资质，它们可按其相应资质承担相应规模的设计项目。设计单位必须严格保证设计质量，设计方案经过甲方组织的园林建设项目规划设计论证会比较，保证方案的合理性。设计所使用的基础资料、引用的设计数据、技术条件等要确保准确真实。

(一)总体规划图设计

一般园林建设工程的总体规划图设计由图纸和相应的文字说明两部分组成。

1. 图纸部分

图纸部分包括：

(1)建设场地的规划和现状位置图，图中标明绿线轮廓、现状及规划中建筑物位置和周围环境。图纸比例尺为1∶2000～1∶10000。

(2)近期和远期用地范围图，标明具体位置，有明确尺寸及坐标，图的比例尺为1∶500～1∶2000。

(3)总体规划平面图，要在用地范围内标明道路、广场、河湖、建筑、园林植物类型、出入口位置及地形竖向控制标高。图纸按园林建设规模，具有不同的比例尺(见表1-1-1)。

表1-1-1　总体规划平面图的比例尺

公园、广场及绿地面积(公顷)	比　例　尺
＜10	1∶200～1∶500
＞10～＜50	1∶500～1∶1000
＞50～＜100	1∶1000～1∶2000
＞100	1∶2000～1∶5000

(4)整体鸟瞰图。

(5)重点景区、园林建筑或构筑物、山石、树丛等主要景点或景物的平面图或效果图。比例尺为1∶20～1∶100。

(6)公用设备、管理用设施、管线的位置和走向图。

(7)重点改造地段的现状照片。

2. 说明书

园林建设项目总体规划图设计文件中的说明书内容主要包括:①园林建设项目实施的主要依据,包括园林建设项目批准的任务书,建设项目所在地的气象、地理、地质概括;园林建设项目地的风景资源及人文资料;能源、公共设施、交通利用情况等。②园林建设工程项目的规模和范围,包括项目的规模、面积、市政园林中游人容量;建设项目是否存在分期建设情况,以及分期建设项目情况;园林建设项目总体设计中各项目组成;园林建设项目建成后对项目地生态环境、游憩、服务设施的技术分析。③建设项目的整个艺术构思。④园林建设项目中有关植物材料种植规划概况。⑤市政园林项目建成后的功能与效益初步分析。⑥建设项目相应的技术、经济指标及其分析,包括建设用地平衡表、建设项目施工中土石方概数、主要材料和能源消耗概数等。⑦需要在审批时决定的其他问题,包括园林建设项目与所在城市规划的协调、拆迁、交通情况,以及施工条件、投资说明等。

3. 园林建设项目总体规划图文件装订时文件编排顺序

(1)总体规划图设计文件封面;

(2)总体规划图设计文件目录;

(3)说明书;

(4)总图与分图;

(5)概算。

(二)园林工程初步设计

初步设计应在总体规划图设计文件得到批准后及待定问题得以解决后进行。初步设计文件包括设计图纸、说明书、工程量总表和概算。设计图表示的高程和距离均以米为单位,数字写到小数点后两位。

1. 图纸部分

初步设计文件的图纸部分包括以下几部分:

(1)总平面图:总平面图应用具体的尺寸、标高标明道路、广场、河湖、建筑、假山、设备、管线等设备专业设计或单独的子项目工程间相互关系、周围环境的配合关系,必要时可用断面图加以明确说明。总平面图必须有准确的放线依据。其比例尺 1∶200～1∶500,简单的工程设计可用 1∶1000。

(2)总平面图以外,必要时根据园林建设项目的能力及分项工程可增加竖向设计图、道路广场设计图、种植设计图、建筑设计图。

① 竖向设计图:主要包括园林项目中部分建筑物、构筑物和堡坎等的竖向设计图纸,图纸中应标出各控制点的标高或海拔标高。不同比例的图纸上用等高线表示地形时其等高距要求不同。竖向设计的比例尺同总平面图。

② 道路广场设计图:包括广场外轮廓、道路宽度尺寸标注情况;广场中心及其四周标高,道路转弯处标高等;用方格网来控制道路广场位置;标明排水方向、雨水口位置等。其比例尺也同总平面图。

③ 种植设计图:标明树丛、树林、孤树或成片花卉位置;主要树种以及树种与周围建筑、道路和水体的相对位置。其比例尺同总平面图。

④ 建筑设计图：图中注明建筑轮廓及其周围地形标高；与周围建筑物距离尺寸；与周围绿化种植间关系。

⑤ 综合管网图：主要包括园林工程项目中的给、排水管网设计图；电器线路走向图等。

2. 工程设计说明书

对照总体规划设计图文件中文字说明部分，提出的技术分析和技术处理措施；对设计图中各专业设计配合关系中关键部位的控制要点进行说明；对材料、设备、造型原则和色彩进行选择要求说明。

3. 工程量总表

包括设计中的各园林植物种类及数量，场地处理时的填挖方量，假山工程中的山石数量，道路、广场的铺装面积，水体中驳岸、水池的面积，各类园林小品数量，园灯、园椅凳小设施的数量，园林建筑及服务管理建筑、桥梁的数量与面积等，各类管线的长度并标明管径。

4. 设计概算

根据园林建设概算定额，按初步设计图中的工程量进行工程基本费用计算，并按照有关部门规定计算出增加的各类附加费，公园、绿地和广场范围以外市政配套设施所追加的附加费的综合来进行设计概算计算。

5. 园林工程初步设计文件编排顺序

(1)初步设计文件封面；

(2)初步设计文件扉页；

(3)初步设计文件目录；

(4)初步设计文件说明书；

(5)图纸目录；

(6)总图与分图；

(7)工程量表；

(8)概算。

(三)园林工程施工图设计

在园林建设工程初步设计批准后，设计部门即可进行施工图设计。

施工图设计文件包括施工图、文字说明和预算。施工图尺寸和高程均以米为单位，要写到小数点后两位。园林建设工程施工图设计分为种植、道路、广场、山石、水池、驳岸、建筑、土方、各种地下或架空线的施工设计。在施工图纸中两个以上专业工种在同一个地段施工时，就需要有施工总平面图，并经不同专业工种的工程师审核会签，使各专业工种在施工时在其施工的平面尺寸关系和高程上取得一致。在一个子项目内，各专业工种要同时按照专业规范进行审核会签。

1. 施工总平面图

园林建设施工总平面图中应以详细尺寸或坐标注明工程基点、基线及其标高，注明各类园林植物尤其是大型控制性树木的坐标位置、构筑物、地下管线位置和外轮廓，应注明道路、广场、建筑物、地下管沟上皮、山丘、绿地和大树(古树)根部的标高。为减少误差，整个形式平面要注明轴线与现状的关系，自然式道路、山丘种植要以方格网为控制依据。此类图纸的比例尺为 1∶100～1∶500。

2. 种植施工图

种植施工图包括平面图、立面或剖面图及苗木管理费用表等。

(1)平面图

在图上应该按实际尺寸标注出各种苗木品种与数量,表明树木与周围构筑物和地上地下管线距离的尺寸。标出园林施工放线的依据。对于种植树种种植间的距离和方位等可用方格网标出,自然式种植可以用2米×2米~10米×10米的方格网来控制。方格网与测量图的方格网在方向上一致。平面图的比例尺为1∶100~1∶500。

(2)立面、剖面图

在竖向上标明各园林植物间的关系、园林植物与周围环境及地上地下管线设施之间的关系。标明施工时准备选用的园林植物的高度、类型等。标明植物与山石之间的关系。图纸的比例尺为1∶20~1∶50。

(3)局部放大图

对于施工中的重点部位(树丛、主要标示性树种间)、古树名木周围、各种复层混交林的种植需要有局部放大图作指导,放大图上面标明各类植物种植的详细尺寸。在仿古建筑物设计中对于仿古建筑物局部处理方式更应该出局部放大图纸,并对局部处理作详细施工指导说明。园林中的山石、花坛局部施工处理等施工方法说明。

(4)做法说明

包括放线依据,苗木要求、栽植时各类规格苗木种植措施、施肥管理等说明。苗木栽植时与各市政设施、管线管理单位配合情况说明。非季节栽植苗木时的施工要求及苗木处理的详细说明等,大树移栽时栽植区客土层的处理、客土或栽植土的土质要求,苗木栽后施肥管理要求。苗木价格发生较大变动时对苗木供应规格发生变动时的处理,大树号苗、起苗及运输、现场栽植时的定位方案要求等作出说明。

(5)苗木表

包括苗木种类、品种,苗木胸径、冠径及其高度规格要求,彩叶类与花卉花色要求等。一般苗木规格、胸径均以厘米为单位,写到小数点后一位;冠径、高度以米为单位,写到小数点后一位。对于不同苗木栽植数量、栽植方法作出详细说明。

(6)预算

根据定额或与业主合同商定的苗木价格,按实际工程量进行计算,预算组成内容包括:基本费、设计费、各种管理附加费和不可预见费等。

3. 竖向施工图

(1)平面图

主要内容有现场现状与原地形标高;设计等高线,土山山顶标高;水体驳岸、岸顶与岸底标高;池底高程用等高线表示,水面要标出最低、最高及常态水位;建筑物室内外表高、建筑物出入口与室外标高等;道路、折点标高、纵坡坡度;绿地高程及等高线、排水(坡向走水方向)、雨水口位置等。其图纸比例尺为1∶100~1∶500。必要时增加土方调配图,用2米×2米~10米×10米的方格来注明各方格点原地面标高、设计标高、填挖土方平衡表。

(2)剖面图

在一些重点地区、坡度变化复杂的地段增加剖面图,在其关键部位标出标高。平面图的比例尺为 1∶20～1∶50。

(3)做法说明

由夯实程度,土质分析、客土处理,微地形处理等内容组成。

(4)预算

4. 园路、广场施工图

(1)平面图

由路面总宽度及其细部尺寸,园路放线用基点、基线、坐标组成。图中园路与构筑物、地上地下管线距离尺寸及对应标高应标出,应该标出路面及广场高程、路面纵向坡度、路中标高、广场中心及四周标高、排水方向。园路与广场雨水口位置、雨水口施工明细,路面横向坡度处理关系,以及路面、广场面层花纹处理等。曲线园路路线线形转弯半径或以 2 米×2 米～10 米×10 米的方格标出。比例尺为 1∶20～1∶100。

(2)剖面图

由路面、广场纵横剖面上的标高,路面结构及其做法组成。比例尺为 1∶20～1∶50。

(3)局部放大图

由重点部位结合处理、路面花纹处理和广场贴面处理设计等组成。

(4)做法说明

包括放线的依据,路面的强度、粗糙度说明,广场砖等材料铺装时铺装缝线允许尺寸,该尺寸以毫米为单位。路牙与路面结合部的做法、路牙与绿地结合部高程做法,异型铺装块与倒牙衔接处理方法。正方形铺装块折点、转弯处做法等的详细说明。

(5)预算

5. 假山施工图

(1)平面图

主要说明山石平面位置、尺寸,山峰及其制高点、山谷、山洞的平面位置、尺寸及各处高程。山石附近地形及构筑物、地下管线及其与山石的距离尺寸。植物及其他设施的位置、尺寸等。图的比例尺为 1∶20～1∶50。

(2)剖面图

山石各山峰的控制高程,山石基础结构,各类管线位置、管径,植物种植池的做法、尺寸和位置。

(3)立面或透视图

山石的配置方式,山石大小与形状,山石与植物及其他设备的关系。

(4)做法说明

堆石手法,山石接缝处理,山石纹路处理。山石大小、形状、纹路、色泽选择原则等组成。山石用量控制。

(5)预算

6. 水池施工图

(1)平面图

该图上包括了放线依据,水池与周围环境、构筑物、地上地下关系的距离尺寸,自然式水池轮廓可用方格网控制,方格网 2 米×2 米～10 米×10 米。周围地形与池岸标高关系,池岸岸顶、岸底标高，主要转折点位置及其标高，池底标高。水池进水口、排水口及溢水口的位置、标高。泵房、泵坑的位置、尺寸和标高。

(2)剖面图

该图上包含有池岸、池底进出水口高程。池岸、池底结构、水池表层(防护层)、防水层、基础施工做法要求。池岸与山石、绿地、树木结合部的做法，池底种植水生植物的做法。

(3)各单位土建工程详图

主要有泵房，泵坑，给排水、电气管线，配电装置和控制室施工图纸等。

(四)园林建筑工程设计

与其他建筑设计一样，园林建筑工程设计也由建筑设计、结构设计和设备设计等工种组成设计组图，按照各自工种分工不同，共同完成设计任务。

其中，建筑设计主要负责确定园林建筑总图，建筑物的平、立、剖面图，鸟瞰图，透视图及模型的制作等，以及园林建筑物设计和室内外、墙面、地面、天花、门窗装修等设计，并编写工程说明书及工程概算、预算等。

结构设计主要负责确定结构承重体系(砖木结构、混合结构、框架结构)、地基基础的做法、墙柱的截面尺寸、大梁楼板的断面和配筋等。

设备设计主要负责电气设计，确定供电方式，按照要求布置各类电路系统；给排水设计，确定上、下水，雨水的管网系统；供暖设计负责设计暖气、空气调节方式及管理系统等。

园林建筑设计的步骤与程序主要包括：

1. 初步设计

是设计的第一阶段，它主要是根据批准的可行性研究报告和必要而准确的设计基础材料而进行的。初步设计书、总图各建筑物的平面、立面、剖面图及工程概算是上报上级主管单位审批的主要文件，并作为技术设计与施工设计的主要依据。初步设计由主要投资方审批或由投资方组织有关专家组进行审批。

2. 技术设计

在初步设计经审批通过的基础上，技术设计时要进一步解决工程设计中各项具体技术问题和工种间相互配合与交叉的矛盾。

园林建筑设计要求确定各项具体尺寸、构造的做法等。结构设计则要进行结构计算，确定墙、柱、梁板等构件的静力学计算，截面尺寸及配筋数量等。设备设计主要根据各工种进行各类管线的管径截面计算。

3. 施工图设计

各设计工种根据技术设计阶段所确定的数据，用图纸的方式表达出来，成为完整的施工工程图纸，并指导施工建设单位和施工监理进行园林施工和管理。

4. 图纸要求

(1)建筑设计的图纸要求

总图比例尺为1∶500。建筑分层平面图、建筑物的立面图及主要侧立面图、代表性构件的剖面图等比例尺为1∶100～1∶200。

(2)有关门、窗、墙、地面、天花等装修的细部构造做法及节点大样图，各类做法数量的明细表。

(3)结构设计的图纸要求

基础平面及剖面图纸的比例尺为1∶100～1∶200。柱网、楼盖平面图纸的比例尺为1∶100～1∶200。屋顶平面图以及各类大梁、柱子、楼板、阳台、过梁等构件的模板和配筋图的比例尺为1∶100～1∶200。

(4)设备工种设计的图纸要求

这类图纸必须包括各类管线系统图、管线的平面布置图、各类节点大样及详图等。

(5)园林建筑工程设计文件

由经技术审核并由各设计工种工程师会签后的硫酸纸底图,工程设计总说明书、结构计算书、设备各工种管线截面计算书等和工程预算书组成。

[本章参考文献]

1. 高国华主编. 园林建设工程施工监理手册. 中国林业出版社,2006

2. 龙岳林,许先升主编. 园林建设工程管理. 中国林业出版社,2009

3. 易军,吴立威主编. 中外园林简史. 机械工业出版社,2008

4. 徐哲民主编. 园林规划设计. 中国建筑工业出版社,2011

[复习思考题]

1. 试通过教材、网络等资源论述世界各地著名的园林景点。

2. 东西方对园林景观的定位有什么不同?

3. 园林建设工程分为哪两部分? 其中的各部分主要由哪些分项工程组成?

4. 比较园林建设工程中有关土石方量计算方法的优劣。

5. 为什么说水景工程是园林中的灵魂?

6. 你对市政园林中常见的人为行走形成的“羊肠小道”有何认识?

7. 简述中国古代园林发展史,并指出几个主要的发展节点及其对园林发展的影响。

8. 园林工程设计文件中的总体规划设计、初步设计、施工图设计三个阶段的特点有哪些? 对应的项目经费计算特征是什么?

第二章　园林建设工程的招标与投标

本章主要内容：

1. 介绍了建设工程承包的概念及其基本知识，承包商参与建设工程的基本条件。

2. 介绍了建设工程招、投标活动中的基本知识，招标文件的制作与发布；承建建设施工活动的企业投标文件的编制、投标活动的参与方式。

3. 建设工程招、投标活动的程序、园林建设工程承包合同的签订等。

4. 投标企业参与投标活动与合同签订后工程施工方案编制方法等。

本章教学难点与实践内容：

1. 园林建设工程项目的招投标活动中招标文件与投标文件的编制方法，建设工程招、投标的程序是本章的重点与难点。要求学习后掌握现代建设工程招、投标实践过程中一般程序、标底的编制与审定，学会招标文件与企业投标文件编制、制作的方法，了解建设工程预算、概算中相关工程量计算及其施工中涉及的工料单价表的应用等。

2. 教学过程中可以利用多媒体手段将建设工程招投标活动的过程、企业在投标活动中展示企业业绩和风采的资料展示给学习者。

3. 实践课内容。在熟悉园林建设工程设计图纸的基础上，通过计算设计图中的工程量方法，对建设工程概(预)算定额内容进一步熟悉。通过模拟方式熟悉工程招投标活动。通过案例分析理解建设工程施工方案的制作过程。

第一节　园林工程承包活动基本知识

一、园林建设工程承包的概念和内容

(一)工程承包的概念

工程承包是一种商业行为，是商品经济发展到一定程度的产物。园林建设工程承包的含义是指在园林项目建设的市场中，作为供应者的园林建设企业(即承包人)，对作为需求者的建设单位(即发包人)作出承诺，负责按对方的要求完成某一园林建设工程的全部或其中一部分工作，并按商定的价格取得相应的报酬。在交易过程中，发承包双方之间存在着经济上、法律上的权利、义务与责任的各项关系，依法通过合同予以明确。双方都必须认真按合同规定办事。

根据《中华人民共和国合同法》和国家住房与城乡建设部、国家工商行政管理总局发布的《建设工程施工合同》的规定，工程承包应以承包合同的形式予以体现，而工程承包合同以

承包项目的大小及形式可以分为工程总承包合同、分项工程承包合同、分包合同、转包合同，以及建筑工程劳务承包和设计合同等方式。

工程总承包合同是指园林建设项目业主(法人)与具有资质的承包商直接签订的市政园林建设工程项目的全部工作的协议。根据《中华人民共和国建筑法》和《中华人民共和国合同法》规定，签订这种总承包合同需要经过一系列招投标程序，最终由项目法人与总承包商协商一致并签订合同。总承包合同的当事人是总承包商和项目法人。合同中所涉及的权利和义务关系只能在项目法人与总承包商之间发生。

分项工程承包合同是指园林建设项目法人与各工程项目中的各分项工程承包商分别签订的某一分项工程的协议。各个承包商分别对项目法人负责。如果园林建设项目工程内容比较复杂，根据分项工程的特点，项目法人可以通过协商由项目法人或其中的一个主要承包商对各分项承包商承包工程进行协调管理。分项承包合同的优点在于它可以给项目法人充分的灵活性，获得最好的专业承包商以及缩短工期、节省由总承包商再分包的费用等。但项目法人若缺乏工程项目管理能力，就会带来严重困难和复杂问题。

工程分包合同是指园林建设工程建设项目总承包商在与项目法人签订某工程项目总承包合同之后，总承包商将该工程项目的某一部分工程或某一单项工程分包给分包商完成而与其签订的承包合同。分包合同的当事人是总承包商与分承包商。工程项目所涉及的权利、义务关系，只能在总承包商与分承包商之间发生；项目法人与分承包商之间不直接发生合同法律关系。但是，分承包商要间接地承担总承包商对项目法人承担的相关工程项目的义务。

工程转包合同是指承包商甲从项目法人那里承包了某一工程项目后，又将该工程项目转包给承包商乙，并与其签订的工程承包合同。转包合同与分包合同不同，它的特点是由承包商甲与项目法人签订的承包合同所规定的权利和义务，全部转予承包商乙，即合同当事人的权利和义务在项目法人与承包商乙之间发生效力。签订转包合同时，承包商乙应向承包商甲给付一定数额的酬金。在我国，国家明令禁止这种转包行为。

建设工程的劳务合同又称雇佣合同，它是指项目法人、承包商或分包商(作为合同中的甲方)对于建设工程项目，与雇佣劳务提供者(乙方)就雇佣劳务者参与施工活动所签订的协议。当事人双方在商定的各项条件基础上，以各个被雇佣人员的劳动量为单位，由甲方付给乙方人员相应的报酬。其特点是乙方只取得相应的酬金，而不承担甲方的风险，也不分享利润。市政园林和小区绿化工程中的甲方经常进行这种劳务合同的施工方式。

设计—施工合同是指园林建设项目法人将设计任务和施工任务都授予一个承包商完成，又称为总体合同或一揽子合同。设计—施工合同的特点是节省费用和时间，并有利于设计和施工技术的结合以及设计与施工的配合。

此外，近年来在我国东部经济发达地区在市政项目的施工过程中引入了一种新的工程建设模式——BOT(即 Build-operate-transfer)模式，即建设—经营—转让，是指政府通过契约授予私营企业(包括外国企业)以一定期限的特许专营权，许可其融资建设和经营特定的公用基础设施，并准许其通过向用户收取费用或出售产品以清偿贷款，回收投资并赚取利润；特许权期限届满时，该基础设施无偿移交给政府。

(二)各类承包合同的任务及其内容

园林建设工程项目建议书被接受后，其整个建设过程可以分为可行性研究、勘察、设计、材料与设备采购、工程施工和竣工验收等阶段。而园林建设工程承包的内容就其总体内容来说就是建设过程各阶段的全部工作，对承包者而言，一项承包获得的可以是建设过程的全部工作，也可以是某一阶段的全部或部分工作。

1. 可行性研究承包合同

可行性研究是在建设前期对园林建设工程项目的一种考察和鉴定，是基本建设程序的组成部分。该合同涉及的主要任务是：根据城市规划和城市绿地系统规划的要求，或按照业主的具体要求，承包方对园林建设项目在技术、工程、环境效益、社会效益和经济效益上是否合理、可行进行全面的分析、论证，作出方案比较和评价，为投资方提供可靠的依据。

可行性研究通常由咨询、监理、设计机构承担，也可由工程承包单位承担。研究的结论不论是否可行，也不论委托人是否采纳，委托方都是先按协议支付报酬。

可行性研究作为投资决策和筹措资金的依据，投资决策机构和资金供应机构要进行评估。大型的市政和园林建设工程可以委托有资质的园林规划设计院或组织专家评审组进行评估。

2. 工程勘察承包合同

园林建设工程勘察的任务是：查明工程项目建设地点的地形地貌、地层土壤特性、地质构造、水文气象条件等自然地质条件，并作出鉴定和综合评价意见，为项目的工程设计和施工提供科学依据。

工程勘察工作结束后，应按规定编写勘察报告，并绘制各种图标。

工程勘察一般委托有专门资质的勘察机构（工程勘察设计院等）承担。

3. 设计承包合同

园林建设工程中的设计任务是：在园林建设可行性研究和勘察的基础上，由承包人完成包括园林工程总体设计规划、初步设计、施工图设计、设计概算等工程内容。根据项目法人与设计承包商之间签订的承包合同范围，园林工程设计承包合同可以是设计总承包合同，也可以是不同设计阶段的设计分项承包合同。设计承包一般也需要有相应工作资质的专业设计机构承担。

设计工作包括：总规划设计、初步设计、施工图设计，相应地对于设计的不同阶段要求设计单位作出设计概算、预算等文件。

4. 材料和设备的采购合同

材料和设备采购合同是建设项目材料与设备供应方与分供方，经过双方谈判协商一致同意而签订的“供需关系”的法律性文件。签订合同的双方都有各自的经济目的，采购合同是经济合同，双方受“经济合同法”保护和承担责任。采购合同是商务性的契约文件，其内容条款一般应包括：供方与分供方的全名、法人代表，以及双方的通讯联系的电话、电报、电传等；采购货品的名称、型号和规格，以及采购的数量；价格和交货期；交付方式和交货地点；质量要求和验收方法，以及对不合格品的处理，当另订有质量协议时，则在采购合同中写明见“质量协议”；违约的责任。

大型园林建设项目所需各项材料、设备、设施可由工程承包单位（项目总承包的情况下）招标选择物资供应单位承包；其他园林建设项目可由工程承包单位自行采购。

5. 园林工程施工承包合同

园林工程施工合同是承揽合同的一种特殊形式，除具有承揽合同的一般法律特征外，还具有下列特点:①合同标的包括园林建设与建筑工程、设备安装工程等施工工程;②中国特色的社会主义市场经济模式下,市政园林建设项目也必须有计划地进行。所以《中华人民共和国经济合同法》第18条规定:“建设工程承包合同,必须根据国家规定的程序和国家批准的投资计划、计划任务书等文件签订。”

园林工程施工合同内容应包括园林工程、园林建筑、绿化工程以及市政安装工程范围,工程建设工期,开工和单项、全部工程竣工日期,工程质量,技术标准,工程造价,技术资料交付时间,材料设备供应责任,拨款或货款数额和结算办法,交工验收及相互协作等条款。另外,施工承包合同中还应该包括发生违反工程承包合同的责任。

工程承包方的责任:园林工程质量不符合合同规定,项目法人有权要求承包方限期无偿修理或者返工、改建,经过修理或者返工、改建后,造成逾期交付的,承包方偿付逾期的违约金。工程交付时间不符合合同规定,承包方应偿付逾期的违约金。而项目法人的责任主要有:①未按合同规定的时间和要求提供原材料、设备、场地、资金、技术资料等,除工程日期得予顺延外,还应偿付承包方因此造成停工、窝工的实际损失。②工程中途停建、缓建,应采取措施弥补或减少损失,同时赔偿承包方由此而造成的停工、窝工、倒运、机械设备调迁、材料和构件积压等损失和实际费用。③由于变更计划,提供的资料不准确,或未按期提供必需的勘察、设计工作条件而造成勘察、设计的返工、停工或修改设计,按承包方实际消耗的工作量增付费用。④工程未经验收,提前使用,发现质量问题,自己承担责任。⑤超过合同规定日期验收或付工程费,偿付逾期的违约金。

6. 提供劳务

劳务合同:“是当事人双方就一方提供活劳动给另一方服务过程中形成的债权债务关系的协议。”狭义的劳务合同仅指雇佣合同,即是指双方当事人约定,在确定或不确定期间内,一方向他方提供劳务,他方给付报酬的合同。这种劳务合同的标的是劳务,完成劳务工作即可获得劳动报酬;该类合同的内容主要是承揽合同,以及承揽合同的特殊形式建筑工程承包合同。在园林工程中的劳务合同的提供者往往是某包工头领导的劳务小组。

7. 职工培训

为了使新建项目建成后能够顺利投入生产,交付使用,在建设期间就必须培训合格的配套管理人员和技术工人。如园林工程中的温室管理、大型游艺设施的使用及维护等工作。在实行建设工程全承包的情况下,此项任务由总包单位负责委托适当的分包单位完成。

8. 工程项目管理

园林建设工程项目管理的服务对象可以是建设单位,也可以是施工单位。为建设单位服务的项目管理主要工作是:代表建设单位同设计、施工各方打交道,即在设计阶段选择设计单位,提出设计要求,估算和控制投资额,安排和控制设计进度等;在施工阶段准备招标文件,组织招标,选择施工承包单位,安排施工合同并监督检查其执行,直至竣工验收。

为施工单位服务的主要工作是:选择施工方法和施工机械;制订施工进度计划和施工组织计划;拟订投标报价方案;与建设单位及专业分包单位洽商合同条款;组织材料供应和建设施工;进行质量控制和成本管理;结算工程款以及办理索赔等。

工程项目管理在我国一般由有资质的专业咨询机构承担,或由工程总承包公司承担。

二、工程承包方式

园林建设工程承包方式指工程承发包双方之间经济关系的形式，其承包内容和具体环境的影响，承包方式有多种多样。根据住房与建设部规定，目前在建设业中的工程承包方式可见图 2-1-1 内容分类。

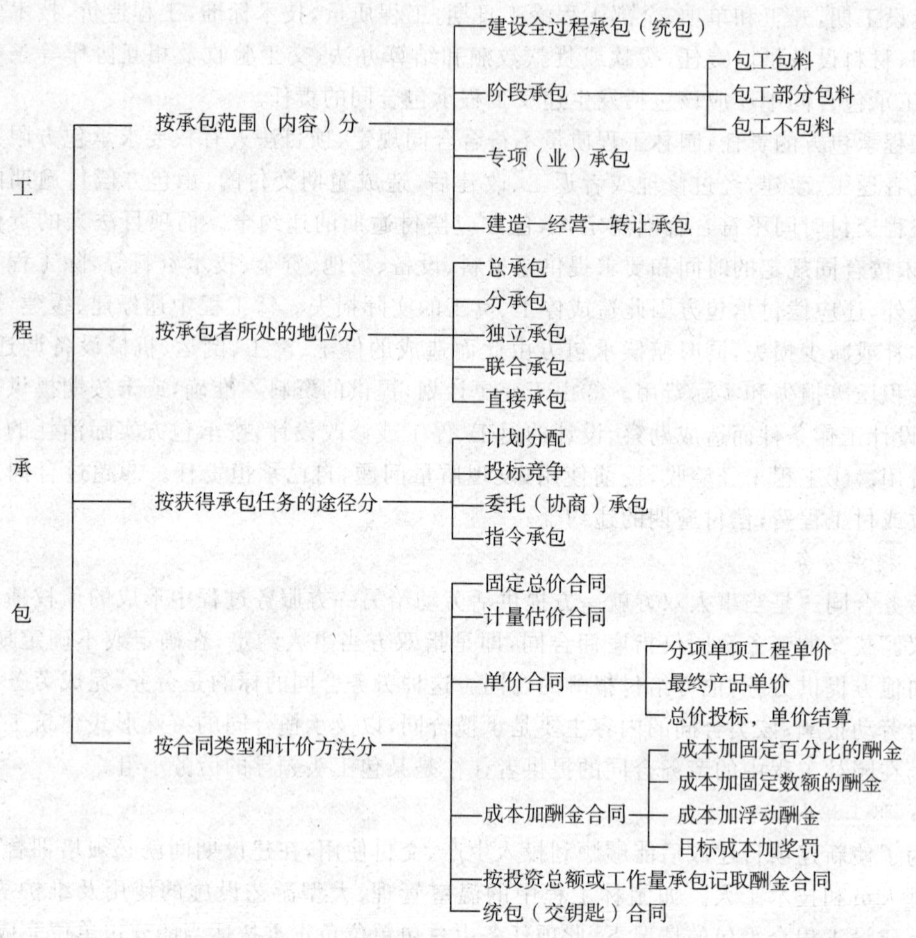

图 2-1-1　建设项目工程承包的分类

(一)按承包范围即承包内容划分承包方式

这种划分方式中有全过程承包、阶段承包和专项承包。

1. 建设全过程承包

建设全过程承包也叫“统包”，或“一揽子承包”。这种承包方式中建设单位一般只提出使用要求和竣工期限，承包单位即可对项目建议书、可行性研究、勘察设计、设施设备询价与选购、材料选择与订货、工程施工、职工培训，直至竣工实行全面总承包，并负责对各项分包任务进行综合管理协调和监督工作。

2. 阶段承包

阶段承包的内容是建设过程中某一阶段或某些阶段的工作。例如可行性研究、勘察设计、施工等。在施工阶段,还可依承包内容的不同,细分为三种方式:包工包料、包工部分包料和包工不包料。

3. 专项承包

专项承包的内容是园林建设过程中某一阶段的某一专门项目,由于专业性较强,多数工作内容由有关的专业承包单位承包完成,故称为专业承包。例如假山工程、喷泉工程、雕塑工程等的设计与施工。

(二)按承包作者所处地位划分承包方式

1. 总承包

建设项目全过程或其中某个阶段的全部工作,有一个承包单位负责组织实施。该承包单位可以将若干个专业性工作交给不同的专业承包单位去完成,并统一协调和监督它们的工作。而建设单位一般只和这个承包商发生直接关系,而不同各专业承包单位发生直接关系。这样的承包方式叫做总承包。承担这种任务的单位叫做总承包单位,简称总包。

2. 分承包

分承包简称分包,是相对总承包而言的,即承包者不与建设单位发生关系,而是从总承包单位那里分包出某一项工程或某种专业工程,在现场由总包统筹安排其活动,并对总包负责。分包单位通常为专业工程公司,如喷泉灌溉设备公司、装饰工程公司等。现行的分包方式主要有两种:一种是由建设单位制定分包单位,与总包单位签订分包合同;一种是总包单位自行选择分包单位,签订分包合同。

3. 独立承包

指承包单位依靠自身的力量完成承包的任务,而不实行分包的承包方式。通常适用于中小规模、没有特殊技术和设备安装要求的园林建设工程。

4. 联合承包

联合承包是相对于独立承包而言的承包方式,即由两个以上承包单位联合起来承包一项园林建设任务,由参加联合的各单位制定代表统一与建设单位签订合同。

5. 直接承包

直接承包就是在同一工程项目上,不同的承包单位分别与建设单位签订承包合同,各自直接对建设单位负责。各承包单位之间不存在总分包关系,现场的协调工作可由建设单位自己去做,或委托一个承包商牵头去做,也可聘请专门项目经理来管理。

(三)按获得承包任务的途径划分承包方式

1. 计划分配

由中央或地方政府的计划部门分配建设工程任务,设计、施工单位与建设单位签订承包合同。

2. 投标竞争

通过投标竞争,优胜者获得工程施工,与建设单位签订承包合同。这是国际上通行的委托承包任务的主要方式。

3. 委托承包

委托承包也称协商承包,即不需要经过投标竞争,而由建设单位与承包单位协商,签订委托其承包工程的任务合同。

4. 指令承包

指令承包就是由政府主管部门依法指定工程承包单位。这是一种具有强制性的行政措施,仅适用于某些特殊的园林建设项目。

(四)按合同类型和计价方法划分承包方式

工程项目的条件和承担内容的不同,往往要求不同类型的合同和包价计算方法。因此,在实践中,合同类型和计价方法就成为划分承包方式的依据。

1. 固定总价合同

固定总价合同就是按商定的总价承包工程。其特点是以设计图纸和工程说明书为依据,明确承包内容和计算包价,并一笔包死。固定总价合同方式对建设单位比较简便,所以为一般建设单位所欢迎。但对于承包商而言,如果设计图纸和说明书非常详细,承包商可以据此比较精确地估算造价,签订合同时可以考虑得比较周到,所承担的风险较低。如果设计图纸和说明书不够详细,或者遇到材料涨价等变故,则工程中的未知风险较多。所以,固定总价合同一般也受到承包商的欢迎。

2. 计量估价合同

计量估价合同以项目工程量清单和单价表为计算包价的依据。通常由建设单位委托设计单位或专业估算师提出工程量清单,列出分部分项工程量,由承包商填报单价,再算出总造价。这种合同方式对承包商而言比较简单,由于工程量是统一计算出来的,承包商只要经过复核并填上适当的单价就能得出总造价,承担的风险较小。建设发包方也只要审核单价是否合理即可。国际上通常采用这种发包方式。

3. 单价合同

由于某种原因,在没有施工详图就需要开工,或虽有施工图但施工的某些条件尚不完善的情况下,发、承包方无法精确地计算出工程量。这时,双方为了避免承担较大的风险,采用单价合同往往是比较适宜的方式。在实践中这种承包方式可以细分为:按分部分项工程签订的单价合同,按最终产品的单价签订的单价合同,按总价投标和决标但按单价结算工程价款的单价合同。

4. 成本加酬金合同

按工程实际发生的成本(包括人工费、材料费、施工机械使用费、其他直接费和施工管理费以及各项独立费,但不包括承包企业的总管理费和应缴所得税),加上商定的总管理费和利润来确定工程总造价。这种承包方式主要适用于开工前对工程内容都十分清楚的一些工程,或边设计边施工的工程。在实践中这种承包方式分为:成本加固定酬金合同、成本加浮动酬金合同、目标成本加奖罚合同。

5. 按投资总额或承包工作量计取酬金的合同

这种承包方式主要适用于可行性研究、勘察设计等项目承包业务,及按概算投资额的一定百分比计算设计费,按完成勘察工作量的一定比例计算勘察费等。其百分比在合同中需要作出明确规定。

6. 统包合同

指建设过程中全过程承包合同。

三、承包商应具备的基本条件

(一)承包商分类

从事建设工程承包经营活动的企业,国际上通称为承包商。承包商按承包工程的能力可以分为工程总承包企业、施工承包企业和专项分包企业三类。一般市政及园林建设施工企业简单地可以分为以下三类企业。

1. 工程总承包企业

工程总承包企业指从事工程建设项目全过程承包活动的智力密集型企业。该类企业应当具备:工程勘察设计、工程施工管理,材料设备采购,工程技术开发应用及工程建设咨询服务的能力。在我国由国家住房与城乡建设部审核并规定该类施工企业资质中的特级、一级以上企业才具备市政、园林和工业与民用建筑的工程总承包资格。

2. 施工承包企业

施工承包企业指从事工程建设项目施工阶段承包活动的企业。它应当具备的能力是:工程施工承包与施工管理。企业具有二级以上资质才可以具备施工项目的承包资格。

3. 专项分包企业

专项分包企业指从事工程建设项目施工阶段专项分包和承包限额以下的小型工程施工企业。它应当具备的能力是:在工程总承包企业和施工承包企业的管理下进行专项工程分包,对限额以下小型工程实行施工承包与施工管理。另外,对于特殊安装企业还有相应的资质要求。

(二)企业资质

企业资质即承包商的资格和素质,作为工程承包经营者必须具备的基本条件。国家住房与城乡建设部颁布并于2001年7月1日起执行的《建筑业企业资质等级标准》是根据《建筑业企业资质管理规定》(建设部令第87号),由建设部会同铁道部、交通部、水利部、信息产业部、民航总局等有关部门组织制定的行业标准。建筑业企业资质等级分为三部分:即施工总承包企业(其企业资质等级标准包括了12个标准)、专业承包企业(其企业资质等级标准包括60个标准)和劳务分包企业(其企业资质等级标准包括13个标准)。其中,涉及园林建设项目的施工企业资质标准有《房屋建筑工程施工企业资质等级标准》、《公路工程施工企业资质等级标准》、《市政公用工程施工企业资质等级标准》和《机电安装工程施工企业资质等级标准》、《仿古建筑工程施工企业资质等级标准》和《城市园林绿化企业资质标准》等。

按我国企业资质标准的现行规定,我国房屋建筑工程等企业以企业的建设业绩、人员素质、管理水平、资金数量、技术装备等主要标志,将不同类别、不同专业的建设施工企业划分为2~4个资质等级,并规定相应的承包工程范围。我国工程承包领域对于施工总承包企业要求的资质等级标准有特级、一级、二级、三级四个等级。针对施工领域各行业特点共分为12个行业,其中参考与园林建设行业相关或相近的行业有房屋建筑工程施工总承包企业资质等级标准、市政公用工程施工总承包企业资质等级标准和机电安装工程施工总承包企业资质等级标准。各行业对于具有不同的施工总承包资质的四个等级企业的注册资本、企业净资产、企业近3年平均工程结算收入、企业近5年来承担过的施工业绩、企业从事施工管理工作的高级人员具备的技术职称及工程技术人员数量、企业具有与承包工程范围相适应的施工机械和质量检测设备等内容具有明确的要求。

公路工程、市政公用工程、机电安装工程等施工总承包企业资质等级标准分别有特级、一级、二级、三级等四个等级，各级资质企业对于注册资金、施工业绩和企业管理人员都有相应的标准。

对于从事与园林建设相关的"通用工业与民用建筑施工企业"而言，它们均属于专业承包企业，从其大类可以分为建筑、设备安装、机械施工等三大类。其企业资质可以分为建筑企业一级企业、二级企业、三级企业和四级企业等，各等级企业对于其施工业绩、企业管理者从业资历、企业固定资产与注册资本和企业年产值都有明确的规定。对于设备或电子设备安装企业言，也分为设备安装一级企业、二级企业、三级企业和四级企业。机械施工也分为机械施工一级企业、二级企业、三级企业和四级企业。

市政工程建设施工企业也属于专业承包企业，其企业资质也分为一级企业、二级企业、三级企业和四级企业，各级企业对于施工业绩、企业从业人员资历、企业固定资产流动资金和企业年总产值等有明确规定。如市政工程建设施工一级企业就要求：①具有 20 年以上的市政工程施工经历，承担过两个以上的大型市政建设项目的主体工程施工，工程质量合格；②企业经理具有 10 年以上从事施工企业管理工作的经历、企业具有本专业高级技术职称的总工程师，总计以上专业职称的总会计师和总经济师；③企业有职称的工程、经济、会计、统计等专业技术人员占年均职工总数的 8%以上，有职称的工程技术人员占企业年平均职工人数的 4.5%以上；④企业有与其营业范围相适应的动力装备；⑤企业的固定资产原值在 2000 万元以上、流动资金 300 万元以上；⑥企业年总产值在 3000 万元以上。

与园林建设工程相关的企业资质标准可以由《工程总承包企业资质等级标准》、《市政建设工程施工企业资质登记标准》、《古建筑工程施工企业资质等级标准》和《城市园林绿化企业资质标准》等来进行定性。

第二节 工程施工招标

一、招投标概述

工程招标投标是国际上广泛采用的达成建设工程交易的主要方式。它的特点是由唯一的买主（或卖主）设定标的，招请若干个卖主（或买主）通过秘密报价竞争，从中选择优胜者与之达成交易协议，随后按协议实现标的。

市政与园林工程项目实行招标的目的是为计划兴建的园林工程项目选择适当的承包单位，将其全部工程或其中某一部分工作委托给这个（些）单位负责完成。而承包单位通过投标竞争，决定自己的施工生产任务和服务销售对象，使产品得到社会承认。为此，承包单位必须有一定的条件才有可能在投标中获胜，被招标单位选中。我国于 2000 年 1 月 1 日实施的《中华人民共和国招标投标法》是工程施工招标投标中必须遵照执行的基本法。

二、招投标的建设项目

国家招投标法明确规定:①关系社会公共利益、公众安全的基础设施项目;②关系社会公共利益、公众安全的公用事业项目;③使用国有资金投资的项目;④国家融资的项目;⑤使用国际组织或者外国政府贷款、援助资金的项目,必须进行工程建设项目的招标。尤其是在上述各类工程建设项目中的包括建设项目的勘察、设计、施工、监理以及工程建设的重要设备、材料等的采购,达到施工单项合同估算价在200万元以上;重要设备、材料等货物的采购的单项合同估算价在100万元以上的;勘察、设计、监理服务的采购单项合同估算价在50万元以上的;单项合同估算价低于上述三款标准,但项目总投资额在3000万元人民币以上的必须进行工程招标。

三、工程施工招标应具备的条件

招标项目按照国家有关规定需要履行项目审批手续的,应当先履行审批手续,获得批准后才能进行招标活动。具体而言,市政园林工程项目法人单位进行工程项目的招标,法人自身应当具备一定条件。同时进行招标的建设项目也要具备一定的必备条件。

(一)建设单位应具备的条件

1. 建设单位是法人或依法处理的其他组织;

2. 建设单位有与招标工程相适应的资金或资金已落实,以及具备技术管理人;

3. 建设单位有组织编制招标文件的能力;

4. 建设单位有审查投标单位资质的能力;

5. 建设单位有组织开标、评标、定标的能力。

如果建设单位不具备上述第2至5项条件的,须委托具有相应资质的咨询、监理等单位代理招标。

随着国家工程建设招投标制度的不断完善,尤其是各级政府成立了招投标局和招标投标中心后,建设工程项目的招投标活动已经实现了由招投标管理部门搭台、招投标中心牵头,社会化招标代理机构组织,由招投标中心专家库专家组成评标委员会评标的模式。整个施工项目招标过程在"公平、公正、公开"的原则下进行招投标活动。

(二)招标的建设项目应具备的条件

1. 概算已经批准;

2. 建设项目已正式列入国家、部门或地方的年度固定资产投资计划;

3. 建设用地的征用工作已经完成;

4. 有能够满足施工需要的施工图纸及技术资料;

5. 建设资金和主要材料、设备的来源已经落实;

6. 已经建设项目所在地规划部门批准,施工现场已经完成"四通一平"或一并列入施工项目招标范围。

施工招标可采用项目的项目工程招标、分项工程特殊专业招标等方法,但不得对分项工程的分部、分项工程进行招标。

四、招标方式

招标的方式分为公开招标和邀请招标两种方式。

(一)公开招标

公开招标是指招标人以招标公告的方式邀请不特定的法人或者其他组织投标的一种招标方式。采用这种方式招标,招标人应当通过国家指定的报刊、信息网络或者其他媒体进行发布。招标公告应载明招标人的名称和地址,招标项目的性质、数量、实施地点和时间以及获取招标文件的办法等事宜。不受地区限制,各承包企业凡是对招标项目感兴趣者,一律机会均等。通过对按国家对投标人的资格条件的预审后的投标人,都可积极参加投标活动。招标人有权自行选择招标代理机构并为其办理招标事宜,任何单位和个人不得以任何方式为招标人指定招标代理机构。招标人具有编写招标文件和组织评标能力的,可以自行办理招标事宜,但要向招标管理局进行备案。任何单位和个人不得强制其委托招标代理机构办理招标事宜。

凡是通过按国家对投标人的资格条件预审后的投标人都可以参加投标活动。招标单位则在众多的承包企业中优选出理想的施工承包企业为中标单位。

公告招标的优点是可以给一切有法人资格的承包商以平等竞争机会参加投标。它有较大的选择范围,有助于开展竞争,打破垄断,能够促使承包商努力提高工程质量,缩短工期和降低工程造价。但是,建设单位审查投标者资质及其标书的工作量较大,招标费用支出也多。

(二)邀请招标

招标人采用投标邀请书的方式邀请特定的法人或其他组织投标时,应当向3个以上具备承担招标项目的能力、资信良好,特定的法人或其他组织发出投标邀请书。同样,邀请招标方式是招标活动也应该在相关媒体上发布招标邀请书。在邀请书中应当载明招标人的名称和地址,招标项目的性质、数量、实施地点和时间以及获取招标文件的办法等事宜。

采用邀标方式,由于被邀请参加的投标者数量有限,不仅可以节省招标费用,而且能提高每个投标者中标的几率,所以对招标投标双方都有利。但是,这种招标方式限制了竞争范围,把许多可能的竞争者排除在外,不符合自由竞争机会均等的原则。国家规定以下情况可以考虑邀请招标:①对于特殊性质的工程,要求由专门经验的技术人员和熟练工人及专用技术设备施工的,这类工程项目只有少数承包商能够胜任;②公开招标使招标单位或投标单位支出的费用过多,与工程投资不成比例时;③经公开招标未能产生中标单位时;④由于工期紧迫或保密的要求等其他原因而不宜公开招标的项目。

五、招标程序

建设工程施工招标的一般程序如图2-2-1所示。建设工程施工招标活动按招标的阶段分为招标准备阶段和招标阶段,整个招标过程一般工作主要有:

1. 招标的申请

由工程项目法人向政府招标投标管理部门提出招标申请。招标申请文件的主要内容有:①项目建设单位的资质;②招标工程项目是否具备了条件;③招标拟采用的方式;④对投标企业的资质要求;⑤初步拟订的招标工作日程。

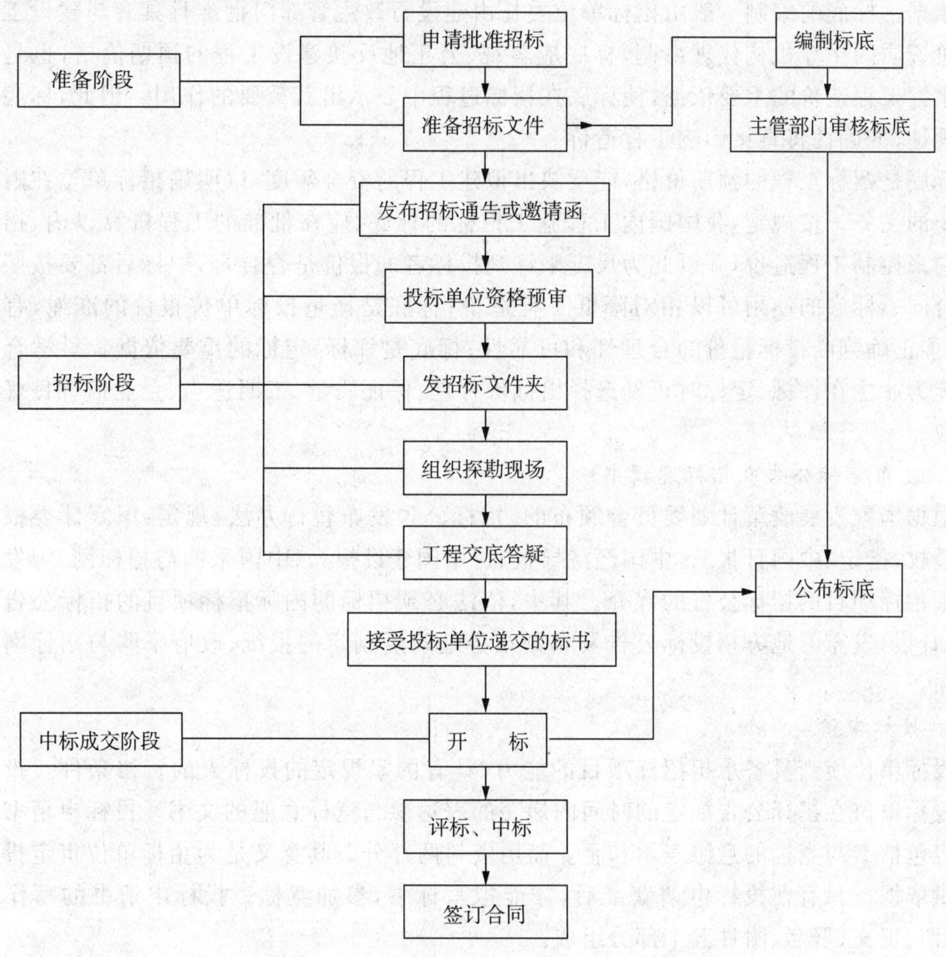

图 2-2-1　园林建设工程施工招标一般程序

2. 招标的组织

在招标申请被批准后,招标人具有组织评标能力的可以建立招标组织,开展招标工作,没有编写招标文件和组织招标能力的招标人,应当通过招标指定招标代理机构组织来完成项目的招标活动。招标组织或代理机构的主要任务是:编制招标文件,向招标管理机构办理招标文件的审批手续,编制标底并报有关单位审查,发布招标公告或邀请书,对投标单位资质进行审查,组织潜在投标人进行勘探项目现场并答疑,提出评标委员会名单并请招投标管理机构核准,发出中标通知和退还押金,组织签订承包合同,以及办理其他事宜。

3. 编制招标文件

招标文件是招标单位行动的指南,也是投标企业必须遵循的准则,所以招标文件应当包括招标项目的技术要求、对投标人资格审查标准、投标报价要求和评标标准等实质性要求,以及拟签合同的主要条款也应在招标文件中载明。

4. 标底的编制和审定

在建设工程招投标活动中,标底的编制是工程招标中重要的环节之一,是评标、定标的重要依据。标底的编制一般由招标单位委托由建设行政主管部门批准且具有与建设工程相应造价资质的中介机构代理编制,标底应客观、公正地反映建设工程的预期价格,也是招标单位掌握工程造价的重要依据,使标底在招标过程中显示出其重要的作用。因此,标底编制的合理性、准确性将直接影响工程造价。

标底是招标工程的预期价格,能反映出拟建工程的资金额度,以明确招标单位在财务上应承担的义务。按规定,我国国内工程施工招标的标底,应在批准的工程概算以内,招标单位用它来控制工程造价,并以此为尺度来评判投标者的报价是否合理,中标后都要按照报价签订合同。标底的使用可以相对降低工程造价;标底是衡量投标单位报价的准绳,有了标底,才能正确判断投标报价的合理性和可靠性;标底是评标、定标的重要依据。科学合理的标底能为业主在评标、定标时正确选择出标价合理、保证质量、工期适当、企业信誉良好的施工企业。

5. 发布招标公告或招标邀请书

根据国家发展改革计划委员会颁布的《招标公告发布暂行办法》规定:国家计委根据国务院授权,指定《中国日报》、《中国经济导报》、《中国建设报》、《中国采购与招标网》为发布依法必须招标项目的招标公告的媒介。其中,依法必须招标的国际招标项目的招标公告应在《中国日报》发布。地方招投标公告发布则在各地政府制定的报纸、政府采购与招标网站集中发布。

6. 投标申请

投标单位应当具备承担招标项目的能力,具有国家规定的投标人的资格条件。投标申请是投标单位在招标公告规定的时间内递交的表达参与竞标意愿的文书。投标申请书的构成内容包括参与竞标的意愿表示和企业简历资料两部分。其意义是为招标单位审定投标资格提供依据。只有在投标申请获准后,才能拟写标书,参加竞标。投标申请书的写作由标题、称谓、正文、署名、附件五个部分组成。

7. 审查投标企业的资质

投标企业资格审查分为资格预审和资格后审两种方式,前者是指投标前即对潜在投标人进行的资格审查,后者则是在开标后对投标人进行的资格审查。经审查合格的企业,招标人应当向资格审查合格的潜在投标人发出资格审查合格通知书,并告知获取招标文件的时间、地点和方法;向资格审查不合格的潜在投标人告知资格预审结果,不合格的潜在投标人不能参加投标。

资格审查主要是审查潜在投标人或投标人是否具有独立订立合同的权利;是否具有履行合同的能力,包括专业、技术资格和能力,资金、设备和其他物质设施状况,管理能力,经验、信誉和相应的从业人员;企业各类信誉情况;近3年中有无严重违约及重大工程质量问题等。

8. 招标文件的分发

向投标审查合格企业分发的招标文件,包括设计图纸,采用工程量招标的还应当提供工程量清单和技术资料等,以及合同的主要条款、技术条款、评标标准和方法。而投标企业应向招标单位交纳投标保证金。

9. 探勘现场及答疑

招标单位按规定的日程按时组织投标企业探勘施工现场，介绍现场准备情况。并召开专门会议对工程进行交底，解答投标企业对招标文件、设计图纸等提出的疑点和有关问题。交底或答疑的主要问题，应以纪要或补充文件的形式书面通知所有投标企业，以便投标企业在编制标书时掌握统一标准。纪要或补充文件具有与招标文件同等的效力。

10. 接受标书(投标)

投标企业应按招标文件的要求认真组织编写标书，标书编制密封后，按招标文件规定截止日期前，送达招标单位。招标单位应逐一验收，出具收条，并妥善保存，开标前任何单位和个人不准启封标书。

六、招标工作机构

建设项目招投标工作的行政管理部门是国家和地方各级人民政府建设主管行政机构——住房和城乡建设管理局，各地政府组建有建设工程招标投标办公室和各级地方政府的招投标管理局。在中国特色的社会主义市场经济模式下，依照市场经济运行模式各地先后成立了招投标中心和不同资质的招标代理机构。其中的招标代理机构是我国依法成立、从事招标代理业务并提供相关服务的社会中介组织，招标代理机构应当具备下列条件：①有从事招标代理业务的营业场所和相应资金；②有能够标志招标文件和组织评标的相应专业力量；③有可以作为评标委员会成员任选的技术、经济等方面的专家库。

从事工程建设项目招投标代理业务的招标代理机构的资格由国务院或者省、自治区、直辖市人民政府的建设行政主管部门认定。从事其他招标代理业务的招标代理机构，其资格认定的主管部门由国务院规定。

招标代理机构与行政机关和其他国家机关不得存在隶属关系或者其他利益关系。具体办法由国务院建设行政主管部门会同国务院有关部门制定。

招标人可以根据招标项目本身的要求，在招标公告或者投标邀请书中，要求潜在投标人提供有关资质证明文件和业绩情况，并对潜在投标人进行资格审查；国家对投标人的资格条件有规定的，依照其规定。招标人不得以不合理的条件限制或者排斥潜在投标人，不得对潜在投标人实行歧视待遇。

七、标底和招标文件

(一)标底

标底是招标工程的预期价格。标底的作用主要是使建设单位预先明确自己在拟建工程中承担的财务义务，也给上级主管部门提供核实投资规模的依据，并作为衡量投标报价的准绳。工程施工招标必须编制标底。标底由招标单位自行编制或委托主管部门认定的具有编制标底能力的工程咨询、监理单位编制，标底必须报经招标办事机构审定。标底一经审定应密封保存至开标时，所有接触过标底的人员均负有保密责任，不得泄密。

1. 编制标底应遵循的原则

(1)根据图纸及有关资料、招标文件，参照国家规定的技术、经济标准定额及规范，确定工程量和编制标底。

(2)标底价格应由成本、利润、税金组成,一般应控制在批准的总概算(或修正概算)及投资包干的限额内。

(3)标底价格作为建设单位的期望计划价,应力求与市场的实际变化吻合,要有利于竞争和保证工程质量。

(4)标底价格应考虑人工、材料、机械台班等价格影响因素,还应包括施工不可预见费、包干费和措施费等。

(5)一个工程只能编制一个标底。

2. *标底的编制方法*

标底的编制方法与工程概、预算的编制方法基本相同,但应根据招标工程的具体情况尽可能考虑下列因素,并反映在标底中:

(1)根据不同的承包方式,考虑适当的包干系数和风险系数。

(2)根据现场条件及工期要求,考虑必要的技术措施费。

(3)对建设单位提供的以暂估价计算但可按实际调整的材料、设备,要列出数量和估价清单。

(4)主要材料数量可在定额用量的基础上加以调整,使其反映实际情况。

3. *标底编制方法*

主要有三种,分别为:

(1)以施工图预算为基础,按预算定额规定的分部分项工程子目,逐项计算出工作量,再套用定额单价确定直接费,然后按规定的系数计算间接费、独立费、计划利润以及不可预见费等,从而计算出工程与其总造价,即标底。

(2)以概算为基础,按概算定额方法编制标底可以减少工作量,提高编制工作效率,且有助于避免重复和漏项。

(3)以最终成品单位造价包干为基础,这种方法主要适合于采用标准设计大量兴建的工程。如一般住宅工程按每平方米建筑面积实行造价包干;园林建设中的草坪工程、喷灌工程等也可以按每平方米面积实行造价包干。

(二)招标文件

依照建设工程阶段性不同,其相应阶段的招标文件的基本内容有所差异。下面分别以房屋建筑和市政基础设施工程项目招标和建筑工程设计招标为例简单介绍招标文件的基本内容。

1. *房屋建筑和市政基础设施工程施工招标文件主要内容*

(1)投标须知,包括工程概况,招标范围,资格审查条件,工程资金来源或者落实情况(包括银行出具的资金证明),标段划分,工期要求,质量标准,现场探勘和答疑安排,投标文件标识、提交、修改、撤回的要求,投标报价要求,投标有效期,开标的时间和地点,评标的方法和标准等;

(2)招标工程的技术要求和设计文件;

(3)采用工程量清单招标的,应当提供工程量清单;

(4)投标函的格式及附录;

(5)拟签订合同的主要条款；

(6)要求投标人提交的其他材料。

2. 建筑工程设计招标文件主要内容

(1)工程名称、地址、占地面积、建筑面积等；

(2)已经批准的项目建议书或者可行性研究报告；

(3)工程经济技术要求；

(4)城市规划管理部门确定的规划控制条件和用地红线图；

(5)可供参考的工程地质、水文地质、工程测量等建设场地勘察成果报告；

(6)供水、供电、供气、供热、环保、市政道路等方面的基础资料；

(7)招标文件答疑、探勘现场的地点和时间；

(8)投标文件编制要求及评标原则；

(9)投标文件送达的截止时间；

(10)拟签订合同的主要条款；

(11)未中标方案的补偿办法。

附：一般施工工程招标文件中的工程量清单和单价表

(1)工程量清单

工程量清单是投标单位计算工程标价和招标单位评标的依据，工程量清单通常以每一个体工程为对象，按分项、单项列出工程数量。工程量清单由封面、内容目录和工程量表三部分组成。

1)封面

××工程工程量清单

工程地址：

建设单位：

设计单位：

估算师： (签名) 年 月 日

2)内容目录

准备工作

××××(分项工程 1)

××××(分项工程 2)

直接合同(指定分包工程)

允许调整的开口项目

室外工程

其他工程和费用

不可预见费

3)工程量表

表 2-2-1　××××(分项工程)工程量表

编号	项目	简要说明	计量单位	工程数量	单价(元)	总价(元)
1	2	3	4	5	6	7

说明：

①第 1 至 5 栏由招标单位填写；第 6、7 栏有投标单位填写。每 1 页应标明页码，并在页末写明该页所列各项目总价的汇总金额。

②工程项目应按地下(±0.00 以下)工程和上部工程分列，例如平整场地，人工挖土方、混凝土基础，砖砌工程等。各项目的技术要点在简要说明栏列出，例如混凝土基础 C20、砖砌体厚 24cm、M5 混合砂浆、劈离砖贴面等。

③工程单位按我国习惯做法，一般仅列直接费，待汇总后再加各项独立费和不可预见费，并按规定百分比计算间接费和利润。

④计算工程量所用的方法和单价的组成应在工程量表的开头或末尾加以说明。

(2)单价表：某工程单价表和工料单价表基本格式如下表

单价表是采用单价合同承包方式时投标单位的报价文件和招标单位评标的依据，通常由招标单位列出分部分项工程名称，交投标单位填写单价，作为标书的重要组成部分。也可先由招标单位提出单价，投标单位同意或另行提出自己的单价。考虑到工程数量对单价水平的影响，在工程单价表中一般应列出近似工程量，供投标单位参考，但它不作为确定总标价的依据。单价表的基本格式如表 2-2-2 和表 2-2-3。

表 2-2-2　××工程单价表

编号	项目	简要说明	计量单位	近似工程量	单价(元)
1					
2					
3					
4					

注：近似工程量仅供投标单位报价参考。

表 2-2-3　××工程工料单价表

编号	工种或材料	规格	计量单位	单价(元)	
1					
2					
3					
4					

(三)工程施工合同要件

园林建设工程合同是按照工程项目发包人对市政园林功能、规模、标准、工期及中标价格的要约，在指定地点，由施工项目承包人承诺并通过承包人进行的勘察、设计、采购、施工、竣工试验、接收工程、竣工后试验与考核等项目实施阶段逐步完成，项目发包人按照实施阶段逐步支付合同价款的建设产品合同。建设工程合同是涉及范围广、实施阶段复杂、施工时间长及标准要求高的合同，合同履行结果必须符合国家相关行业标准才能够验收合格并交付使用。

根据《中华人民共和国建筑法》、《中华人民共和国合同法》、《中华人民共和国招投标法》及相关法律法规和规章的规定，建设工程合同的成立必须符合以下合同要件：①建设工程项目合同所依据的法律、法规；②项目建设方（发包方）必须具有法人资格，不具备法人资格的单位和个人不能作为发包人；③建设项目必须取得立项、规划许可、环境评价等，且必须通过设计、环境、消防和职业健康等检查及申请批准开工报告等；④承包人必须具有法人资格及相关承包行业的相应资质等，不具备法人资格和相关承包行业的相应资质等级的单位不允许作为承包人；⑤签订的建设工程合同的程序必须符合要约与承诺的相关程序，尤其是招投标的程序；⑥建设工程合同的实施过程必须遵守相关法律法规及规章的规定。即必须遵守《中华人民共和国建筑法》，《中华人民共和国合同法》，国务院有关勘察、设计、施工质量管理条例，国家有关行政法规、部门规程，工程所在地的地方法规、自知条例、单行条例和地方政府规章，以及相关建设行业的规范标准、操作规程、安全规程及检验规程。建设工程合同只有具备上述六方面的要件，才能依法成立且合法有效，缺一不可。

建设项目施工工程合同的主要内容：(1)合同依据的法律、法规；(2)工程内容；(3)承包方式（包工包料、包工不包料、总价合同、单价合同或成本价酬金合同等）；(4)工程总报价；(5)建设项目开工、竣工日期；(6)图纸、技术资料供应内容和时间；(7)施工准备工作；(8)材料供应及价款结算办法；(9)工程公款结算办法；(10)工程质量及验收标准；(11)工程变更处理方式；(12)停工及窝工损失的处理办法；(13)提前竣工奖励及拖延工期罚款；(14)竣工验收与最终结算；(15)保修期内维修责任与费用；(16)分包原则；(17)出现争端处理方式等。

八、开标、评标和决标

(一)开标

开标由招标单位的法定代表人或其指定的代理人主持，邀请所有的投标人参加，也可邀请上级主管部门及银行等有关单位参加。对于某些大型项目有请国家公证机关派公证员到场公正的情况。开标的一般程序是：

1. 由招标单位工作人员介绍参加开标的各方到场人员和开标主持人，公布招标单位法定人员证件或代理人委托书及其证件。

2. 开标人验证各投标单位法定代表人或其委托代理人的证据、委托书，确认无误。

3. 宣布评标办法和评标委员会成员名单。

4. 开标时，由投标人或其推选的代表（必要时由公证人员）检查投标文件的密封情况，由工作人员当众拆封并分别宣读投标人名称、投标价格和投标文件的其他主要内容。

5. 启封标书，主持人当众检验启封标书，如发现无效标书须经评标委员会半数以上成员确认，并当场宣布。当投标文件出现以下情况之一的，招标人可不予受理并宣布投标文件无效,即:①逾期送达或者未送达指定地点的;②未按招标文件要求密封的。投标文件有以下情形之一的,由评标委员会初审后按废标处理,即:①无单位盖章并无法定代表人或法定代表人授权的代理人签字或盖章的;②未按规定格式填写标书,内容不全或字迹模糊、辨认不清的;③投标人递交两份或多份力量不同的投标文件,或在一份投标文件中对同一招标项目报有两个或多个报价,且未申明哪一个有效,按招标文件规定提交备选投标方案的除外;④投标人名称或组织结构与资格预审时不一致的;⑤未按招标文件要求提交投标保证金的;⑥联合体投标未附联合体各方共同投标协议的。

6. 排定投标单位唱标次序,各单位依次当众予以拆封,宣布各自标书的要点。

7. 评标委员会完成评标后,应向招标人书面提出评标报告。评标报告由评标委员会全体成员签字。招标人在收到评标报告后,一般应当在 15 日内确定中标人,但最迟应当在投标有效期结束 30 个工作日前确定。招标人也可以直接授权评标委员会直接确定中标人。中标通知书由招标人发出。

8. 如果全部有效标书的报价都超过标底规定的上下限幅度时,招标单位可以宣布全部报价为无效报价,招标失败,另行组织招标或邀请协商。此时可暂不公布标底。

(二)评标

评标由招标人依法组建的评标委员会负责,评标委员会由招标人的代表和有关技术、经济方面专家组成,成员人数为 5 人以上单数,其中技术、经济等方面的专家不得少于成员总数的 2/3。

招标委员会的技术、经济专家应当从事相关领域工作满 8 年并具有高级职称或者具有同等专业水平,由招标人从国务院有关部门或者省、市、自治区人民政府提供的专家名册或者招标代理机构的专家库内的相关专业的专家名单中确定。一般招标项目可以采取随机抽取方式,特殊招标项目可以由招标人直接确定。与投标人有利害关系的人不得进入相关项目的评标委员会。评标委员会成员的名单在中标结果确定前应当保密。

评标委员会的评标活动可在开标后立即进行,也可在随后进行,一般应对各投标单位的报价、工期、主要材料用量、施工方案、工程质量标准和保证措施以及企业信誉等进行综合评价,为择优确定中标单位提供依据。常用的评标方法主要有:

1. 加权综合评分法

在用该法进行评分时,应该先行确定各项评标指标的权重。该权重分配比例为:一般报价 40%,工期 15%,质量标准 15%,施工方案、主要材料用量、企业实力及社会信誉度各占 10%,合计 100%。再根据每一投标单位投标标书中的主要数据报评各项指标的评分系数。以各项指标的权重和评分系数相乘后总和,即得加权综合评分。得分最高者为中标单位。该法可以用以下数学表达式表达:

$$WT = \sum_{i=1}^{n} B_i W_i$$

式中:WT 为每一单位的加权综合评分;

B_i为第 i 项指标的评分系数;

W_i为第 i 项指标的权数。

其中的评分系数可以由定量指标或定性指标来确定，前者是用报价、工期、主要材料利用量等，用标书数值与标底数值之比求得。后者用定性指标如质量标准、施工方案、投标单位实力及社会信誉等资料，由评标委员会根据各投标单位的具体情况，逐项评议，分别确定评分系数来求得。

2. 接近标底法

该法评分主要以报价为主要尺度，选报价最接近标底者为中标单位。该法比较简单，但要以标书报价与标底相近、正确为前提。

3. 加减综合评分法

该法评分主要以标价为主要指标、标底为评分基数，然后在合理标价范围内为标底与标价之间的增减情况加分或扣分；并以工期、质量标准、施工方案、投标单位实力与社会信誉度为辅助指标，分别按档加分；每投标单位的各项指标分值相加，总计得综合评分，得分最高者为中标单位。

4. 定性评分法

该法评分以报价为主要尺度，综合考虑其他因素，由评标委员会作出定性评价，选出中标单位。这种方法除报价是定量指标外，其他因素没有定量分析，标准难以确切掌握，往往由评标委员会协商，主观性、随意性较大，现已较少运用。

(三)决标

决标又称定标。不管是招标人自行办理招标事宜，还是选择招标代理机构委托其办理招标事宜，招标过程均须经评标委员会进行评标。评标委员会按招标文件中明确的评标办法对投标书进行评审后，根据评标结果，评标委员会应及时向招标人提出书面评标报告，按评分高低顺序向招标人推荐一至三个中标候选单位。评标报告书经招标单位法定代表人或其指定代理人认定后报上级主管部门同意、当地招标管理部门批准。定标后由招标单位发出中标通知书，同时通知未中标人，并与中标人在 30 个工作日之内签订合同。招标人与中标人签订合同后 5 个工作日内，应向中标人和未中标的投标人退还投标保证金。未中标单位退还招标文件，领回招标保证金，招标即告圆满结束。

一般的园林建设项目因其标底较小，其招投标活动所需时间相对较短。从开标至决标的期限，小型园林建设工程一般不超过 10 天，大、中型工程不超过 30 天，特殊情况可以适当延长。

建设工程招投标活动中，中标人的投标应当符合以下两个条件中的一项：能够最大限度地满足招标文件中规定的各项综合评价标准；能够满足招标文件的实质性要求，并且经评审的投标价格最低，但是投标价格低于成本的除外。

招标通知书对招标人和中标人具有法律效力。中标通知书发出后，招标人改变中标结果的，或者中标人放弃中标项目的，均应当依法承担法律责任。

园林建设工程招投标活动中，由评标委员会向招标人提供的工程建设项目评标报告书文本格式，招标人选定中标人后发出的施工工程项目中标通知书、未中标通知书文本格式等文件参见表 2-2-4 和表 2-2-5A、表 2-2-5B 评标报告、中标通知书和未中标通知书。

表 2-2-4 ×××××工程评标报告

<table>
<tr><td colspan="5">建设单位：</td><td colspan="4">建设地址：</td></tr>
<tr><td colspan="5">建筑面积：</td><td colspan="4">开标日期： 年 月 日</td></tr>
<tr><td colspan="9">主 要 数 据</td></tr>
<tr><td rowspan="2">序号</td><td rowspan="2">投标单位</td><td rowspan="2">总造价（元）</td><td rowspan="2">总工期（日历天）</td><td rowspan="2">计划开工日期</td><td rowspan="2">计划竣工日期</td><td rowspan="2">工程质量标准</td><td colspan="3">主要材料用量及单价</td></tr>
<tr><td>钢材</td><td>水泥</td><td>草坪</td></tr>
<tr><td>1</td><td></td><td></td><td></td><td></td><td></td><td></td><td></td><td></td><td></td></tr>
<tr><td>2</td><td></td><td></td><td></td><td></td><td></td><td></td><td></td><td></td><td></td></tr>
<tr><td>3</td><td></td><td></td><td></td><td></td><td></td><td></td><td></td><td></td><td></td></tr>
<tr><td colspan="2">核定标底</td><td></td><td></td><td></td><td></td><td></td><td></td><td></td><td></td></tr>
<tr><td colspan="5">评定中标单位：</td><td colspan="5">评标日期： 年 月 日</td></tr>
<tr><td colspan="10">评标情况及评定中标理由：

评标委员会代表(签名)</td></tr>
<tr><td colspan="10">招标单位(印) 法定代表人(签名) 上级主管部门(印) 招标投标管理部门(印)</td></tr>
</table>

表 2-2-5A ×××××工程中标通知书

<table>
<tr><td colspan="2">中标单位：</td></tr>
<tr><td colspan="2">中标工程内容：</td></tr>
<tr><td>中标条件：</td><td>1. 承包范围及承包方式：
2. 中标总造价：
3. 总工期及开竣工时间：
总工期： 日历天；开工： ；竣工：
4. 工程质量标准：
5. 主要材料用量及单价：</td></tr>
<tr><td colspan="2">签订合同期限： 年 月 日以前</td></tr>
<tr><td colspan="2">
决标单位(印) 法定代表人(签名) 年 月 日</td></tr>
</table>

表 2-2-5B　工程未中标通知书

<table>
<tr><td>
(投标单位名称)：
　　我单位(招标工程名称)工程招标，经评标委员会评议、上级主管部门核准，已由(中标单位名称)中标。请接到本通知后，于　　年　　月　　日以前，来我单位交还全部招标文件和图纸，并领回投标保证金，以清手续。

招标单位(印)
年　　月　　日
</td></tr>
</table>

第三节　工程施工投标

一、投标工作机构和投标程序

(一)投标工作机构的建立

投标人是响应招标、参加投标竞争的企业法人或者其他组织。投标人应当具备承担招标项目的能力；国家有关规定对投标人资格条件或者招标文件对投标人资格条件有规定的，投标人应当具备规定的资格条件。一般需要满足的基本条件包括：投标人应当具备相应的施工企业资质，并在工程业绩、技术能力、项目经理资格条件、财务状况方面满足企业相应资质要求及招标文件要求等。投标人为了在投标中获胜，应设置由施工企业决策人、总工程师或技术负责人、总经济师或合同预算部门、材料部门负责人、办事人员等组成投标决策委员会，以研究企业参加各项投标工作。园林建设施工企业作为建设项目的投标人应当完全按照招标文件的要求编制投标文件，投标文件应当对招标文件提出的实质性要求和条件作出响应。

(二)投标程序

园林施工企业在建立投标工作机构后，就应该积极报名参加项目招投标活动，投递投标意向书。在获得招标人资格预审后，缴纳投标保证金。获得招标文件后，在投标领导小组领导下仔细研究招标文件；确定参与招标活动的投标策略，根据招标文件中的施工图纸和投标环境条件制订出项目施工方案。在仔细研究和计算工程量和施工用料量的前提下编制标书，并在招标文件规定的有效期限内向招标人投递标书。

工程施工投标的一般程序如下：

1. 根据招标文件要求投标人报名参加投标；
2. 在招标单位办理投标资格预审；
3. 交投标保证金，并取得招标文件；
4. 企业投标决策部门研究招标文件；

5. 调查研究招标项目投标环境；

6. 确定投标策略；

7. 根据招标书要求及企业施工管理经验制订施工方案；

8. 编制标书；

9. 向招标单位投送标书，并按时参加开标活动。

二、投标资格预审

根据《工程建设招投标法》相关规定，在园林建设项目的招投标活动中投标单位应向招标人递交申请资格预审，提请预审时园林施工企业应向招标单位提交：①企业营业执照和资质证书；②企业简历；③自有资金情况；④企业职员情况，包括技术人员、技术工人数量及平均技术等级等，企业自有主要施工机械一览表等；⑤近年来曾承建的主要工程及其质量情况；⑥现有主要施工任务，包括在建和尚未开工工程一览表。

在建设工程实践中，一般由申请资格预审的承包商填"投标资格预审表"，并交招标单位审查，或转报地方招标投标管理部门审批。

三、投标准备工作

(一)研究招标文件

园林施工企业资格预审合格，取得了招标文件即进入投标准备阶段。该阶段首先要仔细研究招标文件，充分了解招标文件内容和要求，发现疑问可以提请招标单位予以澄清。在投标准备时要对工程有综合性的了解，熟悉建设工程项目社会、交通环境等情况，并详细研究设计图纸、施工时工程量和技术说明，使企业制订的施工方案和报价有确切的依据。通过研究招标人提供的施工工程合同条款，明确中标后应承担的义务和应享有的权利。对于国际招标的工程项目还应研究支付工程款的货币种类、不同货币所占比例及汇率。

熟悉投标单位须知，明确了解在投标活动中投标单位应避免出现与招标要求不相符合的情况。只有在全面研究了解招标文件，对工程本身和招标单位的要求有了基本的了解之后，投标单位才能正确地编制投标文件，以争取中标。

(二)调查投标环境

投标环境是指招标工程项目的自然、经济和社会条件，它们是影响施工成本的制约因素，所以在制定投标标书时在完成报价之前应通过现场探勘、查阅相关资料和市场调研等方式尽可能地详细了解清楚。其主要内容有：场地的地理位置；地上、地下障碍物情况；土壤条件；气象情况；地下水位；冰冻线深度以及地震烈度等；现场交通状况；给排水、供电和通讯设施；材料堆放场地的最大容量；材料、苗木供应的品种、数量、途径以及劳动力来源和工资水平等。

四、投标决策与投标策略

投标人通过投标取得项目，是市场经济条件下的必然。但是，作为承包商来说并不是每标必投，这就有个投标决策的问题。承包商在投标决策时要考虑的因素很多，需要广泛、深入调研，系统地积累资料，并作出全面、科学的分析，才能保证投标决策的正确性。

(一)工程投标决策

决策是指人们为一定的行为确定目标和制订并选择行动方案的过程。投标决策是承包商选择、确定投标目标和制订投标行动方案的过程。投标决策主要包括三方面的内容:其一,针对项目招标确定是投标,或是不投标;其二,倘若去投标,是投什么性质的标;其三,投标中如何采用以长制短,以优胜劣。

投标决策的正确与否,关系到投标人能否中标和中标后的效益问题,关系到施工企业的信誉和发展前景及职工的切身经济利益,甚至关系到国家的信誉和经济发展问题。因此,企业的决策班子必须充分认识到投标决策的重要意义,把这一工作摆在企业的重要议事日程上来着重考虑。

(二)欲投标类型及其投标策略

承包商面对的投标不外两种,即必须放弃的投标和欲参与的投标。

1. 必须放弃的投标

必须放弃的投标主要是基于:标的超出承包商主营和兼营能力;施工项目的工程规模、技术要求超过承包商企业技术等级;承包商生产任务饱满,而招标项目的盈利水平较低或风险较大;承包商的企业技术等级、信誉、施工水平明显不如竞争对手。

2. 积极参与投标的决策

承包商是否决定参与某项工程的投标,首先要考虑当前企业经营状况和长远发展目标,其次需要明确参与投标的目的和目标,然后要分析中标机会及其外部影响因素。根据企业参与投标的目的、目标,可以将承包商投标分为三种类型,即①生存型:承包商投标及其报价纯粹以克服企业生存危机为目的,投标的目的是争取中标故不考虑各种利益。这种情况一般是企业因各种外部因素或承包商经营管理不善等原因,被邀请投标的项目越来越少,这时承包商就应以企业生存为重,采取不盈利甚至赔本也要夺标的态度,以维持企业生产、寻求东山再起;②竞争型:企业投标及其报价以竞争为手段,开拓市场、低盈利为目标。在精确计算成本的基础上,充分估计竞争对手的报价目标,以有竞争力的报价达到中标的目的。如果感到竞争对手有威胁,而且招标项目风险小、施工工艺简单、工程量大、社会效益好,则可以适当压低报价力争夺标;③盈利型:承包商投标报价发挥自身企业优势以实现最佳盈利为目标。而对经济效益不高的项目热情不高、对盈利大的项目则充满自信。根据承包商投标积极性来确定其投标与否。

(三)投标决策应遵循的原则

承包商一般都会从投标项目能否中标、中标后企业的经济效益如何等要素考虑是否投标。投标决策的实质是企业经营决策问题,企业领导要从企业发展的战略层面全面地权衡利益得失与利弊。总结起来,投标决策时应当遵循的原则有:

1. 投标项目的可行性

选择的投标对象是否可行,要从企业自身实际情况出发,实事求是量力而行。即要从企业的施工力量、机械设备、技术能力、施工经验等入手,考虑该招标项目是否比较合适,是否有一定利润,能否保证工期和满足项目质量要求;考虑能否发挥企业特点和优势,扬长避短,选择适合发挥自身优势的项目;对竞争对手的实力和市场报价动向进行全面分析。对毫无夺标希望的项目就不宜投标,更不宜陪标。

2. 项目可靠性

首先了解招标项目是否立项，其资金来源是否可靠，主要原材料和设备供应是否有保证，设计阶段文件是否齐全。此外，还要了解业主的资信条件及条款的宽严程度、有无重大风险。尽量回避利润小而风险大的招标项目以及本企业没有条件承担的项目，否则将造成不应有的后果。

3. 盈利性

利润是承包商永远追求的目标之一。企业产生的利润既可保证国家财政收入，又可以使承包商不断改善技术装备，以利其扩大再生产。同时也有利于提高企业职工的收入，有助于调动职工的积极性和主动性。在考虑企业利润时也要注意在以后的施工过程中注重企业内部的革新挖潜。

4. 审慎性

承包商每次参与投标都要花费不少人力、物力，付出一定的代价。企业只有中标，才有利润可言。在国内施工市场竞争日益加剧的情况下，承包商都在拼命压低报价，企业盈利甚微。所以，承包商应该审慎选择投标对象，除非在迫不得已的情况下，否则不能承揽亏本的施工任务。

5. 灵活性

有些企业在发展的不同阶段对于招标项目往往采用灵活的战略战术。如为了在新的地区打开局面并取得立足点，通过采用让利的方式，以薄利优质取胜。用自己的低报价、高质量品质来赢得市场的信誉，从而带来连锁效应，为今后的工程投标、中标创造机会和条件。

6. 其他因素

还应该考虑到如下因素，即本企业工人和技术人员的操作水平，企业能投入本项目所需机械设备的可能性，施工设计能力，对同类工程施工工艺熟悉程度和管理经验，中标后本企业在该地区的影响、资金周转的能力等。

实践证明，投标企业只有在知己知彼的情况下，才能做到不仅投标项目选择得当，而且投标报价合理。并能从本企业具备的条件来考察企业是否能适应招标工程的要求，经过综合分析，必要时按施工要求与企业条件进行加权评分，最终以确定是否参加投标。

园林施工企业因其施工项目的特点，在参加园林建设工程投标竞争时，常通过投标决策后制定出合理规范的投标策略，以指导企业投标全过程的活动。市政园林施工项目投标常见的投标策略有：

1)认真做好施工组织设计，采用先进的工艺技术和机械设备；优选适宜植物及其他造景材料；合理安排施工进度；选择可靠的分包单位。

2)尽量采用含有新工艺、新材料、新设备、新施工技术的方案，以降低工程造价，提高施工方案的科学性。

3)在保证本企业相应盈利前提下，实事求是地以低报价取胜。

4)有时为了取得未来项目的竞争优势，宁可对目前项目少盈利或不盈利，以便占据更有发展前途的专业施工技术项目，如屋顶花园施工、运动场草坪施工等，为企业的发展壮大积累经验与技术。

五、制订施工方案

施工方案是中标后由施工企业技术负责人指定的中标施工项目的实施方案。一般施工方案包括组织机构方案(各职能机构的构成、各自职责、相互关系等)、人员组成方案(项目负责人、各机构负责人、各专业负责人等)、技术方案(进度安排、关键技术预案、重大施工步骤预案等)、安全方案(安全总体要求、施工危险因素分析、安全措施、重大施工步骤安全预案等)、材料供应方案(材料供应流程、质保流程、临时(急发)材料采购流程等)、施工各分项工程施工方案要求和具体措施等。此外,根据项目大小还有现场保卫方案、后勤保障方案等等。

具体的施工过程方案主要包括以下基本内容:

1. 施工的总体部署和场地总平面布置;
2. 施工总进度和单项(单位)工程进度;
3. 主要施工方法;
4. 主要施工机械设备数量及其配置;
5. 劳动力数量、来源及其配置;
6. 主要材料的品种、规格、需用量、来源及分批进场的时间安排;
7. 大宗材料和大型机械设备的运输方式;
8. 现场水、电需求量,来源及供水、供电设备;
9. 临时设施数量和标准。

对于施工进度的表示方式有些招标文件专门要求用网络图表示的,其施工方案进度就必须用网络图,如果没有要求则可以用传统的横道图。由于市政园林的投标时间往往比较紧迫,承包商的施工方案不可能也不必要编得非常详细,只要抓住要点简明扼要地表述即可。

[案例]

市政建设工程土方施工方案

××××工程概况及施工条件

一、编制说明

本《施工组织设计》为××市政建设项目的场地平整及临时道路工程二标段和三标段的施工组织设计,是规范和指导该项工程从施工准备到竣工验收过程的综合性技术文件,为使该项工程的施工全过程能按科学规律组织规范施工,有计划地开展各部分项工程的施工,及时做好各项施工准备工作,保证各种资源和劳动力的及时供应;协调与各工种之间的时间安排,保证施工的顺利进行,按期保质完成施工任务,特制定本组织设计。

1. 适用范围

本《施工组织设计》适用于××市政建设场地平整及临时道路工程二标段和三标段工程

的土方开挖、回填工程。

2. 编制资料

本《施工组织设计》参照下列文件资料编制：

2.1 土方工程

1)××市政建设项目场地平整及临时道路工程投标文件；

2)现行国家标准、施工规范和本企业的标准。

2.2 石方工程

1)设计文件；

2)现行国家标准、施工规范和本企业的标准。

二、工程承包范围

首期广场停车库及周边土石方工程(回填至后甲区域，区域内运距按1公里计算)，土石方开挖中的竹根、树头及建筑垃圾需外运至填埋坑的指定区域(运距按2公里计算)，土方碾压密实度必须达到90%以上、分层厚度50厘米以内，土方碾压密实度必须经相关部门检测合格后方可进行下一道工序，土石方类别根据地勘报告按三类土计算。

1. 土石方的开挖，开挖土石方总量约为15万立方米(其中：竹根、树头及建筑垃圾1万立方米)，土石方开挖范围及边坡设置按甲方提供的系列设计图纸或相关文件进行。

2. 碾压土方总量约为14万立方米，采用的碾压机械为18吨振动式压路机，分层碾压，每层碾压压实厚度不超过50厘米，碾压后土方压实系数为90%，竹根、树头及建筑垃圾约1万立方米外运至填埋坑的指定区域。

三、质量标准

四、工程质量标准

合格。

五、工期要求

工期总天数为50天。

××××工程施工组织部署

一、施工组织管理机构

1. 首期广场停车库及周边土石方工程，我司将以业主的要求为准，快速、优质地完成该工程。为此我司将选派技术好、素质高、能力强，经验丰富的管理人员进驻工地。

2. 为强化管理我司组建××工程施工项目部，项目部下设：项目经理、技术负责人、施工员、安全员、质检员等管理人员。

3. 主要施工管理人员职责

3.1 项目经理职责

3.1.1 项目经理对公司经理负责，对项目部所承建的工程质量负责。贯彻公司的质量方针和目标，全面履行工程承包合同。

3.1.2 参加公司经营部组织的合同评审，向项目业务人员进行合同交底。向公司经营部汇报提出重大变更的合同评审要求，并负责评审后执行工作。

3.1.3 组织制订工程进度和劳动力、材料、施工机械设备的使用计划，分别报公司有关职能部门审查，批准物资采购计划。

3.1.4 根据施工机械设备使用计划，组织施工机械进场，安排持有操作证的人员上岗，并建立合格操作者名册。

3.1.5 按当地政府和公司规定，开展安全生产和文明施工，对所有进场人员均应进行三级教育。

3.2 项目技术负责人职责

3.2.1 对项目经理负责，主管项目内工程技术和质量工作，并对项目技术、质量工作和工程符合性负责。

3.2.2 编制项目质量保证计划，组织编制施工组织设计、施工方案、作业指导书并上报技术部门审核、公司总工批准，处理施工方案更改问题。

3.2.3 组织图纸自审：参加业主主持的图纸会审并形成记录。组织协调设计文件的更改，报业主批准。评审设计更改，对重大设计变更上报公司总工和技术部门处理。负责向项目施工管理人员进行技术交底。

3.2.4 负责项目的检验和试验的把关，保证未经检验和试验的物资、半成品、成品不得进货、使用和安装。负责处理对外委托检验和试验问题。组织有关人员或参与搞好工序、分项、分部及单位工程检验评定。

3.2.5 负责管理质量记录，组织有关人员收集整理工程竣工资料，上交公司技术部门审核和存档。

3.3 施工员职责

3.3.1 对项目施工工序管理负责，严格执行工艺规程和工序管理制度，负责向班组作技术、安全、质量交底。

3.3.2 制订施工过程控制计划，明确关键过程、特殊过程，并对特殊过程进行连续监控。负责例外放行卡的填写、报批、标识记录工作。负责处理施工方案更改事宜。

3.3.3 负责向项目班组下达施工任务并检查施工任务、质量目标完成情况，填写施工日志。

3.3.4 认真填写施工过程各种记录，并收集、整理、填写编目，送交审核。

3.3.5 参加工程质量检查的质量审核及分析会。制定或落实有关的纠正措施、预防措施。

3.4 材料员质量职责

3.4.1 对物资的供应及其质量负责。

3.4.2 负责管理采购文件和资料，熟悉常用材料的标准和验收方法。

3.4.3 依据施工图预算、材料汇总表编制物资需用计划，经技术负责人审核、项目经理批准，报公司材料部门。负责提出变更物资需用计划。

3.4.4 负责编制物资采购计划，报项目技术负责人审核、项目经理批准。

3.4.5 协同采购员对进场物资、外加工件、半成品进行验证，及时通知有关人员进行检验和试验。负责收集随行物资文件并向试验、质检人员移交。负责材料管理中计量器具的管理。对进货物资做好标识记录。

3.4.6 按规定对材料、半成品、成品等做好搬运、贮存、防护和交付工作。

3.4.7 参加或接受质量检查、质量审核和质量分析会。向主管部门传递有关信息，针对物资的不合格，制订或落实有关的纠正措施和预防措施。

3.5 质检员的职责

3.5.1 负责工程质量的检验、监督、检查，并对检验核定的结果负责。

3.5.2 坚持原则，秉公办事，严格执行工艺规程，其工作不受生产进度和行政领导的影响，有权越级反映质量问题。熟练掌握建筑安装工程检验评定标准和质量检查方法。

3.5.3 参与制订过程检验和试验计划，监督施工生产过程中的质量控制情况，严格执行“三检”制，发现问题及时反映，必要时检查上岗证、材料、设备合格证及其他工艺文件。

3.5.4 负责对材料、半成品及工程及设备进行检验，负责对材料、半成品、分项、分部工程检验状态进行标识记录，核定分项工程质量等级。在有追溯要求场合，填写追溯卡。

3.5.5 认真填写质量检验、监督过程中各种记录，并整理、编目。负责工程质保资料的检查、审核。

3.5.6 协助并参加各种质量检查、质量审核及其分析会。落实有关的纠正措施和预防措施。

3.6 安全员职责

3.6.1 负责项目部的安全生产、劳动保护工作。落实质量体系的有关要求。

3.6.2 贯彻执行安全法规、法令、条例及公司的安全制度、措施。

3.6.3 认真做好安全施工的宣传、教育和管理工作，特别是进场新工人的安全教育工作。

3.6.4 深入施工现场，掌握安全生产动态，发现问题及时制止纠正，及时向领导反映情况。

3.6.5 有权制止违章作业，有权抵制或报告违规指挥行为，有权给予罚款，遇有严重险情有权停止施工并及时上报领导。

3.6.6 认真填写记录，并做好收集、整理、编目等管理工作。

3.6.7 参加或接受安全检查、质量审核。制定或落实有关纠正和预防措施。

二、计划工期的管理

为了更好地把握住全过程，以期顺利地实现预定的工期目标，必须加强施工计划管理，做到人尽其力、物尽其用，以优质、低耗，高速获得最佳的经济和社会效益，本工程建立工期计划动态管理模式，以业主指令计划为目标，控制关键工序，通过信息反馈，掌握工程进度动态，及时制订追赶计划，工期倒安排，确保计划的衔接稳定与均衡，对计划执行全过程实行系统性的有效控制，使工期按时达到目标。

三、主要投入的主要施工机械设备情况及进场计划表

本司拟在本项目施工中投入必要的施工机械，通过对施工机械的合理调度使用发挥其效应，以保证施工质量和进度的要求。各主要施工机械设备及其进场时间安排如下表。

表 2-3-1　××××工程施工机械使用计划表

序号	机具和工具名称	台数	进场时间	备注
1	履带式单斗液压挖掘机	3	按中标通知书	
2	履带式推土机	3	按中标通知书	
3	装卸机	3	按中标通知书	
4	8t 自卸载重汽车	30	按中标通知书	
5	18t 振动式压路机	2	按中标通知书	

××××工程施工进度计划

一、施工进度计划

(一)施工进度计划

根据我司施工经验,如我司中标,我司拟在 50 天内完成招标文件中的工程项目内容。(详见进度表)

(二)施工进度计划管理

整个进度计划,包括甲方提供的整套施工图纸资料的提供,材料、机具进场时间,劳动力部署等每一个环节、每一分项工程的完成均围绕这一总的目标进行。为确保这一目标,构成一个自上而下、从总体到细部完整的计划体系。

工程统计从日计划开始,构成从细部到总体的统计体系,通过统计、跟踪、反馈,对计划执行全过程的规律性、衔接性、动态性、系统性实行有效控制。

二、施工准备

(一)技术准备

1. 认真学习施工图纸,了解设计意图,配合业主绘制施工图大样,消除错、漏、碰、缺等问题,解决施工技术与施工工艺之间的矛盾。

2. 编制施工组织设计时要兼顾全面、突出重点,以施工图、施工规范、质量标准、操作规程作为组织施工的指导文件。

3. 计算分项工程的工程量,疏通材料供应渠道,分析劳动力和技术力量,建立施工技术管理机构,组织质量安全体系以及施工计划。

(二)施工条件准备

为了充分利用工时提高工效,避免开工后造成不必要的停工窝工等现象,应具备以下条件:

1. 由我司供应的材料及时订货并有条件按进度要求陆续进场;

2. 材料需加工订货的成品、半成品根据施工进度计划逐项落实。

三、主要施工方法

(一)土方工程开挖施工

根据土方工程量及工期要求,选用 3 台斗容量为 $1m^3$ 的履带式单斗液压挖掘机、30 辆 8t

运土车、3台履带式推土机、3台装卸机来满足施工要求。

1. 工艺流程

测量放线→确定开挖顺序和坡度→分段、分层均匀开挖→修坡和清底→收尾

2. 操作工艺

开挖坡度的确定：土方开挖，应先进行测量定位，抄平放线，定出开挖深度，按放线分块(段)分层挖土。

在工程施工区域设置测量控制网，包括控制基线、轴线和水平基准点；做好轴线控制测量的校核。控制网应避开土方机械操作及运输线路，并有保护标志；场地整平应设10×10m或20×20m方格网，在各方格点上做好控制桩，并测出各标桩处的自然地形、标高，作为计算挖土方量和施工控制的依据。

开挖时，应合理确定开挖顺序、路线，然后分段均匀开挖。

(二)土方工程回填施工

根据土方工程量及工期要求，选用2台18t振动式压路机来满足施工要求。

施工工艺：

(1)施工准备

① 材料

A. 回填土：回填土内不得含有有机杂质，粒径不应大于50mm，含水量应符合压实要求。

B. 填土材料应符合下列规定：

a. 碎石、砂土(使用细、粉砂时应取得设计单位同意)和爆破石碴，可作表层以下地填料。

b. 含水量符合压实要求的黏性土，可作各层地填料。

c. 碎块草皮和有机含量大于8%的土，仅用于无压实要求的填方。

d. 淤泥和淤泥质土不能用作填料。

② 作业条件

A. 土方回填前应根据工程特点、填料种类、设计压实系数、施工条件和压实工艺等，合理确定填料含水量、每层填土厚度和压实工艺等合理确定填料含水量、每层填土厚度和压实遍数等施工参数。每层碾压压实厚度不超过50cm，碾压后土方压实系数为90%。

B. 填土前，应做好水平高程的测设。在施工现场按需要的间距打入水平桩，室内和散水的墙边应有水平标记。

(2)操作工艺

①当填方基底为积土或耕植土时，如设计无要求，可采用小型压路机和人工夯实相结合的方法保证密实度。

②遇淤泥时，应先排水疏干，挖除淤泥，用换填沙砾或抛填块石等方法处理后再行填土。

③填筑黏性土，应在填土前检验填料的含水率。含水量偏高时，可采用翻松晾晒，均匀掺入干土等措施；含水量偏低，可预先洒水湿润，增加压实遍数或使用大功率压实机械等措施。

④填料为砂土或碎石类土(充填物为砂土)时，回填前宜充分洒水湿润，可用较重的平板振动器分层振实，每层振实不少于3遍。

⑤回填土应水平分层整平夯实,分层厚度和压实遍数应根据土质、压实系数和机具的性能选定。

⑥分段分层填土,交接处应填成阶梯形,每层互相搭接,其搭接长度不少于每层填土厚度的两倍,上下层错缝距离不少于1.0m。

⑦在夯实或碾压时,如出现弹性变形的土(俗称橡皮土),应将该部分土方挖除,另用砂土或含砂石较大的土回填。

⑧采用机械压实的填土,在角隅用人工加以夯实。人工填土,每层填土厚度为150mm,夯重应为30～40kg,每层厚度为200mm,夯重应为60～70kg。打夯要领为"夯高过膝,一夯压半夯,夯排三次"。夯实基坑(槽)、地坪,行夯路线由四边开始,夯向中间。

四、施工技术组织措施

(一)确保工程质量的技术组织措施

1. 项目经理部的建立及组织机构

项目经理部班子由公司聘任,所有人员必须持证挂牌上岗。

2. 保证质量技术组织措施

(1)图纸会审:要认真学习图纸,领会设计意图,明确工艺要求,核对图纸尺寸和各专业图纸之间有无矛盾。先组织自审,自审中出现的问题,由项目技术负责人整理成书面意见,分发有关单位进行会审,会审意见整理成书面文件,经业主、设计、施工等单位签章,作为施工的依据文件。

(2)施工操作标准化:推行标准操作工艺,消灭质量通病,严格按国家施工验收规范精心施工。同时施工中多采用有利于提高施工质量的新工艺、新技术,认真落实技术管理责任制和技术交底制,每道工序施工前必须进行技术、工艺质量交底,交接双方必须在书面交底资料上签字,对新材料使用前必须对操作人员进行技术培训,考试合格后才能上岗。

(3)技术交底:包括设计交底、施工组织设计交底、主要分项工程施工技术交底,并具体提出达到质量标准的要求和措施,各项交底具备文字记录,要有双方签字。

(4)技术复核:轴线、标高、预留孔洞、预埋件及各部位尺寸均应进行复核,未经复检不得继续施工。

(5)原材料、半成品的检验制度:配备取样人员,在建设单位或监理人员见证下,由现场负责人或施工员负责试块制作、选取试件填写申(送)检单等工作,工地材料或指定人员做试件的存放、保养和送检工作。严格控制进场各种材料,原材料进场必须有材质证明或复检报告,各种器材、成品、半成品进场必须有产品合格证。凡无出厂合格证或型号不明确及对质量有怀疑的均应进行复检,先检验后使用,严禁将不合格的产品使用在工程上。

(6)隐蔽工程验收:需要进行隐蔽验收的项目完工后,应立即组织验收,必须要有建设单位(或监理单位)和单位现场代表的签字盖章。

(7)加强成品保护工作,后期应设立专门机构,制定专门措施对成品进行保护和管理。

(8)工程质量的检查评定:每一分项工程完成后,应及时进行检查评定,在班组自检的基础上由项目技术负责人组织施工员、质检员参加检查评定,项目上一级质检员核定,地基与基础、主体分部的质量由公司质量管理部门及质监站、设计单位核定。

3. 建设、监理、监督、设计单位的配合

在施工过程中必须强化对各环节的质量检查,同建设单位、监理单位、监督单位、设计单位建立起良好的工作关系，虚心接受对工程质量的检查与监督。对已完成的分部分项工程，要及时验收。严格隐蔽工程验收制度。施工过程中遇有问题，应及时向甲方、监理、设计及监督单位反馈协商解决。

(二)确保安全生产的技术组织措施

1. 组织措施

项目经理部成立安全领导小组，由项目经理任组长，对单位工程安全工作全面负责，设专职安全员，监督安全生产，各施工员在管生产的同时，必须对安全生产进行管理，各班组应有不脱产安全管理人员，建立各级安全生产管理责任制，把安全工作摆在首位来抓，各施工人员必须认真贯彻国家有关劳动保护和安全生产的各项政策法令。

2. 管理措施

(1)坚持"安全为了生产，生产必须安全"，"安全第一，预防为主"的观点，做好安全教育，安全交底和安全检查，所有进场工人必须经过三级教育后方可上岗，特殊工种作业人员必须经岗位培训持证上岗。不违章作业，不违章指挥。

(2)工程开工前应制定安全技术措施和临时用电施工组织设计作为安全生产工作的指导文件。

(3)做好安全防护标准化，专人值班。工地每天必须有安全值日的管理人员。坚持每周一上班前一小时和每日安全交底制度，坚持经常的安全活动制度，现场安全员必须记好安全日记，认真做好各项施工机具检查验收工作。

(4)工程开工前应制定安全技术措施，作为安全生产工作的指导文件。

(5)每道工序在进行技术交底的同时，进行安全交底，并要求班组全员签字认可。

(6)工地每旬组织一次安全生产自检活动，检查安全生产情况，查出隐患，限期整改。

(7)对施工用电、施工机具，组织验收合格后方可投入使用。

(8)建立安全用品采购计划表，对施工各阶段所需的安全生产用品，应保证落实采购，安全生产用品必须是经过认证推广使用的产品。

(9)对违章操作人员除予以批评教育外，必要时应进行经济处罚。

(10)安全员必须兼管消防工作并定期巡查，发现隐患，及时整改。

(三)确保工程文明施工的技术组织措施

1. 工地以项目经理部为主，成立领导小组，制定文明施工各项措施，对施工总平面图检查落实，加强材料和机械设备堆放、管线布置和场内运输等工作的协调和控制，发现问题立即处理。

2. 根据场地实际情况合理布置，设施、设备按场地布置图规定设置地点堆放。严格划分各功能区域，并进制分隔开，交叉区域采取保护。

3. 工地排水(生活区污水)布置流向明确，不产生积水等现象，建筑垃圾和生活装置容器，放置定点，并专人管理，定时清除(尤其是各作业层间垃圾)。

4. 确定合理的文明施工程序和工艺流程，尽量在工作时间施工对周边环境影响较大的项目，遵循"先地下后地上，先室内后室外"的施工原则。

5. 制定符合文明施工要求，做好消防、临时用电、重点防范区安全保障等各项安全文明施工的技术措施。

6. 工地上备有各项符合要求的各种标志和警示牌等，并按规定进行挂放，尤其在重点防范区和区域交叉区。

7. 施工中应协调好各工序之间的交叉，尽量在小区域内进行，并采用水平分隔和垂直防护。

8. 协调好土建之间和与水电等各专业及专业之间的配合。

9. 加强整个工地(生活区)的卫生检查，制定措施，并严格实行，使工人有个文明卫生的工作环境。

10. 组织专人对工地的安全作业情况巡回监控，定项、定点，并组织(定期)多专业配合检查。

11. 加强对工人的文明施工教育，尤其是各特种专业工，使工人能提高保护他人和自我保护能力，自觉按文明施工要求进行操作等。

12. 沙石分类，集中堆放，底脚边用边清，砌体成垛堆放整齐，碎料随用随清，灰池砌筑符合标准，布局合理，安全，整洁，灰不外溢。

13. 工地所制定的各项措施均有专人负责，检查落实实施。

(四)确保工程工期的技术组织措施

本项目工程工期为50日历天以内。

1. 编制控制性网络和其他单项工程施工网络计划及进度横道图，并严格按此进行施工。

2. 选用素质高、技术力量过硬、质量信得过的施工班组，合理安排，在工作面允许情况下，提早穿插作业，以达到保证工期的目的。

3. 在确保质量、安全的前提下，可采用快速流水作业，扩大工作面，增加人员和材料的投入以及其他手段来加快工程进度。

4. 保证工程资金专款专用，及时支付工人工资及材料款等，保持整个工程持续施工。

5. 以工地项目经理部为主，建立进度实施和控制的领导小组，制定工程进度控制的工作制度，建立进度控制目标体系。

6. 编制控制性网络和其他单项工程施工网络计划及进度横道图，并严格按此进行施工。

7. 用合同形式，保证材料构件的供应、水电安装等及时到位，并保持总进度控制与合同总工期相一致。

8. 在确保质量、安全的前提下，可采用快速流水作业，扩大工作面，增加人员和材料的投入以及其他手段来加快工程进度，如室外地下管线、永久性道路可先行施工；施工设施、材料堆放、机械布置及开行路布置等合理安排，避免二次搬运；水电气和通风管网等可分段设置临时阀门形成回路，分期分段试压投入使用。

9. 对整个工程进度进行动态连续的全过程进度控制，加快检查，及时调整，严格执行各项安全制度。

10. 召开协调会，调整好各专业之间的施工配合，不能产生相互耽搁现象。

11. 坚持质量第一，严格实行三检测，尤其是自检、交接检，抓住影响进度的关键是质量标准不放松，争取每次验收一次达标，防止返工和大量的维修而影响进度。

12. 严格执行施工规范规程，对各施工工艺进行认真学习研究比较，利用新工艺、新技术、新材料，以加快施工进度，保证施工质量，同时提高现场施工的新技术含量。

13. 准确、及时、全面、系统地收集整理进度执行过程中的有关资料，反映施工进度情况，为计划的调整以及如何加强进度控制，提供必要的依据。

(五)雨季施工技术措施

鉴于本地区雨水量多的情况，本司拟采取下列措施，防止雨季而延误工期。

现场要有足够的覆盖材料，要保证外墙不被雨水冲刷，要了解近 2～3 天的天气预报，尽量避开大雨。

现场排水在施工前应按排水设计做好，确保将地面雨水及时排出场外，修整主要运输道路及排水沟，必要时路面加铺防滑材料。

现场办公室等均需要全面检查，做好防渗防漏工作，维护道路以保证车辆通行，所有机械棚搭设严密，防止漏雨。机电设备采取防雨、防淹措施，安装接地安全装置。机动电闸箱的漏电保护装置要可靠。

构件堆场场地要高于自然场地至少 100mm，以防积水。

在雨季来临前应对井架接地装置进行一次摇测检查。

台风到来前，脚手架应加固，防止风吹倒塌。

六、报价与标书编制

报价是投标全过程的核心工作，它不仅是能否中标的关键，而且对企业中标后能否盈利和盈利多少，也在很大程度上起着决定性作用。

(一)报价的基础工作

承包商拿到招标书，在研究了招标文件相关资料基础上，即可根据招标项目工程量清单进行投标报价的计算。如果没有工程量清单则可以按图纸进行计算，工程量清单核算无误后即可按国家造价管理部门统一指定的概(预)算定额为依据进行投标报价。

由于国家统一制定的园林绿化种植工程的概(预)算定额比较粗糙，而且我国幅员辽阔，各地在树木、花种及草种的选择上有较大差异，定额中较难考虑到这些因素。加上近年来各地在市政广场的绿化工程中采用大量“大树”和“古树”移栽种植项目，这些内容在定额中很少涉及。所以，在园林建设项目中有的大型企业会直接按当地园林部门绿化指导价格或自己企业的定额为依据报价。这也增加了承包商标志投标书中商务标部分报价的一定风险。

(二)报价内容

园林建设工程投标报价的内容，就是园林建设工程费的全部内容。如表 2-3-2 所示。从表格可以看出，目前我国的园林建设工程费用主要由直接费、间接费、企业盈利和企业上缴国家税金等几部分组成。其中，直接费由现场发生的直接费、现场经费组成；间接费由企业管理费、企业财务费用及其他费用组成；税金按国家规定上缴。除去这些费用后，剩余部分就是承包商在整个园林建设工程活动中可以获得的理论收益。

园林建设工程承包企业在投标报价中除了准确利用国家建设工程有关定额标准外，还要正确分析建设费用的发生情况。同时还要综合分析竞争对手的报价信息。

表 2-3-2　我国现行园林建设工程费构成

<table>
<tr><th colspan="3">费用项目</th><th>参　考　计　算　方　法</th></tr>
<tr><td rowspan="3">直接费</td><td>直接费</td><td>人工费
材料费
施工机械使用费</td><td>∑人工工日概预算定额×工资单价×实物工程量
∑材料概预算定额×材料预算价格×实物工程量
∑机械概预算定额×机械台班预算单价×实物工程量</td></tr>
<tr><td colspan="2">其他直接费</td><td>按定额</td></tr>
<tr><td>现场经费</td><td>临时设施费
现场管理费</td><td>土建工程:(人工费+材料费+机械使用费)×取费率
绿化工程:(人工费+材料费+机械使用费)×取费率
安装工程:人工费×取费率</td></tr>
<tr><td>间接费</td><td colspan="2">企业管理费
财务费用
其他费用</td><td>土建工程:直接工程费×取费率
绿化工程:直接工程费×取费率
安装工程:人工费×取费率</td></tr>
<tr><td>盈利</td><td colspan="2">计划利润</td><td>(直接工程费+间接费)×计划利润率</td></tr>
<tr><td>税金</td><td colspan="2">含营业税、城乡维护建设税、教育费附加</td><td>(直接工程费+间接费+计划利润)×税率</td></tr>
</table>

注:1. 工程费由直接费、其他直接费用和现场经费组成。直接费包括人工费、材料费和施工机械使用费,其他直接费用指直接费用以外的施工过程中发生的其他费用。现场经费指为施工准备、组织施工生产和管理所需费用。

2. 建设工程间接费,指虽不直接由施工工艺过程所引起,但却与工程的总体条件有关的园林施工企业为组织施工和进行经营管理以及间接为园林施工服务的各项费用。

3. 计划利润指按规定应该记入园林建设工程造价的利润。

4. 税金指按国家法规应计入园林建设工程造价内的营业税、城乡维护建设费及教育附加费。

(三)报价决策

报价决策是指承包商在投标时根据自身条件和市场条件,对标书报价的选择、优化的过程。报格决策是承包商在招标项目投标时,为了战胜对手获得中标而采取的一种投标策略。有时,承包商为了扩大企业在建设市场占有率,有时会采用低报价策略;但企业有了一定的信誉度和市场占有率后,为了提高毛利,则可能采取高价策略。故企业投标时的报价策略并非单独存在,它受公司经营策略的影响。报价决策反映投标报价的总水平,通常由投标委员会的决策人在主要参谋人员的协助下作出决策。

在形成企业的投标报价策略时,一般会根据园林建设工程招标文件中提供的工程量清单和报价项目单价表进行测算,形成基础标价,然后再对项目进行风险预测和盈亏分析,并测算在整个投标书中可能出现的最高标价和最低标价(在基础标价可以浮动的界限内),最终作出报价决策。考虑到项目各种盈利因素和风险损失,对标价一般进行系数(一般取 0.5～0.7)修正。

完成上述工作以后,决策人就可以靠自己的经验和智慧,作出报价决策,然后编制出企业的正式标书。

(四)标书的编制和投送

1. 标书的编制

投标单位对欲招标工程作出报价决策后,即进行标书的编制工作。标书的编制具体先要看招标书的具体要求。标书主要分技术标和商务标两部分,技术标主要是把招标文件要求的内容做齐全,这部分的核心内容要属施工组织设计。商务标就是投标报价,它与项目的预算及其准确度有关。标书编制时考虑的主要内容有:投标书及其附件;划价的工程量清单和单价表图纸、技术说明、施工方案、主要施工机械设备清单以及某些重要或特殊材料的说明书和小样等与报价有关的技术文件;投标保证书。

投标书一般由标书编制说明、总报价书、单项工程报价书、工程量清单和单价表、施工技术措施和总体布置,以及施工进度计划图等组成。

2. 标书的投送

全部标书文件编好后,经校对无误后由公司法定代表人签署,按投标须知的规定分装,然后密封,派专人在投标截止期之前送到招标单位指定地点,并领取收据。如需邮寄则应充分考虑投标书能在投标截止期前到达招标单位。

投送标书时一般须将招标文件包括图纸、技术规范、合同条件等全部文件交还建设(招标)单位。

第四节　园林建设工程施工承包合同

招标单位将中标通知书发出后,招标单位和中标单位应在规定的期限内签订承包合同,明确双方的权利、义务和责任。合同一经生效,即具有法律的约束力。

一、经济合同

经济合同是民事主体之间为实现一定的经济目的,明确相互权利义务关系而订立的合同。它是以经济业务活动为内容的契约,是法人之间为实现一定的经济目的,明确双方权利和义务关系的协议。经济合同包括购销(包括供应、采购、预购、购销结合及协作、调剂等)合同、建设工程承包合同、加工承揽合同、货物运输合同、供用电合同、仓储保管合同、财产租赁合同、借款合同、财产保险合同以及其他经济合同。

经济合同的形式有表格式和条文式两种。经济合同的基本内容(必备条款)有:合同双方当事人的名称或姓名与住所;标的(指货物、劳务、工程项目等);数量和质量;价款或酬金;履行的期限、地点和方式;验收;结算方式;违约责任和解决争议的方法等内容;根据法律规定的或按经济合同性质必须具备的条款以及当事人一方要求必须规定的条款。签订经济合同是一种法律行为,必须遵循合法原则、平等互利原则、协商一致原则和等价有偿原则。经济合同依法成立,即具有法律约束力,当事人必须全面履行合同规定的义务,任何一方不得擅自变更或解除合同。违反合同,要追究责任,赔偿损失,直至法律制裁。

经济合同一般具有以下基本特征:

1. 合同的签字人必须是法人。

2. 合同具有法律效力。签约生效后合同即受国家法律保护，缔约双方都必须严肃认真地履行合同条款，当一方违约时将追究其法律责任。

3. 合同必须遵循合法的原则。合同的内容与签订手续等都必须符合国家法律、法规和国家利益、公共利益，否则属于无效合同。

4. 合同应建立在自愿协商、平等互利、公平合理的基础之上。缔约双方在各自的具体条件下，以平等的地位在自愿的基础上，经充分协商，取得一致意见后，采用书面形式签订契约，并签字盖章。

二、施工合同

根据《中华人民共和国建筑法》、《中华人民共和国合同法》和国家工商行政管理局规定，结合国际惯例，合同文件包括中标单位的投标书及其附件、协议书、合同条件，招标单位接收投标函(即中标通知书)、设计图纸、工程说明书、技术规范和有关标准、工程量清单和单价表，以及合同执行过程中的一切往来函电、传真和实际变更记录等全部文件。住房与城乡建设部和国家工商管理局颁发了“建设工程施工合同”格式文本，规定建设工程施工合同分别由协议书、通用条款和专用条款三部分内容组成。

(一)施工合同的协议书

根据建设工程施工合同协议书内容相关条款，合同书的第一部分协议书要包括：发包人与承包人名称，合同签订的法律依据，工程概况，工程承包范围，合同工期，施工项目质量标准，合同价款，组成合同的主要文件(本合同协议书、中标通知书、投标书及其附件、合同专用条款与通用条款、设计建设施工项目的标准、规范及有关技术文件、图纸、工程量清单、工程报价单或预算书)，承包人向发包人承诺按照合同约定进行施工、竣工并在质量保修期内承担工程质量保修的责任，发包人向承包人承诺按照合同约定的期限和方式支付合同价款及其他应当支付的款项，合同生效的时间以及双方法人基本信息和单位签章等内容。同时，合同还需要在当地政府建设工程行政主管部门和工商管理部门签章和备案。

(二)合同的通用条款

合同书的第二部分通用条款主要是对协议书中涉及的词语按照《合同法》内容所进行的定义，并对协议书中双方的权利与义务作进一步的明确。如关于图纸部分就明确了发包人向承包人提供图纸数量、承包人需要增加图纸时发包人应代为复制(复制费由承包人负责)、承包人对工程内容的保密要求，以及工程质量保修期满后，除承包人存档外应将全部图纸退还给发包人等内容。

这部分中还对合同执行过程中双方的一般权利和义务进行了界定。包括对工程师的界定和委派原则、承包商项目经理的委派和项目经理的职责、发包人的职责和权益、承包人的职责和权益等内容。在施工项目的组织设计和工期安排中，关于施工进度计划的执行明确指出承包人必须按工程师确认的进度计划组织施工，当工程师在对进度检查、监督时发现施工进度与计划不符时，承包商应按工程师要求进行改进。同时明确当因承包商原因导致工程实际进度与进度计划不符时，承包商无权就改进措施提出追加合同价款。此外，在合同的通用条款中就施工过程中项目的暂停施工、工期延误、工程竣工等涉及施工组织计划和工期的内容进行明确界定。通用条款对工程质量及其鉴定、部分内容的检查和返工、隐蔽工程和项目的中间验收、工程试车等涉及建设工程质量与检验的内容、合同双方的权利与义务等内容进行了明确的界定。关于安全施工方面明确规定承包人在动力设备、输电线路、相关爆破作业等过程中承包人应在施工前数天内通知工程师，并提出相应的安全防护措施；对出现事故时的处理措施也作了明确规定。

在合同价款及其支付方面，合同通用条款中规定合同价款在协议书约定后，任何一方都不得擅自改变。根据合同书中采用的合同价款方式具体执行，其中在可调价合同的执行中如果出现因国家有关政策变化、原材料价格调整、出现非承包人原因的停工且累计超过 8 小时以及发包人与承包商双方约定的其他因素时，承包商应在规定的时限内将调价情况以书面形式通知工程师，工程师在确认了调整的金额后可作为追加合同价款的依据。当实行工程预付款时，应当按合同专用条款中的约定根据工程施工进度由发包人按比例向承包人预付工程款。如发包人在收到通知后不能按时支付预付款，承包商可以在发出通知后 7 天停止施工。而且，发包人应从约定预付款之日起向承包商支付应付款的贷款利息，并承担违约责任。

在施工合同的通用条款中对于施工过程中出现的工程变更（包括工程设计变更、其他变更）处理方式作了规定。对于工程的竣工验收与工程结算、工程质量保修以及合同执行中发生的违约、索赔和争议的处理方式作明确说明，对合同的解除、合同的生效与终止等作规定。

（三）合同的专用条款

不同建设内容的施工合同的专用条款包括：对于合同中涉及的文件组成及其词语的定义，合同条款的解释顺序、施工中适用的相关标准和规范、发包人向承包人提供图纸的日期和套数；合同双方的权利和义务，包括发包人和监理单位派驻或委派工程师及其行使的职权；承包方向工地委派的项目经理基本要求；发包人工作内容、发包人委托承包人办理的工作；承包人工作等；各种建设工程的施工中承包人提供的有关进度计划的具体时间和工程师确认的时间；质量与验收中对隐蔽和中间工程验收的具体方法；工程试车及其产生费用的承担方式，以及合同执行过程中合同价款采用及价款调整的方法，工程款预付和工程量确认方式，施工中双方关于材料供应的划分与质量要求；工程变更、验收与结算的方法；工程交工与验收的时间等。在商业合同中不可避免地还要包括违约、索赔和争议产生时解决的办法等内容。

如果在合同执行中产生了新的补充条款，则这部分条款以附件形式产生并发挥合同效力。

按照国际惯例，施工承包的合同文件包括中标单位的投标书、协议书、合同条件、中标通知书、设计图纸、工程说明书、技术规范和有关标准、工程量清单和单价表，以及合同执行过程中的一切往来函电、传真和设计变更记录等全部文件。我国国内工程施工合同文件的正式名称为“建设工程施工合同”，国家工商行政管理局和住房与城乡建设部于 1991 年 3 月 31 日颁发了“建设工程施工合同条件”和“建设工程合同协议条款”组成的《建设工程合同示范文本》，另外还有示范文本的使用说明，以指导工程承包双方正确签订合同。住房与城乡建设部于 1993 年 1 月 29 日颁布《建设工程施工合同管理办法》，各省、自治区、直辖市建设行政主管部门也有相应工程施工示范文本及其说明，以指导工程施工合同实现规范化。

第五节　园林建设工程施工招标实例及合同示范文本

一、建设工程施工招标实例

(一)投标邀请书

××公司：

××公园工程由××市××区人民政府投资兴建。工程建设前期准备工作已经完成，施工现场四通一清，建设资金已经落实，施工图设计已全部完成，具备工程施工招标条件。为加快建设速度，确保工程质量，本工程现采取邀请招标方式，择优聘请施工单位。

工程简要情况如下：

1. 工程概况。××公园位于××市××区××路，为居住区级公园，由××园林工程设计所设计，总建设面积 67 991m^2。公园用地面积见招标文件之“图纸”部分；工程地质勘察报告和土壤检测报告及该市气象、水文条件等资料见招标文件之“参考资料”部分。

2. 工程内容。依据设计图纸，本招标工程内容包括××公园建设工程的：

(1)土山及整理地形工程；

(2)假山工程；

(3)给排水及喷灌工程；

(4)供电及照明工程；

(5)水池及暗池工程；

(6)喷泉工程；

(7)铺装广场及园路工程；

(8)园林小品及设施工程；

(9)管理用房及公厕工程(单层砖混结构)；

(10)仿古亭工程；

(11)绿化工程。

3. 工程承包及结算方式。本工程建设采取包工包料的承包方式，中标后另行签订发包合同；按中标价一次包死。对于建设过程中发生的设计变更，根据增减数量按实调整。在合同履行期内，如遇国家统一调整预算定额和材料价格时，承包单位按文件规定及时交发包单位签证后双方按规定执行。

4. 材料供应。本工程所有建筑材料、绿化材料等由承包单位自行组织采购、加工订货。

5. 工期。本工程从××年××月整理地形工程开工日起，按日历天计算，工期不超过12个月。

6. 工程质量。本工程严格按我国现行施工验收规范和质量评定标准检查验收。全部工程质量合格，中心广场铺装、水池、暗池及喷泉工程质量要求达到优良。

7. 请贵公司接到邀请书后，前往________购买招标文件(______元/套)。

8. 所有投标书必须于______年______月______日______时之前送达下列地址：

__________,并必须同时缴纳数量为2%投标价的投标保证金。

9. 开标仪式定于______年______月______日______时在下列地点举行:__________,投标人可派代表出席。

××单位(盖章)

年　　月　　日

(二)投标须知

1. 招标时间表:

(1)发售招标文件:日期:__________,时间:__________,地点:__________。

(2)投标会:日期:__________,时间:__________,地点:__________。

(3)现场考察:日期:__________,时间:__________,地点:__________。

(4)投标截止:日期:__________,时间:__________,地点:__________。

(5)开标:日期:__________,时间:__________,地点:__________。

2. 投标保证金金额:__________投标价的(2%)。

3. 预付款百分比:__________合同价的(20%)。

4. 废标条件:

(1)标书未密封;

(2)无单位和法定代表人或其指定代理人的印鉴;

(3)未按规定的格式填写标书,内容不全或字迹模糊、辨认不清;

(4)标书逾期送达;

(5)投标单位未参加开标会议。

(三)合同条件(参见附录中《建设工程施工合同条件》,此处从略)

(四)技术规范

本项工程采用施工技术标准、规范和验收标准为:

1. 施工现场临时用电安全技术规范(JGJ46—88)

2. 建设工程施工现场用电安全规范(GB50194—93)

3. 土方与爆破工程施工及验收规范(GBJ201—83)

4. 建筑安装工程质量检验评定统一标准(GBJ300—88)

5. 建筑工程质量评定标准(GBJ301—88)

6. 建筑机械使用安全技术规范(JGJ33—86)

7. 建筑工程冬期施工规范(JGJ104—97)

8. 建筑基坑支护技术规程(JGJ120—99)

9. 建筑施工安全检查标准(JGJ59—99)

10. 地基与基础工程施工及验收规范(GBJ202—83)

11. 建筑地基处理技术规范(JGJ79—91)

12. 建筑桩基技术规范(JGJ94—94)

13. 混凝土及预制混凝土构件质量控制规程(CECS40—92)

14. 砌体工程施工及验收标准(GB50203—98)

15. 屋面工程技术规范(GB50207—94)

16. 预制混凝土构件质量检验评定标准(JBJ321－90)
17. 钢筋焊接接头实验方法(JGJ27－86)
18. 混凝土质量控制标准(GB50164－92)
19. 混凝土强度检验评定标准(GBJ107－97)
20. 普通混凝土用砂质量标准及检验方法(JGJ52－92)
21. 普通混凝土用碎石或卵石质量标准及检验方法(JGJ53－92)
22. 地下工程防水技术规范(GBJ108－87)
23. 混凝土强度检验评定标准(GBJ107－87)
24. 砖石工程施工及验收规范(GBJ203－83)
25. 古建筑修剪工程质量检验评定标准(南方地区)(CJJ70－90)
26. 古建筑修剪工程质量检验评定标准(北方地区)(CJJ39－91)
27. 木结构工程施工及验收规范(GBJ206－83)
28. 混凝土结构工程施工及验收规范(GB0204－92)
29. 柔毡屋面防水工程技术规范(CECS29－91)
30. 防水卷材屋面工程质量标准及验收暂行规定(HBJ7－85LYX－603)
31. 采暖与卫生工程施工及验收规范(GBJ242－82)
32. 建筑采暖卫生与煤气工程质量检验评定标准(GBJ302－88)
33. 电气装置安装工程电缆线路施工及验收规范(GB50168－92)
34. 电气装置安装工程接地装置施工及验收规范(GB50169－92)
35. 电气装置安装工程盘、柜及二次回路接线施工及验收规范(GB50171－92)
36. 电气装置安装工程母线装置施工及验收规范(GBJ149－96)
37. 电气装置安装工程低电压电器施工及验收规范(GB50254－96)
38. 电气装置安装工程电气照明装置施工及验收规范(GB50259－96)
39. 电气装置安装工程 1kV 及以下配线工程施工及验收规范(GB50258－96)
40. 建筑电气安装工程质量检验评定标准(GBJ303－88)
41. 建筑装饰工程施工及验收规范(JGJ73－93)
42. 城市绿化工程施工及验收规范(CJJ/T82－99)
43. 联锁型路面砖路面施工及验收规程(CJJ79－98)

(五)工程量清单

1. 说明

(1)本工程量清单应与投标须知、合同条件、技术规范及图纸同时使用。

(2)工程量清单列明的数量是根据设计图纸计算的。支付以设计图纸和接监理工程师指示完成的实际数量为依据。

(3)有标价的工程量清单中的单价与费用,应包括所有的材料费、设备费、人工费。劳务费、监理费、管理费、临时工程、安装费、维护费、所有税款、利润以及合同明示或暗示的所有一般风险、责任和义务等费用。

(4)有标价的工程量清单中的每一项目须填入单价或费用。承包人没有填写单价或费用的项目,其费用视为已分配在相关工程项目的单价与费用之中。

(5)有标价的工程量清单所列各项目中,应计入符合合同条件规定的全部费用。未列项目其费用应视为已分配在相关工程项目的单价与费用之中。

2. 工程量清单包含下列各工程量分表

各项工程的工程量清单参加工程量分表。

清单表1　土山及整理地形工程工程量表

编号	项目名称	简要说明	计量单位	工程数量	单价(元)	总价(元)
1	土山及整理地形工程	推土经碾压后达到设计的标高和坡度要求;土质要求见设计说明	立方米	42 000		
合计金额:						

清单表2　假山工程工程量表

编号	项目名称	简要说明	计量单位	工程数量	单价(元)	总价(元)
1	假山工程	石材为花岗石	吨	1 127		
合计金额:						

清单表3　给排水及喷灌工程工程量表

编号	项目名称	简要说明	计量单位	工程数量	单价(元)	总价(元)
1	给排水及喷灌管线	深埋1米	米	3 150		
2	喷灌喷头	伸缩式	个	125		
3	排水井		座	1		
4	防冬给水井		座	12		
合计金额:						

清单表4　供电及照明工程工程量表

编号	项目名称	简要说明	计量单位	工程数量	单价(元)	总价(元)
1	电缆敷设	6平方毫米内	米	4 470		
2	电缆敷设	16平方毫米内	米	60		
3	配电箱	选型见设计	台	6		
4	庭院灯		盏	62		
5	射灯		盏	2		
6	草坪灯		盏	37		
7	地灯		盏	48		
合计金额:						

清单表5　水池及暗池工程工程量表

编号	项目名称	简要说明	计量单位	工程数量	单价(元)	总价(元)
1	水池(池底、池壁贴广场砖)		平方米	2 033.8		
2	电缆敷设		平方米	296.5		
3	配电箱		平方米	21		
合计金额:						

清单表6　喷泉工程工程量表

编号	项目名称	简要说明	计量单位	工程数量	单价(元)	总价(元)
1	管道土方		米	292		
2	喷泉全套设备安装及调试	管线、喷头型号见设计	套	1		
3	水处理(净化)设备	处理能力见设计说明	套	1		
合计金额:						

清单表7　铺装广场、园路工程工程量表

编号	项目名称	简要说明	计量单位	工程数量	单价(元)	总价(元)
1	广场砖路面		平方米	2 336		
2	花岗岩路面		平方米	655		
3	水刷石路面		平方米	2 467		
4	混凝土砖路面		平方米	11 028		
5	青石板路面		平方米	470		
6	混凝土路牙		米	1 947		
合计金额:						

清单表8　园林小品及设施工程工程量表

编号	项目名称	简要说明	计量单位	工程数量	单价(元)	总价(元)
1	汀步	花岗岩剁斧石	平方米	62.55		
2	挡墙、花池、坐凳	花岗岩砌筑	平方米	530		
3	装饰石球		个	12		
4	景墙		座	1		
5	步桥		座	1		
6	儿童游戏设施		座	2		

（续表）

编号	项目名称	简要说明	计量单位	工程数量	单价(元)	总价(元)
7	树池覆盖铸铁格栅		个	75		
8	路椅		个	20		
9	果皮箱		个	15		
10	公用电话亭		座	2		
合计金额：						

清单表 9　管理房及公厕工程工程量表

编号	项目名称	简要说明	计量单位	工程数量	单价(元)	总价(元)
1	管理房及公厕		平方米	339		
2	化粪池		座	1		
合计金额：						

清单表 10　仿古亭工程工程量表

编号	项目名称	简要说明	计量单位	工程数量	单价(元)	总价(元)
1	仿古亭工程		座	1		
合计金额：						

清单表 11　绿化工程工程量表

编号	项目名称	简要说明	计量单位	工程数量	单价(元)	总价(元)
1	油松 3～3.5 米		株	33		
2	白皮松 3～3.5 米		株	26		
3	华山松 3～3.5 米		株	70		
4	云杉 3～3.5 米		株	24		
5	银杏胸径 7～8 厘米		株	92		
6	小叶白蜡胸径 7～8 厘米		株	135		
7	栾树胸径 6～7 厘米		株	53		
	……					
	……					
	冷季型草坪		平方米	45 383		
合计金额：						

清单表 12　工程量清单汇总表

编号	项目名称	金额(人民币元)	备注
1	土山及整理地形工程		
2	假山工程		
3	给排水及喷灌工程		
4	供电及照明工程		
5	水池及暗池工程		
6	喷泉工程		
7	铺装工程、园路工程		
8	园林小品及设施工程		
9	管理用房及厕所工程		
10	仿古亭工程		
11	绿化工程		
合计金额：			
投标总价：			

(六)设计图纸及技术说明(设计图纸略)

(七)参考资料(略)

二、合同示范文本

建设工程合同示范文本见附录相关内容。

[本章参考文献]

1. 中国建设招标网,http://www.zhaobiao.gov.cn/policydetail/19061.html

2. 刘伊生编著．建设工程招投标与合同管理(修订本)．北京交通大学出版社,2003

3. 刘晓勤．建设工程招标与合同管理．同济大学出版社,2009

4. 刘伊生编著．建设工程招投标与合同管理(第2版)．机械工业出版社,2007

[复习思考题]

1. 建设工程招标、投标活动遵循的法律法规有哪些？招投标活动中参与主体有哪些？

2. 建设工程合同的类型有哪些？

3. 简述建设工程承包方法的类型。

4. 国际上通用规则中承包商可以分为几类？根据建设工程招投标法各类企业资质中要求的标准又是怎样的？

5. 招标的建设项目应具备的条件有哪些?

6. 简述邀请招标发生的前提条件,建设工程中只有哪些建设内容才能采用邀请招标的形式?

7. 评标委员会组成人员有哪些? 常用评标方法有几种?

8. 简述招标的程序。

9. 投标决策应遵循的原则是什么?

10. 招标文件主要由哪些内容组成?

11. 企业投标时编制的施工方案与中标签订合同后制定的施工项目施工组织设计有什么异同?

12. 为什么说建设工程合同文件中合同的协议书、合同的通用条款、合同的专用条款具有同等重要的法律地位?

第三章　园林建设工程概算与预算

本章主要内容：

1. 介绍了建设工程造价领域的基本知识，作为工程概（预）算中涉及的建设工程的基本概念；

2. 介绍了建设工程造价中的概算、预算中该工程计价的原理和方法，工程造价中的费用组成，建设工程概（预）算定额的类型，工程费用计算中费用组成；

3. 园林建设工程概（预）算的编制方法及分部分项工程工程量计算中应注意的事项；

4. 补充介绍了市政、园林建设中的仿古建筑建设工程概（预）算编制基本知识，重点介绍了古建筑中特殊构件的制作与安装基础知识。

5. 附属内容中介绍了园林建设工程中的预算编制。

本章教学难点与实践内容：

1. 园林建设工程中的概（预）算定额组成和建设工程费用组成及其编制方法是本章的重点与难点。仿古建筑工程中有关特殊构件的制作与安装方法中的基本名词及其在古建筑中的作用是仿古建筑工程概（预）算编制中的难点，因为仿古建筑中的许多构件制作及其安装在现代建筑工程中较少采用。通过学习要求掌握建设工程概（预）算定额的基本知识和仿古建筑定额中的基础知识，学会建设工程概（预）算中相关表格中分项工程内容与相应定额中工程内容套用，有关造价法规中企业取费标准的正确使用。

2. 教学过程中可以利用多媒体手段将仿古建筑工程中有关特殊构件的名称、制作与安装活动介绍给学习者，以使学习者正确套用相关建设工程定额中的施工内容。

3. 实践课内容：在熟悉园林建设工程设计图纸的基础上，通过计算建设工程施工图纸工程预算的过程，达到对建设工程项目造价中工程量计算、费用组成计算和企业取费标准熟练使用的目的。

通过案例分析学会园林建设工程施工图预算编制方法。

第一节　园林建设工程概预算概述

工程概预算是指在工程建设过程中，根据不同设计阶段的设计文件的具体内容和有关定额、指标及取费标准，预先计算和确定建设项目的全部工程费用的技术经济文件，园林建设工程总预（概）算额一般包含了建设项目从筹建到竣工验收的全部建设费用。认真做好总预(概)算是关系到贯彻基本建设程序,合理组织施工,按时按质完成建设任务的重要环节,同时又是对建设工程进行财政监督、审计的主要依据。因此,做好预(概)算工作有着重要的意义。

建设工程概预算依据建设工程的不同阶段分为设计概算、修正概算、施工图预算、施工预算等几种形式,这几种概预算分别依据的设计阶段及其设计深度是不同的,其概预算的计算深度和细度不同,对于建设工程项目控制的作用也有差异。其中,市政、园林工程中以设计概算、施工图预算最为重要,有时对于某些小型园林建设项目可以以设计概算作为工程投资、施工控制的依据性文件。

建设工程概预算文件的编制分别要依据建设项目不同阶段和设计深度的设计文件,同时要参考国家统一的建筑工程预算定额及其地区单位估价、国家统一的安装工程预算定额及其地区单位估价、国家统一的建筑工程定额工程量计算规范和安装工程预算定额工程量计算规范、建筑安装工程间接费用取费定额和材料预算价格(造价信息)等政策型文件。

对于建设工程的概预算过程及其编制过程而言,相关基础知识的了解和掌握也显得十分重要。

一、园林建设工程基本概念

(一)建设工程基本概念

1. 基本建设

基本建设时指国民经济各部门实现新的固定资产生产而进行的一种经济活动,也就是透过资产投资进行相关设备的购置、安装和建筑的生产活动以及与此向联系的其他有关活动。

2. 固定资产

固定资产是指社会生产过程中能够在较长时间内为工农业生产和人民生活等方面服务的物质资料。固定资产按其经济用途可以分为生产用固定资产和非生产用固定资产。

生产性固定资产是指为物质资料生产的固定资产。如工厂厂房及其设备、公路铁路等。

非生产固定资产是指为满足人们物质文化生活服务的固定资产。如学校、医院、各类住宅、公园等。

3. 建设项目

建设项目是指基本建设项目的简称。它是指在一个总体设计或初步设计范围内,由一个或几个单项工程所组成的行政上具有独立的组织形式、经济上实行独立核算,有法人资格与其他经济实体建立经济往来关系的建设工程实体。如要建设一个化工厂、建设一个大学校区、一个住宅小区等,就分别是该化工厂的建设项目、某大学(局部)的建设项目、某小区(园区)的建设项目。

4. 建筑工程

建筑工程是指为满足人们生产和生活需要而建造的各种房屋及构筑物。建筑物包括各种房屋建筑及构筑物,房屋建筑如园林工程中的亭、台、楼、阁,工厂的厂房、住宅、大学的教室等;构筑物包括水塔、输变电铁搭、铁路桥梁等。

5. 安装工程

安装工程是指工程建设中各类永久和临时性的各种设备、装置进行组装的工程内容，通常安装工程包括电气、通风、给排水以及建筑物内管线的敷设、防腐与保温材料的安装，和某些工业设备安装中相关的管道也包含在安装工程中。简单地说安装工程是介于土建工程和装潢工程之间的工作，一般建设工程项目中均包含有安装工程的建设内容，如一个学校中体育馆建设工程中的运动设施装备、起吊、固定等，某住宅小区中的通风暖气设备的安装，某工业项目中建筑工程完成后的工业设备的安装与调试等。

6. 建设工程预算

建设工程预算是建设项目初步概算和施工图预算的总称。是建设项目从前期准备到竣工交付使用全过程中所需支出的费用(投资)。

7. 工程预算

设计单位或施工单位根据拟建工程项目的施工图纸，结合施工组织设计，建筑安装工程预算定额、取费标准等基础材料计算出来的该项目工程的预算价格即为工程预算。根据设计阶段它可分为初步设计概算、施工图设计预算和施工预算三种。

8. 建筑预算与工程预算的区别

建筑预算与工程预算的区别：工程预算内容包括建筑工程费用和设备安装工程费用。而建筑预算内容除了包括建筑工程费用和设备安装工程费用以外，还包括建筑工程从筹建到竣工验收的所有费用，它包括“设备及工器具购置费”、“工程建设其他费”、“专项费用”等。如体育馆建设项目中除了体育馆主体建筑工程费用及设备安装工程费用外，还包括体育馆内整体空调、灯光照明、通风暖气等设备的费用，其外还包括土地征用及拆迁及拆迁安置费等。

9. 工程预算与施工预算的区别

工程预算与施工预算的区别：施工预算是施工单位以建筑安装工程为对象、以施工定额(内部)为依据进行编制，用来确定某项工程所需人工、材料和施工机械台班耗用量及费用额的文件。而工程预算是作为工程招投标、签订工程合同及竣工决算的依据和工程价款支付的依据。施工预算相对于施工企业来说是对外收入标准，施工图预算是对内支出的标准。

(二)建设项目的划分

在建设工程项目的概预算中对于一个总项目进行计算往往是比较困难的。因此，在计算中一般采用对建设项目进行层层分解，将项目分解为单项工程、单位工程、分部工程、分项工程来进行计算。这就如同将一堆沙丘逐一分解成为一颗颗砂粒，再将砂粒堆砌起来还原成为一个完整的沙丘，从而完成对一个建设项目的概预算。建设项目的分级划分及其各级工程之间的关系如图 3-1-1。而在市政、建设项目的项目管理和工程概预算中也是通过对工程项目的逐级分解，一般将建设项目分为：建设总项目、单项工程、单位工程、分部工程和分项工程，并在工程的概预算中据此依据建设工程相关定额标准进行工程量计算和工程的概算和预算。

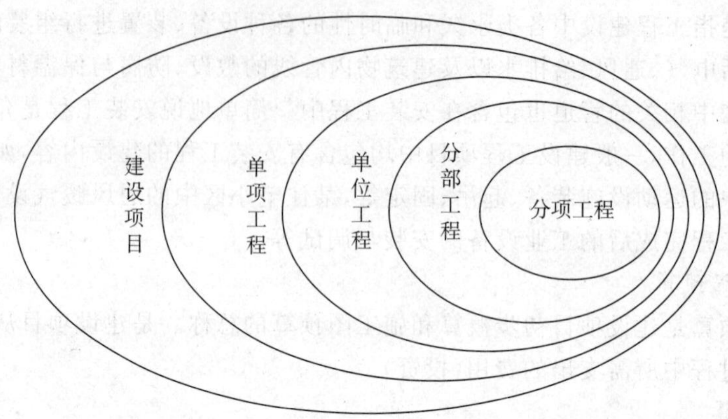

图 3-1-1　建设项目分阶层及其关系

1. 建设总项目

建设总项目指在一个建设项目的场地或数个场地上，按照同一个项目总体设计进行施工的各个工程建设项目的综合。如一个游乐园、一个动物园等就是一个建设项目。

2. 单项工程

单项工程又称"工程项目"，它是建设项目的组成部分。一个建设项目包括几个或几十个工程项目。单项工程都有其独立的设计文件，竣工后都能独立发挥生产能力或产生经济效益的一组配套齐全的工程项目即为一个单项工程。一个建设项目可以有几个单项工程，也可能是一个单项工程。如某化工厂的盐酸生产车间、某大学校区的实验楼或图书馆、某住宅小区的某幢大楼等，公园中的游乐园、风景区建设中的大门建筑及其周围的停车场设备等。

3. 单位工程

单位工程指具有独立设计文件，可以进行独立施工，但竣工后不能单独发挥生产能力或产生经济效益的工程。它是工程项目的组成部分，一个工程项目由几个或几十个单位工程组成。如建设工程中的主体结构工程、土建工程、住宅楼中的室内采暖工程、电器照明工程等。

单位工程的划分通常是在施工之前由建设单位、监理单位和施工单位商议确定，一般来说常见单位工程有土建工程、安装工程等，甚至是建筑物内的电梯安装工程因其工程内容也属于单位工程。

4. 分部工程

分部工程一般指单位工程按不同施工部位或按照使用不同材料、工种和施工机械而划分出来的工程。它是单位工程的组成部分，一个单位工程可以由几个或几十个分部工程组成。一般工业与民用建筑工程的分部工程包括：土石方工程、地基与基础工程、主体结构工程、楼地面工程、屋面与防水工程、给排水及采暖工程、电气工程、智能建筑工程、装饰装修工程、通风与空调工程、电梯工程等。市政、园林建设工程中的分部工程包括土石方工程、地基工程、给排水工程、驳岸工程、建筑物楼地面工程、屋面及防水工程、广场工程、园路工程、照明及音响工程，以及大树移栽工程、草坪工程等。在《全国统一建筑工程基础定额》(土建)部分中将单位工程分为 14 个分部工程。

5. 分项工程

分项工程是分部工程的组成部分，它们是在分部工程中能够单独经过一定的施工工序就能完工，并且可以采用适当计量单位计算的建筑或设备安装工程。也就是施工中按不同施工方法、不同材料、不同规模等因素而进一步划分的最基本的工程项目。如在工业与民用建筑工程中的土石方开挖工程、土方回填工程、钢筋工程、模板工程、混凝土浇筑工程、砌砖工程、木门窗制作与安装工程、玻璃幕墙工程等。园林工程中的某个水池的人工挖土方工程、该水池的人工驳岸砌筑工程，绿化工程中的苗木移栽工程、大树移栽工程、草坪绿化工程等等。

分部工程由几个特征：即①工程项目是一个完整的产品，但分部工程不能形成一个完整的产品，一般来说它的独立存在是没有意义的，是为确定一个建筑及安装工程项目造价而单独划分出来的假定性产品。②它具有可比性，它是由几个具有相同操作流程，并根据全国平均必要消耗量(人工、材料、机械)计算和测定出来的一个标准，及为了建筑或安装工程概预算基础定额而划分的项目。

分项工程是工程项目施工生产活动的基础，也是计量工程用工、用料和机械台班消耗的基本单元，同时也是施工过程中工程质量形成的直接过程。按照建设工程项目规模的不同，可以将建设项目分解为如图 3－1－2 所示的结构图。

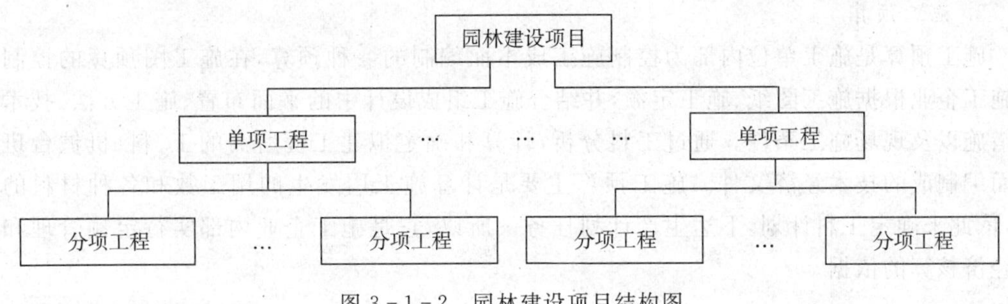

图 3－1－2　园林建设项目结构图

二、园林建设工程概算与预算分类

(一)建设工程概、预算分类

1. 按建设工程的对象分类可以将工程概、预算分为：

单位工程概、预算
其他工程概、预算 →单项工程综合概、预算→建设项目总概、预算

2. 按建设工程专业分类可以将工程概、预算分为：

土建工程预算、给排水工程预算、采暖工程预算、电气工程预算、道路工程预算、桥梁工程预算，以及园林建设工程中的绿化工程预算、广场施工工程预算等等。

3. 按设计的不同阶段和图纸情况可以将工程概、预算分为：

工程设计概算→设计修正概算→施工图预算→施工预算等。

(二)园林建设工程概、预算分类

园林建设工程概、预算按不同的设计阶段和所起作用不同及不同的编制依据可分为：设

计概算、施工图预算和施工预算三种。

1. 设计概算

设计概算是初步设计文件的重要组成部分，是控制工程投资、进行建设投资包干和编制年度建设计划的依据，也是促使设计人员对设计项目负责，进行设计方案经济比较的依据，通过设计概算使其符合国家的经济技术指标，同时也是实行财政监督和审计的依据。设计概算是初步设计或扩大初步设计阶段，由设计单位根据初步设计或扩大初步设计图纸，相应的概算定额、指标，工程量计算清单及其规则，材料、设备的预算单价，建设行政主管部门颁发的有关费用定额或取费标准等资料，预先计算某建设工程从其筹建至竣工验收交付使用全过程中的建设费用的经济文件。

2. 施工图预算

施工图预算是指在拟建工程开工前，根据已批准并经会审后的施工图纸、施工组织设计、现行工程预算定额、工程量计算规则、材料和设备的预算单价、各项取费标准，预先计算工程建设费用的经济文件。即施工单位根据已批准的施工图纸，在既定的施工方案前提下，按照国家颁布的各类预算定额、单位估价表及各项费用的取费标准预先计算和确定工程造价的文件。它是建设单位和施工单位签订工程合同的主要依据，是拨付工程价款和竣工决算的主要依据，也是实行招投标和建设包干的主要依据，是施工单位安排施工计划和进行经济核算、考核工程成本的依据。

3. 施工预算

施工预算是施工单位内部为控制施工成本而编制的一种预算，在施工图预算的控制下由施工企业根据施工图纸、施工定额，并结合施工组成设计中的平面布置、施工方法、技术组织措施以及现场施工条件。通过工料分析，计算和确定拟建工程所需的工、料、机械台班消耗而编制成的技术经济文件。施工预算主要是计算施工用发生的用工数和各种材料的用量，依此来确定工料计划，下达生产计划任务。所以，它是施工企业内部实行定额管理和内部经济核算的依据。

三、园林建设工程概算与预算费用组成

(一)建设工程计价原理与方法

建设工程计价是指按规定的计算程序和方法，用货币的数量形式表示建设工程的价值。建设工程的计价过程就是在现行计价制度(包括概预算制度、工程量清单计价规范规定的计价方法)下，采用计价定额对构成建设工程的构造要素进行计价的过程。

建筑安装工程计价的基本公式是：

建筑安装工程造价＝∑[单位工程基本构造要素(分项工程)工程量×相应单价]

建设工程计价原理的核心就是将工程项目分解与组合，工程造价编制的过程就是利用工程量清单对拟建、在建工程项目分解、计算和单价组合的过程。

根据国家标准《计价规范》103条规定：“全部使用国有资金或国有资金投资为主的大中型建设工程应执行本规范”，“除此之外的建设工程可以按定额计价，也可以按工程量清单计价的方法确定工程造价”。由此可见，建设工程的计价方法因采用的单价形式不同，会有两种计价方式的。即：定额计价法和清单计价法两种，下面分别简单介绍。

1. 定额计价法

包括投资估算、设计概算、施工图预算(含设计院编制的设计预算和施工单位编制的施工图预算),以及按预算制度规定编制的招标标底和投标报价。该法就是用各分项工程的工程量乘以直接费单价计算得出直接费,再在此基础上算出直接费、间接费、利润和税金的。

这种计价方法具有定额计价是按预算制度的规定计算工程造价的,在执行时有统一的计价基础、取费标准,编制预算是不会有改变。只有存在一些动态的调整,如计价是对工、料、机械价格随市场价格的波动而出现变化(但调整也是在建设主管部门发布价格信息的基础上进行)。在预算造价编制完成后,企业的利润就与预算成本和实际成本的差值有关联了。即:

$$预算成本-实际成本=F$$

当 F 大于零时,及增加企业利润;反之,则冲减企业利润。

2. 清单计价法

清单计价又称为综合单价法,是指遵照国家标准《计价规范》规定的程序、方法及计价依据编制的招标标底和投标报价。这种计价法就是根据工程清单工程量乘以综合单价即得出分项工程费用,再来计算措施费、其他费用、零星项目费用、税金。

一般清单计价法适用于建设工程招标、投标过程中标底的计算。在招投标过程中由于招标方已经提供了拟建工程的工程量清单,以此工程量为平台,投标人都是在同一起跑线上展开竞争的,即在相同的清单项目和相同的清单工程量的基础上自主报价。这种情况下投标人之间只存在报价的竞争,报价的高低显示了企业综合生产能力的高低。而招标方选择合理低价者中标,这样有利于综合生产能力具有优势的企业获得发展机会。

3. 两种计价方法的区别

(1)计价格式的区别

定额计价采用的表格形式是传统的"建筑安装工程预(结)算表",而清单计价采用的是《计价规范》特定的专用表格;采用的单价也不同,定额计价的综合单价,从工程内容角度不仅包括组成清单项目的主体工程项目,还包括与主体项目有关的辅助项目,也就是说一个清单项目可能包括多个分项工程。如砖基础项目中,砖基础就是主体项目,而垫层、防潮层等就是辅助项目,其费用不仅仅包括人工费、材料费、机械使用费,还包括管理费、利润和风险因素。

(2)工程量来源的不同

定额计价的建设工程其工程量由承包方负责计算,计算规则采用的是计价定额(预算定额或消耗量定额)所规定。而清单计价的工程量由招标方计算,计算规则是国家标准《计价规范》规定的;且清单项目组价内容工程量由投标方计算,计算规则是投标使用的计价定额所规定的。

(3)采用的定额不同

定额计价的建设工程,一律采用具有社会平均水平的预算定额(或消耗量定额)计价,计算的工程造价不反映企业的实际水平。而清单计价的建设工程,编制标底时采用的是具有社会平均水平的消耗量计价;但投标时,可以采用或参照消耗量定额计价,也可以采用企业定额自主报价。投标方计算的工程造价反映了企业的实际水平。

(4)采用的生产要素价格不同

定额计价的建设工程,其工、料、机价格一律采用定额取定价,对于材料的动态调整的依据也是由平均市场信息价格决定。不同的企业均采用统一标准调价,其要素价格不反映企业的实际技术能力。而清单计价的建设工程编制标底时,生产要素的价格采用定额取定价,动态调整时,采用统一标准的、平均取定的市场信息价中调价;投标报价时,可以采用或参照定额取定价,也可以采用企业自己的工、料、机价格来报价,其生产要素价格反映的是企业实际的管理水平。

(二)工程预算费用组成

组成园林建设工程造价的各类费用,除定额直接费是按设计图纸和预算定额计算外,其他的费用项目,应根据国家及各地区制定的费用定额及有关规定计算。一般都采用工程所在地的地区统一定额。间接费额与预算定额一般应配套使用。

建设工程费用项目由直接工程费、间接费、计划利润和税金几部分构成。其中的直接工程费由直接费、其他直接费、现场经费组成,间接费由企业管理费、财务费用和其他费用组成,计划利润是指国家规定应计入工程造价的利润,税金则为国家规定的应计入工程造价的税金,如营业税、措施维护建设税、教育费附加等。

1. 直接费

指直接用于工程项目的各项费用的总和,它是根据施工图纸结合定额,以每个工程项目的工作量乘以该工程项目的预算定额单价来计算。直接费中已经包括了人工费、材料费、施工机械使用费和其他直接费。

2. 间接费

在建设项目施工管理中,不是直接发生在工程本身,而是发生在间接为工程服务的各项费用。间接费由施工管理费和其他间接费用组成,前者包括管理人员、服务人员的工资,各类津贴、旅费、办公费用等,具体计算时以直接费乘以国家规定的费率计算;后者包括了临时建筑物和构筑物(如临时宿舍、办公场所、仓库等),也是以直接费乘一规定费率算出。

3. 计划利润

计划利润是指施工企业按国家规定,在工程施工中向建设单位收取的利润,是施工企业职工为社会劳动所创造的那部分价值在建设工程造价中的体现。计划利润以直接费和间接费之和为基数乘以计划利润率算出。在社会主义市场经济体制下,企业参与市场的竞争,在规定的计划利润范围内,可自行确定利润水平。

4. 税金

税金是指由施工企业按国家规定计入建设工程造价内,由施工企业向税务部门缴纳的营业税、城市建设维护税及教育附加费。税金以直接费、施工管理费、计划利润、其他费用四项之和减去临时设施费为基数乘以规定费率算出。

5. 其他费用

指现行规定内容中没有包括、但随着国家和地方各种经济政策的推行而在施工中不可避免所发生的费用,如各种材料价格与预算定额的差价,构配件政治税等。一般来讲,材料差价是由地方政府主管部门颁布的,以材料费乘以材料差价系数。

一般园林建设工程预算费用的组成以及相互之间的关系见图 3-1-3。

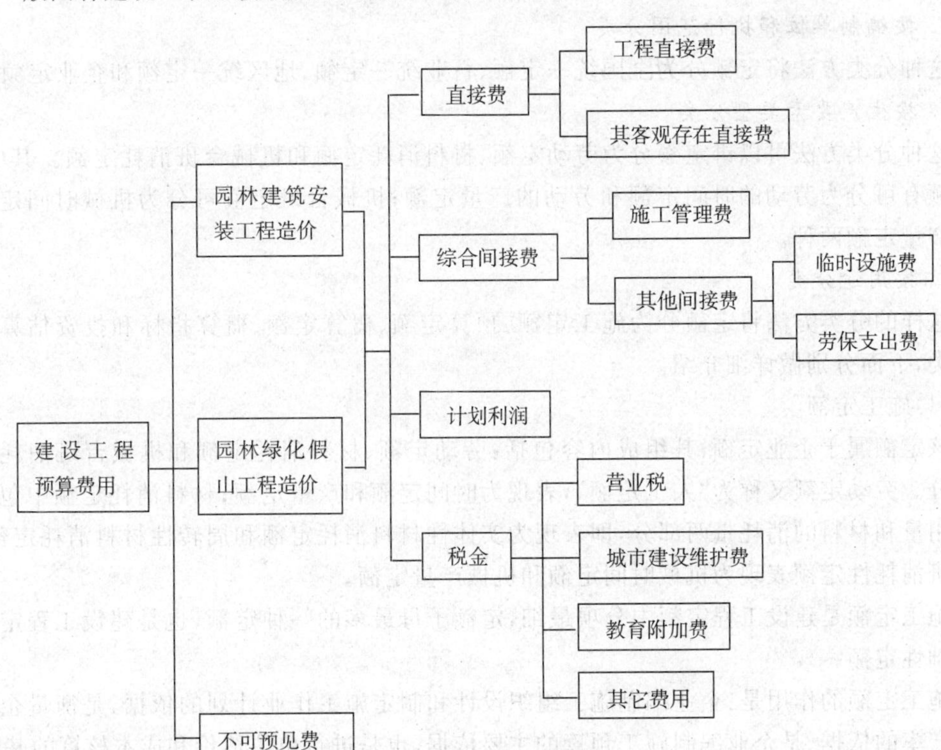

图 3-1-3　园林建设工程预算费用组成

四、定额及其分类

定额是指在建筑领域，为了完成建筑产品所消耗的人工、材料和机械台班的数量。我国在现阶段是按全国平均合理的原则制定定额的，它是企业有计划组织生产的依据，是进行经济核算的基础，是贯彻“按劳分配”的指导文件，是衡量经济效果的杠杆。

国家建设部分别颁布了相关建设工程建设基础定额，如 1995 年颁布了《全国统一建筑工程基础定额》定额作为指导建设工程施工中完成工程项目规定计量的单位分项工程计价的人工、材料、施工机械台班消耗量计算的标准依据，并对工程项目划分、计量单位作出统一规定。各省市、自治区，各行业建设行政主管部门根据国家定额，按照编制单位估价表的方法，分别编制了带有货币数量即基价的预算定额，直接作为编制工程预算的依据。其中的《公路工程预算定额》、《市政工程定额》、《园林绿化及仿古建筑工程预算定额》等成为行业的指导性定额。随着近年来劳动力成本费用的逐年增加，各省、市、自治区建设主管部门又陆续颁布了最新版的各类定额，有的省仅对建设工程定额有关人工费的取费标准进行了调整。

(一)建设工程定额的类型

建设工程定额依照生产类型、定额用途、定额性质和编制单位及其执行范围可以分成相关领域的定额。

1. 按专业和费用性质分类

这种分类方法可以将建设工程定额分为建筑工程定额、建筑安装工程定额、仿古建筑及园林工程定额、公路工程定额等，以及直接费定额和间接费定额。

2. 按编制单位和执行范围分类

这种分类方法将定额分为全国统一定额、行业统一定额、地区统一定额和企业定额。

3. 按生产要素类型分类

这种分类方法可以讲定额分为劳动定额、材料消耗定额和机械台班消耗定额。其中，劳动定额有可分为劳动的时间定额和劳动的产量定额；机械台班定额可分为机械时间定额和机械产量定额两种。

4. 按用途分类

这样的分类方法将定额分为施工定额、预算定额、概算定额、概算指标和投资估算指标几大类，下面分别做详细介绍。

(1)施工定额

该定额属于企业定额，其组成内容包括：劳动定额、材料消耗定额和机械台班消耗定额三部分。劳动定额又称为“人工定额”，表现为时间定额和产量定额；材料消耗定额中包括材料净用量和材料的消耗量两部分，即表现为实体性材料消耗定额和周转性材料消耗定额；机械台班消耗性定额表现为机械时间定额和机械产量定额。

施工定额是建设工程定额中分项最细，定额子母最多的一种定额，也是建设工程定额中的基础性定额。

施工定额的作用是：企业编制施工组织设计和制定施工作业计划的依据、是衡量企业劳动生产率的依据、是企业编制施工预算的主要依据，也是进行单位估价和成本核算的基础。

(2)预算定额

该定额反映了社会平均水平，它以各个分部分项工程为对象。其预算定额的内容包括：劳动定额、材料消耗定额和机械台班消耗定额三部分。在其劳动定额的人工消耗指标中包括基本用工和其他用工两部分内容；材料消耗指标中的材料包括成品、半成品等主要材料，以及混凝土垫块等辅助材料，周转性材料包括脚手架、模板等。

预算定额的基价部分包括人工费、材料费和机械费，其中人工费的预算单价由生产工人基本工资、工资性津贴，辅助工资，职工福利费和工人的劳动保护费等确定；材料费的预算价格由材料原价、购销费用和运输损耗等乘以一定费率组成。即：

材料预算价格=(材料原价＋供销部门手续费＋包装费＋运杂费＋运输消耗费)×(1＋采购及保管费率)－包装材料回收价格

机械费中的机械台班单价由设备折旧费，大修费，经常维修费，设备安拆费及场外运费，燃料动力费，人工费，养路费和车船使用费等组成。

预算定额的作用是：它是编制施工图预算、确定建筑安装工程造价的基础，是工程结算的依据，也是建设单位进行设计方案技术经济分析的依据。

(3)概算定额

概算定额又称为“扩大结构定额”，即概算定额与预算定额之间有一定的概算幅度差，一般是控制在5%以内的。概算定额的组成也是由劳动定额、材料消耗定额和机械台班消耗定额三部分组成。

其主要作用是：它是编制一般工业与民用建筑新建、扩建工程初步设计概算和技术修正概算的主要依据，是建设单位选择设计方案进行经济比较和衡量设计是否经济合理的依据，也是设计单位编制设计任务书、进行投资估算，以及建设单位编制工程项目主要材料申报计划的依据。

(4)投资概算指标

该指标是建设单位在项目建议书和可行性研究阶段编制投资估算时使用的一种定额，它以单项工程或完整的工程项目为估算对象，其内容为所有项目费用之和。投资估算的指标基础是工程概算、预算定额。

(二)建设工程定额举例

工程定额是以表格的形式出现，其具体内容包括项目、基价，人工工日、材料消耗情况和机械台班等内容。下面以建筑工程中基本项目砖砌为例，介绍定额的形式。

例：砖砌

工作内容：清理基槽、调制砂浆、搅拌、浇捣混凝土、砌砖石等内容。

定额表格：

表 3-1-1　建设工程定额表　　单位：$10m^3$

<table>
<tr><td colspan="4">定额编号</td><td>3—11</td></tr>
<tr><td colspan="4">项目</td><td>砖基础</td></tr>
<tr><td colspan="4">基价(元)</td><td>1 605</td></tr>
<tr><td>其中</td><td colspan="3">人工费(元)
材料费(元)
机械费(元)</td><td>198
1 389
18</td></tr>
<tr><td colspan="2">名称</td><td>单位</td><td>单价(元)</td><td>数量</td></tr>
<tr><td colspan="2">人工工日</td><td>工日</td><td>16.50</td><td>12.00</td></tr>
<tr><td>材料</td><td>标准砖
混合砂浆 M5.0
水
灰浆搅拌机</td><td>千块
m^3
m^3
台班</td><td>210.20
121.14
0.625
38.46</td><td>5.28
2.30
1.00
0.46</td></tr>
<tr><td>二次分析</td><td>水泥
砂
碎石
石灰</td><td>kg
t
t
kg</td><td></td><td>428
3.565
186</td></tr>
</table>

第二节　园林建设工程预算的编制

园林产品属于艺术范畴，它不同于一般工业、民用建筑，其中的每项工程特色不同、分格各异，施工中的工艺要求也不尽相同。施工中具有项目零星、地点分散，工程量小，工作面大和项目花样繁多的特征，同时施工更容易受到气候条件的影响。所以在园林建设工程预算中很难确定一个统一的价格，因此必须根据设计文件要求，对园林工程在事先从经济上加以计算。

工程预算是施工单位在工程开工前，根据已批准的施工图纸和既定的施工方案，按照现行的工程预算定额计算各分部分项工程的工程量，并在此基础上逐项套用相应的单位价值，累计全部直接费、再根据各项费用的取费标准进行计算，最后计算出单位工程造价和主要技术经济指标。

一、园林建设工程预算的编制程序

(一)建设工程预算编制依据

工程预算编制依据主要有施工图纸、设计说明书和相关的标准图集，工程施工组织设计，园林建设各单位工程相关的预算定额，如市政工程预算定额、园林仿古建筑工程预算定额等。工程施工中涉及的基本建设材料、半成品等材料的预算价格，人工工资和机械台班费用。以及工程地当地、当时材料调价信息等资料，建设工程相关管理费及其他费用定额。

(二)建设工程预算编制程序

1. 收集各种编制依据

编制依据主要有预算定额，材料预算价格，人工费和机械台班费等。

2. 熟悉施工图纸和施工说明书

设计图纸和施工说明书是编制工程预算的重要基础资料，它为选择套用定额子目、取定尺寸和计算各项工程工程量提供重要的依据。因此在编制预算前，必须对设计图纸和施工说明书进行全面细致的熟悉和审查，了解施工步骤和设计要求。该阶段将设计方案、施工图纸、建筑结构图纸、有关的给排水、暖通、电气等各专业施工图纸相互对照，检查图纸之间是否有矛盾和错误的地方，各分部尺寸之和是否等于总尺寸，各种构件的竖向位置是否与标高相符等。掌握设计意图和工程全貌，以免在选用定额子目和工程量计算上发生错误。

3. 熟悉施工组织设计和了解现场情况

必要时还需要深入施工现场，进行踏勘充分了解施工方法、施工机械的选择、施工条件及技术组织措施和周围环境，从而使编制预算所需的基础资料更加完备。

4. 掌握工程预算定额及其有关规定

熟悉现行预算定额的全部内容，了解和掌握定额子目的工程内容，施工方法，材料规格，质量要求以及工程量计算规则等。依据各省市、自治区颁布的工程预算定额，根据分部分项工程中已经算出的工程量套取相应的定额，计算工程直接费。

$$\text{工程直接费} = \sum(\text{相应定额单价} \times \text{分部分项工程量})$$

5. 确定工程项目计算工程量

根据预算定额对各分部分项工程的工程量进行计算，计算工程量时根据国家颁布的建筑安装预算工程量计算规范对施工图工程量进行计算。算出工程量后，对应分部分项工程定额，拉出各分部分项工程的人工、材料、机械台班的消耗量，并乘以该分部分项工程量加以计算、汇总。最后得出该工程所需的总的人工、材料、机械台班消耗量。

工程定额是综合性定额，但项目实施过程中各地施工场地和施工条件的差异，使得定额中对于人工费用和机械台班、材料价格的规定具有一定时限性。因此，对预算中直接根据定额计算出的价格需要进行换算。这种换算分为价差换算和量差换算两种，前者换算是由于设计中涉及的材料、机械等与定额中的名目及其品种存在差异，因而需要做换算。后者是指设计消耗的材料量等与定额消耗量不同需要进行调整。

换算的方法有系数调整法和增减用量调整法，前者主要根据对定额调整系数文件进行调整、后者是在原定额与单价基础上采用增减用量的方法进行调整。增减用量调整法有直接费前换算和直接费后换算两种。具体换算方法可以参考相应书籍或方法。

根据各省市、自治区颁布的取费标准，对计算出的工程费乘以相对系数，即计算出建筑安装工程的造价。

6. 编制工程预算书

根据预算子目及有关规定，正确套用每一分项工程的定额编号，工程名称、规格、计量单位，并用分项工程量乘以预算预算定额单价，计算出各分部分项工程的直接费。然后将各分部分项工程直接费的综合计算出来，从而计算出单位工程直接费。最后计算出施工管理费等间接费。汇总工程直接费，其他直接费，现场经费，以及间接费和利润、税金后可以求得工程预算的总造价。

编写"工程预算书的编制说明"，填写工程预算书的封面。

7. 工料分析

根据分部分项工程项目的数量和相应定额中的项目所列的用工、用料的数量，计算出各工程项目所需的人工及用料数量，然后进行统计汇总，计算出整个工程的工料所需数量。

8. 复核、装订、签章及审批

工程预算书编制出来后，由企业技术部门相关人员对所编制的预算的主要内容及计算情况进行一次检查核对，以便及时发现可能出现的差错并技术纠正，提高工程预算的准确性。工程预算审核无误后经上级机关批准后，送交建设单位和建设银行审批。

二、园林工程各分部工程工程量计算规则与方法

(一)建筑面积的概念

建筑面积是指建筑物各层面积的总和。建筑面积包括使用面积、辅助面积和结构面积。使用面积是指建筑物各层平面布置中可直接为生产或生活使用的净面积的总和，在民用建筑中居室净面积为居住面积。辅助面积是指建筑物各层平面布置中为辅助生产或生活所占的净面积的总和。而使用面积和辅助面积的总和称为"有效面积"。结构面积是指建筑物各层平面布置中的墙体、柱等结构所占面积的综合。

(二)建筑面积计算方法

1. 单层建筑物不论其高度如何均按一层计算，其建筑面积按建筑外墙勒脚以上的外围

水平面积计算。单层建筑物内如有部分楼层者也应计算建筑面积。

2. 高低联跨的单层建筑物,如需分别计算建筑面积,当高跨为边跨时,其建筑面积按勒脚以上两端山墙外表面间的水平长度乘以勒脚以上外墙表面至高跨中柱为线的水平宽度计算;当跨度为中跨时,其建筑面积按勒脚以上两端山墙外表面间的水平长度乘以中柱外边线的水平宽度计算。

3. 多层建筑物的建筑面积按各层建筑面积的总合计算,其底层按建筑物外墙勒脚以上外围水平面积计算,二层及二层以上按外墙外围水平面积计算。

4. 地下室、半地下室等及相应出入口的建筑面积按其上口外墙外围的水平面积计算。

5. 用深基础做地下架空层加以利用,层高超过 2.2m 的,按围护结构外围水平面积计算建筑面积。

6. 坡地建筑物利用吊架做架空层加以利用且层高超过 2.2m,按围护结构外围水平面积计算建筑面积。

7. 穿过建筑物的通道,建筑物的门厅、大厅,不论其高度如何,均按一层计算建筑物面积,门厅、大厅内回廊部分按其水平投影面积计算建筑面积。

8. 舞台灯光控制室按围护结构外围水平面积乘以实际层数计算建筑面积。

9. 建筑物内的技术层,层高超过 2.2m 的应计算建筑面积。

10. 建筑物内带有分楼隔层时,此部分也计算建筑物面积,如利用屋盖空间做阁楼层者,此部分按其面积的 25%计算建筑面积。

11. 有柱雨篷按柱外围水平面积计算建筑面积;独立柱的雨篷按顶盖的水平投影面积的一半计算建筑面积。

12. 对于具有有柱车棚的货棚、站台等按柱外围水平面积计算建筑面积;单排柱、独立柱和车棚,其货棚等顶盖的水平投影面积的一半计算建筑面积。

13. 突出墙外的门斗按围护结构外围水平面积计算建筑面积。

14. 封闭式、挑廊,按其水平面积计算建筑面积。

15. 建筑物墙外有顶棚和柱的走廊按柱的外边线水平面积计算建筑面积,无柱的走廊,檐廊按其投影面积的一半计算建筑面积。

16. 两个建筑物间有顶盖的架空通廊,按通廊的投影面积计算建筑面积。无顶盖的架空通廊按其投影面积的一半计算建筑面积。

17. 室外楼梯作为主要通道和用于疏散的均按每层水平投影面积计算建筑面积,楼内有楼梯者,室外楼梯按其水平投影面积的一般计算建筑面积。

18. 跨越其他建筑物、构筑物的高架单层建筑物,按其投影面积计算建筑面积,多层者按多层计算。

19. 对于突出墙外的构件配件和艺术装饰物品和检修、消防用的室外爬梯等不应计算在建筑物面积内。对于层高在 2.2m 以内的技术层、没有围护结构的屋顶水箱、牌楼、实心或半实心的砖塔、石塔,以及院墙、随墙门、花架等也不能计算为建筑物面积。

(三)各分部工程工程量计算规则与方法

根据建设工程定额中各分部工程名录,结合施工图纸中各分部工程的特点对工程分部工程做准确划分。并就各分部工程的工程量进行计算,即:

1. 土方工程

(1)土方工程分项及其基础知识

土方工程项目包括平整场地、挖地槽、挖地坑、挖土方、回填方、运土等分项工程。在土方工程中各分项工程的工程量计算中,首先应该统一各分项工程中工程量计算方式。在计算土方工程时应根据设计图纸中标明的尺寸,勘探资料明确的土质类别,施工组织设计中确定的施工方法、运土距离等资料分别计算相应工程量。

在编制园林预算中计算各项数据之前,首先应该确定以下相关资料。即:

1)土壤的类型:因为土壤物理性质不同会影响土石方工程的施工方法和工程量换算系数。不同土质所消耗的人工、机械台班就有很大差别,综合反映的施工、费用也不同,因此正确区分土方的类别,对于准确套用定额计算土方工程费用关系很大。

2)一般在建筑安装工程中将土方工程中的分项工程划分为挖土方、挖基槽、挖基坑及平整场地等子项目,各子项目开挖时的技术参数参见土方工程分项划分表(表 3-2-1),通过对各子目之间的区别及相互关系的了解,可减少工程量计算误差。

表 3-2-1　挖土方、挖槽(沟)、挖柱坑(基)的划分

区别条件 / 项目	坑底面积(m^2)	槽底宽度(m)	备注
挖柱坑(基)	≤20		
挖槽(沟)		≤3	
挖土方	>20	>3	

3)土方放坡及工作面确定:为了防止塌方保证施工安全,当挖方深度超过一定深度时,均应在其边沿做成具有一定坡度的边坡。边坡系数既是指导土方开挖的技术参数,也是在工程量计算中相关换算的依据。不同土壤类别的放坡起点见表 3-2-2,不同土壤类型的放坡坡地以放坡系数表示。同时不同土壤类型中进行土方工程施工时土方工程工作面增加数据参见表 3-2-3。

表 3-2-2　放坡起点

土壤类别	放坡起点(m)
密实、中密实砂土和碎石类土(一类土)	1.00
硬塑、可塑的轻亚黏土及亚黏土(二类土)	1.25
硬塑、可塑的黏土和碎石黏土(三类土)	1.50
坚硬的黏土(四类土)	2.00

不同土质情况,在挖土深度超过放坡限度时,在挖土坑或基槽的边沿做成具有一定坡度的边坡。一般土方边坡的坡度以其高度 H 与宽度 B 之比表示,其放坡系数“K”的计算公式如下:

$$K=\frac{B}{H}$$

同时在基坑或槽坑内施工时，还需要在坑的基础宽度以外增加工作面，其宽度应根据施工组织设计确定，如果没有规定时，则可以按表 3-2-3 增加挖土宽度。

表 3-2-3 土方工程工作面增加数据

基础工程施工项目	每边增加工作面(m)
毛石砌筑每边增加工作面	15
混凝土基础或基础垫层需支模板时	30
使用卷材或防水砂浆做垂直防潮层	80
带挡土板的挖土	10

(2)主要分项工程量的计算方法

1)各分项工程的工程量除图纸注明者外，均按图示尺寸以实际体积计算。

2)挖土方：场地厚度在 30cm 以上，且槽底宽度在 3m 以上和坑底面积在 $20m^2$ 以上的挖土均按挖土方量计算。

3)挖地槽：凡槽宽在 3m 以内，槽长为宽 3 倍以上的挖土作业按挖地槽计算。外墙地槽长度按其中心线长度计算，内墙地槽长度以内墙地槽的净长度计算，宽度按图示宽度计算，突出部分挖土量应予增加。

4)挖地坑：凡挖土底面积在 $20m^2$ 以内，宽度在 3m 以内，槽长小于宽 3 倍者按挖地坑计算。

5)挖土方、地槽、地坑的高度，按室外自然地坪至槽底计算。

表 3-2-4 管沟底宽度

管径(mm)	铸铁管、钢管 石棉水泥管	混凝土管 钢筋混凝土管	缸瓦管	附注
50～75	0.6	0.8	0.7	(1)本表为埋深在 1.5m 以内沟槽底宽度，单位：m (2)当深度在 2m 以内，有支撑时，表中值增加 0.1m (3)当深度在 3m 以内，有支撑时，表中值增加 0.2m
100～200	0.7	0.9	0.8	
250～350	0.8	1.0	0.9	
400～450	1.0	1.3	1.1	
500～600	1.3	1.5	1.4	

6)挖管沟槽按规定尺寸计算，槽宽如无规定者可按表 3-2-4 计算，沟槽长度不扣除检查井，检查井的突出管道部分的土方量也不增加。

7)平整场地指厚度在±30cm 以内的就地挖方、填方、找平项目，其工程量按建筑物的首层建筑面积计算。

8)回填土、场地填土，分松填和夯填，以立方米计算，挖地槽原土回填的工程量按地槽挖土方量乘以系数 0.6 计算。其中，如以满堂红方式挖土，在施工中其设计室外地平以下部分如用原土者，该部分不计取黄土价值的其他直接费和各项间接费用；大开槽四周的回填土执行回填土定额；地槽、地坑回填土的工程量按地槽地坑的挖土工程量乘以系数 0.6 计算；管道回填土按挖土体积减去垫层和直径大于500mm(包括500mm管道)的管道体积计算,管道小于500mm的可不扣除其所占体积、而管道在500mm以上的应减去管道体积的工程量按表3-3-5执行。

表3-2-5

管径(mm) / 管道种类	土方减去量(m^3)					
	500～600	700～800	900～1000	1100～1200	1300～1400	1500～1600
钢管	0.24	0.44	0.71			
铸铁管	0.27	0.49	0.77			
钢筋混凝土管及缸瓦管	0.33	0.60	0.92	1.15	1.35	1.55

2. *基础垫层*

基础垫层工程包括素土夯实、基础垫层。基础垫层工程量均以立方米为单位计算,其长度计算时:外墙按中心线、内墙按垫层净长计算,垫层的宽,高按图纸的图示计算。

3. *砖石工程*

砖石工程包括清理基槽、调制砂浆、砌筑基础与砌体、毛石基础及护坡等分项工程,其有关计算按统一规定进行。其计算资料的统一规定包括:砌体砂浆强度等级为综合等级,预算计算中不得做调整;砌墙已经综合了墙的厚度;砌体内如采用钢筋进行加固者,按设计规定的重量套用"砖砌体加固钢筋钢筋定额"的子目;园林建筑中的檐高是指由设计室外地平至前后檐滴水的高度。

主要分项工程量计算规则为:

(1)砖墙砌筑分项工程

1)砖墙砌筑中标准砖墙体厚度计算中,不同墙体厚度下对应的设计厚度数据参见表3-2-6。

表3-2-6　不同墙厚下对应的墙体厚度

墙厚	1/4	1/2	3/4	1	$1\frac{1}{2}$	2	$2\frac{1}{2}$	3
设计厚度(mm)	53	115	180	240	365	490	615	740

2)基础与墙身的划分:砖基础与砖墙以设计图纸中室内地坪为界,地坪以下为基础以上为墙身,如墙身与基础材料不同按材料为分界线。

3)外墙基础长度,按外墙中心线计算;内墙基础长度按内墙净长计算。外墙长度按外墙中心线长度计算,内墙基础长度按内墙净长计算,墙基大放脚重叠处因素已经综合在定额内。突出墙外的墙垛的基础大放脚宽出部分不增加,嵌入基础的钢筋、铁件、管件等所占的体积不予扣除。

4)砖基础工程量不扣除0.3m^2以内的孔洞,基础内混凝土的体积应扣除,但砖过梁应另列项目计算。

5)基础抹隔潮层按实抹面积计算。

6)外墙长度按外墙中心线长度计算,内墙长度按内墙净长计算,女儿墙工程量并入外墙计算。

7)计算实砌砖墙身时应扣除门窗洞口、过人洞口圈,以及嵌入墙身的钢筋砖柱、梁、过梁和圈梁的体积,但不扣除每个面积在 0.3m^2 以内的孔洞梁头、梁垫、檩头、垫木、木砖,以及砌墙内的加固钢筋、墙基抹隔潮层等所占体积。

8)墙身高度从首层设计的室内地平面至设计要求高度。

9)砖垛,三皮砖以上的挑檐,转砌腰线的体积并入所附的墙身体积内计算。

10)砌体内的通风铁箅的用量按设计规定计算,但安装工已经包含在相应定额内,不另行计算。

11)附墙的烟囱(包括附墙通风道、垃圾道)按其外形体积计算,并入所依附的墙体积内。附墙烟囱如带缸瓦管、除灰门以及垃圾道带有垃圾道门、垃圾斗,通风百叶窗、铁篦子以及钢筋混凝土预制盖等时,均应另列项目计算。

12)框架结构间砌墙,分别内、外墙,以框架间的净空面积乘以墙厚度按相应的砌墙定额计算工程量,框架外表面镶包砖部分也并入框架结构间砌墙的工程量内一并计算。

13)围墙以立方米计算,按相应外墙定额执行,砖垛和压顶等工程量并入墙身内计。

14)暖气沟及其他砖砌沟道不分墙身和墙基,其工程量合并计算。

15)砖砌地下室内外墙身工程量与砌体计算方法相同,但基础与墙身的工程量合并计算,按相应内外墙定额执行。

16)转柱不分柱身和柱基,其工程量合并计算,按砖柱定额执行。

17)空心花墙按带有空花部分的局部外形体积以立方米计算,空花所占体积不扣除,实砌部分另按相应定额计算。

18)零星砌体定额适用于厕所、垃圾池、台阶级台阶挡墙、花台、花池、小型池槽、楼梯基础等,以立方米计算。

19)毛石砌体按图示尺寸以立方米计算。

4. 混凝土及钢筋混凝土工程

混凝土及钢筋混凝土分部工程包括混凝土现浇、混凝土构件预制,混凝土构件的安装、混凝土构件接头灌缝以及混凝土构件的运输等子项目。在混凝土工程量计算与换算中必须遵守相关的规定,即:

(1)有关计算资料的统一规定

混凝土及钢筋混凝土工程预算定额系综合定额,已包括了模板、钢筋和混凝土、混凝土浇捣等几个工序。其分部工程的人工、材料及施工机械台班的耗用量,模板、钢筋消耗量等不需要另行单独计算。但施工中如果出现施工图中设计规定的用量及标号与定额不相符时,可以进行换算。即另加损耗后的数量与实际不符可按实际用来调整。

定额中模板按木模板、工具式模板、定型钢模板等综合考虑的,实际采用模板不同时不得换算。

钢筋按手工绑扎、部分焊接及点焊编制的,实际施工与定额不同时,不应换算。

混凝土设计强度等级与定额不同时,应以定额中选定的石子粒径,按相应的混凝土配合换算，但混凝土搅拌用水不换算。

(2)工程量计算规则

1)混凝土和钢筋混凝土以体积为计算单位的各种混凝土钢筋混凝土构件，均按设计图纸中图示尺寸以构件的实体来计算，不扣除其中的钢筋、铁件、螺栓和预留螺栓空洞所占的体积。

2)基础垫层与基础的划分，混凝土的厚度12cm以内者为垫层。其工程量计算执行基础定额。

3)混凝土或钢筋混凝土基础。分带形基础、独立基础和满堂基础，分别执行各自定额。

4)混凝土或钢筋混凝土浇筑柱。柱高按柱基上表面至柱顶面的高度计算。园林工程中的园林建筑中依附于柱上面的云头、梁垫的体积另列项目计算。依附于柱上的牛腿的体积应并入柱身体并入计算。

5)混凝土梁。梁的长度：与柱交接时梁长应按柱与柱之间的净距计算，次梁与主梁或柱交接时，次梁的长度算至柱侧面或主梁侧面的净距，梁与墙交接时，伸入墙内的梁头应包括在梁的长度内计算。此其他按设计尺寸，以立方米计算。

6)混凝土板。混凝土板分有梁板、平板、亭屋面板、戗翼板等混凝土板，有梁板按其形式可分为梁式楼板、井式楼板和密肋形楼板。梁与板体积合并计算，计算时应扣除大于$0.3m^2$的孔洞所占体积。亭屋面板工程量计算按设计图示尺寸以实际体积立方米计算。计算时凡是不同类型的楼板交接时，均以墙的中心线为分界。伸入墙内的板头的体积应并入板内计算。现浇混凝土挑檐、天沟与现浇屋面面板连接时，按外墙皮为分界线；但与圈梁连接时，按圈梁外皮为分界线。戗翼板、椽望板等仿古建筑中的翘脚、飞椽部位以及与之连接的板，其工程量计算按设计尺寸以实际体积计算。

7)中式屋架其工程量(包括立柱、童柱、大梁)按设计图示尺寸，以实际体积立方米计算。

8)其他分项内容。如园林建筑中的整体楼梯工程量按水平投影面积计算，投影面积包括踏步、斜梁。楼梯与楼板的划分以楼梯梁的外侧面为界。对于阳台、雨篷工程量均按墙外的水平投影面积计算，伸出墙外的牛腿已包括在定额内，不再计算，但嵌入墙内的梁应按相应定额另列项目计算。单件体积小于$0.05m^3$的梁垫、云头、插角、宝定、莲花头子、花饰块等不列入古式小构件定额。枋子、桁条、梁垫、梓桁、云头、斗拱、椽子等构件均按实际设计图示尺寸。

9)装配式构件制作、安装、运输过程中的工作量一律按设计要求以及相关定额执行。

5. 木结构工程

园林建筑中的木结构分部工程包括门窗制作及安装、木装修、间壁墙、顶棚、地板、屋架等分项。

(1)该分部工程项目工程量计算的统一规定

1)普通木门窗的工料系按86MC通用图集综合取定的，木材种类分别分为第一类：红松、杉木；第二类：白松、杉松、椴木、樟子松、云杉；第三类：青松、水曲柳、秋子木、榆木、柏木、樟木、黄花松；第四类：柞木、檀木、红木、桦木。

2)定额中凡是包括玻璃安装项目的，其玻璃品种及厚度均为参考规格，如果玻璃品种及厚度与定额不同时，玻璃厚度及单价应按实调整，但用量不变。

3)凡有综合刷油者。定额中除特殊注明的外,均为底油一遍、调和漆二遍。

4)一玻一纱窗,不分纱窗所占面积大小,均按定额执行。

5)木墙裙项目中已包括制安踢脚板在内,不另计算。

(2)工程量计算规则的主要内容

1)木结构中的窗适用于平开式,上、中、下悬式,中转式及推拉式,均按框外围面积计算。

2)定额中的门框料是按无下坎计算。

3)各种门如亮子或门扇安纱扇时,纱门扇或纱亮子按框外围面积另行计算。

4)木窗台板按平方米计算,如图纸未注明窗台板长度和宽度时,可按窗框的外围宽度两边共加 10cm 计算,凸出墙面的宽度按抹灰面增加 3cm 计算。

5)木楼梯按水平投影面积以平方米计算。

6)挂镜线按延长米计算,如与窗帘盒相连时,应扣除窗帘盒长度。

7)门窗贴脸的长度,按门窗框的外围尺寸的延展米计算。

8)暖气罩、玻璃黑板按边框外围尺寸以垂直投影面积计算。

9)木隔板按图示尺寸以平方米计算,定额中一般固定考虑,如用角钢托架者,角钢应另行计算。

10)顶棚面积以主墙实钉面积计算,不扣除间壁墙、检查洞、穿过木地板的柱、垛、附墙烟囱及水平投影面积 $1m^2$ 以内的柱帽等所占比例。

11)厕所浴室木隔断,其高度自下横枋底面算至上横枋顶面,以平方米计算,门扇面积并入隔断面积内计算。预制钢筋混凝土厕浴隔断上的门扇,按扇外围面积计算,套用厕所浴室隔断门定额。

12)间壁墙的高度按图示尺寸,长度按净长计算。

13)顶棚面积以主墙实钉面积计算,不扣除间壁墙、检查洞、穿过顶棚的柱、垛、附墙烟囱及水平投影面积 $1m^2$ 以内的柱帽等所占的面积。

14)木地板以主墙间的净面积计算,定额中木踢脚板数量不同时均按定额执行;

15)木栏杆的扶手以延长米计算。

16)屋架分别不同跨度按架计算,屋架跨度按墙、柱中心线计算。

17)楼梯底顶棚的工作量均以楼梯水平投影面积乘以系数 1.10,按顶棚面积计算。

6. 地面与屋面工程

地面与屋面分部工程包括地面、屋面两项工程,地面工程包括垫层、防潮层、整体面层、块料面层;屋面工程包括保温层、找平层、卷层屋面与屋面排水等。

在相关计算资料中如果有混凝土强度等级及灰土、白灰焦渣、水泥焦渣的配合比与设计要求不同时,定额中容许换算。但面层与块料面层结合层或底层的砂层的砂浆厚度,除定额注明外一律不得换算。散水、斜坡、台阶、明沟均已包含了土方、垫层、面层及沟壁,如果这些材料的品种与设计不同时也容许换算,但土方量和人工、机械费一律不得调整。随打随抹地面指适用于设计中无厚度要求随打随抹面层,如设计中有厚度要求则按水泥砂浆抹地面定额执行。

(1)地面工程工程量计算规则

1)楼地面层:包括水泥砂浆和花岗岩、水磨石面层,其面积按主墙间净空面积计算,面层均按设计图纸图示尺寸以平方米计算。

2)垫层:同地面层乘以厚度以立方米计算。

3)防潮层:地面防潮层面积同地面面层,与墙面连接处高在50cm以内展开面积的工程按平面定额计算;超过50cm者其立面按立面定额计算。

4)踢脚板:水泥砂浆踢脚板按延长米计算,水磨石等踢脚板均按设计图纸图示尺寸以净长计算。

5)水泥砂浆及水磨石楼梯面层,以水平投影面积计算。

6)坡道按水平投影面积计算。

7)各类台阶均以水平投影面积计算。

(2)屋面工程工程量计算规则

1)保温层:按设计图纸图示尺寸的面积乘以平均厚度以立方米计算。

2)瓦屋面:按设计图纸图示尺寸的屋面投影面积乘以屋面坡度延尺系数以平方米计算,瓦屋面的出线、披水、消头抹灰、脊瓦、加鳃等工料已经综合在定额中,不另计算。

3)卷材屋面:按设计图纸图示尺寸的水平投影面积乘以屋面坡度延尺系数以平方米计算。

4)水落管长度:按设计图纸图示尺寸计算,如无图示尺寸,则按其沿口下皮计算至设计室外地平以上15cm为止。

5)屋面抹水泥砂浆按平层的工程量与卷材屋面相同。

7. 装饰工程

本分部工程包括抹白灰砂浆、抹水泥砂浆等分项工程等。

该分部工程有关计算资料的规定如下:计算中的抹灰厚度及砂浆种类一般不做换算,抹灰不分等级,定额是根据园林建筑质量要求较高的情况综合考虑的,阳台、雨篷抹灰定额中已包括底面抹灰及刷浆,故不另行计算。凡室内脚手架净高超过3.6m以上的内檐装饰其所需脚手架可以另行计算。内檐墙面抹灰综合考虑了抹水泥窗台板,如设计要求做法与定额不同时可以换算。设计要求抹灰厚度与定额不同时,定额内砂浆体积均按比例调整,但人工、机械费不得调整。

装饰工程其工程量计算规格为:

(1)工程量均按设计图示尺寸计算。

(2)顶棚抹灰面积以主墙内的净空面积计算,不扣除间壁墙、垛、柱所占的面积;密肋梁和井字梁顶棚抹灰面积以展开面积计算;有坡度及拱顶的顶棚抹灰面积按展开面积以平方米计算。

(3)内墙面抹灰面积应扣除门、窗洞口和空圈所占面积,但不扣除踢脚线、挂镜线0.3m^{2}以内的孔洞和墙与构件交接处的面积。洞口侧壁和顶面部增加,但垛的侧面抹灰应与内墙面抹灰工程量合并计算。内墙面抹灰的长度以主墙间的图示净长尺寸计算。

(4)外墙面抹灰面积应扣除门、窗洞口和空圈所占面积,但不扣除踢脚线、挂镜线0.3m^{2}以内的孔洞面积,门窗洞口及空圈的侧壁,垛的侧面面积;独立柱及单梁等抹灰应另列项目,其工程量按结构设计尺寸断面计算;外墙裙抹灰按展开面积计算;阳台、雨篷抹灰按水平投影面积计算;挑檐、天沟、腰线、门窗套等结构尺寸断面以展开面积相应定额以平方米计算;

水泥黑板、布告栏按框外围面积计算；镶贴各种块料面层均按设计图示尺寸以展开面积计算。

(5)刷浆、水质涂料工程中，墙面按垂直投影面积计算，但应扣除墙裙的抹灰面积，不扣除门窗洞口面积，但垛侧壁、门窗洞口侧壁、顶面也不增加；顶棚按水平投影面积计算不扣除间壁墙、垛、柱、附墙烟囱和检查洞所占面积。

(6)墙面贴壁纸按图示尺寸的实铺面积计算。

8. 金属结构工程

本分部工程包括柱、梁、屋架等分项工程项目，其分部分项有关计算资料的统一规定为：

(1)构件均按焊接为主，对局部采用螺栓连接时，定额中已考虑在内应不做换算。

(2)定额中的“钢材”栏中数字，以“×”区分；“×”以前数字为钢材耗用量，“×”以后数字为每吨钢材的综合单价。

(3)刷油定额中一般均综合考虑了金属面金属漆两遍，如设计要求与定额不同时，按装饰分部油漆定额换算。

(4)定额中的钢材价格是按各种构件的常用材料规格和型号综合取定的，预算时不得调整。

金属构件工程工程量计算规则为：

(1)金属构件制作、安装、运输的工程量，均按设计图纸的钢材重量计算，所需的螺栓、电焊条等的重量已包含在定额内。

(2)钢材重量的计算，按设计图纸的主材几何尺寸以吨计算重量，均不扣除孔眼、切肢、切边的重量。

(3)计算钢柱工程量时，依附于柱上的牛腿及悬臂梁的主材重量应并入柱身主材重量计算，套用钢柱定额。

9. 脚手架工程

脚手架工程分部分项有关计算资料的统一规定为：

(1)凡单层建筑，执行单层建筑综合脚手架；二层以上建筑执行建筑脚手架。

(2)单层综合脚手架适用于檐高 20cm 以内的单层建筑工程；多层综合脚手架适用于檐高 140cm 以内的多层建筑物。

(3)综合脚手架定额中包括内外墙砌筑脚手架、墙面粉饰脚手架，单层建筑的综合脚手架好包括顶棚装饰脚手架。

(4)各级脚手架定额中均不包括脚手架的基础加固，如需加固时，加固费用按实计算。

脚手架分部工程的工程量计算规则为：

(1)建筑物的檐高应以设计图纸中室外地下道檐口滴水的高度为准，如有女儿墙者其高度算到女儿墙顶面。同一建筑物有不同结构时，应以建筑面积比重较大者为准。

(2)综合脚手架按建筑面积以平方米计算。

(3)围墙脚手架按里脚手架定额执行，其高度以自然地平到围墙顶面，长度按围墙中心线计算。

(4)独立砖石柱的脚手架按单排外脚手架定额执行。

(5)其他。砌墙脚手架按墙面垂直投影面积计算；檐高 15m 以上的建筑物的外墙砌筑脚手架一律按双排脚手架计算;檐高15m以内的建筑物室内净高在4.5m以内者,内外墙砌筑均应按里脚手架计算。

10. 堆砌假山及塑假石山工程

中国园林艺术的一个特点就是把山石作为重要的景物来利用,使园林“无园不山,无园不石”,叠山工程成了中国造园中的一项重要工程。对于其在工程量的计算,定额中已经考虑了园内(200m)山石倒运,必要脚手架工程、施工时的塞垫嵌缝用的石料砂浆,以及汽车起重机吊装的所有费用。

在该分部工程的计算资料中的统一规定为:定额中已经综合了园内(200m)山石倒运,必要的脚手架,加固铁件,塞垫嵌缝用的石料砂浆,以及5吨汽车吊的人工、材料、机械费用。定额中的主体山石料(如太湖石、房山石、英石、石笋等)的材料的预算价格因产地、规格不同,可按实际调整差价。

假山堆砌工程量计算规则为:

(1)假山工程量按实际堆砌的石料以“吨”计算,如无法按进料数计算时,按假山外围投影高度分层分段,以每1立方米外围体积按比例1.25吨计算,石头本身的空洞扣除,如果堆山洞口在0.5立方米以内不扣除,超过要扣除其体积。

(2)假山石的基础和自然式驳岸下部的挡水墙,按相应项目定额执行。

(3)塑石假山的工程量按其外围表面积以平方米计算。

11. 绿化工程

绿化工程分部工程包括工程的准备工作,植树工程,花卉种植与草坪铺设等工程,以及大树移植工程,绿化养护工程等分项工程子项目。由于这部分分项工程内容比较庞杂,而且有些项目可以独立成为独立的项目,有时也将它们分为分部工程。所以,定额中将它们分别单列和计算工作量的,尤其是草坪项目。

其中,在绿化工程定额中对部分植物材料在栽植、运输中的合理损耗作了规定,即乔木、花灌木、常绿树的损耗为1.5%;绿篱、攀援植物为2%;木本花卉为4%;草坪地被植物为4%;草花为10%。

绿化工程中新栽树木浇水三遍为准,浇水三遍水即为工程结束。植树工程中花木栽植中如果乔木类的胸径3cm~10cm以内、常绿树木苗高1m~4m以内为植树工程,树木胸径大于上述规格者按大树移栽定额执行。

一般绿化工程的分项工程包括准备工作中的踏勘现场(包括对现场调查,对现场架高物、地下管网、各种障碍物以及水源、地质、交通状况等施工环境的调查)、人工平整场地(对凡是地面高差超出±30cm的,每超10cm,则增加人工费35%,不足10cm的按10cm计算);机械平整场地(不论地面凸凹高差,一律执行机械平整),塑形中的土方堆塑、苗木栽植等分项工程子项目。在绿化工程的工程量计算中的规则如下:

勘查现场以植株计算。灌木类以株计算,绿篱以延长米计算,乔木部分品种规格一律按株计算。对于拆除的障碍物按实际拆除体积以立方米计算。

植树工程中在工程量计算资料中规定:刨树坑分为刨树坑、刨绿篱沟和刨绿带沟,对土壤土质分别划分为坚硬土、杂质土、普通土三种。刨树坑时从设计地面标高下掘墓,无设计标高要求的一般按地面水平下掘;施肥分乔木施肥、观赏乔木施肥、花灌木施肥、绿篱施肥、攀援植物施肥等;修剪分为修剪、强剪、绿篱平剪;防治病虫害包括刷药、涂白、人工喷药;树木栽植分为乔木、果树、观赏乔木、花灌木、常绿灌木、绿篱、攀援植物栽植等7项;树木支撑分为两架一拐、三架一拐、四脚钢筋架、竹竿支撑、绑扎幌绳等5项;新树浇水分人工胶管浇水、汽车浇水(人工胶管浇水距离水源以100m为准,每超过50m用工增加14%);清运废弃土分人力车运土、装载机自卸车运土。植树时所需的铺高盲管包括找泛水、接口、养护、清理并保证管内无滞塞物;铺淋水层要求由下到上,由粗到细配级按设计厚度均匀干铺;对于种植层土壤要求原土过筛。

具体工程量计算规则为:

(1)刨树坑以个计算,绿篱沟按延长米计算,绿带沟以立方米计算。

(2)原土过筛,按筛后好土以立方米计算。

(3)土坑换土,以实挖的土坑体积乘以1.43系数计算。

(4)施肥、刷药、涂白、人工喷药、栽植支撑等项目的工程量按植物株数计算。

(5)植物修剪,新树浇水的工程量除绿篱以延长米计算外,树木均按株数计算。

(6)清理竣工现场,每株树木按5m^{2}计算,绿篱每延长米安3m^{2}计算。

(7)盲管工程量按管道中心线全长以延长米计算。

大树移栽工程包括大型乔木移植、大型常绿树木移植两部分,每部分又分为带土台和装木箱两种。大树以胸径10cm以上为起点,10cm~15cm、15cm~20cm、20cm~30cm、30cm以上规格分别计算,浇水为三遍水。移植时发生的吊车费用按不同规格分别计算。

花卉种植和草坪铺栽工程:苗木按土壤情况、苗木品种、类别分别计算工程量,以百平方米为计量单位。工程量计算规则为每平方米栽植数量按草花25株、木本花卉5株计算。

绿化养护管理工程:本分部为需甲方要求或委托乙方继续养护时执行定额。浇灌乔木浇透水10次,花灌木13次,花卉每周浇2次。中耕除草乔木3遍、花灌木6遍、常绿树木2遍。喷药为7次左右。打芽及定型修剪乔木3次、常绿乔木2次、花灌木1~2次。移植大树浇水适当喷水,常绿树类6~7月共喷水100多次。其工程量计算规则为:乔灌木以株计算;绿篱以延长米计算;花卉、草坪、地被植物以平方米计算。

(四)计算并填写各分部工程工程量清单

将上述11项分部工程的工程量清单整理、计算后填写进相应的表格中,并按设计图纸和设计说明要求、视施工现场情况,对各分部工程量进行必要的调整。

(五)园林工程造价取费

根据各省市、自治区园林工程取费定额标准进行取费,最后将工程取费按表3-2-7所列公式进行计算,得到园林工程造价。

表3-2-7　建设工程工程费取费及其计算公式

序号	费用项目	计算公式
一	直接费	$\sum$(分项工程量×基价)
二	其他直接费	(一)×定额费率
三	现场经费	(一)×定额费率

（续表）

序号	费用项目	计算公式
四	直接工程费	(一)+(二)+(三)
五	间接费	(四)×定额费率
六	利润	[(四)+(五)]×定额费率
七	税金	[(四)+(五)+(六)]×定额费率
八	劳动保险增加费	(一)×定额费率
九	建设工程造价	(四)+(五)+(六)+(七)

园林工程预算造价可以由建设单位编制，也可以由承包施工单位编制。由建设单位编制的预算造价可以作为园林工程招标的招标价，而由投标的承建单位编制的预算造价往往作为企业投标价格。二者单位由于对设计意图和建设目的理解上会存在差异，所以建设单位与承建单位编制的拟建工程的造价会有一定差异。由此价格差异就会指导完成建设工程的招投标活动，最终根据招投标法则确定工程的中标承建单位。

三、园林建设工程施工图预算的编制

随着国家近年来在市政、园林建设工程项目的不断增加，国家住房与城乡建设部也曾颁布了统一的《园林绿化与仿古建筑工程定额》，部分省(市)也按各地园林工程进展编制并颁布了地方《园林绿化工程与仿古建筑工程定额》以指导各地园林建设工程的造价。但多数省份目前仍然缺乏园林建设工程相关的预算定额，在工程的施工预算中较多地套用工业与民用建筑工程定额、市政建设工程等定额的相关子目。所以，如何能更合理、细致、准确地编制园林建筑工程，尤其是园林建筑工程项目的工程预算书，是园林工程建设参与者长期探索的课题。

(一)园林建设工程的特点

建筑工程(土建)一般建设单位与内容相对单一，但建筑面积较大。如建造一座大楼、一座厂房等，规模较大，一整项的建筑工程就是一个单位工程，每个单位工程均由基础工程、混凝土及钢筋混凝土工程、砖石工程、木作及门窗工程、楼地屋面工程、装饰工程等分部工程组成。而一个单位园林建设工程往往由若干个单项工程组成，且规模较少。如XXX园林建设工程，它就包含了构架、休息亭、水池、园路等诸多单项工程，而每个单项工程也由基础工程、混凝土及钢筋混凝土工程、砖石工程、木作及门窗工程、楼地屋面工程、装饰工程等分部工程组成。一般的市政广场与园林建设工程均包含了园林建筑工程、广场与道路、绿化工程等单位工程，以及照明工程、音响工程和LED显示屏等特殊工程为其单位工程。每个单位工程中又包含有若干分部分项工程。由此可见，市政、园林建设工程具有单位或单项工程项目内容多，但每个工程的工程量相对较小等特点。

园林建筑工程是一门综合性学科，其施工方法、使用的材料等方面日新月异，新工艺、新材料使用方法层出不穷，而且普遍采用钢筋混凝土代替传统的原木等建筑材料，这样工程中的子项目内容经常出现与定额规定项目不尽相同的情况。而且，园林工程项目中的各个单项的分部分项工程量又较少，所以在计算工程量、汇总套价、定额换算等方面极易出现漏项或定额子目换算出错等问题。如：把园林工程中的小型砖砌体子目套用成建筑工程中的砖墙子目，又把亭面板及圈梁的工程量分别套用不同子目，又如：场内运输土方，往往主观地认为由平整土方及运土方两种行为组成，故就套用两个定额子目，其实场内运输是包含装卸及堆放塑形内容的。大树移栽中的项目中即已经包含了树坑开挖、土球打包等项目的内容。

(二)园林建设工程施工图预算

1. 施工图预算编制的依据

施工图预算编制的主要依据有：建设项目的设计图纸(包括图纸说明)及该工程项目所采用的通用图籍等设计施工依据文件，全国统一的建筑工程预算定额地区单位估价表，全国统一的安装工程预算定额地区单位估价表、全国统一的建筑工程预算工程工程量计算规范、全国统一的安装工程预算定额工程量计算规范、市政工程预算定额工程量计算规范和园林绿化和仿古建筑工程预算定额计算规范，建筑安装工程间接费用取费定额，建筑安装工程材料费用价格(或造价信息)，国家住房与城乡建设部和各地建设行政主管部门出台或颁布的工程造价动态调价文件，与建设工程相关的工具书及其他有关资料。

2. 编制施工图预算常用的两种编制方法

(1)单价法编制施工图预算

用单价法编制施工图预算，就是根据地区统一单位估价表中的各分项工程综合单价，乘以相应的各分项工程量，并相加后得到单位工程的人工费、材料费和机械台班使用费三者费用之和。再加上其他直接费、间接费、企业利润和税金，即可得到该单位工程的施工图预算。具体步骤如下：

1)准备资料。在编制预算之前，要准备好施工图纸、施工方案或施工组织设计，图纸会审记录、工程预算定额、施工管理费和其他费用定额、材料、设备价格表、各种标准图册、预算调价文件和有关技术经济资料等编制施工图预算所需的资料。

2)熟悉施工图纸。了解施工现场和施工图纸是企业编制预算的造价工程技术工作人员的基本工作，这些资料也是他们编制施工图预算的基本依据。预算人员首先要认真阅读和熟悉施工图纸，将建设项目的总施工图、单位工程的建筑施工图、结构施工图，给排水、暖气、电气等各种专业施工图相互对照，认真核对图纸是否齐全，相互间是否有矛盾和错误，各分部尺寸之和是否等于总尺寸，各种构件的竖向位置是否与标高相符等。还要熟悉有关标准图，构、配件图集，设计变更和设计说明等，通过阅读和熟悉图纸，对拟编预算的工程建筑、结构、材料应用和设计意图有一个总体的概念。

在熟悉施工图纸的同时，还要深入施工现场，了解项目施工中拟采用的施工方法、施工机械的选择、施工条件及技术组织措施和周围环境，使编制预算所需的基础资料更加完备。

3)计算工程量。工程量的计算，是编制预算的基础和重要内容，也是预算编制过程中最为繁杂，而又十分细致的工作。工作量计算的步骤如下：

① 根据工程内容和定额项目，分别列出建设工程中的分部分项工程并计算工程量。

② 预算项目确定后，就可根据施工图纸所示的部位、尺寸和数量，按照一定的顺序，列出工程量计算式，并列出工程量计算表。

③ 列出计算式并进行计算。计算式全部列出后，就可以按照顺序逐式进行计算，并核

对检查无误后把计算结果填入计算表内。

④ 对计算结果的计量单位进行调整，使之与定额中相应的分部分项工程的计量单位保持一致。

4)套用预算定额中各分项工程的单价工程量。通过计算完成工程量计算、并经自己检查认为无差错后，就可以进行套用预算单价的工作。首先，把计算好的分项工程量及计算单位，按照定额中有关分项工程的顺序整理填写到预算表上。然后从预算定额(单位估价表)中查得相应的分项工程的定额编号和单价填到预算表上，将分项工程的工程量和该项单价相乘，即得出该分项工程的预算价格。在套用预算单价时，注意分项工程的名称、规格和计算单位估价表上所列的内容完全一致。

5)计算工程直接费。首先把各分项工程的预算价格相加，求出各分部工程的预算价格小计数，再把各分部工程预算价格小计数相加求得单位工程的预算合价。同时，按照地方建设主管部门颁布的综合调价系数，计算工程调价费用，将单位工程预算合价和工程调价相加，即为单位工程的定额直接费。然后，按照当地主管部门规定的项目和费率计算其他直接费。单位工程的定额直接费与其他直接费之和，即为单位工程直接费。

6)计算工程间接费计算间接费。建筑工程以工程直接费为计算基础，安装工程以直接费中的人工费为计算基础，分别乘以规定的费率。

7)计算企业计划利润和税金具体按各地方主管部门规定的计划利润和税金的计取基数、费率标准计算计划利润和税金。

8)确定单位工程预算造价。将以上各项费用相加，即可得出单位工程预算造价。

9)编制说明、填写封面。编制说明是编制方向审核方交代编制的依据，可以逐条分述。主要应写明预算所包括的工程内容范围，不包括哪些内容，依据的图纸号，承包企业的等级和承包方式，有关部门现行的调价文件号，套用单价需要补充说明的问题及其他需说明的问题。

最后装订好的施工图预算的封面应写明工程编号、工程名称、工程量、预算总造价和单位造价、编制单位名称、负责人和编制日期以及审核单位的名称、负责人和审核日期等。

(2)实物法编制施工图预算

用实物法编制施工图预算，主要是先用计算出的各分项工程的实物工程量，分别套取预算定额，并按类相加，求出单位工程所需的各种人工、材料、施工机械台班的消耗量，然后分别乘以当时当地各种人工、材料、施工机械台班的实际单价，求得人工费、材料费和施工机械使用费，再汇总求和。其他直接费、间接费、企业计划利润和税金等费用的计算方法均与单价法相同。具体步骤如下：

1)准备资料。与单价法内容相同。

2)熟悉施工图纸，了解施工现场。

3)计算工程量。

4)计算人工工日消耗量、材料消耗量、机械台班消耗量。

根据预算人工定额所列的各类人工工日的数量，乘以各分项工程的工程量，算出各分项工程所需的各类人工工日的数量，然后经统计汇总，获得单位工程所需的各类人工工日消耗量。同理，可以计算出材料消耗量、机械台班消耗量。

5)计算工程直接费。

用当时、当地的各类实际人工工资单位，乘以相应的人工工日消耗量，算出单位工程的人工费。同样，用当时、当地的各类实际材料预算价格，乘以相应的材料消耗量，算出单位工程的材料费；用当时、当地的各类实际机械台班费用单价，乘以相应的机械台班消耗量，算出单位工程的机械使用费。将这些费求和，再加上按照当时、当地规定的费率计算出来的其他直接费，即为单位工程直接费。

6)计算工程间接费。

7)计算计划利润和税金。

8)确定单位工程预算造价。

将以上各项费用相加，即可得出单位工程预算造价。

9)编制说明，填写封面。

3. 编制施工图预算常用表格

总预算汇总表：

表 01－1　××工程施工图预算汇总表

建设细目名称：　　　　　　预算制作单位：　　　　　　第　页 共　页

项	目	节	细目	工程或费用名称	单位	总数量	预算金额(元)		技术经济指标	各项费用比例(%)	备注
							小计	合计			

编制：　　　　　　　　　　　　　　　复核：

表 02－1　××工程施工图总预算人工、主要材料、机械台班数量汇总表

建设细目名称：　　　　　　预算制作单位：　　　　　　第　页 共　页

序号	规格材料	单位	总数量	编　制　范　围				

编制：　　　　　　　　　　　　　　　复核：

表 03－1　××工程施工图总预算表

建设项目名称：

编制范围：　　　　　　　　　　　　　　　　　　　　　　　　　第　页　共　页

项	目	节	细目	工程或费用名称	单位	数量	预算金额（元）	各项费用比例（%）	技术经济指标	备注

编制：　　　　　　　　　　　　　　　　　　　复核：

表 04－1　××工程施工图预算人工、主要材料、机械台班数量汇总表

建设项目名称：

编制范围：　　　　　　　　　　　　　　　　　　　　　　　　　第　页　共　页

序号	规格名称	单位	代号	总数量	分项统计			辅助生产	其他	场外运输损耗	
					××工程	××工程	××工程			%	数量

编制：　　　　　　　　　　　　　　　　　　　复核：

表 05－1　建筑安装工程费计算表

建设项目名称：

编制范围：　　　　　　　　　　　　　　　　　　　　　　　　　第　页　共　页

序号	工程名称	单位	工程量	直接费						间接费（元）	利润（元）费率 7.0%	税金（元）综合税率 3.41%	建筑安装工程费	
				直接工程费				其他工程费	合计				合计（元）	单价（元）
				人工费	材料费	机械使用费	合计							
1	2	3	4	5	6	7	8	9	10	11	12	13	14	15

编制：　　　　　　　　　　　　　　　　　　　复核：

表 06－1 其他工程费及间接费综合费率计算表

建设项目名称：

编制范围：　　　　　　　　　　　　　　　　　　　　　　　　　　第　页　共　页

序号	工程类别	其他工程费率(%)											间接费费率(%)											
		冬季施工增加费	雨季施工增加费	夜间施工增加费	高原地区施工增加费	风沙地区施工增加费	沿海地区施工增加费	安全文明施工措施费	临时设施费	施工辅助费	综合费率		规　费						企业管理费					
											Ⅰ	Ⅱ	养老保险费	失业保险费	医疗保险费	住房公积金	工伤保险费	综合费率	基本费用	主副食运费补贴	职工讨亲路费	职工取暖补贴	财务费用	综合费用
1	2	3	4	5	6	7	8	9	10	11	12	13	14	15	16	17	18	19	20	21	22	23	24	25

编制：　　　　　　　　　　　　　　　　　　　　复核：

表 07－1 设备、工具、器具购置费计算

建设项目名称：

编制范围：　　　　　　　　　　　　　　　　　　　　　　　　　　第　页　共　页

序号	设备、工具、器具规格名称	单位	数量	单价(元)	金额(元)	说明

编制：　　　　　　　　　　　　　　　　　　　　复核：

表 08－1 工程建设其他费用及回收计算表

建设项目名称：

编制范围：　　　　　　　　　　　　　　　　　　　　　　　　　　第　页　共　页

序号	费用名称及回收金额项目	说明及计算式	金额(元)	备注

编制：　　　　　　　　　　　　　　　　　　　　复核：

表 09-1　人工、材料、机械台班单价汇总表

建设项目名称：

编制范围：　　　　　　　　　　　　　　　　　　　　　　　第　页　共　页

序号	名称	单位	代号	预算单价（元）	备注	序号	名称	单位	代号	预算单价（元）	备注

编制：　　　　　　　　　　　　　　　　　　复核：

第三节　园林仿古建筑工程预算编制

我国是一个幅员广阔、具有五千年文明历史的国家，我国古代建筑在世界建筑中独树一帜有着极其丰富而辉煌的成就。我国的古建筑，由普通民舍至皇家宫殿，其建筑风格均由若干独立的建筑组合组成，每个单独的建筑在外形上都是由屋顶、屋身和台基等三部分组成，各部分的外形和世界上其他建筑迥然不同，这种结构特点完全符合建筑物的功能、结构和艺术风格的高度结合的特征，即我国古代建筑主要都是采用木构架结构，建筑的重量都是由构架承受，而墙不承重。我国有句谚语叫做“墙倒屋不倒”就生动地说明这种木构架的特点。

在园林仿古建筑工程预算的编制中，必须明确这类建筑的分部分项工程的内容及其建筑特点。一般仿古建筑的分部工程有：砌筑工程、石作工程、木构架及木基层工程、斗栱工程、木装修工程、屋面工程、地面工程、抹灰工程、油漆彩画工程、玻璃裱糊工程和脚手架工程等。下面将与前节相关内容不同的几个子目作简单介绍。

（一）砌筑工程

砌筑工程的工作内容包括准备工器具、现场材料运输、调制各种灰浆、清扫场地等全部操作过程。其中定额中的大城样砖、停泥砖、开条砖、方砖、蓝四丁砖、机砖等材料砖的砌筑均包含了砖件的砍制加工及墙面透空的一般雕刻、摆砌、灌浆、打点等，丝缝、淌白墙砌筑还包括勾缝或描缝等；墙帽砌筑包括称砌胎砖，博缝摆砌包括两层檐或托山混及衬砌金刚墙。机砖墙砌筑包括校正皮数杆，机砖墙勾缝包括堵脚手眼、刻瞎缝。

琉璃砌筑包括样活、打琉璃珠、摆砌、灌浆、勾缝打点等；摆砌琉璃博缝包括两层托山混及衬砌金刚墙，琉璃斗拱摆砌包括平板枋至挑檐桁下皮的全部构件。

摆砌梢子包括荷叶墩、混、炉口、盘头。其中干摆梢子包括圈挑檐、点砌腮帮，琉璃梢子不包括圈挑檐、点砌腮帮。

仿古建筑工程砌筑工程中的摆砌指建筑中各类砖进行砌筑时的一种方式，其墙体一般

分为里外两层，砌筑里面的墙面叫“背里”，外层墙按要求分为干摆墙、丝缝墙、淌白墙和粗砌。干摆墙是摆砌中要求最高的墙体，要求墙面平整无缝，常用于建筑物槛墙或山墙的下肩部位。丝缝墙即墙面没有明显的灰缝，被认为是一种无缝墙。“淌白”意指磨白，用这种淌白砖砌筑的墙即为淌白墙。大城砖、停泥砖、淌白砖、方砖、蓝四丁砖等均为古代建筑中所用的砖，它们在规格和质量上面都与现代所用机砖有很大区别，根据烧制尺寸大小和简单加工方式而区分。

1. 关于砌筑工程有关计算资料的统一规定

各种墙所需的八字砖、砖头的砍制已综合在定额中的，不得另行计算。梢子、冰盘槽、挂落、方砖心、博缝头等均以不带雕饰做法为准，如带雕饰应另行计算。定额中各种砖件用量均已包括了砍制及砌筑的损耗在内。大城样砖、停泥砖、开条砖、方砖、蓝四丁砖、机砖及琉璃砖砌筑的山花、象眼、花坛等零星砌体按相应定额的预算价格乘以 1.30 系数。墙身砌筑均不包括砖檐在内，砌砖墙另按相应定额执行。定额中综合了砌筑弧形墙、云墙等因素在内。墙帽以双面出檐为准，若遇单面出檐预算价乘 0.65 系数。

2. 砌筑工程的工程量计算规则

干摆、丝缝、淌白墙身、方砖心及砌筑琉璃砖、拼砌花心、帖砌琉璃面砖均以施工图示表明面积计算，砖檐不得计入墙体之内。琉璃花墙以一砖厚为准，按垂直投影面积计算，不扣除空洞面积。

粗糙砖墙按实砌立方米计算，砖檐不得计入在内。机砖墙砌筑按实砌体积以立方米计算，空花墙不扣除空花部分按立方米计算。混凝土透花墙以垂直投影面积计算。凸出墙面的半圆形砖柱等异型砖柱按实际体积计算。

糙砌墙面勾缝按墙面展开面积计算，各种檐子、墙帽勾缝按垂直投影面积计算；机砖墙面勾缝按墙面积垂直投影面积计算，扣除墙面抹灰面积，不扣除门窗洞口等面积，但门窗、垛的侧壁也不增加。

檐子砌筑按长度计算；摆砌博缝按正脊中至最外端的长度计算。摆砌梢子按份计算。摆砌墙帽按中线长度计算；木梳背碹、平碹、圆光碹、异型碹等均以露明面积计算，车棚碹按实砌体积计算；须弥座的土衬、上枭、下枭、上混、下混、上枋、下枋等分别按外皮长度计量；廊心墙的小脊子、穿插档不分长短按份计算；线枋子、琉璃线砖、影壁等均以中线长度计算；琉璃斗拱分高度按攒计算；桂檐板、滴注板按外皮长度计算，三岔头、霸王拳、耳子、雀替等按对计算。

(二)石作工程

石作工程的工作内容包括准备工具、搭拆烘炉、运料、做样板、制作、剁斧成活，带雕饰的石活还包括画样子、雕凿花饰及扁光；安装部分包括调制灰浆、运料、搭拆烘炉、打拼缝头、稳安垫塞、灌浆、净面剁斧、搭拆小型起重机架、挂倒链等。

仿古建筑工程石作工程中的土衬相当于现代建筑中的垫层，它是石作台基底层与土层接触的衬垫。埋头即为基座中的角柱石，是基座转角变向之主要构件。埋头之间的侧立石为陡板。阶条石又称为阶沿石、压栏石，它是台基最上层砌筑台边的一种石件。构成台基的台阶的部件有垂带、踏跺、砚窝、姜蹉等，其中垂带是台阶的拦边石、踏跺为阶级石(即建筑中的踏步)、砚窝指最下边的踏蹉石、姜蹉为呈锯齿状的防滑斜坡，上述构件参见图 3-3-1。

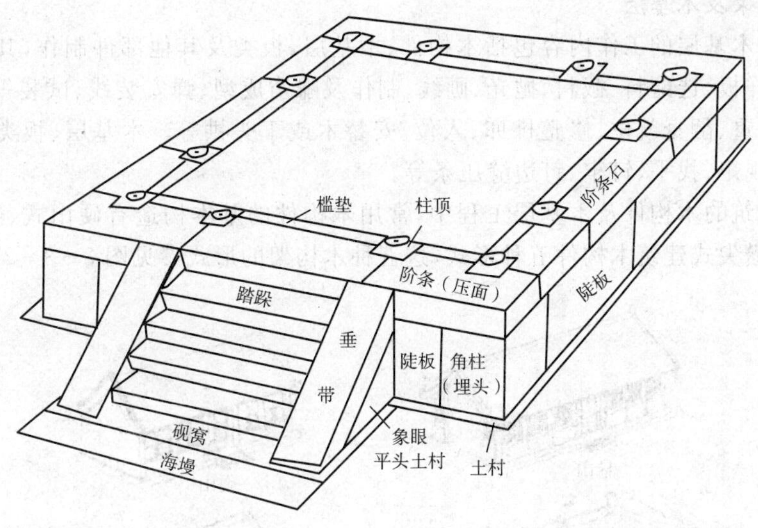

图 3-3-1 台基与台阶

仿古建筑石作工程中的须弥座是一种带有雕饰的台基，须弥座龙头指带有龙头雕饰物的须弥座，及在栏杆柱下面安防挑出的石雕龙头，该龙头又叫揭首、俗称喷水兽。须弥座上两栏杆柱之间的栏板叫寻杖栏板。而栏板柱的柱头雕饰物有望柱龙凤头、莲花头、素方头和狮子头等。

甬路是指园林庭院中对着厅堂的道路，海墁地面是指除甬路之外的庭院地面都是用砖或石铺筑起来的部分。牙子石指栽于路边的压线石块，它相当于现代道路的测缘石。

1. 有关石作工程计算的统一规定

石活制作以使用汉白玉、青白石等普坚石为准，定额的石料消耗中已包含了石材在长、宽、高在 5cm 以内的加荒量和 5%的损耗量。当使用花岗岩时人工费乘以 1.5 的系数。

不带雕刻的石活制作定额中已经综合了剁斧、砸花锤、打道等做法，计算时不应再做调整，但如果设计要求磨光时另按相应定额子目执行；石活安装以一般安装方法为准。

栏板、望柱制作以常见规格为准，其中已包括了必要的雕刻。如为斜形或异型者预算价格乘 1.25 系数。柱顶制作已综合了普通和异型等不同规格，阶条制作综合了掏柱顶卡口用工；角柱、埋头制作安装不分其所处部位和规格形状，定额均不调整；门碹石在腰线以下部分执行角柱定额；安装碹石不包括支搭碹胎。

2. 石作工程工程量计算规则

定额各项子目的工程量均以成品净尺寸为准，有图示者按图示尺寸计算；砚窝石、塔跺、甬路、子牙石、海墁地面等制作、安装均以水平投影面积计算；阶条石计算体积时不扣除柱顶石卡口所占体积；柱顶如为异型规格应以最大矩形面积乘厚度计算体积；垂带、礓嚓石均以上面的长度以平方米计算，垂带的侧面不得计算在内；台基须弥座束腰做金刚柱子、碗花结带，按花饰所占长度乘束腰高度计算面积；夹杆石、镶杆石以截面积乘高计算体积，不扣除柱子所占体积；门窗碹石制作、安装以外弧长乘图示宽、厚度计算体积；菱花窗制作、安装计算工程量时不扣除隐蔽部分所占体积；墙帽制作、安装均以最大矩形面积乘以长度计算体积。

(三)木构架及木基层

木构架及木基层的工作内容包括木构件、木基层、板类及其他部件制作,其工序均包括排制分杖杆、样板、选配料、截料、抛光、画线、制作及雕凿成型、弹安装线、试装等。木构件吊装包括垂直起重、翻身就位、修整榫卯、入位、安替木或丁头栱等。木基层、板类及其他安装包括挂线、找规矩、找平、钉牢、钉边缝压条等。

在仿古建筑的木构件及木基层工程中,常用木构件的基本构造有硬山式、悬山式、庑殿式、歇山式和攒尖式建筑木构件五种形式,这五种木构架的形式参见图 3-3-2。

图 3-3-2　木构架的五种形式

其中,硬山建筑指双坡屋顶的两端山墙与屋面封闭相交,并将檩梁柱所组成的木构件全部封砌在山墙以内的建筑。硬山式建筑在古代建筑的形式中数级别最低的形式,一般用于辅助建筑或者普通民居商铺等,如河南汝州学宫的启圣宫就属有代表性的硬山式建筑、我国徽派建筑中也有大量的硬山式建筑法应用。硬山建筑实例见图 3-3-3。

图 3-3-3　左图为河南汝州学宫之启圣宫、右图为徽派建筑中的民居

悬山建筑指在硬山基础上将屋面木基础悬出山墙以外的建筑，即两端檐木均挑出山墙以外，在檩木端装有博缝板，檩木挑出的部分下面衬有燕尾枋。其建筑级别较硬山式建筑高。实例如山西平遥双林寺的天王殿和北京颐和园文昌院建筑，悬山建筑实例见图 3-3-4。

图 3-3-4　左图为山西平遥双林寺天王殿右图为北京颐和园文昌院建筑

庑殿建筑为一种四坡屋面，木构架有正身部分和山面转角部分组成，正身部分的构架同硬山木构架。歇山建筑师悬山与庑殿建筑相结合的一种建筑，外形看正身部分相似悬山，两山面部分相似庑殿山面。攒尖建筑师屋面坡顶交汇成一个尖顶的建筑物，如各种亭式建筑等。庑殿顶建筑和歇山顶建筑级别较高，其中的重檐庑殿和重檐歇山式建筑级别最高，常为皇家宫殿建筑。

攒尖建筑师屋面坡顶交汇成一个尖顶的建筑物，如各式亭式建筑等。其中的天坛是被列入《世界遗产名录》的璀璨明珠，位于吉林赫图阿拉城的六角亭据说是努尔哈赤的诞辰地。

木构架中的柱子有五种，即檐柱、金柱、中柱、山柱、童柱。檐柱指屋檐下最外一列柱子，在前檐的为前檐柱、在后檐的称后檐柱。金柱指从檩口向里，位于檐柱以内的柱子，也称为步柱，多半与檐柱成对排列设置。中柱指在房屋纵向中线上，顶着屋脊而不在山墙里的柱子，也称为脊柱。山柱指山墙正中顶着屋脊的柱子，它实际上是山墙中的中柱。童柱则指立在横梁上，下端不着地的柱子，一般位于檐廊部位的挑尖梁或挑尖顺梁上面。

图 3-3-5　重檐庑殿式建筑(左图为明太庙享殿、右图为故宫太和殿)

图 3-3-6　攒尖式建筑

在木构架中主要承重构件是柱和梁,而用来起辅助稳定柱和梁的横木构件被称为枋。枋的种类有额枋、金枋、箍头枋、随梁穿插枋和特殊功能枋五种。由于枋将柱头与梁、檩等连接起来,起到稳定木构架作用。额枋又称檐枋,根据位置分为大额枋、小额枋、单额枋和平板枋。金枋是屋脊至檐枋之间的枋子,在桁檩之下,又分为脊枋、上金枋、中金枋、下金枋等。

仿古建筑中木结构工程还有所谓三架梁、五架梁、七架梁之说,架在中国古建筑中是指房架上所承托的檩的数目,即一檩为一架,五檩称为五架。在房架结构中承托着檩子的横木叫梁,它架支于柱头至上,梁柱层层叠加,就形成"架梁式"构架。梁又有抱头梁、扒梁、抹角梁之分,抱头梁主要是在无斗拱具有檐廊的建筑上,其梁头前端置于檐柱上面,并在梁头上部剔凿檩碗以承接檐檩,故被称为抱头梁。扒梁是指梁不直接放在柱上,而是将梁的一端做成扣榫,搭扣在其他梁或檩上,另一端与瓜柱榫交相联抹。抹角梁指带有转角的建筑的转角处内里角上的梁。

雷公柱或指圆亭建筑上置于太平梁上,或用于攒尖建筑中由若干"由戗"来支撑的立柱。由戗指戗角,它是角梁后尾上端至屋脊处的角。

1. 木架构及木基层工程计算的统一规定

在各种柱制作、安装定额中已综合考虑了其角柱的不同情况,执行时不作调整。牌楼明柱与边柱均执行牌楼柱定额;下端带有垂头的悬挑童柱,执行攒尖雷公柱、交金灯笼柱定额;

凡一端或两端榫头交在柱头卯口中的枋及随梁均执行大额枋定额、单额枋定额；凡两端榫头均需要插入柱身卯眼中的枋及随梁均执行小额枋、穿插枋定额；凡两端榫头均需插入柱身卯眼中的枋及随梁均执行小额枋、穿插枋定额；递角梁、斜抱头梁均执行同一定额；三至九架梁、月梁、单步梁、双布梁、抱头梁均以普通梁为准，设计要求挖翘拱者执行带麻叶头梁的定额；采步金两端不论做成梁头或檩头，定额均不得调整；扣金、插金仔角梁的翘头以帖做为准；木构件吊装定额均以单檐建筑使用人工和抱杆、卷扬机吊装为主，重檐及多层檐预算价格乘以 1.10 系数；挂檐板和挂落板凡露明者执行挂檐板定额，其外装有砖挂落者执行挂落板定额；雀替以单翘为准，不包括三幅云栱、麻叶云栱，不带翘者工料不调，重翘者与斗拱中相应定额合并执行；木构件制作、安装均不包括安铁件，设计要求或另有注明者除外；牌楼高栱柱(包括通天斗)、云牌博缝板规格与定额不同时，可按斗拱说明中规定的系数换算。

2. 木构件及木基层工程工程量计算规则

(1)按立方米计算各种构、部件均按长乘以最大圆形或矩形截面积计算，其中的长度计算方法为，①柱类按图示长度，即由柱顶石上皮量至梁、平板枋或檐下皮，套顶下埋部分按实长计入，带通天斗的牌楼边柱高量至檐上皮，通天斗包括在内不另计算；②枋、梁、角梁、承重等端头为半檐的量至柱中，透榫的量至榫头外端，仔角梁套兽榫不计入，承重出挑部分量至桂落板外皮；③瓜柱、太平梁上雷公柱计算长及柁墩高按图示尺寸，攒尖雷公柱长度无图示者按其本身直径的 7 倍；④有额垫板、桁檩垫板由柱中量至柱中；踏脚木长度按外皮尺寸以两端量至角梁中线。

(2)按延长米计算工程量的构、部件的长度计量方法为：①直椽按檩中至檩中斜长计算，据椽出挑梁至端头外皮，后尾与承椽枋相交者量至枋中线，翼角椽单根长度按其正身椽单根长度计算；②对大连椽言，其硬山、悬山建筑两端量至博缝外皮，带角梁的建筑计量按仔角梁端头中点连线分段计算；③对闸挡板、小连椽而言，其硬山建筑两端量至排山梁架中线，悬山建筑量至博缝外皮，带角梁的建筑按老角梁端头中点连线分段计算，闸挡板不扣除椽子所占长度。

(3)按面积计算工程量的构、部件计量方法为：①博脊板、棋枋板、镶嵌柁挡板、挂椽板、挂落板、牌楼云龙花板、山花板按垂直投影面积计算，其中山花板不扣除椽窝所占的面积；②木楼板按木构架轴线间面积计算，应扣除楼梯井所占面积，不扣除柱所占面积，挑台部分量至挂椽(落)板外皮。

望板按屋面的几何形状的斜面计算，飞椽、翘飞、翘飞椽椽尾重叠部分应计算在内，不扣除椽、扶脊木、角梁所占面积，屋角冲出部分不增加，同一屋顶望板做法不同时，应分别计算。

翘飞椽制按每一椽角算一攒。

铁件安装工程量按重量以千克计算，但圆钉、倒刺钉、螺栓的重量不计算在内。

(四)斗拱

斗拱工程的工作内容包括翘、昂、要头、撑头、桁椀、正心拱、单材拱及斗、升、销等部件的制作、挖翘、拱眼、雕刻麻叶云、三幅云及草架摆验；斗拱安装包括斗拱本身各部件及所有附件安装；斗拱保护网包括载网、用铅丝缝接口、刷油漆、钉牢等内容。

仿古建筑斗拱工程中的头拱是我国古建筑屋檐下面的一种传力构件，由相互交叉层层叠叠的“斗”、“拱”、“翘”、“升”、“昂”等分件组成，它们被统一称为斗拱。斗、拱、翘、昂和升这五种基本分件组成一攒。斗是组成斗拱的各层分件的那些基座，在斗拱的最下边，较其他各部都大，又称为坐斗。拱为弓形曲木，形似倒立拱状，其中间拱脚开槽叫印口，是承受其上各分件的主要受力构件，其摆向与建筑物面向平行，所以在古建筑中凡是与建筑物正面平行的弓形曲目均叫拱。翘的外形与拱相同，但摆置方向与拱垂直。昂的方向与翘相同，但向外一端的端头特别加长，并使端头面斜向下垂，向里一端的端头被做成翘状。升形状与斗相同，只有大小之分。一般置于各层拱或翘或昂的两端，用来承托上一层拱或枋，起分散压力的垫块作用。

依照斗拱在檐柱上的位置可以分为正心拱和外拽拱、里拽拱，依照拱件的长度将拱分为瓜拱（最短）、万拱（最长）和厢拱（长度在瓜拱与万拱之间）。斗拱中拱件的命名通常依拱件所处的位置与长短结合起来来命名，如正心瓜拱、正心万拱、外拽万拱等。

1. 斗拱工程量计算的统一规定

除牌楼斗拱以5cm斗口为准外，其他斗拱及附件均以8cm斗口为准，斗口尺寸变动按表3-3-1进行工料和预算价格调整。

表3-3-1　一斗三升斗拱、麻叶斗拱、昂翘斗拱、平座斗拱、品字斗拱、流金斗拱、斗拱附件调整系数

斗口	5cm	6cm	7cm	8cm	9cm	10cm
人工费调整系数	0.70	0.78	0.88	1	1.13	1.28
材料费调整系数	0.25	0.43	0.67	1	1.42	1.95

表3-3-2　牌楼斗拱调整系数

斗口	4cm	5cm	6cm	7cm
人工费调整系数	0.83	1	1.13	1.28
材料费调整系数	0.52	1	1.72	2.73

昂翘、千座斗拱里拽及品字科两拽不论使用单材拱或麻叶拱、三幅云拱，定额均不调整；各种安装定额（不包括牌楼斗拱）以头层檐为准，二层檐斗拱安装预算价乘以1.1系数，二层檐以上斗拱安装预算价乘以1.2系数；每相邻两攒斗拱的科中以12斗口为准，若超过计划12斗口或不足10斗口，应相应调整附件的材料用量及材料费，人工及人工费不变。

2. 斗拱工程量计算规则

斗拱制作、安装按攒计算，角科斗拱与平身科斗拱连做者应分别计算，附件制作按档计算，角科斗拱与平身科斗拱连做者其档不计算；斗拱保护网按网的面积计算。

(五)木装修

木装修工程的工作内容包括各种槛、框、腰枋制作均包括企口、起线，安装包括钉护口条，门栊制作包括挖锯成型、企雕边线；窗榻板制安包括刷防腐剂；门头板、余塞板制安包括边缝压条；帘架安装包括安铁卡子；桶子板、包镶桶子口包括铺油毡，不包括钉贴脸；格扇、槛窗、风门及帘架余塞腿子，随支摘窗夹门制作均包含边抹，裙板不包括心屉；格扇、槛窗各种心展均包括制作、安装及安装铁销、拉环、拉手、合页、插销等一般小五金，不包括工字、握拳、卡子花、团花等制雕，其中一玻一纱做法包括钉铁纱；支摘窗制作包括边抹及心屉，不包括工

字、握拳、卡子花、团花等制雕；支摘窗纱屉制作包括钉纱；格栅、槛窗、支摘窗、屏门扇安装转轴铰链的包括转轴、栓杆的制作及拉环安装，合页铰链的包括安装一般小五金；实踏大门窗、撒带大门窗、屏门扇制作均包括穿带，攒边门制作包括做木插销，安装均包括安套筒踩钉、门钹；各种坐凳及倒挂楣子制安包括边抹、心屉及楣子腿等框外延伸部分，不包括工字、握拳、卡子花、团花、花牙子的制雕；坐凳面制安包括入口处膝盖腿制安，不包括安装拉接铁件；栏杆制作安装包括望柱制安及雕饰，还包括望柱脚铁件安装及刷防腐油，鹅颈靠背制作包括在坐凳面上凿卯眼及铁件安装；匾额制作部包括刻字及安装，扁托包括制、雕、安装；木楼梯制作安装包括铁件安装及触地、触墙部分刷防腐油；井口天花包括帽儿梁、支条、贴梁、井口板制作安装及安装铁件，其他天棚包括制安大小龙骨、钉面层、钉压条、贴靠砖墙部位刷防腐油等，其中五合板天棚仿井口天花做法者包括压条的制作。

在仿古建筑的木装修工程中的“槛框”指的是安装门窗的外框架子，及在槛框中横的部分为槛、竖的部位称框。窗榻板、风槛分别指的是槛窗的下槛为风槛，其长厚均同下槛尺寸；窗榻板指的是槛墙上皮与风槛下皮之间的一块平板，它相当于现代的木窗台板，起保护墙和装饰作用。

门头板是大门槛框内代替横披格扇的遮挡板。而门框与抱框之间的空当称为余塞，遮挡空隙的木板称为余塞板。门簪是一种将门笼锁固于中槛的梢木。木门枕是一矩形断面的木块，其中间留有承接下槛的扣槽压在下槛下面，在槛内的一端钻有海窝，以承接门轴。支摘窗是指在槛墙榻板以上的框内分上、下两端的窗，上端窗扇做成向外撑出支起，下端窗扇做成可装可摘的活动扇，装上去用插销固定，拿走插销即可摘下，故称支摘窗。

实踏大门多用于城门、宫殿和庙宇的大门，多具有门板厚、体量大喝门扇实在而结实的特点。撒带大门的门扇是由门板、穿带、攒边和压带组成，由于穿带有一端是撒着头的，故称为撒带门。而攒边门是由边框、门心板和穿带伞部分组成，多用于府邸、民舍的大门。其边框的上下横边称为抹头，靠外边带门轴的立边称为攒边、靠门缝的立边为大门。

罩是指室内木装修时在柱子之间做的各种形式的木花格或雕刻。在走廊和亭榭建筑周边的柱子之间、檐枋之下或柱子下部长装有一种装饰性很强的横花格件被统称为楣子。而倒挂楣子是装于檐枋之下的柱间的楣子。花牙子是用于倒挂楣子两端下角的一种装饰构件。鹅颈靠背又叫美人靠，是廊亭建筑内的一种围栏之坐凳的靠背。

什锦窗是指院墙和围墙上的一种装饰性的花窗，有各种外形，如扇形月洞、双环、五角、梅花、海棠等。什锦窗由桶座、边框、仔屉和贴脸四部分组成。贴脸是窗洞外口紧贴墙面的装饰板，用来遮盖墙洞砖面与桶座板之间的缝口。

卡子花用于内檐装修的心屉上，是一种卡在棂条间的装饰件，卡子花有雕成圆形的成为团花。

1. 木装修有关计算的统一规定

各种槛、框、腰枋、门栊制作安装已综合了格栅、槛窗、支摘窗、屏门、大门及内檐装修等不同的情况，实际工程中一律按定额执行不得调整；门簪截面不分六边形、八边形或带企梅花线，定额均不作调整；格扇、槛及窗帘架上的横披窗执行槛窗及心屉定额，支摘窗上的横披窗执行支摘窗定额；各种心屉不论有无仔边，定额均不调整；大门门钹改用兽面者按实另增材料费；木栏杆已综合考虑了楼梯栏杆的情况；什锦窗桶座已综合了墙体不同的厚度，贴脸、仔屉均已单面为准，其中带櫺条仔屉已综合考虑了各种花形；天棚木龙骨均按双层考虑，天棚检查孔工料已包括在定额内，如用金属通风箅应另行计算；不抹灰顶棚的面层设计要求厚度与定额不同时，按实际厚度进行换算，人工不变。

2. *木装修工程工程量计算规则*

各种槛、框、腰枋、门栊按长度以米计算。其中槛两端量至柱中，抱框、间框、腰枋按槛里口净长计量；窗榻板、坐凳面按柱中长度乘以宽按平方米计算，并扣除出入口处水平长度，但出入口坐凳的膝盖腿应计算长度；门头板、余塞板按垂直投影面积计算；帘架大框以边框外围面积计算，下边以地面上皮为准；桶子板、包镶桶子口按面积计算；格扇、槛扇、支摘窗及夹门、房门、大门、攒边门、坐凳及倒挂楣子、新式门窗均按边抹外围面积计算；各种心屉（不包括什锦窗心屉）有仔边者按仔边外围面积计算，无仔边者按所接触的边抹里口面积计算；栏杆已地面上皮至扶手上皮间高度乘以长度（不扣望柱）以平方米计算；鹅颈靠背（美人靠）按上口长度计算；普通匾额按投影面积计算；木楼梯按水平投影面积计算，不扣除宽度在30cm以内的楼梯井所占面积；井口天花按井口枋里口（贴梁外口）面积计算，应扣除藻井所占面积，不扣除梁枋所占面积；顶棚有斗拱者计量方法与井口天花相同，无斗拱者按主墙间面积计算，不扣除间壁墙、检查孔及梁枋所占面积。

(六)屋面工程

屋面工程的工作内容包括准备工具、材料运输、筛灰、调制灰浆、苫背、榀瓦、调脊等全部操作过程。其中：屋面苫背包括分层摊抹、拍麻刀、扎实、擀光，锡背包括清理基层、平整、裁剪焊接等全部操作过程。榀瓦及檐头附件工作内容包括分中、号垄、排钉瓦口、榀瓦、安沟滴、安钉帽、安天沟附件、打点等全部操作过程。调脊包括安脊柱、扎尖、摆砌各种脊件，布瓦脊及安顶包括砍制各种砖件。正吻（兽）、合角吻（兽）的安装包括安吻桩、拼装，宝顶座、宝顶珠安装包括分层砌抹填馅等。

在古建筑中关于屋顶形式可以归纳为五种，即庑殿、歇山、悬山、硬山和攒尖，根据其构造可做成有脊式和无脊式，按等级可做成单檐和复檐。在封建社会的等级制度下，房屋屋顶也存在严格的等级制度，其中重檐庑殿为最尊、重檐歇山较次，以下为单檐庑殿、单檐歇山和悬山，硬山为最下。

无论何种屋顶均有苫背、瓦面、正脊、垂脊、戗脊、博脊、角脊等有关部分组成，其中苫背就是用防水保温材料在望板之上做成垫层，以便室内保温及瓦顶防水。苫背操作顺序为抹护板灰、锡背、抹灰背、扎肩、晾背。瓦面就是在屋顶面瓦，瓦有琉璃瓦和布瓦之分（布瓦又叫青瓦）。带吻正脊指坡屋顶交线的正脊线，在此线上用不同砖砌筑，在正脊的两个端头砌有龙形装饰物即为带吻正脊。其中在小型建筑屋顶上的等级较低的正脊叫鞍子脊，在正脊两端挑出的装饰件又称为蝎子尾或象鼻子。垂脊指从屋顶正脊沿山端屋面坡度下垂到檐山的屋脊。博脊式指歇山屋顶的两端山面，山花板下面的一条屋脊，其两端与博缝板相交。围脊式指重檐建筑中下层檐的屋面上端四个坡顶的屋脊。合角吻用于重檐屋顶下层的围脊交角处。宝顶是安装在攒尖屋顶尖端的构件，由宝顶座和顶珠两部分组成。

1. *屋面工程有关计算的统一规定*

屋面苫背的厚度以平均厚度计算，其中苫泥背以使用3∶7掺灰泥厚5cm为准，不足5cm的按5cm计算，灰背以厚3cm为准，不足3cm按3cm计算。除硬山、悬山及竹节瓦（即圆形屋面)外,其他形式(如攒尖、庑殿、歇山等)单坡面积在 5cm² 以内者,按表 3－3－3 调整预算价。屋面天沟、窝角沟的附件执行檐头附件定额。宝顶安装分底座和顶珠两部分,不分形状均执行定额。

表 3－3－3 屋面工程预算调整系数

展面形式＼调整系数＼面积	2m² 以内	5m² 以内
布瓦屋面	1.18	1.14
玻璃瓦屋面	1.06	1.05

2. 屋顶工程工程量计算规则

对苫背、榀背等按屋面几何形状用平方米计算的,其各部位边线规定如下:①檐头以木基层或砖檐外边为准;②屋面剖面为曲线者,坡长按曲线计算;③硬山、悬山建筑两山以博缝外皮为准;④歇山建筑拱山边线与硬山、悬山相同,撒头上边线以博缝外皮边线为准;⑤重檐建筑下层檐上边线以重檐金桂外皮连线为准;⑥带角梁的建筑檐头长度以仔角梁端头中点连线为准,屋角飞檐冲出部分面积不增加。望板勾缝、护板灰、泥背、灰背不扣除连檐、扶脊木、角梁所占面积,锡背按图示铺作面积计算;⑦榀瓦不扣除各种脊所占面积,做法不同时应分别计算。

檐头附件、檐头琉璃瓦剪边按延长米计算,其中硬山、悬山建筑算至博缝外皮,带角梁的建筑按角梁端头中点连接直线计算。

各种脊均按长度计算,其中:①带吻(兽)正脊、围脊应扣除吻(兽)、平草、跨草所占长度;②过垄背、鞍子脊算至边垄外皮;③歇山垂脊下端算至兽座,上端有正吻(兽)的算至吻(兽)外皮,无正吻(兽)的算至正脊中线;④戗脊、角脊及庑殿、攒尖、硬山、悬山垂脊带垂兽者,按兽前(包括兽)、兽后分别计算兽前部分由淌头外皮量至兽后口。兽后部分由兽后口起计算,戗脊量至垂脊外皮,角脊量至合角吻外皮,庑殿、攒尖建筑垂脊量至正吻或宝顶外皮,硬山、悬山建筑垂脊有正吻的量至正吻外皮,无正吻的量至正脊中线;⑤布瓦屋面的无陡板垂脊由规矩盘子或勾头外皮量至正脊中线;⑥披水梢垄由勾头外皮量至正脊中线;⑦博脊量至挂尖头。

正吻、合角吻、宝顶座、宝顶珠按份计算,合角吻以每角计算。

(七)地面工程

地面工程的工作内容为调制灰浆及材料、成品的加工、运输、清扫底层、浇水、成品的一般保护;铺墁块料面层包括弹线、选砖、套规格、砍磨砖件等;墁石子地包括洗石子、摆石子、灌浆、清水冲刷等内容。

仿古建筑中地面工程中的墁地面是指将砖、石铺筑在地面上,墁地面根据用途分为室内地面、室外散水、甬道和海墁等。一般地面多用砖墁地面,甬道用砖墁和石墁两种,石墁甬道多用于宫殿等大型建筑中,这种甬道称为御路。砖牙子指甬道边线侧立的砖,又叫牙子砖。甬道就是通向厅堂、走廊和主要建筑物的道路。海墁指庭院中除了甬路外其他地方也都用墁砖的做法。

1. 地面工程有关计算的统一规定

在铺墁块料面层的定额中已综合了掏柱顶卡口等工料，其中细墁地面及散水定额还包括砖件的砍加工的材料损失及人工消耗，糙墁地面及散水定额综合了守缝及勾缝做法；墁石子地所用石子的材料中已包括其筛选、清洗的费用。定额中的拼花做法是指用石子拼花的做法，不包括用砖、瓦材料切磨加工、拼花摆铺，发生时所发需工料另行计算。石子地中铺墁的方砖心另按有关定额人工费乘 1.5 系数执行。

2. 地面工程工程量计算规则

一般除油规定者外均按图示尺寸计算；室内地面以主墙间面积计算，不扣除柱顶石、垛、间壁墙所占面积；室外地面、散水不包括牙子所占面积，应扣除 0.5m^2 以上的树池、花坛等所占的面积；墁石子地面不扣除砖、瓦条拼花面积，有方心的应扣除砖心所占面积。

(八)抹灰工程

抹灰工程的工作内容包括材料加工、调制灰浆、材料运输、搭拆高度在 3.6m 以内简单脚手架、抹灰、找平、罩面等，抹水泥砂浆和垛假石还包括嵌条。

1. 抹灰工程有关计算的统一规定

该子目一般通用执行《仿古建筑及园林工程预算定额》中的“通用项目”相应定额。

2. 抹灰工程工程量计算规则

一般均按结构尺寸计算，另有规定者除外；内墙抹灰以主墙间结构面积净长度乘高度计算面积，扣除门、窗、洞口和空圈所占面积，但门窗、洞口及空圈等的侧壁面积也不增加，不扣除门踢脚线、挂镜线、装饰线、什锦窗洞口及 0.3m^2 以内孔洞所占面积，其侧壁面积也不增加，垛的侧壁并入内墙计算；外墙抹灰按长度乘高以平方米计算，扣除门、窗、洞口所占面积，不扣除柱门、什锦 0.3m^2 以内的孔洞面积，垛的侧壁并入墙体工程量计算；槛墙的抹灰以长度乘高计算，不扣除柱门、踢脚线所占面积；门窗口塞缝，按门窗框外面积计算。

(九)油漆彩画工程

油漆彩画工程的工作内容包括调制灰料、油满、基层的清除、砍斧迹、撕缝、陷缝、汁浆、捉缝、分层使灰、钻生油、砂石或砂布打磨；油漆包括调制兑血料腻子及油漆、刮腻子、刷底漆、找补腻子、磨砂纸、油漆成活；彩画包括按设计要求起扎谱子、调兑颜料、绘制各种图案成活；贴金(铜箔)包括支搭金帐、打金胶油、贴金箔、罩清漆；彩画和贴金定额包括彩画及贴金的全部内容；光油、灰油、金胶油及精梳麻的熬制、加工费用已经包括在定额材料中费。

仿古建筑油漆彩画工程中的“地仗”相当于现代油漆活中的刮腻子层，它是木质基层与油膜层之间由多层灰料层夹扎麻层组合而成的一种非常坚固的壳层体。常用的地仗有一麻五灰地仗、单皮灰地仗、一布五灰地仗。其中的一麻五灰地仗多用于柱子、额枋、大梁和门窗格扇上，在木基层处理后，分别进行五指灰、捉灰缝、通灰、压麻灰、中灰、细灰和一麻指黏麻等七道工序，然后用生桐油满刷一遍，干后用砂纸磨平擦净即成。单皮灰是指不黏麻的抹灰地仗，根据使用部位有做四道灰和三道灰的，其中四道灰多用于下架柱子、上架连檐、檐头、博缝和檐等处，三道灰多用于不受风吹雨淋的部位，如室内的梁枋、室外的檐桁、斗拱等。

沥粉是彩画中一种比较高级的操作工艺，一般与贴金工艺同用，所以凡沥粉者均要贴金，在仿古建筑中有沥粉贴金之说。沥粉是用一种专用工具将粉状的胶粉挤到构件的彩画图案上，是图案凸起具有一定的立体感的一项操作工艺。贴金是在沥粉面上涂刷一种称为“金胶油”的黏接剂，然后将金箔贴上去的一项工艺。“山花绶带贴金”指对歇山屋顶的两端山墙面的山花板上做的花饰进行贴金。片金彩画是指彩画的图案全部用沥粉贴金，不夹杂其他颜料。金边彩画知识对团的边框采用沥粉贴金，其他花纹则施做颜色。

1. 油漆彩画工程有关计算的统一规定

① 山花沥粉是指在无雕刻山花板的地仗上沥粉做花纹，在无雕刻挂檐板的地仗上沥粉做花纹者也执行山花沥粉定额；

② 和玺加苏画及各式苏画的规矩活部分，定额包括绘梁头、箍头、卡子及枋心线、池子线及其内外规矩图案的绘制；

③ 斑竹彩画以建筑物整体为同一图案形式，不分檐望、连檐、下架木件均执行本定额；

④ 斗拱彩画定额不包括拱眼、斜盖斗板的油漆工料；

⑤ 井口板彩画的片金鼓子心包括团龙、双龙、龙凤等做法，做染四季花、团鹤等做法；

⑥ 定额中天花规格以井口板分井的平均长度为准；

⑦ 支条的燕尾彩画包括刷支条、做燕尾、贴钉燕尾、燕尾及井口贴金；

⑧ 木楼板、木地板、木楼梯油漆执行大门、屏门、迎风板定额；

⑨ 外檐各扇、风门、支摘窗定额中包括其心屉的工料；

⑩ 栏杆不分部位包括望柱在内。匾的油漆、帖金箔均包括匾钩、如意钉。木匾托刷素漆其工程量并入匾内计算，花匾托执行雀替花活定额。

2. 油漆彩画工程工程量计算规则

① 立闸山花板、博缝板、挂檐板的地仗油漆均按图示垂直投影面积计算，扣除博脊所遮蔽的面积。悬山缝板按双面计算，不扣除檀窝所占面积，底边面积也不增加；②挂檐板贴金箔按挂檐板垂直投影面积计算；③连檐瓦口以大连檐长乘连檐下楞至瓦口尖的全高，按平方米计算；④檐望地仗油漆按望板的不同斜面现状以平方米计算。檐头计算到飞檐头下楞，硬山建筑的两山计算到梁架中线，悬山建筑的两山计算到博缝板里皮，不扣除角梁、扶脊木所占面积，有斗拱建筑扣除挑桁檐中至正心桁中斗拱所封闭部分的面积；⑤地仗、油漆及各种彩画，均按构架图示露明部位的展开面积计算，挑檐枋只计算其正面，彩画不扣除白活所占面积；斑竹彩画椽望、连檐、瓦口、上下架木件均按展开面积工程量合并计算；⑥斗拱彩画与栱眼、斜盖斗板、陶里部分的油漆面积应分别计算。设计要求斗拱全部做油漆时（无彩画）按斗拱全面积计算；⑦雀替及雀替隔架斗拱按露明长度乘 2 计算面积。花板、云龙花板按双面垂直投影面积计算。垂柱头、雷公柱及交金灯笼垂头按周长乘高计算面积。彩灯彩画按灯花外围面积计算；⑧井口板、支条的地仗、彩画工程量按木装修相应项目的工程量计算，井口板不扣支条所占面积，支条不扣井口板所占面积；⑨各种柱、抱柱、槛框、窗榻板、什锦窗的筒子板的过木均按图示露明展开面积计算。框线、门簪贴金按实贴面积计算。大门、屏门、迎风板、木板墙按双面投影面积计算。护板墙、筒子板按单面投影面积计算。踢脚线工程量并入护墙板内计算；⑩木楼板面、木地板按木作相应工程量计算，木楼梯按图示露明展开面积计算。外檐格扇、槛窗、寻杖栏杆按木作相应垂直投影面积计算，不扣除心屉面积。风门、内檐格扇、花栏杆按木作相应工程量乘 2 计算、倒挂楣子按全长乘全高乘 2 计算。坐凳楣子按

边框所围成的面积算面计算。墙边彩画按实际面积计算。匾油漆及匾字均按匾的投影面积计算。

(十)玻璃裱糊工程

玻璃裱糊工程的工作内容包括清扫槽口灰土、调制油灰、裁定玻璃、抹油灰等。裱糊工程包括清理底层、刷浆或黏接剂、打底、盖面等。

1. 玻璃工程有关计算的统一规定

玻璃安装均以单层为准,如为双层玻璃者加倍计算;裱糊工程中所列锦缎、绫绢均以47cm幅宽考虑,实际用料的幅宽与定额规定不同时,应换算其单价、用量,但费用不得调整。

2. 玻璃裱糊工程工程量计算规则

格扇、槛窗、支摘窗按玻璃所接触的边抹外围面积计算;裱糊工程中凡以平方米计算的项目,均按展开面积计算;门、窗、格扇裱糊应分层计算。

(十一)脚手架工程

脚手架工程的工作内容包括场内外材料运输,搭拆脚手架及附属的上人爬梯、卷扬机井字架、上料平台、挂安全网、上下翻板、拆除后材料分类堆放等。

1. 脚手架工程有关资料计算的统一规定

定额中已根据正常的施工周期对周转材料的使用摊销作了综合考虑,执行中不再调整;定额中对场外运输距离作了综合,执行中不论运输距离远近,机械台班均不调整;苫背瓦用双排齐檐脚手架,椽望油漆用脚手架已综合考虑了单层建筑,实际工程中不论何种建筑形式均按定额执行;外檐椽望油漆用双排脚手架适用于檐头椽望出挑部分及其连带的木构件、木装修油漆彩绘工程。内檐装饰用满堂红脚手架适用于有天花吊顶建筑内檐的顶棚、墙面、木装修、明柱的装饰工程,内檐及廊步椽望、木构件、墙面、明柱的装饰工程;内檐及廊步椽望油漆脚手架定额的“平均高度”按脊檩中与檐椽中的平均高度计算,内檐有天花吊顶,其廊步“平均高度”按檐廊上下两檩中的平均高度计算;木架构安装起重架不分单层、多层建筑及出檐层数均执行同一定额。

2. 脚手架工程工程量计算规则

砌筑用脚手架按墙的长度乘墙的高度以面积计算;苫背瓦用双排齐檐脚手架、外檐椽望油漆用双排脚手架均按檐头长度乘檐高以面积计算;内檐装饰用满堂红脚手架、内檐及廊步椽望油漆脚手架分别以内檐及廊步相应的地面面积计算工程量。内檐若需同时使用上述两种脚手架时,工程量应分别按实计算;歇山脚手架按座计算,每一山算一座;护头棚按水平投影面积计算;木构架安装起重架按建筑物首层面积计算。

第四节　园林建筑工程预算编制实例

一、费用标准

园林工程项目费用取费标准根据项目发生地区各地的费率、费用标准的不同,其取费标准也不相同。在编制预算时应该依据各地建设工程概预算定额实施,但其中的仿古建筑部分一般均采用全国统一的《仿古建筑及园林工程预算定额》。下面的园林建设项目工程预算的编制方法也以此标准进行取费。

二、园林建设工程预算造价计算顺序表

(一)绿化、土建工程

表3-4-1　绿化、土建工程预算造价计算顺序表

序号	项目名称		计算公式	备注
1	直接费		按定额计算	
2	其他直接费	其他直接费	按定额计算	
3		临时设施费	[(1)+(2)]×相应工程类别费率	
4		现场经费	[(1)+(2)]×相应工程类别费率	
5	直接费小计		(1)+(2)+(3)+(4)	
6	调价金额		(5)×调价系数	
7	工程费用合计		(5)+(6)	
8	综合取费(d%)	企业经营费	(7)×相应工程类别费率(a%)	
9		利润	(7)×相应工程类别费率(b%)	d%=a%+b%+c%
10		税金	(7)×相应工程类别费率(c%)	
11	工程造价		(7)+(8)+(9)+(10)	

(二)水、暖、电气工程

表3-4-2　水、暖、电气工程预算造价计算顺序表

序号	项目名称	计算公式	备注
1	直接费	按定额计算	
2	其中:定额人工费	(1)项所含人工费	
3	其中:设备费	(1)项所含设备费	
4	其他直接费	(2)×费率	
5	调价金额	[(1)+(4)-(3)]×调价系数	
6	工程直接费	(1)+(4)+(5)	

（续表）

序号	项目名称		计算公式	备注
7	综合费率（c%）	企业经营费	（2）×相应工程类别费率（a%）	c%＝a%＋b%
8		利润	（2）×相应工程类别费率（b%）	
9		税金	[（6）＋（7）＋（8）]×税率	
10	工程造价		（6）＋（7）＋（8）＋（9）	

三、园林建设工程预算书编制实例

工 程 预 算 书

建设单位：××市××区人民政府

施工单位：××园林建设工程公司

工程名称：××公园工程

建设面积：67 991m²

工程地点：城近郊区　　　　单位造价：180.30元/m²

建设单位：　　　　施工单位：

（公章）　　　　（公章）

审核人：________

负责人：________　　　　证　号：________

经手人：________　　　　编制人：________

证　号：________

开户银行：________　　　　开户银行：________

年　月　日　　　　年　月　日

表3-4-3　××公园工程预算汇总表

序号	项　　目	造价(元)
1	土山及整理地形工程	1 718 267. 36
2	假山工程	487 392. 92
3	给排水及灌溉工程	326 907. 69
4	供电及照明工程	416 261. 07
5	水池及暗池工程	1 299 363. 19
6	喷泉工程	315 402. 09
7	铺装广场、园路工程	3 575 431. 66
8	园林小品及设施工程	1 164 878. 39
9	管理房及公共厕所工程	471 314. 45
10	仿古亭工程	30 692. 36
11	绿化工程	2 456 892. 60
12	合计	122 262 803. 78

负责人:×××　　　　审核人:×××　　　　编制:×××

表3-4-4　工程预算书

共　页　第　页

单位工程名称:××公园土山及整理地形工程　　　　年　月　日

序号	定额编号	分部分项工程名称	单位	数量	预算价格(元)	
					单价	合价
1		外购土及运土、卸土	立方米	42 000	30. 00	126 000. 00
2	1—7	人工堆筑土山丘	立方米	300	8. 31	2 493. 00
3		90KW 推土机台班	个	30	601. 44	18 043. 20
4		132KW 推土机台班	个	45	937. 25	42 176. 25
5		小计 A				1 322 712. 45
6	9—1	临时设施费 B=(A×2. 20%)		2. 20%	29 099. 67	
7	9—2	现场经费 C=(A×2. 85%)		2. 85%	37 697. 30	
8		直接费合计 D=(A+B+C)			1 389 509. 43	
9		企业管理费 E=(D×12. 09%)		12. 99%	167 991. 69	
10		利润 F=(D×7. 5%)		7. 50%	104 213. 21	
11		税金 G=(D×4. 07%)		4. 07%	56 553. 03	
12		工程造价 H=D+E+F+G			1 718 267. 36	

负责人:×××　　　　审核人:×××　　　　计算人:×××

说明:本预算执行《××市建设工程概算定额——园林绿化分册》、《××市建设工程机械台班费用定额》和《××市建设工程间接费及其他费用定额》。

表3-4-5 工程预算书

共 页 第 页

单位工程名称：××公园假山工程　　　　年 月 日

序号	定额编号	分部分项工程名称	单位	数量	预算价格（元）	
					单价	合价
1	1—1	平整场地	平方米	600	1. 44	864. 00
2	1—4	假山基础挖土方	立方米	170	14. 87	2 527. 90
3	1—8	素土夯实	平方米	600	0. 72	432. 00
4	2—1	灰土垫层	立方米	60	48. 07	2 884. 20
5	3—12	毛石基础	立方米	300	130. 60	39 180. 00
6	参5—4	叠山	吨	726	296. 99	215 614. 74
7	5—15	零星点布（含汀石）	吨	136	175. 81	23 910. 16
8	5—16	山石护角	吨	145	229. 36	33 257. 20
9	5—17	山石护坡	吨	120	208. 42	25 010. 40
10		20吨起重机台班	个	10	1 190. 19	11 901. 90
11		小计 A				355 582. 50
12	8—16	中小型机械费	吨	1 127	2. 47	2 783. 69
13	8—22	二次搬运费	吨	1 127	6. 07	6 840. 89
14	8—28	工程水电费	吨	1 127	3. 22	3 628. 94
15	8—34	生产工具使用费	吨	1 127	1. 20	135. 40
16	8—30	检验试验费	吨	1 127	0. 15	169. 05
17	8—46	排污费	吨	1 127	0. 12	135. 24
18	8—61	冬雨季施工费	吨	1 127	2. 23	2 513. 21
19	8—67	工程定位复测费	吨	1 127	1. 94	2 186. 38
20		小计 B				19 609. 80
21		合计 C=（A+B）				375 192. 30
22	9—1	临时设施费 D=（C×2. 20％）		2. 20％	8 254. 34	
23	9—2	现场经费 E=（C×2. 85％）		2. 85％	10 692. 98	
24		直接费合计 F=（C+D+E）			394 139. 51	
25		企业管理费 G=（F×12. 09％）		12. 99％	47 651. 47	
26		利润 H=（F×7. 5％）		7. 50％	29 560. 46	
27		税金 I=（F×4. 07％）		4. 07％	16 041. 48	
28		工程造价 H=（F+G+H+I）			487 392. 92	

负责人：×××　　　　审核人：×××　　　　计算人：×××

说明：本预算执行《××市建设工程概算定额——园林绿化分册》、《××市建设工程机械台班费用定额》和《××市建设工程间接费及其他费用定额》。

表3-4-6　工程预算书

共　页　第　页

单位工程名称：××公园给排水排灌工程　　　　年　月　日

序号	定额编号	分部分项工程名称	单位	数量	预算价格(元)	
					单价	合价
1		一、直接费				
2	2—43	管道土方(DN 70以内)	米	1 959	10. 42	20 412. 78
3	2—54	管道土方(DN 150以内)	米	825	11. 67	9 627. 75
4	2—87	排水管土方	米	183	15. 01	2 746. 83
5	2—202	排水管埋设	米	183	48. 57	8 888. 31
6	2—157	DN 20镀锌管安装	米	981	15. 94	15 637. 14
7	2—160	DN 40镀锌管安装	米	588	29. 90	17 581. 20
8	2—161	DN 50镀锌管安装	米	250	37. 26	9 315. 00
9	2—162	DN 70镀锌管安装	米	265	49. 42	13 096. 30
10	2—163	DN 80镀锌管安装	米	366	59. 82	21 894. 12
11	2—164	DN 100镀锌管安装	米	303	80. 51	24 394. 53
12	2—165	DN 125镀锌管安装	米	156	109. 07	17 014. 92
13	给7—21	DN 70阀门安装	个	10	269. 40	2 694. 00
14	给7—23	DN 80阀门安装	个	15	302. 98	4 544. 70
15	给7—23	DN 100阀门安装	个	5	415. 84	2 079. 20
16	给7—24	DN 125阀门安装	个	1	580. 98	580. 98
17	3—33	排水井	座	1	2 436. 49	2 436. 49
18	3—19	防冻给水井	座	12	1 162. 04	13 944. 48
19	005	球阀50	个	5	333	1 665. 00
20	005	弯头40	个	125	2. 67	333. 75
21	002	弯头20	个	125	0. 69	86. 25
22	005	三通40	个	125	5. 36	670. 00
23	008	三通80	个	6	20. 87	125. 22
24		喷头	个	125	220	27 500. 00
25		小计 A				217 268. 95
26		二、管道其他直接费				
27	6—3	机械使用费	米	3 150	4. 20	13 230. 00
28	6—56	二次搬运费	米	3 150	1. 30	4 095. 00

（续表）

序号	定额编号	分部分项工程名称	单位	数量	预算价格（元）	
					单价	合价
29	6—29	工程水电费	米	3 150	1. 60	5 040. 00
30	6—109	生产工具使用费	米	3 150	1. 80	5 670. 00
31	6—136	检验试验费	米	3 150	0. 25	787. 50
32	6—191	排污费	米	3 150	0. 04	126. 00
33	6—82	冬雨季施工费	米	3 150	3. 25	10 237. 50
34	6—164	工程定位复测费	米	3 150	0. 61	1 921. 50
35		小计 B				41 107. 50
36		三、窨井其他使用费				
37	6—25	机械使用费	座	13	41. 033	533. 39
38	6—78	二次搬运费	座	13	19. 99	259. 87
39	6—51	工程水电费	座	13	13. 68	177. 84
40	6—131	生产工具使用费	座	13	10. 28	133. 64
41	6—158	检验试验费	座	13	2. 43	31. 59
42	6—104	冬雨季施工费	座	13	13. 43	174. 59
43	6—186	工程定位复测费	座	13	7. 10	92. 30
44	6—213	排污费	座	13	1. 13	14. 69
45		小计 C				1 417. 91
46		合计 D=(A+B+C)				259 794. 36
47	7—1	临时设施费 E=(D×1. 70%)		1. 70%	4 416. 50	
48	7—3	现场经费 F=(D×2. 08%)		2. 08%	5 403. 72	
49		直接费合计 G=(D+E+F)			269 614. 59	
50		企业管理费 H=(G×11. 26%)		11. 26%	30 358. 60	
51		利润 I=(G×6. 0%)		6. 0%	16 176. 88	
52		税金 J=(G×3. 99%)		3. 99%	10 757. 62	
53		工程造价 K=(G+H+I+J)			326 907. 69	

负责人：××× 审核人：××× 计算人：×××

说明：

1. 本预算执行《××市建设工程概算定额——室外管线、道路分册》、《××市建设工程材料预算价格——水电分册》和《××市建设工程间接费及其他费用定额》。

2. 加标“给”字的为《××市建设工程概算定额——给排水、采暖、煤气分册》。

表3-4-7　工程预算书

共　页　第　页

单位工程名称：××公园供电及照明工程　　　　年　　月　　日

序号	定额编号	分部分项工程名称	单位	数量	预算价格(元)			
					单价	合价	其中：人工费	
							单价	合价
1	2—3	电缆沟铺砂盖砖	米	4 530	13. 76	62 332. 80	7. 78	32 543. 40
2	2—8	电缆保护管	根	30	124. 02	3 720. 6	29. 20	876. 00
3	2—12	电缆敷设6平方内	米	4 470	23. 23	103 838. 10	1. 77	7 911. 90
4	2—13	电缆敷设16平方内	米	60	36. 73	2 203. 80	1. 77	106. 20
5	4—4	接地保护	组	6	399. 18	2 395. 08	161. 1	966. 60
6	5—2	配电箱安装	台	6	520. 97	3 125. 82	136. 32	817. 92
7	8—139	开关安装	套	37	11. 06	49. 22	1. 93	71. 41
8		灯具安装	盏	147	49. 19	7 230. 93	29. 85	4 387. 95
9		射灯安装	盏	2	100. 00	200. 00	80. 56	161. 12
10		配电箱(非标)	台	6	4 500. 00	27 000. 00		
11		庭院灯	盏	62	900. 00	55 800. 00		
12		射灯	盏	2	2 000. 00	4 000. 00		
13		草坪灯	盏	37	700. 00	25 900. 00		
14		地灯	盏	48	800. 00	38 400. 00		
15		小计				336 556. 35		50 542. 50
16	12—10	其他直接费		50 542. 00	25. 70%	12 989. 42	1. 60	808. 68
17		合计				394 545. 77		51 351. 18
18	13—1	临时设施费		51 351. 18	14. 70%	7 548. 62		
19	13—8	现场经费		51 351. 18	19. 90%	10 218. 88		
20	A	直接费合计		51 351. 18		367 313. 28		
21	B	企业经营费		51 351. 18	46. 57%	23 919. 26		
22	C	利润		51 351. 18	22. 08%	11 341. 03		
23	D	小计(A+B+C)				402 573. 57		
24	E	税金(D×3. 40%)		402 573. 57	3. 40%	13 687. 50		
25	F	工程造价(D+E)				416 261. 07		

负责人：×××　　　　审核人：×××　　　　计算人：×××

说明：

1. 本预算执行《××市建设工程概算定额——电气分册》和《××市建设工程间接费及其他费用定额》。

2. 加标“室”字的为《××市建设工程概算定额——室外管线、道路分册》。

表3-4-8 工程预算书

共 页 第 页

单位工程名称:××公园水池及暗池工程 年 月 日

序号	定额编号	分部分项工程名称	单位	数量	预算价格(元)			
					单价	合价	其中:人工费	
							单价	合价
1		一、水池						
2	1—1	平整场地	平方米	3 654	1. 44	5 261. 76		
3	1—4	挖土方	立方米	3 116. 88	14. 87	46 384. 01		
4	1—8	素土夯实	平方米	2 027	0. 72	1 459. 44		
5	2—4	级配石垫层	立方米	719. 28	66. 50	47 832. 12		
6	2—6	素混凝土垫层	立方米	239. 76	209. 49	50 227. 32		
7	3—8	零星砌砖	立方米	61. 38	234. 53	14 395. 45		
8	4—2	混凝土池底(有筋)	立方米	359. 64	506. 08	182 006. 61		
9	4—3	混凝土池壁(有筋)	立方米	43. 67	1 212. 19	52 936. 34		
10	土6—66	SBS改性沥青防水层	平方米	2 688. 8	53. 01	142 533. 29		
11	7—28	水泥砂浆找平层	平方米	5 377. 60	5. 48	29 469. 25		
12		池底、池壁贴广场砖	平方米	2 033. 80	140. 00	284 732. 00		
13	2—16	池底铺砌卵石	平方米	296. 50	41. 37	12 266. 21		
14		花岗岩压顶及安装	平方米	181	450. 00	81 450. 00		
15		篦子及安装	块	1	850. 00	850. 00		
16		小计A				951 767. 79		
17		二、暗池工程						
18	1—1	平整场地	平方米	41. 4	1. 44	59. 62		
19	1—4	挖土方	立方米	50	14. 87	743. 50		
20	1—8	素土夯实	平方米	41. 4	0. 72	29. 81		
21	2—4	级配石垫层	立方米	6. 21	66. 50	412. 97		
22	2—6	素混凝土垫层	立方米	2. 07	209. 49	433. 64		
23	3—8	零星砌砖	立方米	8. 30	234. 53	1 946. 60		
24	4—2	混凝土池底(有筋)	立方米	3. 07	506. 08	1 553. 67		
25	4—3	混凝土池壁(有筋)	立方米	10. 36	1 212. 19	12 558. 29		
26	土6—66	SBS改性沥青防水层	平方米	31. 06	53. 01	1 646. 49		
27	7—28	水泥砂浆找平层	平方米	158. 8	5. 48	870. 22		
28	7—30	防水砂浆	平方米	79. 4	16. 79	1 330. 74		
29		篦子及安装	块	200	51. 00	10 200. 00		
30		小计B				31 785. 54		

（续表）

序号	定额编号	分部分项工程名称	单位	数量	预算价格（元）			
					单价	合价	其中：人工费	
							单价	合价
31		三、其他直接费						
32	8—12	中小型机械费	立方米	486.42	5.27	2 563.43		
33	8—18	二次搬运费	立方米	486.42	13.37	6 503.44		
34	6—51	工程水电费	立方米	486.42	6.26	3 044.99		
35	6—131	生产工具使用费	立方米	486.42	2.66	1 293.88		
36	6—158	检验试验费	立方米	486.42	0.36	175.11		
37	6—104	冬雨季施工费	立方米	486.42	4.92	2 393.19		
38	6—186	工程定位复测费	立方米	486.42	1.21	588.57		
39	6—213	排污费	立方米	486.42	0.26	126.47		
40		小计 C				16 689.07		
41		合计 D=（A+B+C）				1 000 242.40		
42	9—1	临时设施费 E=（D×2.20%）		2.20%	22 005.33			
48	9—2	现场经费 F=（D×2.85%）		2.85%	28 506.91			
49		直接费合计 G=（D+E+F）			1 050 754.65			
50		企业管理费 H=（G×12.09%）		12.09%	127 036.24			
51		利润 I=（G×7.5%）		7.50%	78 806.60			
52		税金 J=（G×4.02%）		4.02%	42 765.71			
53		工程造价 K=（G+H+I+J）			1 299 363.19			

负责人：×××　　　　审核人：×××　　　　计算人：×××

说明：

1. 本预算执行《××市建设工程概算定额——园林绿化分册》和《××市建设工程间接费及其他费用定额》。

2. 加标“土”字的为《××市建设工程概算定额——土建分册》。

表3-4-9 工程预算书

共 页 第 页

单位工程名称:××公园喷泉工程 年 月 日

序号	定额编号	分部分项工程名称	单位	数量	预算价格(元)	
					单价	合价
1	2—54	管道土方(DN 150以内)	米	292	11. 67	3 407. 64
2	2—156	DN 15镀锌管安装	米	173	13. 84	2 394. 32
3	2—157	DN 20镀锌管安装	米	26	15. 94	414. 44
4	2—163	DN 80镀锌管安装	米	417	59. 82	24 944. 94
5	2—164	DN 100镀锌管安装	米	323	80. 51	26 004. 73
6	园4—49	DN 100阀门安装	个	7	415. 83	2 910. 81
7		潜水泵	台	8	6 000. 00	48 000. 00
8		趵突喷头	个	2	240. 00	480. 00
9		直射喷头	个	312	120. 00	37 440. 00
10		玉柱喷头	个	52	150. 00	7 800. 00
11		雾化喷头	个	32	300. 00	9 600. 00
12		喷泉设备安装及调试	个			5 000. 00
13		水处理(净化)设备	个			70 000. 00
14		小计 A				238 396. 88
15	6—3	机械使用费	米	939	4. 20	3 943. 80
16	6—56	二次搬运费	米	939	1. 30	1 220. 70
17	6—29	工程水电费	米	939	1. 60	1 502. 40
18	6—109	生产工具使用费	米	939	1. 80	1 690. 20
19	6—136	检验试验费	米	939	0. 25	234. 75
20	6—191	排污费	米	939	0. 04	37. 56
21	6—82	冬雨季施工费	米	939	3. 25	3 051. 75
22	6—164	工程定位复测费	米	939	0. 61	572. 79
23		小计 B				12 253. 95
24		合计 C=(A+B)				250 650. 83
25	7—1	临时设施费 D=(C×1. 70%)		1. 70%	4 261. 06	
26	7—3	现场经费 E=(C×2. 08%)		2. 08%	5 213. 54	
27		直接费合计 F=(C+D+E)			260 125. 43	
28		企业管理费 G=(F×11. 26%)		11. 26%	29 290. 12	

（续表）

序号	定额编号	分部分项工程名称	单位	数量	预算价格（元）	
					单价	合价
29		利润 H＝(F×6.0%)		6.0%	15 607.53	
30		税金 I＝(F×3.99%)		3.99%	10 379.00	
31		工程造价 J＝(F＋G＋H＋I)			315 402.09	

负责人：×××　　　　审核人：×××　　　　计算人：×××

说明：

1. 本预算执行《××市建设工程概算定额——室外管线、道路分册》和《××市建设工程间接费及其他费用定额》。

2. 加标"园"字的为《××市建设工程概算定额——园林绿化分册》。

表3-4-10　工程预算书

共　页　第　页

单位工程名称：××公园铺装广场、园路工程　　　　年　月　日

序号	定额编号	分部分项工程名称	单位	数量	预算价格（元）	
					单价	合价
1	1—1	平整场地	平方米	23 783.4	1.44	34 183.30
2	1—8	素土夯实	平方米	23 783.4	0.72	17 091.65
3	2—1	灰土垫层	立方米	3 586.22	48.07	172 389.60
4	2—3	砂垫层	立方米	358.62	61.49	22 051.54
5	2—6	素混凝土垫层	立方米	674.9	209.49	141 384.80
6		广场砖路面	平方米	2 336	150.00	350 400.00
7		花岗岩路面	平方米	655	380.00	248 900.00
8	参2—17	水刷石路面	平方米	2 467	41.37	102 059.79
9		混凝土砖路面	平方米	11 028	130.00	1 433 640.00
10		青石板路面	平方米	470	115.00	54 050.00
11	2—31	混凝土路牙	米	1 947	16.82	32 748.54
12		小计 A				2 608 899.21
13	8—13	中小型机械使用费	平方米	16 956	1.80	30 520.80
14	8—19	二次搬运费	平方米		1.68	28 486.08
15	8—25	工程水电费	平方米		0.75	12 717.00
16	8—31	生产工具使用费	平方米	16 956	0.53	8 986.68
17	8—37	检验试验费	平方米	16 956	0.09	1 526.04
18	8—43	排污费	平方米	16 956	0.06	1 017.36

（续表）

序号	定额编号	分部分项工程名称	单位	数量	预算价格(元)	
					单价	合价
19	8—58	冬雨季施工费	平方米	16 956	1. 32	22 381. 92
20	8—64	工程定位复测费	平方米	16 956	2. 23	37 811. 88
21		小计 B				143 447. 76
22		合计 C＝(A＋B)				2 752 346. 97
23	9—1	临时设施费 D＝(C×2. 20％)		2. 20％	60 551. 63	
24	9—2	现场经费 E＝(C×2. 58％)		2. 58％	78 441. 89	
25		直接费合计 F＝(C＋D＋E)			2 801 340. 50	
26		企业管理费 G＝(F×12. 09％)		12. 09％	349 563. 07	
27		利润 H＝(F×7. 5％)		7. 5％	216 850. 54	
28		税金 I＝(F×4. 02％)		4. 02％	117 677. 56	
29		工程造价 J＝(F＋G＋H＋I)			3 575 431. 66	

负责人：×××　　　　审核人：×××　　　　计算人：×××

说明：本预算执行《××市建设工程概算定额——园林绿化分册》和《××市建设工程间接费及其他费用定额》。

表3-4-11　工程预算书

共　页　第　页

单位工程名称：××公园园林小品及设施工程　　　　年　月　日

序号	定额编号	分部分项工程名称	单位	数量	预算价格(元)	
					单价	合价
1		一、汀步				
2	7—3	水泥砂浆	平方米	33. 75	10. 26	346. 28
3		花岗岩斧剁面	立方米	62. 55	450. 00	28 147. 50
4		小计	立方米			28 493. 78
5		二、挡墙、花池、坐凳				
6	1—1	平整场地	平方米	286. 72	1. 44	412. 88
7	1—4	挖土方	立方米	210. 54	12. 71	2 675. 96
8	1—8	素土夯实	平方米	286. 72	0. 72	206. 44
9	3—8	零星砌砖	平方米	131. 88	234. 53	30 929. 82
10	7—30	抹防水砂浆	平方米	448. 57	16. 76	7 518. 03
11		花岗岩蘑菇面	平方米	222. 2	600. 00	133 320. 00
12		花岗岩火烧面	平方米	247. 8	550. 00	136 290. 00
13		花岗岩斧剁面	平方米	61. 2	450. 00	27 540. 00

（续表）

序号	定额编号	分部分项工程名称	单位	数量	预算价格(元)	
					单价	合价
14		小计				338 893. 13
15		三、装饰石球				
16	1—1	平整场地	平方米	12	1. 44	17. 28
17	1—4	挖土方	立方米	6	12. 71	76. 26
18	1—8	素土夯实	平方米	12	0. 72	8. 64
19	2—1	灰土垫层	立方米	1. 2	48. 07	57. 68
20	2—5	素混凝土垫层	立方米	3. 08	209. 49	645. 23
21		石球安装	个	12	15 000. 00	180 000. 00
22		小计				180 805. 00
23		四、台阶				
24	1—1	平整场地	平方米	76. 6	1. 44	110. 30
25	1—8	素土夯实	平方米	76. 6	0. 72	55. 15
26	2—1	灰土垫层	立方米	11. 49	48. 07	552. 32
27	2—5	素混凝土垫层	立方米	14. 94	209. 49	3 129. 78
28	3—8	零星砌砖	立方米	9. 52	234. 53	2 232. 73
29	6—40	花岗踏步岩	米	180	203. 40	36 612. 00
30		小计				42 692. 29
31		五、景墙				
32	1—1	平整场地	平方米	80	1. 44	115. 20
33	1—4	挖土方	立方米	80	12. 71	1 016. 80
34	1—8	素土夯实	平方米	80	0. 72	57. 60
35	3—12	毛石基础	立方米	51. 2	130. 60	6 686. 72
36	土3—67	地梁	立方米	9. 6	580. 22	5 570. 11
37	3—4	弧形外墙	立方米	100	203. 73	20 373. 00
38		石板装饰面层	平方米	250	240. 00	60 000. 00
39		仿石喷涂装饰面层	平方米	250	120. 00	30 000. 00
40		小计				123 819. 43
41		六、步桥				
42	1—1	平整场地	平方米	70	1. 44	100. 80
43	1—8	素土夯实	平方米	70	0. 72	50. 40
44	6—19	桥墩	立方米	31. 63	1 078. 34	34 107. 89
45	6—42	平桥板制作	立方米	21	512. 09	10 753. 89
46	6—43	平桥板安装	立方米	21	85. 56	1 796. 76

（续表）

序号	定额编号	分部分项工程名称	单位	数量	预算价格(元)	
					单价	合价
47	6—45	接头灌缝	立方米	3	30. 14	90. 42
48		小计				46 900。16
49		七、其他设施				
50		儿童游戏设施	套	2	6 000. 00	12 000. 00
51		树池覆盖铸铁格栅	个	75	400. 00	30 000. 00
52		路椅	个	20	700. 00	14 000. 00
53		果皮箱	个	15	600. 00	9 000. 00
54		公用电话亭	座	2	4 000. 00	8 000. 00
55		小计				73 000. 00
56		八、其他直接费				
57	8—12	中小型机械费	立方米	1 829. 54	5. 27	9 641. 68
58	8—18	二次搬运费	立方米	1 829. 54	13. 37	24 460. 95
59	8—24	工程水电费	立方米	1 829. 54	6. 26	11 452. 92
60	8—30	生产工具使用费	立方米	1 829. 54	2. 66	4 866. 58
61	8—42	排污费	立方米	1 829. 54	0. 26	475. 68
62	8—57	冬雨季施工费	立方米	1 829. 54	4. 92	9 001. 34
63	8—63	工程定位复测费	立方米	1 829. 54	1. 21	2 213. 74
64		小计				62 112. 88
65		合计 A				896 716. 76
66	9—1	临时设施费 B=(A×2. 20%)		2. 20%	19 727. 77	
67	9—2	现场经费 C=(A×2. 85%)		2. 85%	25 556. 43	
68		直接费合计 D=(A+B+C)			942 000. 96	
69		企业管理费 E=(D×12. 09%)		12. 09%	113 887. 92	
70		利润 F=(D×7. 5%)		7. 5%	70 650. 07	
71		税金 G=(D×4. 02%)		4. 02%	38 339. 44	
72		工程造价 H=(D+E+F+G)			1 164 878. 39	

负责人：××× 审核人：××× 计算人：×××

说明：

1. 本预算执行《××市建设工程概算定额——园林绿化分册》和《××市建设工程间接费及其他费用定额》。

2. 加标“土”字的为《××市建设工程概算定额——土建分册》。

表3-4-12　××公园管理房及公厕工程预算汇总表

序号	项　目	造价(元)
1	采暖工程	23 762. 10
2	给排水工程	29 876. 81
3	电气工程	11 907. 79
4	室外工程	5 021. 47
5	土建工程	355 566. 28
6	合计	471 314. 45

表3-4-13　工程预算书

共　页　第　页

单位工程名称:××公园管理房及厕所采暖工程　　　　年　月　日

序号	定额编号	分部分项工程名称	单位	数量	预算价格(元)			
					单价	合价	其中:人工费	
							单价	合价
1	1—5	采暖干管安装 DN 40	米	155. 6	32. 35	5 033. 66	9. 29	1 445. 52
2	1—28	采暖立管安装 DN 25	米	51	21. 87	1 115. 37	7. 59	387. 09
3	1—34	支管安装	组	17	47. 72	811. 24	17. 15	291. 55
4	2—1	散热器安装	片	306	24. 71	7 561. 26	2. 60	795. 55
5	2—43	集气罐 DN 100	个	1	124. 82	124. 82	43. 49	43. 49
6	2—48	自动排气阀	个	1	88. 39	88. 39	3. 48	3. 48
7	7—4	阀门安装 DN 25	个	17	20. 83	354. 11	3. 48	59. 16
8	7—16	阀门安装 DN 50	个	1	149. 91	149. 91	11. 38	11. 38
9		小计 A				15 238. 76		3 037. 27
10	11—1	其他直接费 B=(人工费×费率)			45. 70%	1 388. 03	0. 16	482. 93
11		直接费小计 C=(A+B)				16 626. 79		3 520. 20
12	12—1	临时设施费 D=(直接费人工费×费率)			14. 70%	517. 47		
13	12—2	现场经费 E=(直接费人工费×费率)			16. 80%	591. 39		
14		直接费合计 F=(C+D+E)				17 735. 66		
15		企业管理费 G=(直接费人工费×费率)			103. 00%	3 625. 81		

（续表）

序号	定额编号	分部分项工程名称	单位	数量	预算价格（元）			
					单价	合价	其中：人工费	
							单价	合价
16		利润 H=（直接费人工费×费率）			46.00%	1 619.29		
17		税金 I=（F+G+H）×3.4%			3.40%	781.35		
18		工程造价 J=（F+G+H+I）				23 762.10		

负责人：××× 审核人：××× 计算人：×××

说明：本预算执行《××市建设工程概算定额——给排水、采暖、煤气分册》和《××市建设工程间接费及其他费用定额》。

表3-4-14 工程预算书

共 页 第 页

单位工程名称：××公园管理房及厕所给排水工程 年 月 日

序号	定额编号	分部分项工程名称	单位	数量	预算价格（元）			
					单价	合价	其中：人工费	
							单价	合价
1	3—2	镀锌钢管安装 DN 20	米	4	25.12	100.48	9.01	36.04
2	3—4	镀锌钢管安装 DN 32	米	42.9	37.80	1 621.62	10.31	442.30
3	3—92	铸铁管安装 DN 50	米	20.7	48.02	994.01	7.81	161.67
4	3—94	铸铁管安装 DN 100	米	13.5	80.12	1 081.62	10.71	144.59
5	3—95	铸铁管安装 DN 125	米	10.5	91.88	964.74	10.47	109.94
6	3—96	铸铁管安装 DN 150	米	4.5	98.02	441.09	11.05	49.73
7	4—7	洗面器	组	6	492.40	2 954.40	45.95	275.70
8	4—36	蹲式大便器	组	14	379.02	5 306.28	32.36	453.04
9	4—39	坐式大便器	组	2	471.58	943.16	34.12	68.24
10	4—57	落地小便池	组	6	645.72	3 874.32	27.03	162.18
11	4—77	地漏安装 DN 50	组	4	98.82	395.28	12.97	51.88
12	4—84	拖布池给排水	组	4	162.25	649.00	28.30	56.60
13	7—5	阀门安装 DN 32	个	1	23.86	23.86	3.48	56.60
14		小计 A				19 349.86		2 068.49
15	11—5	其他直接费 B=（人工费×费率）			29.30%	5 669.51	0.03	606.07

（续表）

序号	定额编号	分部分项工程名称	单位	数量	预算价格（元）			
					单价	合价	其中：人工费	
							单价	合价
16		直接费小计 C=（A+B）				25 019. 37		2 130. 54
17	12—1	临时设施费 D=（直接费人工费×费率）			14. 70%	313. 19		
18	12—2	现场经费 E=（直接费人工费×费率）			16. 80%	357. 93		
19		直接费合计 F=（C+D+E）				25 690. 49		
20		企业管理费 G=（直接费人工费×费率）			103. 00%	2 194. 46		
21		利润 H=（直接费人工费×费率）			46. 00%	1 009. 45		
22		税金 I=（F+G+H）×3. 4%			3. 40%	982. 41		
23		工程造价 J=（F+G+H+I）				29 876. 81		

负责人：×××　　　　审核人：×××　　　　计算人：×××

说明：本预算执行《××市建设工程概算定额——给排水、采暖、煤气分册》和《××市建设工程间接费及其他费用定额》。

表3-4-15　工程预算书

共　页　第　页

单位工程名称：××公园管理房及厕所电气照明工程　　　　年　月　日

序号	定额编号	分部分项工程名称	单位	数量	预算价格（元）			
					单价	合价	其中：人工费	
							单价	合价
1	2—1	挖电缆沟	米	8	13. 76	110. 08	7. 78	62. 24
2	2—6	电缆保护管 DN 50	根	1	88. 96	88. 96	15. 09	15. 09
3	2—13	电缆敷设	米	8	36. 73	293. 84	1. 77	14. 16
4	补	照明配电箱	台	1	1 500. 00	1 500. 00		
5	5—14	配电箱安装	台	1	82. 31	82. 31	37. 43	37. 43
6	5—38	胶盖闸刀开关30A	个	2	23. 66	47. 32	4. 16	8. 32
7	6—102	阻燃管暗配 DN 16	米	154. 8	5. 34	826. 63	2. 37	366. 88

（续表）

序号	定额编号	分部分项工程名称	单位	数量	预算价格（元）			
					单价	合价	其中：人工费	
							单价	合价
8	6—103	阻燃管暗配 DN 20	米	105	5. 89	618. 45	2. 37	248. 85
9	6—267	管内穿线(1. 5)	米	119. 8	1. 25	149. 75	0. 19	22. 76
10	6—268	管内穿线(2. 5)	米	35	1. 89	66. 15	0. 19	6. 65
11	6—270	管内穿线(6)	米	105	3. 81	400. 05	0. 22	23. 10
12	7—284	照明支路管线敷设	个	8	65. 82	526. 56	21. 89	175. 12
13	7—365	插座支路管线敷设	个	18	61. 80	1 112. 40	19. 13	344. 34
14	8—23	吸顶灯安装	套	5	116. 11	580. 55	22. 06	110. 30
15	8—26	吸顶灯安装	套	11	88. 39	972. 29	8. 37	92. 07
16	8—60	荧光灯安装	套	6	100. 67	604. 02	10. 15	60. 90
17	8—119	暗装开关(一联)	套	10	5. 59	59. 50	1. 93	19. 30
18	8—120	暗装开关(二联)	套	5	8. 67	43. 35	2. 79	13. 95
19	8—164	单联三孔插座	套	18	5. 48	98. 64	1. 93	34. 74
20		小计 A				8 180. 85		1 656. 20
21	12—1	其他直接费 B=(人工费×费率)			18. 00%	298. 12	1. 60%	26. 50
22		直接费小计 C=(A+B)				8 478. 97		1 683. 70
23	13—1	临时设施费 D=(直接费人工费×费率)			14. 70%	247. 36		
24	13—7	现场经费 E=(直接费人工费×费率)			16. 80%	282. 69		
25		直接费合计 F=(C+D+E)				9 009. 02		
26		企业管理费 G=(直接费人工费×费率)			103. 00%	1 733. 18		
27		利润 H=(直接费人工费×费率)			46. 00%	774. 04		
28		税金 I=(F+G+H)×3. 4%			3. 40%	391. 55		
29		工程造价 J=(F+G+H+I)				11 907. 79		

负责人：××× 审核人：××× 计算人：×××

说明：本预算执行《××市建设工程概算定额——电气分册》、《××市建设工程材料预算价格——苗木分册》和《××市建设工程间接费及其他费用定额》。

表3-4-16 工程预算书

共 页 第 页

单位工程名称:××公园管理房及厕所室外工程 年 月 日

序号	定额编号	分部分项工程名称	单位	数量	预算价格(元)	
					单价	合价
1	2—54	管道土方 DN 150	米	6.5	15.01	97.57
2	2—254	排水管理设	米	6.5	72.33	470.15
3	3—156	砖砌化粪池	米	1	37 597.13	37 597.13
4		小计				38 164.84
5		管线其他直接费				73 000.00
6	6—3	中小型机械费	米	6.5	4.20	27.30
7	6—29	工程水电费	米	6.5	1.60	10.40
8	6—56	二次搬运费	米	6.5	1.30	8.45
9	6—82	冬雨季施工费	米	6.5	3.25	21.13
10	6—109	生产工具使用费	米	6.5	1.80	11.70
11	6—136	检验试验费	米	6.5	0.25	1.63
12	6—164	工程定位复测费	米	6.5	0.04	0.26
13	6—191	排污费	米	6.5	0.61	3.97
14		小计 B				84.83
15		化粪池其他直接费				
16	6—12	中小型机械费	座	1	594.69	594.69
17	6—38	工程水电费	座	1	212.46	212.46
18	6—65	二次搬运费	座	1	252.62	252.62
19	6—91	冬雨季施工费	座	1	228.11	228.11
20	6—118	生产工具使用费	座	1	184.66	184.66
21	6—145	检验试验费	座	1	43.45	43.45
22	6—173	工程定位复测费	座	1	127.25	127.25
23	6—200	排污费	座	1	2.33	2.33
24		小计 C				1 645.57
25		合计 D=(A+B+C)				39 895.24
26		临时设施费 E=(D×1.70%)			2.20%	678.22
27		现场经费 F=(D×2.08%)			2.08%	829.82
28		直接费合计 G=(D+E+F)				41 403.27

（续表）

序号	定额编号	分部分项工程名称	单位	数量	预算价格（元）	
					单价	合价
29		企业管理费 H=（G×11.26%）			11.26%	4 662.01
30		利润 I=（G×6%）			6%	2 484.20
31		税金 J=（G×3.99%）			3.99%	1 651.99
32		工程造价 K=（G+H+I+J）				50 201.47

负责人：××× 审核人：××× 计算人：×××

说明：本预算执行《××市建设工程概算定额——室外管线、道路分册》和《××市建设工程间接费及其他费用定额》。

表3-4-17 工程预算书

共 页 第 页

单位工程名称：××公园管理房及厕所土建工程 年 月 日

序号	定额编号	分部分项工程名称	单位	数量	预算价格（元）	
					单价	合价
1	1—1	平整场地	平方米	327.42	1.68	550.07
2	1—22	人工挖槽	立方米	121.27	61.93	7 510.25
3	1—68	灰土垫层	立方米	40.99	44.36	2 828.32
4	1—72	混凝土垫层	立方米	13.66	226.83	3 098.50
5	1—101	砖基础	立方米	66.62	307.79	20 504.97
6	1—114	钢筋混凝土柱基础	立方米	11.83	360.86	4 268.97
7	1—148	室内靠墙管沟	米	77.8	160.31	12 472.12
8	1—181	室内管沟抹水泥砂浆	平方米	93.36	4.56	425.72
9	2—2	红机砖365外墙	平方米	295.04	91.08	26 872.24
10	2—5	红机砖240内墙	平方米	290.97	53.04	15 433.05
11	2—7	红机砖240女儿墙	平方米	33.05	67.10	2 217.66
12	3—9	现浇混凝土柱	立方米	1.67	1 003.50	1 675.85
13	3—32	柱构造	立方米	8.2	66.13	542.27
14	3—44	现浇矩形梁	立方米	3.12	1 236.69	3 858.47
15	3—76	现浇屋面板	平方米	12	67.28	807.36
16	3—201	预制圆孔板	平方米	279.21	74.62	20 834.65
17	3—202	预制圆孔板	平方米	36.21	104.24	3 774.53
18	3—145	现浇挑檐	平方米	14.6	208.45	3 043.37

（续表）

序号	定额编号	分部分项工程名称	单位	数量	预算价格(元)	
					单价	合价
19	6—2	豆石屋面	平方米	327.42	46.73	15 300.34
20	6—30	聚苯乙烯泡沫塑料板	平方米	654.84	3.91	2 560.42
21	6—33	水泥焦渣找坡层	平方米	327.42	12.89	4 220.44
22	6—47	SBS改性沥青防水层	平方米	327.42	21.62	7 078.82
23	6—73	铺红陶瓦	平方米	20.44	101.39	2 072.41
24	6—87	水落管	米	36	13.94	501.84
25	8—5	五夹板松木门	平方米	3.15	287.27	904.90
26	8—78	铝合金平开门	平方米	22.16	505.48	13 223.36
27	8—89	铝合金推拉窗	米	82.98	337.54	28 009.07
28	8—147	门锁安装	个	1	2.13	2.13
29	8—148	门锁安装	个	11	4.49	49.39
30	8—153	大拉手安装	个	4	2.25	9.00
31		门锁	个	12	50.00	600.00
32		大拉手	个	4	300.00	1 200.00
33	9—1	房心回填土	平方米	327.42	2.89	946.24
34	9—8	水泥地面	平方米	263.52	20.15	5 309.93
35	9—147	厕所地面底层	平方米	63.9	12.43	794.28
36	9—153	厕所地面面层	平方米	63.9	61.78	3 947.74
37	9—180	厕所蹲台	立方米	16	91.93	1 470.88
38	9—296	水泥踢脚	米		1.61	0.00
39	9—360	水泥面台阶	平方米	6.9	165.15	1 139.54
40	9—386	混凝土散水	米	86.85	16.20	1 406.97
41	10—2	天棚抹灰(现浇板)	平方米	12	5.73	68.76
42	10—3	天棚抹灰(预制板)	平方米	315.42	6.19	1 952.45
43	10—11	吊顶轻钢龙骨	平方米	55.71	40.68	2 266.28
44	10—26	吊顶面层(纸面石膏板)	平方米	55.71	19.59	1 091.36
45	10—38	天棚喷大白浆	平方米	315.42	1.22	384.81
46	10—39	天棚喷可赛银色浆	平方米	55.71	1.49	83.01
47	11—22	外墙仿石涂料	平方米	291.67	43.24	12 611.81
48	11—26	外墙贴面砖	平方米	1.48	85.09	125.93
49	11—56	女儿墙内侧抹水泥砂浆	平方米	6.4	17.17	109.89

（续表）

序号	定额编号	分部分项工程名称	单位	数量	预算价格（元）	
					单价	合价
50	11—82	内墙抹底灰	平方米	772. 38	4. 38	3 383. 02
51	11—93	内墙抹耐擦洗涂料	平方米	640. 58	4. 79	3 068. 38
52	11—131	内墙贴瓷砖	平方米	131. 80	30. 89	4 071. 30
53	11—359	挑檐抹灰涂料	平方米	14. 6	20. 99	306. 45
54	11—361	挑檐贴面砖	平方米	1. 25	47. 66	59. 58
55	12—26	预制水磨石拖布池		4	90. 21	360. 84
56	12—46	预制水磨石石板厕所隔断		14	403. 25	5 645. 50
57	12—79	镜子	平方米	5. 6	413. 37	2 314. 87
58		小计 A				255 799. 88
59	13—1	综合脚手架	平方米	339	14. 87	5 040. 93
60	13—76	中小型机械费	平方米	339	13. 90	4 712. 10
61	13—95	工程水电费	平方米	339	3. 39	1 149. 21
62	13—111	二次搬运费	平方米	339	9. 97	3 379. 83
63	13—137	冬雨季施工费	平方米	339	10. 21	3 461. 19
64	13—158	生产工具使用费	平方米	339	6. 43	2 179. 77
65	13—177	检验试验费	平方米	339	1. 24	420. 36
66	13—158	工程定位复测费	平方米	339	2. 53	857. 67
67	13—177	排污费	平方米	339	0. 08	27. 12
70		小计 B				21 228. 18
68		合计 C=（A+B）				277 028. 06
69	14—1	临时设施费 D=（C×2. 25%）			2. 25%	6 233. 13
70	14—2	现场经费 E=（C×2. 74%）			2. 74%	7 590. 57
71		直接费合计 F=（C+D+E）				290 851. 76
72		企业管理费 G=（F×12. 33%）			12. 23%	35 571. 17
73		利润 H=（F×6%）			6. 00%	17 451. 11
74		税金 I=（F×4. 02%）			4. 02%	11 692. 24
75		工程造价 J=（F+G+H+I）				355 566. 28

负责人：×××　　审核人：×××　　计算人：×××

说明：本预算执行《××市建设工程概算定额——土建分册》和《××市建设工程间接费及其他费用定额》。

表3-4-18　工程预算书

共　页　第　页

单位工程名称：××公园仿古六角亭工程　　　　年　月　日

序号	定额编号	分部分项工程名称	单位	数量	预算价格(元)	
					单价	合价
1	1—37	人工挖土方	立方米	15.16	0.67	10.16
2	1—65	人工运土方	立方米	9.50	0.84	7.98
3	1—75	人工回填土	立方米	5.66	1.05	5.94
4	1—101	砌砖	立方米	0.62	56.23	34.86
5	1—145	毛石混凝土	立方米	2.17	86.87	188.51
6	1—147	钢筋混凝土基础	立方米	1.64	120.15	197.05
7	3—442	木圆柱制作	立方米	0.81	483.40	391.55
8	3—644	木圆柱安装	立方米	0.81	53.87	43.63
9	3—470	木串枋制作	立方米	0.45	540.16	234.07
10	3—672	木串枋安装	立方米	0.45	23.11	10.40
11	3—659	木圆檩制作	立方米	0.43	464.09	199.56
12	3—710	木圆檩安装	立方米	1.43	17.50	25.03
13	参3—613	木戗角制作	立方米	0.53	548.90	290.92
14	参3—759	木戗角安装	立方米	0.53	26.65	14.1
15	3—828	木椽子制安	10米	17.14	29.55	506.49
16	3—864	木飞椽制安	10米	5.51	23.07	127.12
17	3—943	连檐制安	10米	1.85	90.47	167.10
18	3—966	清水望板	10平方米	0.26	174.36	45.33
19	3—1361	木靠背	10米	0.97	79.55	76.77
20	3—1004	挂落板制安	10平方米	0.37	370.10	135.83
21	3—1356	坐凳面	10平方米	0.26	33.65	8.57
22	3—583	雕花雷公柱	立方米	0.96	707.37	679.08
23	3—1436	筒瓦屋面	10平方米	3.42	358.51	1 226.10
24	3—1446	滴水沟头	10米	1.88	50.82	95.44
25	3—1518	顶饰	份	1.00	63.23	63.23
26	3—1522	顶饰	份	1.00	134.43	134.43
27	3—1503	戗脊	米	19.80	12.59	249.28
28	3—1506	戗脊附件	米	19.80	3.19	63.16
29	1—398	混凝土垫层	立方米	1.04	57.00	59.28
30	1—421	水泥砂浆找平层	10平方米	1.04	17.55	18.25

（续表）

序号	定额编号	分部分项工程名称	单位	数量	预算价格(元)	
					单价	合价
31	1—422	水泥砂浆增厚	10平方米	5.20	4.80	24.96
32	参1—440	青石贴侧面	10平方米	0.24	1 086.05	260.65
33	3—273	青石台阶制作	平方米	3.13	139.54	436.76
34	3—386	青石台阶安装	平方米	3.13	12.71	39.78
35	3—1720	冰缝石板地面	10平方米	0.73	355.95	258.78
36	3—289	石鼓制作	立方米	0.59	914.91	538.88
37	3—389	石鼓安装	立方米	0.59	68.85	40.55
38	3—2096	单皮灰	10平方米	8.04	132.29	1 063.21
39	3—2100	油漆	10平方米	8.04	43.52	349.77
40	3—12	脚手架	10平方米	1.04	30.39	31.61
41		小计A				8 363.37
42		钢材差价	吨	0.07	2 212.00	134.11
43		水泥差价	吨	1.80	221.00	397.80
44		木材差价	立方米	4.78	553.00	2 643.34
45		人工费差价	工日	531.21	21.02	11 166.03
46		小计B				14 341.29
47	13—19	工程水电费	平方米	10.40	2.12	22.05
48	13—14	中小型机械费	平方米	10.40	39.59	411.74
49		小计C				433.78
50		合计D=(A+B+C)				23 138.44
51	14—1	临时设施费E=(D×2.20%)			2.20%	509.05
52	14—2	现场经费F=(D×2.85%)			2.85%	659.45
53		直接费合计G=(D+E+F)				24 306.93
54		企业管理费H=(G×14.12%)			14.12%	3 432.14
55		利润I=(G×8%)			8.00%	1 944.55
56		税金J=(G×4.02%)			4.15%	1 008.74
57		工程造价K=(G+H+I+J)				30 692.36

负责人：××× 审核人：××× 计算人：×××

说明：本预算执行《仿古建筑及园林工程预算定额》、《××市建设工程间接费及其他费用定额》和《××市建设工程概算定额——仿古建筑分册》。

表3-4-19　工程预算书

共　页　第　页

单位工程名称：××公园绿化工程　　　　　　　　年　月　日

序号	定额编号	分部分项工程名称	单位	数量	预算价格(元)	
					单价	合价
		一、苗木				
1	6700015	油松　高3～3.5m	株	33	452.00	14 916.00
2	6700003	白皮松　高3～3.5m	株	26	657.00	17 082.00
3	6700038	桧柏　高3～3.5m	株	70	247.00	17 290.00
4	6700021	华山松　高3～3.5m	株	24	555.00	13 320.00
5	6700070	云杉　高3～3.5m	株	19	432.00	8 208.00
6	6500125	银杏　胸径7～8cm	株	92	520.00	47 840.00
7	6200063	小叶白蜡　胸径7～8cm	株	135	58.69	7 923.15
8	6500006	毛白杨　胸径7～8cm	株	56	45.37	2 540.72
9	6500093	栾树　胸径7～8cm	株	53	53.03	2 810.59
10	6500051	臭椿　胸径7～8cm	株	12	34.94	419.28
11	6500109	法桐　胸径7～8cm	株	57	71.31	4 064.67
12	6500017	馒头柳　胸径7～8cm	株	23	36.14	831.22
13	6500075	国槐　胸径7～8cm	株	53	79.19	4 197.07
14	6500088	元宝枫　胸径7～8cm	株	18	47.91	862.38
15	6500103	合欢　胸径6～7cm	株	28	57.96	1 622.88
16	6500142	玉兰　胸径7～8cm	株	53	264.00	13 992.00
17	6500148	樱花　胸径5～6cm	株	33	88.91	2 934.03
18	6500093	紫叶李　胸径4～5cm	株	6	37.06	222.36
19	7200047	柿子　胸径5～6cm	株	3	43.96	131.88
20	6600003	太平花　高1.2～1.5m	株	12	10.47	125.64
21	6600011	棣棠　高1.2～1.5m	株	21	10.84	227.64
22	6600015	碧桃　高1.2～1.5m	株	23	10.32	237.36
23	6600050	连翘　高1.2～1.5m	株	19	6.63	125.97
24	6600055	丁香　高1.2～1.5m	株	26	6.63	172.38
25	6600072	紫薇　高1.5～1.8m	株	13	11.55	150.15
26	6600144	天目琼花　高1.2～1.5m	株	12	7.97	95.64
27	6600177	红叶小檗　高0.8～1.0m	株	35	11.96	418.60

（续表）

序号	定额编号	分部分项工程名称	单位	数量	预算价格（元）	
					单价	合价
28	6900024	迎春　4年生	株	41	6. 09	249. 69
29	7100001	牡丹　5年生	株	792	36. 17	28 646. 64
30	7100004	芍药　5年生	株	792	31. 05	24 591. 60
31		鸢尾　4芽	株	1 408	12. 00	16 896. 00
32		大花萱草　4芽	株	1 408	10. 00	14 080. 00
33		宿根福禄考　4年生	株	1 408	6. 00	8 448. 00
34		北京小菊　4年生	株	1 408	6. 00	8 448. 00
35		金焰绣线菊　4年生	株	1 408	10. 00	14 080. 00
36		金山绣线菊　4年生	株	1 408	10. 00	14 080. 00
37	7000003	冷季型草	平方米	45 383	8. 07	366 240. 81
38		苗木损耗费				79 085. 55
39		小计 A				737 607. 90
40		二、栽植				
41	1—1	人工整理绿化用地		46 087	4. 32	194 948. 01
42	2—1	栽植露根乔木（径3～5cm）	株	6	17. 38	104. 28
43	2—3	栽植露根乔木（径3～5cm）	株	135	21. 66	2 924. 10
44	2—5	栽植露根乔木（径3～5cm）	株	336	51. 34	17 250. 24
45	2—19	栽植土球苗木	株	145	50. 71	7 352. 95
46	2—23	栽植土球苗木	株	172	143. 49	24 680. 28
47	2—31	栽植露根灌木（高1. 2～1. 5m）	株	148	2. 40	355. 20
48	2—33	栽植露根灌木（高1. 5～1. 8m）	株	13	3. 07	39. 91
49	2—151	栽植攀援植物（4年生）	株	41	0. 72	29. 44
50	2—159	铺草块	平方米	45 383	14. 74	668 945. 42
51	2—169	栽植宿根花卉	平方米	704	10. 88	7 659. 52
52		小计 B				924 289. 35
53		三、其他直接费	平方米			
55	5—5	中小型机械费	平方米	45 383	0. 24	10 891. 92
56	5—6	二次搬运费	平方米	45 383	0. 27	12 253. 41
57	5—7	生产工具使用费	平方米	45 383	0. 27	12 253. 41
58	5—8	竣工清理费	平方米	45 383	0. 22	9 984. 26

（续表）

序号	定额编号	分部分项工程名称	单位	数量	预算价格（元）	
					单价	合价
59	5—17	乔木后期管理费	株	794	18.07	14 347.58
60	5—18	灌木后期管理费	株	161	8.78	1 413.58
61	5—20	攀援植物后期管理费	株	41	1.41	57.81
61	5—21	草坪后期管理费	平方米	453 834.63	4.63	210 123.29
62	5—22	花卉后期管理费	平方米	704	4.63	3 259.52
63		小计 C				274 584.78
64		合计 D=（A+B+C）				1 936 482.03
65	6—1	临时设施费 E=（D×1%）			1.00%	19 364.82
66	6—2	现场经费 F=（D×2.74%）			2.74%	53 059.61
67		直接费合计 G=（D+E+F）				2 008 906.46
68		企业管理费 H=（G×11.28%）			11.28%	226 604.65
69		利润 I=（G×7%）			7.00%	140 623.45
70		税金 J=（G×4.02%）			4.02%	80 758.04
71		工程造价 K=（G+H+I+J）				2 456 892.60

负责人：×××　　　　审核人：×××　　　　计算人：×××

说明：本预算执行《××市建设工程概算定额——园林绿化分册》、《××市建设工程材料预算价格——苗木分册》和《××市建设工程间接费及其他费用定额》。

［本章参考文献］

1. 李玉芬．建筑工程概预算．机械工业出版社，2010

2. 高正军．建筑工程概预算手册．湖南大学出版社，2008

3. 刘启利．建筑工程定额与预算．华中科技大学出版社，2010

4. 何康维，陈国新．见者工程计价原理与方法（建设工程的概预算与决算 2000 定额版）．同济大学出版社，2004

5. 尚红，布凤琴，卢伟．园林景观工程概预算．化学工业出版社，2009

6. 许焕兴．新编市政与园林工程预算．中国建材工业出版社，2005

7. 田永复．中国园林建筑工程预算．中国建筑工业出版社，2002

8. 杨会云，王红平．工程计价原理．机械工业出版社，2010

［复习思考题］

1. 何为单项工程、单位工程、分部工程、分项工程？

2. 在建设工程概（预）算定额中的人工工日、材料组成及其二次分析中各类材料的使用量是如何获得的？其标准与企业具体施工获得中建筑材料的使用有何异同？

3. 园林建设工程项目概、预算概念？按工程项目不同设计阶段建设工程概、预算分为几种？

4. 建设工程预算费用由哪几项内容组成？

5. 按建设工程专业和费用性质可将定额分为几类？

6. 为什么说初步设计和施工图设计是建设工程概、预算编制的基础和核心？

7. 一般园林建设工程项目可以分为多少种分部工程？各分部工程的主要分项工程内容有哪些？

8. 一般混凝土及钢筋混凝土工程中的工程量计算的规则有哪些？

9. 简述园林建设工程的绿化工程分部中工程量计算的规则。为什么在规则中还规定了对苗木与园林植物养护管理具体要求？

10. 园林建设工程施工图预算编制的依据是什么？常用的两种预算编制方法是什么？

11. 简述仿古建筑脚手架工程的主要工作内容。脚手架工程工程量计算的规则有哪些？

第四章　园林建设工程施工组织与管理

本章主要内容：

1. 介绍了建设工程施工组织设计的基本知识，建设工程项目管理的基础知识；

2. 在建设工程项目管理中重点介绍了施工质量控制、成本控制、进度控制、安全控制以及劳动管理的基本原则、依据、程序和方法，并对施工过程中涉及的材料管理、施工机械管理、现场管理等内容作了简单阐述；

3. 在园林建设项目的施工组织设计中对项目管理的三大目标(施工成本、进度和质量)的特征，它们在施工组织设计中的关系及重要性作了详细阐述。重点介绍了施工项目施工进度计划、施工质量控制计划、施工成本控制计划的制订方法，论述了施工现场相关资源的配置和施工现场平面图布置的方式；

4. 在施工项目管理中对于施工项目管理和建设项目管理的异同和区别进行了甄别，对于施工过程中来自建设工程参与各方对施工项目进度、质量、成本控制、安全、材料管理中的影响因素作了说明。

本章教学难点与实践内容：

1. 园林建设工程项目的施工组织计划的编制方法是本章的重点与难点。其中的建设工程、单位工程及分部工程的施工组织方案中的进度计划控制方法及其网络计划图、施工进度横道图的绘制是进度计划编制的难点。重点是要按照工程施工中各工序施工顺序，计算出最长施工进度计划的工期来作为工程项目的合理工期；在质量控制计划中要求正确领会有关建设法规中对于单项工程每道工序质量控制子目标检测与控制方法、验收评定标准；在成本计划中对于施工各阶段施工成本的控制方法基本了解。

2. 教学过程中可以利用多媒体手段将建设工程、单位工程、单项工程施工组织计划的编制与确定方式介绍清楚，对于分部分项工程中相关进度控制、质量控制与成本控制的方法作讲解。可以用多媒体的友好界面和挂图将抽象的内容具体化，调动学习者的学习兴趣。对于施工现场平面图布置、材料与施工机械的管理等内容用FLASH动画的方式进行展示。

3. 实践课内容：

在熟悉园林建设工程设计图纸的基础上，通过计算建设工程项目单位工程中各分部分项工程的工作内容的顺序和交叉关系，利用定额中对相应工作内容人工工日标准分别计算各工序施工中所需工时，从而计算出各工程施工中的计划工期、进而用最长工期确定出承建工程施工的计划工期。最终绘制出施工进度控制的网络图或横道图。

对于各工序施工中涉及的质量控制可以利用实习实践查阅国家相关质量控制规范标准，并作出相关工序施工中质量控制的主要监测点。

利用定额计算中施工项目主要工序的计划成本。

通过案例分析学会园林建设工程施工组织计划方案的编制方法。

第一节 施工组织设计

当承包商签订了建设施工项目合同文书后，就应该按合同契约的约定及时组织企业技术部门编制施工组织设计，并组建施工项目部按期进驻施工现场，并按工程师会商确认的施工组织设计进行施工。施工项目部组织的施工要严格按施工组织设计进行，所以建设项目的施工组织设计是非常重要的一项工作。一般建设工程的施工组织设计与施工管理是建设项目能否保质保量完成的核心。

一、建设项目施工组织设计的编制

(一)施工组织设计编制前的准备工作

1. 施工合同文件的研究

建设项目合同文件是承包商进行承包工程施工的依据，也是编制施工组织设计的基本依据，所以承包商技术部分在编写施工组织设计时对于合同文件的内容要认真仔细地研究，重点弄清以下几方面的内容：①工程施工地点及工程名称；②工程承包的范围(除对全部工程项目有所了解外，还要弄清楚各单项工程、单位工程名称、主要内容、工程开竣工日期等)；③设计图供应情况(包括图纸供应方式、数量，发生设计变更的通知方式等)；④施工中物质供应情况(明确各类材料、主要机械设备、安装设备等的供应分工和供应办法等)，以便制定出合理的物质材料需用量计划和节约措施，安排好施工计划；⑤合同指定的技术规范和质量标准；⑥合同文件中的其他条款。

2. 施工现场环境调查

研究过合同文件后，就要对施工现场环境做深入的调查，以作出切合客观实际情况的施工方案。该阶段主要调查的内容有：①核对设计文件，了解建筑物的位置、重点施工工程项目的工程量等；②收集施工工地周围的自然条件、资料、地形地貌、地质、水文资料等；③施工现场红线内既有房屋、通信电力设备、地下管网、坟地及其他建筑物等，以便提出合理的拆迁方案和改建计划；④调查施工区域的技术经济条件(施工地区资源供应情况和当地条件，如劳动力资源、建筑材料供应能力及其价格、质量、运费等；交通运输条件)。

(二)施工组织设计编制应注意问题

为使施工组织设计更好地起到组织和指导施工的作用，在编制施工组织设计时还需要注意以下几个问题。

1. 必须对施工有关的技术经济条件进行广泛的调查研究，积极征求有关单位的意见。在编制前最好召开施工交底会，组织项目部成员和分包单位参加，请建设单位、设计单位和监理单位进行建设条件介绍和设计交底。

2. 当建设工程存在总包和项目分包时，主要由总包单位负责编制组织总设计或者分阶段施工组织设计。而分包单位在总包单位的总体部署下，负责编制分包工程的施工组织设计。

3. 对结构复杂和施工难度大，以及采用新材料、新技术、新工艺的工程项目，还需要进行专家论证，邀请有经验的专业工程技术人员参加，利用智库为施工组织设计的编制和施工质量的保证打下坚实的基础。

4. 对于多工序、多工种施工的项目要积极吸收各部门的技术力量，充分利用施工企业的技术和管理能力，统筹安排，发挥企业内部的优势，保证施工能够做到交叉施工有序、部门配合积极，使施工项目顺利有序地进行。

5. 施工组织设计完成后，进行集体及单位主要负责人参加的讨论会，对组织设计逐项进行修改。力争使施工组织合理完善。最终形成正式文件，报送建设单位和现场监理部，并报送主管部门审批。

（三）施工组织设计的编制内容

施工组织设计的内容必须根据不同施工工程的特点和要求，根据现场和施工企业的施工条件，从实际出发确定各种生产要素的基本结合方式。各生产要素在时间和空间关系上的安排，必须根据企业自身条件和该工程施工的特点来决定所需人工、机具、材料等的种类与数量，及其取得的时间与方式。所以，任何施工组织设计必须具有以下相应的基本内容：

1. 施工组织设计总说明；

2. 施工方法与相应的技术组织措施，即施工方案；

3. 施工进度计划；

4. 施工现场平面布置；

5. 各种资源需要量及其供应。

在施工组织设计基本内容中，施工方案与施工进度计划是指导项目施工过程的关键内容。承包商施工的最终目的是按照国家相关法律、法规和合同规定的工期，优质、低成本地完成建设工程，保证项目按期投产和交付使用。因此，施工进度计划在组织设计中就具有决定性的意义，是决定其他内容的主导因素，其他内容的确定首先要满足它的要求、为施工进度的需要服务。所以，施工进度计划就成为施工组织设计的中心内容。而施工方案是施工能够顺利进行的根本，是决定其他所有内容的基础。它虽以满足进度的要求作为选择的首要目标，但进度最终也仍然要受到它的制约，并建立在这个基础之上。另外，施工过程中涉及的各种资源及其供给、施工现场的平面布置也是施工方案与进度得以实现的前提和保证。施工进度安排与施工方案的确定必须从现场合理利用资源的客观条件出发。所以，现场平面布置图和各种资源需要量与供给情况对于指导施工准备工作的进行，为施工创造必要的物质技术条件。

（四）施工组织设计的编制

在充分研究施工合同文件的基础上，准确计算工程量和确定施工方案、各分部分项工程按合理的施工顺序排定施工网络图和进度、计算各种施工资源的需求量和确定供应计划、设计施工现场施工平面图就是施工组织设计编制中的主要程序。

1. 计算工程量

只有准确计算出分部分项工程的施工工程量，才能保证机械台班、劳动力和资源需要量计算的准确和确保施工工序的合理组织。

工程量计算一般是根据施工图纸和相关定额资料进行计算。

2. 确定施工方案

如果在施工组织总设计中已有明确的确定原则，则施工组织设计的任务就是将具体工程施工具体化，否则就应当仔细研究施工中各主要分部、分项工程的施工方法和机械的选择，从而准确确定出整个单位工程的施工策略。同时在各分部、分项工程施工中的作业顺序和流水段划分也是要考虑的重点。与此同时，还要很好地研究和确定保证质量与安全的措施和新技术、新材料、新设备使用的各种技术措施。

3. 组织流水作业、施工进度的排定

根据流水施工作业的原理，按照项目工期要求、现场工作面状况、工程结构对施工中分层分段的影响等因素，合理组织流水作业施工、并决定劳动力和机械台班的具体需要量以及各工序的作业时间，编制出施工网络计划，并按照工作日排出施工进度。一般施工进度图以网络图形式排出各工序施工进度。有些作业项目相对简单的施工进度图也可以以横道图形式表现。

4. 计算各种资源的需要量和确定供应计划

依据采用的劳动定额和工程量及进度，可以决定劳动量（以工日为单位）和每日的工人需要量。依据有关定额和工程量及进度，就可以计算确定材料和加工预制品的主要种类和数量及其供应计划。

5. 平衡劳动力、材料和机械台班的需要量并修正施工进度计划

根据对劳动力和材料物资的计算就可绘制出相应的曲线以检查其平衡状况，如果在劳动力、材料、机械台班的安排中存在有过大的高峰或低谷，即应将进度计划作适当的调整与修改，使其尽可能趋于平衡使劳动力的利用和物资的供应更为合理。

6. 设计施工平面图

施工平面图一般在施工图基础上画出机械、材料等设备的布置位置，目的使机械（如塔吊、混凝土搅拌站、钢筋加工场地等）的使用达到最大化。施工平面图应使生产要素在空间上的位置合理、互不干扰，能加快施工进度。

（五）施工组织设计编制的方法

1. 施工方案制订的原则

制订出的施工方案首先必须从实际出发，切实可行，符合现场的实际情况；方案要满足合同对工期的要求，保证施工能够按工期要求顺利交付使用、投入生产，发挥投资效应；百年大计、质量第一，施工方案要确保工程质量和施工安全。确保施工安全是社会、企业的基本要求，所以必须使施工方案完全符合施工的技术规范、操作规范和安全规范的要求；在合同价的总体控制下，尽量降低施工成本，是施工方案更加积极合理，从而增加企业的施工生产的盈利水平。

2. 施工方案制订的内容

施工方案包括的内容很多，主要有：施工方法的确定、施工机具和设备的选择、施工顺序的安排、科学的施工组织、合理的施工进度、现场的平面布置以及各种技术措施。具体内容有：

（1）施工方法的确定

施工方法是施工方案的核心内容，具有决定性作用。施工方法一经确定，相对应的机具

设备的选择就只能以满足它的要求为基本依据，施工组织也是在这个基础上进行。

(2)施工机械的选择

正确拟订施工方案和选择施工机械是合理组织施工的关键，两者又有相互紧密的联系。施工方案在技术上必须满足保证工程施工质量、提高劳动生产率、加快施工进度的目标。充分利用机械的要求，做到技术上先进，经济上合理；而正确地选样施工机械能使施工方法更为先进、合理、经济。因此，施工机械选择的好与坏很大程度上决定了施工方案的优劣。

(3)施工组织

施工组织是关于工程项目在施工过程中各种资源科学合理组织的过程。施工项目是通过施工活动完成的，施工过程需要消耗大量的建筑材料，并伴随施工机械、机具和具有一定生产经验和劳动技能的劳动者的参与；如何把这些资源按照施工技术规律与组织规律，以及设计文件的要求，在空间上按照一定的位置，在时间上按照先后顺序，在数量上按照不同的比例，将它们合理地组织起来，让劳动者在统一的指挥下行动，由不同的劳动者运用不同的机具以不同的方式对不同的建筑材料进行加工即为施工项目的组织。

(4)施工顺序安排

施工顺序安排是编制施工方案的重要内容之一，施工顺序安排得好，可以加快施工进度，减少人工和机械的停歇时间，并能充分利用工作面，避免施工干扰，达到均衡、连续的施工，实现科学地组织施工，力争做到不增加资源，加快工期，降低施工成本。

安排好一个施工项目的施工顺序，要考虑到多方面的因素，由于每个具体的工程项目不同，不可能有统一的模式，应进行具体的分析，根据施工规律和工艺及操作要求来确定施工顺序。

(5)施工现场平面布置

科学地布置施工现场可使施工机械、材料减少工地二次搬运和频繁的移动施工所产生的费用。

(6)施工组织措施

技术组织是保证选择的施工方案实施的措施。它包括加快施工进度，保证工程质量和施工安全，降低施工成本等各种技术措施。如施工中采用新材料、新工艺、新技术，建立安全质量保证体系及责任制，编写工序作业指导书，实行标准化作业，采用网络技术编制施工进度等。

二、园林建设项目的施工组织与管理

(一)园林建设项目

通常将园林建设中各方面的项目，统称为园林建设项目，如一个风景区、一座公园、一个游乐场、一组居住小区绿化用地等。它们具有完整的结构系统、明确的使用功能、工程质量标准、确定的工程数量、限定的投资数额、规定的建设工期以及固定的建设单位等基本特征；其建设过程主要包括项目论证、项目设计、项目施工、项目竣工验收、养护与保修五个阶段。

一般园林建设项目既是一项固定资产投资项目，同时也是一项社会公益事业，既有投资者为实现其投资目标而进行的一系列工作，也有为改善人们生活质量和环境而进行的社会活动。

(二)园林建设施工项目

通常将处于园林项目施工准备、施工规划、项目施工、项目竣工验收和养护阶段的园林建设工程都统称为园林施工项目。园林施工项目的管理主体是承包商(园林施工企业),并为实现其经营目标而进行工作。园林施工既可以是园林建设项目的施工、单项工程或单位工程的施工,也可以是分部工程或分项工程的施工,其工作内容包括施工项目的准备、规划、实施和管理。

(三)园林项目施工的准备工作

1. 施工准备工作

在对设计图纸和施工现场确认核实后,进行的施工准备按准备工作范围可分为:全场性施工准备、单位(项)工程施工条件准备和分部(项)工程施工条件准备。

2. 施工准备工作内容

(1)技术准备

包括对园林工程扩大初步设计方案的审查工作,为施工扫除障碍;现阶段我国很多园林建设项目采用的是设计与施工由一家承包商总承包的方式。这种情况下,施工项目组同样需要熟悉和审查施工图纸,掌握设计意图,确认施工现场状况以便进一步编制施工组织设计。通常图纸要通过图纸自审、会审和现场签证等三个阶段。其中,图纸自审由设计单位或施工单位的设计部门主持,并写出图纸自审记录。图纸会审由建设单位主持,设计、施工和监理单位共同参加,形成"图纸会审纪要",由建设单位或监理单位正式行文,建设各方共同会签并加盖公章,以作为指导施工和工程结算的依据;并对施工过程中出现的变更等问题,通过对在施工过程中发现的问题进行现场签证,并经建设单位和现场监理签字(盖章)备案,作为指导施工、竣工验收和结算的依据;对园林建设项目的原始资料调查分析;编制施工图预算和施工预算,施工单位根据施工图纸确定的工程量、施工组织设计拟定的施工方法、建设工程预算定额和有关费用定额编制施工图预算。它是建设单位与施工单位签订工程合同的依据,是拨付工程价款和竣工决算的主要依据,也是建设单位和施工单位安排施工计划和考核成本的依据。施工预算是施工单位内部编制的一种预算。另外,对于拟建的园林建设工程应根据其规模、特点和建设单位要求,编制指导工程施工全过程的施工组织设计。

(2)编制施工组织设计前主要工作

在充分研究了园林施工合同文件的基础上,施工项目组期间的主要工作包括:进行施工相关的物资的准备、劳动力组织、对施工现场施工相关要素的准备、施工场内外各方的协调等。

其中的施工现场准备工作包括与园林建设施工相关的前期工程施工项目的交接、现场的清理;施工现场控制网的放样与测量,主要是根据设计图纸要求的坐标和高程,从周围给定的国家测绘局大地测绘永久性坐标和高程参数,进行高程与坐标的引入并进行施工场地主要控制网的测量并设置永久性控制测量标桩;做好施工场地的"四通一清",处理好前段施工工程中有关通水、电路和道路、通信的保护和清理,如果前期施工中没有上述施工内容,就要在园林施工中根据施工图纸的要求做好场地清理,为分部分项工程的施工做好准备。园林建设中的场地平整要因地制宜，合理利用竖向条件，既要便于施工，又要保留良好的地形景观；设计和组织施工机具进场的时间、方式，划定施工材料堆放场地。植物材料一般随到随栽，不需提前进场，若进场后不能立即栽植的，就应该选择好假植地点和临时养护方式等；按照施工组织设计要求，还要认真落实雨季施工和高温季节施工项目的施工设施和技术组织措施。

施工场地内外协调包括园林施工中有关材料的选购、加工和订货方式，这方面工作主要是根据施工图纸计算出的材料需用量跟相关建材加工、设备制造、苗木生产单位取得联系并签订供货合同。在苗木供应方面要根据设计图纸要求的苗木规格到多家苗圃考察并仔细核对"号苗"、选择符合设计要求的质优的苗木，并组织好提前对苗木的断根移苗工作。对于园林工程中涉及的具有特殊需求的观景材料，如假山山石、雕塑作品等根据设计需要提前联系预订。对于部分特殊施工工艺要求的分项工程的施工内容可以采用转包或分包给专业施工队伍的方式、或者聘请有经验的技术工人和技术人员做现场指导。如需分包或转包，这部分工程需要签订详细的分包或转包合同，并上报建设单位和现场监理部。

如果施工单位缺少必需的施工机械，则应根据施工需要量计划在租赁市场上同有关单位签订租赁合同或直接订购。在选定转、分包单位时，应签订转、分包合同，理顺转、分、承包关系，但应该防止将整个工程全部转包给其他单位。

(四)园林工程的施工组织设计

园林建设工程不是单纯的栽植工程，而是一项与土木、建筑等其他行业协同工作的综合性工程，因而精心做好施工组织设计是施工准备的核心。在园林工程施工组织编制时必须根据施工项目涉及的建设内容和前期施工项目的交接方式，从企业自身条件和施工场地具体情况，将施工项目合理划分为若干个单项或分项工程，并确定各单项工程所需要的人工、机具和材料数量，以及交叉施工的情况与措施。从而制定出相应施工方案、施工进度计划，现场平面布置图和物资供应计划。

而在建设工程中，根据定额内容对于工程项目组成的划分也有严格的规定。即所谓的单项工程、单位工程、分部工程和分项工程等分部工程。在园林建设工程的施工组织设计中，按照园林建设工程项目规模不同，其施工组织设计可分为：施工组织总设计、单项(位)工程施工设计和分布(项)工程设计。

1. 建设项目施工组织总设计

建设项目施工组织总设计是以一个园林建设项目为对象进行编制施工组织设计方案，用以指导其建设全过程的施工技术、经济、组织、协调和控制的综合性文件。它是整个施工项目的战略部署，其编制范围广，内容比较概括。一般在项目初步设计或扩大初步设计批准、明确承包范围后，由施工项目总包单位的总工程师主持，会同建设单位、监理单位、设计单位和分包单位的负责工程师共同编制，是编制单项(位)工程施工组织设计或年度施工规划的依据。

2. 单项(位)工程施工组织设计

单项(位)工程施工组织设计是以一个园林施工中的分项工程为对象进行编制的文件。它是建设项目施工组织总设计方案或年度施工规划的具体化，其编制内容比施工总设计方案更详细。它是在项目施工图完成后，在项目经理组织下，由项目各专业工程师负责编制，作为编制分部(项)工程施工设计或季(月)度施工计划的依据。

3. 分部(项)工程施工组织设计

分部(项)工程施工设计是以一个分部(项)工程或冬雨期施工项目为对象进行编制,用以指导其各项施工作业活动的组织文件。它是单项(位)工程施工组织设计和承包单位季(月)度施工计划的具体化,其编制内容非常具体、施工工序具体化的施工组织设计,它是在编制单项(位)工程施工组织设计同时,由项目主管技术人员负责编制、作为指导该项目具体专业工厂施工的依据。

4. 投标前施工组织设计

投标前投标单位制定出的施工组织设计是作为编制投标书的依据,与上述施工阶段的园林项目施工组织设计不同。投标前施工单位编制的施工组织设计的主要目的是为了中标,因而在该组织设计的施工方案和施工方法的选择,关键部位、工序的施工上尽量可以采用新技术、新工艺、新材料,并且承诺采用机械施工。在保证施工进度、质量、进度和环保措施方面可以尽量详细。并且对于投标有利的组织设计内容可以适当强化,便于中标和签约。但中标后签订了施工项目的施工工程项目后编制出的施工组织设计,是为了更加合理地施工。为此,该阶段制定的组织设计,更多的是要根据施工现场和施工图要求,在施工平面布置图的设计中要为各单位工程或分部(分项)工程的顺利实施、各工序间的合理交叉和材料的布置等创造条件,在施工平面图的布置上,有详细的水、点、路、生产、生活用施工设施的布置,用以与建设单位协调用地。保证在施工有关质量、进度、环保等项计划和措施的落实。同时还要考虑到项目实施过程中项目部如何进行开源节流和提高工程质量、合理施工而进行组织设计。

(五)园林建设项目施工组织总设计

1. 园林建设项目施工组织总设计编制依据

园林建设项目施工总设计编制的依据主要是园林建设项目建设可行性研究方案,在项目勘探资料、项目规划方案设计、初步设计图纸等基础资料的基础上,承包商根据施工合同文件要求,前段(或前期)施工工程交接情况和具体要求。根据施工项目内容划分合理的分部(分项)工程内容,结合国家相关法规和企业类似工程施工经验制定出园林建设项目的总体施工计划。

一般园林建设项目施工组织总设计编制依据如表 4-1-1。

表 4-1-1　园林建设项目施工组织设计编制依据

编制依据	主 要 内 容
1. 园林建设项目基础文件	(1)建设项目可行性研究报告及其批准文件 (2)建设项目规划红线范围和用地批准文件 (3)建设项目勘查设计任务书、图纸和说明书 (4)建设项目初步设计或技术设计批准文件,以及设计图纸和说明书 (5)建设项目总概算、修正总概算或设计总概算 (6)结案设项目施工招标文件和工程承包合同文件

（续表）

编制依据	主要内容
2. 工程建设政策、法规和规范资料	(1)关于工程建设报建程序有关文件规定 (2)关于动迁工作有关规定 (3)关于园林工程项目实行施工监理有关规定 (4)关于园林建设管理机构资质管理的有关规定 (5)关于工程造价管理有关规定 (6)关于工程设计、施工和验收有关规定
3. 建设地区原始调查资料	(1)地区气象资料 (2)工程地形、工程地质和水文地质资料 (3)土地利用情况 (4)地区交通运输能力和价格自律 (5)地区绿化材料、建筑材料、构配件和半成品供应状况资料 (6)地区供水、供电、供热和电讯能力和价格资料 (7)地区园林施工企业状况资料
4. 类似施工项目经验资料	(1)类似施工项目成本控制资料 (2)类似施工项目工期控制资料 (3)类似施工项目质量控制资料 (4)类似施工项目技术新成果资料 (5)类似施工项目管理新经验资料

2. 园林建设项目施工组织总设计编制程序

在充分研究园林建设工程项目可行性研究报告、项目勘察报告和项目初步设计以及施工图设计文件的基础上，通过对施工承包合同文件和施工现场环境条件的研究与考察。承包单位技术部门就要对园林施工项目的施工组织总体设计方案进行编制，针对项目施工中前期工程交接情况、施工条件、前期工程施工中布置的地下管网、施工场地及其周围环境条件等因素对园林施工项目的施工目标，施工过程中有关成本控制、进度安排和施工质量要求等进行总体部署安排，绘制出项目施工总平面图和施工材料及其苗木堆放与采购计划，为施工项目总体工作计划作出安排。

在施工组织总设计编制前，首先应当根据设计图纸和合同中规定采用的预算定额，计算出园林建设施工项目的总施工工作量；根据各单项工程中分部（分项）工程的施工特点，确定各单项工程的施工顺序和各分部（分项）工程的交叉施工的具体措施，根据作业流水特点和工程量大小计算出单位工程的施工进度安排和机具进场计划，为合理控制施工成本、进度和保证施工质量等目标制定出项目施工的总体安排计划，并且设计出园林施工项目施工现场的总平面布置图。

一般园林建设项目施工组织总设计编制程序如图 4－1－1 所示。

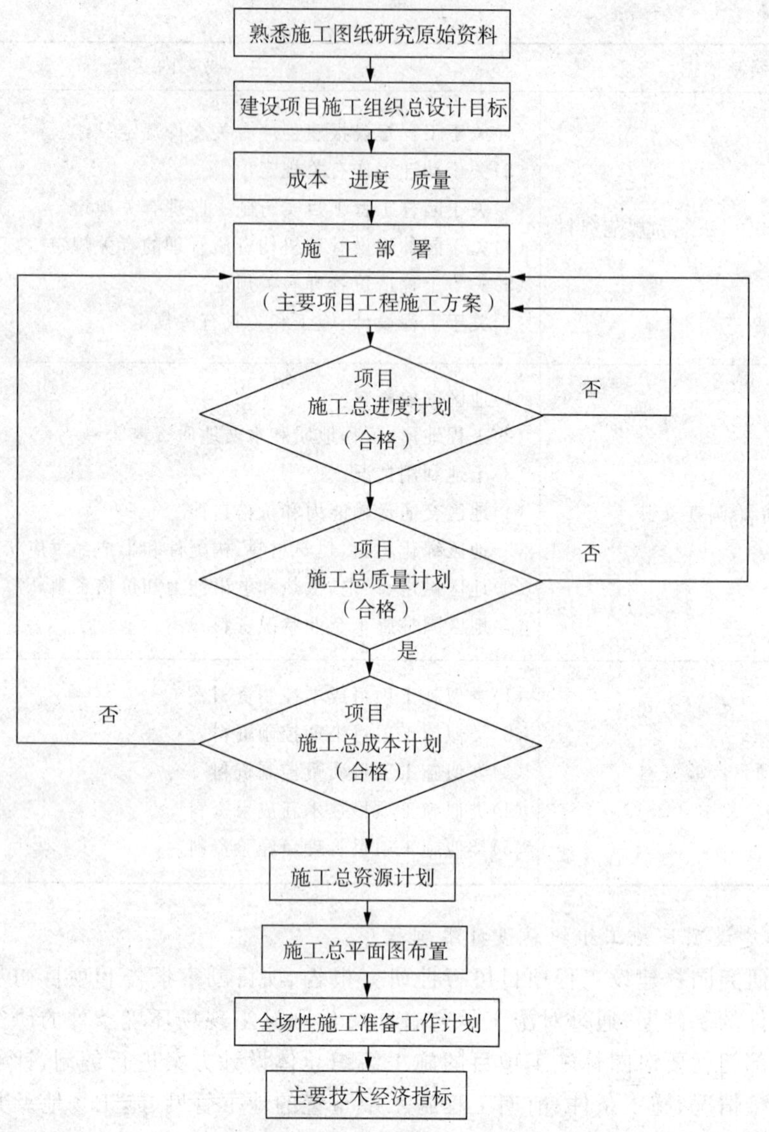

图 4-1-1　园林建设项目施工组织总设计编制程序

3. 园林建设项目施工组织总设计编制内容

(1)工程概况

① 工程构成状况

主要内容:建设项目名称、性质和建设地点;占地总面积和建设总规模;每个单项工程占地面积。

② 建设项目中的建设、设计、监理和施工承包单位

主要内容:建设项目的建设、踏勘、设计、总承包和分包单位的名称,以及建设单位委托的施工监理单位名称及其组织状况介绍。

③ 施工组织总设计目标

主要内容:建设项目施工总成本、总工期和总质量等级,以及每个单项工程成本、工期和工程质量等级要求。

④ 建设地区自然条件状况

主要内容:项目建设地区气象状况、地形和地质状况、水文地质及其历史上曾发生的地震级别及其危害程度。

⑤ 建设地区技术经济状况

主要内容:地方园林绿化施工企业及其施工工程的状况;建设地区市场主要材料和设备供应状况;地方绿化苗木、建筑材料品种及其供应状况;地方交通运输状况;地方供水、电、气、电讯的保障能力;地方社会劳动力供应量及其成本和生活服务设施状况;各工程项目承包单位信誉、施工组织能力、素质和竞技效益等;在建设项目中有关施工中新技术、新工艺和新材料运用状况。

⑥ 施工项目施工条件

主要内容:主要材料、特殊材料和设备供应条件;项目施工图纸供应的阶段划分和实际安排;以及提供施工现场的标准和时间安排。

(2)施工部署

① 建立项目管理组织的具体措施

明确项目管理组织目标、内容和组织结构模式,建立统一的工程指挥系统。组织合理施工团队,合理划分施工区域,明确主导施工项目和穿插施工项目及其建设期限。

② 根据建设工程施工特点和企业施工经验合理确定各单项工程的开、竣工时间

根据每个独立施工的工序及其与相关的辅助工程、附属工程完成的期限,合理确定每个单项工程的开、竣工时间,保证先后投产或交付使用的交工系统都能够正常运行。

③ 建立建设项目中主要单位工程项目施工方案

根据项目施工图纸、项目承包合同和施工部署要求确定主要的单位工程施工项目,在园林景观工程中一般分别选择主要景区、景点的建筑物和构筑物、绿化施工项目作为主要施工项目做相应的施工主要控制性质的单位工程的施工方案。

(3)全场性施工准备工作计划

① 按照总平面图要求做好现场控制网测量,为主要施工项目的施工布好控制节点。

② 认真做好土地征用、居民迁移和现场障碍物拆除工作。

③ 组织项目采用的新结构、新材料、新技术试验工作,为完善施工经验和节约施工成本奠定基础。

④ 按照施工项目施工设施计划要求,优先落实大型施工设施工程,并部署施工现场的"四通一清"工作。

⑤ 落实绿化材料的考察与采购工作、现场苗木的假植地点设置、所需建筑材料、构配件的购置或订制、加工品(包括植物材料)、施工机具和设备的采购或租赁。

⑥ 做好工人上岗前的技术培训工作。

(4)施工总进度计划

根据施工部署要求,合理确定每个独立施工系统及单项工程控制工期,并使它们相互之

间最大限度地进行衔接，从而编制出项目的施工总计划。

① 确定施工总进度表达形式

施工总进度计划属于控制性计划，用图表形式表达。常用图表有横道图式和网络图式两种，由于园林建设施工项目包含的施工单项工程数量较少、加之施工内容较少，所以施工进度一般常用横道图表达（如表 4－1－2 所示）。

表 4－1－2　××工施工项目进度横道

工程编号	工程起止日期									
	1月			2月			3月			……
	1–10	11–20	21–31	1–10	11–20	21–31	1–10	11–20	21–31	
①										
②										
③										
…										

工程编号：①整理地形工程；②绿化工程；③假山工程；……

② 编制施工总进度计划

主要依照以下顺序进行总进度计划的编制：

A. 根据施工项目各单位工程施工的先后次序，明确划分施工项目的施工阶段；按照施工部署要求合理确定各阶段及其单项工程开竣工时间。

B. 按照施工阶段顺序，列出每个施工阶段内部的所有单项工程，并将它们分别分解至单位工程和分部工程。

C. 计算每个单项工程、单位工程和分部工程的工作量。

D. 根据施工部署和施工方案，合理确定每个单项工程、单位工程和分部工程的施工持续时间。

E. 科学地安排各分部工程质检衔接关系，并绘制控制性的施工网络计划（见图 4－1－2 所示）或横道图计划。

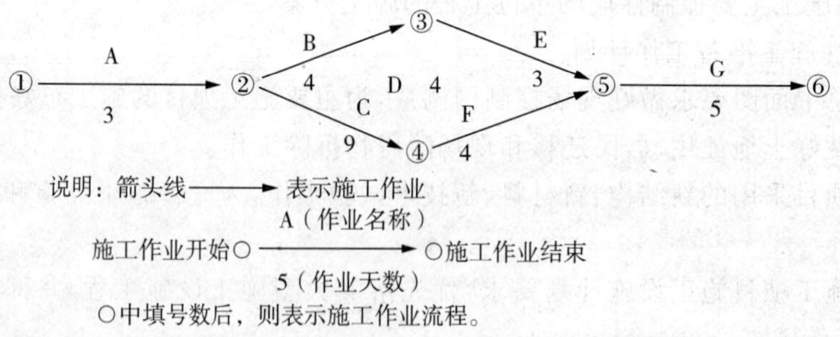

图 4－1－2　施工网络计划图表示方法

在图 4－1－2 施工网络计划图的基础上，编制施工作业一览表如表 4－1－3。

F. 在安排施工进度计划时，要认真遵循编制施工组织设计的基本原则。

G. 可对施工总进度计划初始方案进行优化设计，以有效地缩短建设总工期，而施工项目的总工期是按施工线路中所需天数最长的工序天数为准的。

表4-1-3　施工作业一览表

施工作业	先行作业	后续作业	需要天数
A	—	B、C、D	3
B	A	D、E	4
C	A	F	9
D	B、C	F	4
E	B	G	3
F	B、D	G	4
G	D、E、F	—	5

③ 制定施工总进度保证措施

A. 组织保证措施。从组织上落实进度控制责任制，建立进度控制协调制度。

B. 技术保障措施。编制施工进度计划实施细则；建立多级网络计划和施工作业周计划体系；强化施工工程进度控制。

C. 经济保证措施。确保按时供应资金；奖励对工期提前有功者；经批准紧急工程采用较高的计件单价；保证施工资源正常供应。

D. 合同保证措施。全面履行工程承包合同；及时协调各分包单位施工进度；按时提取工程款；尽量减少建设单位提出工程进度索赔的机会。

(5)施工总质量计划

施工总质量计划是以一个建设项目为对象进行的编制，其目的是用以控制整个项目施工全过程中各项施工活动质量标准的综合性技术文件。编制前首先应充分掌握项目的设计图纸、施工说明书、特殊施工项目或单位工程施工说明书等文件上相应的质量指标，从而制定出各工种施工的质量标准，制定各工种的作业标准、操作规程、作业顺序等，并分别对各工种的工人进行培训及教育。

① 施工总质量计划内容

A. 工程设计质量要求和特点；

B. 工程施工质量总目标及其分解；

C. 确定施工质量控制点；

D. 制定施工质量保证措施；

E. 建立施工质量体系，并与国际质量认证系统接轨。

② 施工总质量计划的制订步骤

A. 明确工程设计质量要求和特点。通过熟悉施工图纸和工程承包合同，明确设计单位和建设单位对建设工程项目及其单项工程施工质量要求；再经过项目质量影响因素的分析，明确建设项目质量特点及其支流计划重点。

B. 确定施工质量总目标。确定建设工程项目施工质量总目标：优良或合格。

C. 确定并分解单项工程施工质量目标。根据总目标要求，确定每个单项施工质量目标，然后将该质量目标分解至单位工程质量目标和分部工程质量目标，即确定每个分部工程施工质量等级:优良或合格。

D. 确定施工质量控制点。根据单位工程和分部工程施工质量等级要求,以及国家颁布的相关的工程质量评定与验收标准、施工规范和规程的有关要求,选定各工种的质量特性、工程质量标准和作业标准;尤其是对于影响施工中分部分项工程质量的关键部分或环节,设置施工质量控制点,以加强对其进行质量控制。必要时有工程师根据施工规范及规程中的有关要求,选定各工种的质量特性,确定各个分部(项)工程质量标准和作业表,并在施工中重点加强监控。

E. 制定施工质量保证措施。这些措施包括:组织保证措施、技术保证措施、经济保证措施、合同保证措施。其中:通过建立施工项目的质量保证体系,以明确分工和质量监督制度,将质量控制责任落实到施工队伍和管理者身上;通过制订项目质量计划实施细则,完善施工质量控制点和控制标准,强化施工质量事前、事中和事后的全过程控制。在经济保证措施方面通过奖励对施工质量优秀有功者、惩罚施工质量低劣的操作者,达到确保施工质量安全和施工资源的正常供应;全面履行工程承包合同,严格控制施工质量,达到尽量减少建设单位提出工程质量索赔的机会。

F. 建立施工质量认证体系。

(6)施工总成本计划

施工总成本计划是以园林建设项目为对象进行编制,用以控制其施工全过程中各项施工活动成本额度的综合性技术文件。由于园林建设工程施工的内容多,牵涉的工种多,在成本控制方面比较困难,因此制定成本控制标准对于施工成本控制十分必要。

① 施工成本分类

A. 施工预算成本

是某项施工项目的成本计划,它是根据建设项目的施工图纸、相应工程预算定额和相应取费标准所确定的该项工程施工费用的总和,也称建设预算成本。它是根据项目设计方案、图表、施工说明书、图纸等进行工程预算及成本计算的。建设项目施工预算成本核算内容见表 4-1-4。

表 4-1-4 施工预算成本管理表

<table>
<tr><td colspan="2">预算成本计算</td><td colspan="2">施工计划成本计算</td><td colspan="2">施工实际成本计算</td></tr>
<tr><td>基本计算</td><td rowspan="2">估算成本</td><td>不同工种计算</td><td>不同因素计算</td><td colspan="2" rowspan="2">预算成本与完成工程成本
实现预算报告比较研究</td></tr>
<tr><td>确定计算</td><td>直接工程费
×××作业
×××作业
间接工程费
一般管理费</td><td>材料费
劳务费
转包费
经费</td></tr>
<tr><td colspan="2">编制实行预算书</td><td colspan="2">执行预算</td><td>中途分析实行
预算差异</td><td></td></tr>
<tr><td colspan="2">计　划</td><td colspan="2">实　施</td><td>调　整</td><td>评　价</td></tr>
</table>

B. 施工计划成本

在施工项目预算成本基础上，经过施工单位充分挖掘潜力、采取有效技术组织措施和加强经济核算努力，按企业内部定额预先确定的工程项目计划费用总和，也称为项目成本。在实际工作中，施工预算成本与施工计划成本的差额称为项目施工计划成本降低额。

C. 施工实际成本

该成本是在项目施工过程中实际发生，并按一定成本核算对象和成本项目归集的施工费用支出总和。施工预算成本与实际成本之间的差额称为工程成本降低额；成本降低额与预算成本比率称为成本降低率。在园林建设过程中施工人员应找出成本差异发生的原因，在控制成本的同时，及时采取正确的施工措施。园林建设施工成本差异分析表见表 4-1-5。

表 4-1-5 成本差异分析表

工种区分	施工预算成本			施工实际成本			成本差异		摘 要
	数量	单价	金额	数量	单价	金额	增	减	
×× ×× ×× 合计									成本差异大的作业

② 施工成本构成

施工成本由直接费和间接费构成，详见“施工项目成本控制”一节内容。

③ 编制施工总成本计划步骤

施工项目总成本控制计划制订中，首先要根据分解的各单项工程内容制订出单项工程施工的成本控制计划，然后依据项目的施工计划对各单项工程的施工成本进行归集，从而确定出建设项目总的施工成本计划方案。具体计划步骤如下：

A. 做好单项工程施工成本预测

主要包括业主降低成本计划和有关指标，施工单位各项经营管理计划和组织措施方案；相关人工、材料和机械等小号定额和各项费用开支标准，以及相同工程的成本计划和实际和分析资料。

B. 确定单项工程施工成本计划

单项工程施工成本计划的制订内容与步骤包括：根据单项工程内容收集和审查相关的编制依据；根据定额等编制依据做好单项工程施工成本预测和编制单项工程施工成本计划。

C. 编制建设项目施工总成本计划

根据建设项目分解的各单项工程施工成本计划、单项工程在整个工程施工中的逻辑关系和交叉内容，将单项工程的施工成本进行归集，从而制定出整个建设项目的施工总成本计划。

D. 制定建设项目施工总成本保证措施

建设项目施工中对于总成本控制必须有整套的保证措施，这种保证措施包括：技术保证措施(如优选各类植物材料、建筑材料与设备的质量和价格措施,合理确定供货单位,优化施工部署和施工方案等);经济保证措施;组织保证措施;合同保证措施。

(7)施工总资源计划

A. 劳动力需要量计划

施工劳动力需要量计划是编制施工设施和组织工人进场的主要依据。由于劳务费在整个建设项目成本中平均占整个成本总额的30%～40%,尤其是在目前劳动力成本不断上升的背景下,合理安排建设项目中劳动力需求计划非常重要。所以,劳动力需求量计划是施工管理人员实施项目的科学管理的重要一环。劳动力需要计划是根据施工总进度计划、概(预)算定额和企业的有关施工经验资料,分别确定出每个单项工程专业工种、所需工人数和进场时间,然后逐项汇总直至确定出整个建设项目劳动力需要计划。

B. 主要材料需要量计划

主要施工材料需要量计划是组织施工材料和部分原材料加工、订货、运输、确定堆料场和仓库的依据。它是根据施工图纸、施工部署和施工总进度计划而编制的。园林施工中的特殊材料如掇山、置石等材料需要根据设计所要求的体态、体量、色泽、质量等经过相石、采石、运输等环节来完成,故需要事先做好需要量计划。

C. 施工机具和设备需要量计划

施工机具和设备需要量计划是确定施工机具和设备进场时间、施工用电量和选择施工用临时变压器的依据。该计划可根据施工部署、施工方案、工程量而确定,一般在园林施工中在地形塑造、土方工程、施工中需要大型机械进场施工的。所以也需要制订相应的计划。

(8)施工总平面布置的原则

A. 施工总平面图布置的原则

a. 在满足施工需要的前提下,尽量少占用施工用地,施工现场布置要紧凑合理,保护好现场的古树名木、原有树木、文物等。

b. 合理布置各项施工设施,科学规划施工道路,尽量降低运输成本。

c. 科学确定施工区域和场地面积,尽量减少专业工种之间交叉作业。

d. 尽量利用永久性建筑物、构筑物或现有设施服务,降低施工设施建造的费用。

e. 各项设施的布置都要满足:有利于施工、方便生活、安全防火和环境保护要求。

B. 施工总平面图布置的依据

a. 园林建设项目总平面图、竖向布置图和地下设施布置图。

b. 园林建设项目施工部署和主要项目施工方案。

c. 园林建设项目施工总进度计划、施工总质量计划和施工总成本计划。

d. 园林建设项目施工总资源计划和施工设施计划。

e. 园林建设项目施工用地范围和水、电源位置,以及项目安全施工和防火标准。

C. 施工总平面图布置内容

a. 园林建设项目施工用地范围内地形和等高线;全部地上、地下已有和拟建的道路、广场、河湖水面、山丘、绿地及其他设施位置的标高和尺寸。

b. 标明园林植物种植的位置、各种构筑物和其他基础性设施的坐标网。

c. 为整个建设项目施工服务的施工设施布置。

d. 建设项目必备的安全、防火和环境保护设施布置。

D. 编制建设项目施工设施需要量计划

a. 确定工程施工的生产性设施。该类设施包括：工地加工设施、工地运输设施、工地储存设施、工地供水设施、工地供电设施和工地通讯设施 6 种。根据园林建设项目及其每个单项工程施工需要合理地确定每种生产性施工设施的建造量和标准。

b. 确定工程施工的生活性设施。包括行政管理用房屋、居住用房屋和文化福利用房 3 种。

c. 确定项目施工设施需要量计划核心部分，利用以上两项"需要量计划"之和，然后再其前面写明"编制依据"，在其后面写明"实施要求"。这样便形成了"建设项目施工设施需要量计划"。

E. 施工总平面图设计步骤

a. 确定仓库和堆场位置。

b. 确定材料加工场地位置。

c. 确定场内运输道路位置。

d. 确定生活用施工设施位置。

e. 确定水、电管网和动力设施位置。

f. 评价施工总平面图指标。

(9)主要技术经济指标

通常采用以下技术经济指标进行方案评价。

A. 建设项目施工工期。

B. 建设项目施工总成本和利润。

C. 建设项目施工总质量。

D. 建设项目施工安全。

E. 建设项目施工效率。

F. 建设项目施工其他评价指标。

三、单项(位)工程施工组织设计

单项(位)工程施工组织设计主要是根据园林建设工程施工图和施工组织总设计为依据进行编制，该设计的目的是用于指导单项(单位)工程施工现场，其内容比较详细和具体。

(一)单项(位)工程施工组织设计编制依据

1. 单项(位)工程全部施工图纸及相关标准图；
2. 单项(位)工程地质勘察报告、地形图和工程测量控制网；
3. 单项(位)工程预算文件和资料；
4. 建设项目施工组织总设计对本工程的工期、质量和成本控制的目标要求；
5. 承包单位年度施工计划对本工程开竣工的时间要求；
6. 有关国家政策、法规和工程预算定额；
7. 企业已经完成的类似工程施工经验和技术新成果。

(二)单项(位)工程施工组织设计编制程序

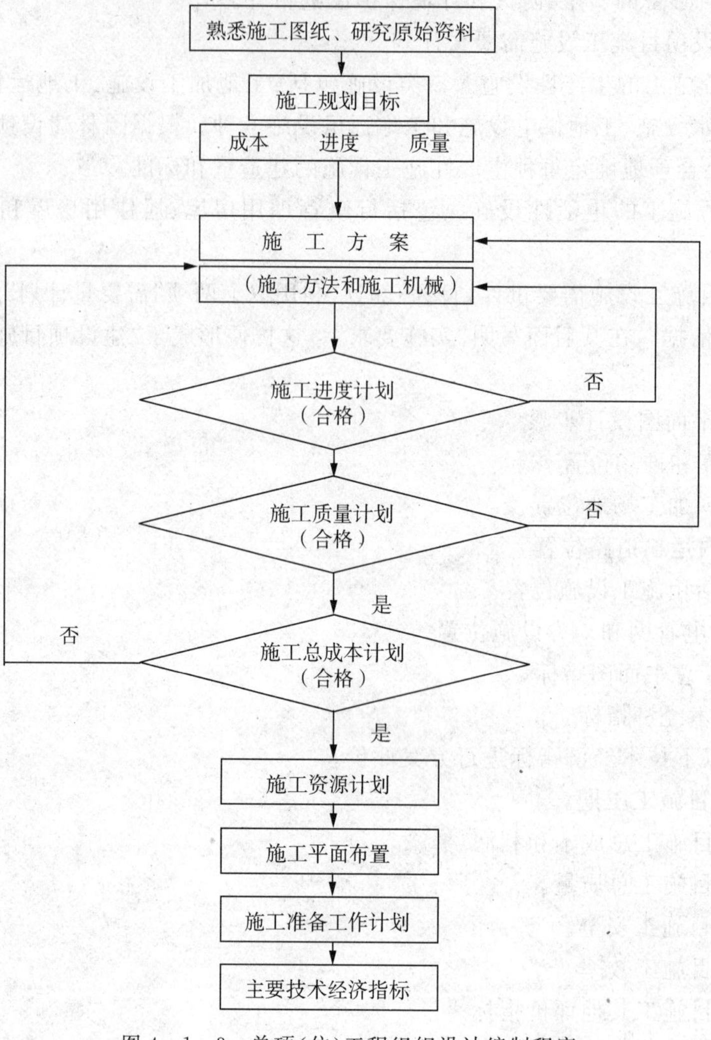

熟悉施工图纸、研究原始资料
↓
施工规划目标
成本　进度　质量
↓
施　工　方　案
(施工方法和施工机械)
↓
施工进度计划(合格)——否→返回施工方案
↓
施工质量计划(合格)——否→返回施工方案
↓是
施工总成本计划(合格)——否→返回施工方案
↓是
施工资源计划
↓
施工平面布置
↓
施工准备工作计划
↓
主要技术经济指标

图 4-1-3　单项(位)工程组织设计编制程序

(三)单项(位)工程施工组织设计编制内容

由于单项(单位)工程施工组织设计编制的主要目的是知道具体的单项(单位)工程的施工过程,所以其主要内容单项(单位)工程施工过程中具体的施工程序和过程、施工方法和单项(单位)工程施工的进度、质量和投资控制评价体系,其主要内容有:

1. 工程特点

单项(单位)工程的特点,在园林景观中的地位,工程施工中特点以及新材料、新工艺、新技术的使用情况等。

2. 工程施工特征

结合园林建设工程具体的施工条件,找出其施工全过程的关键工程,并从施工方法和措施方面给以合理地解决。

3. 施工方案(单项工程施工进度计划)

(1)单项(位)工程施工进度计划的确定

园林建设工程中单项(单位)工程的施工进度计划一般用通道图形式来确定各施工过程的先后次序、相互衔接关系和可竣工日期(如表 4-1-6 所示)。如确定施工起点流向(指园林建设单项工程在平面上和竖向上施工开始部位和进展方向,它主要解决施工项目在空间上施工顺序是否合理问题,所以要注意各单项(位)工程的施工符合其工艺要求)例如,在园林绿化工程就要注意绿化施工过程中各植物材料对栽植要求的季节和气候条件、尤其是大树移栽过程中有关树木所起土球的大小、土球直径、运输条件、树冠的修剪等具体措施及其落实情况;绿化工程施工与整个园林项目交付使用中相关的工期要求;各项单项工程间施工顺序安排、复杂程度等因素。必要时需要做某些特殊的时间和施工顺序的安排。

表 4-1-6　单项工程施工进度计划

工　种	单位	数量	开工日	完成日	4月					
					5	10	15	20	25	30
准备工作	组	1.0	4月1日	4月5日						
定　　线	组	1.0	4月6日	4月9日						
堆土作业	m^3	1 500	4月10日	4月15日						
栽植作业	棵	150	4月15日	4月24日						
草坪作业	m^2	600	4月24日	4月28日						
收　　尾	组	1.0	4月28日	4月30日						

(2)确定施工程序

单项(位)工程施工的程序包括:签订工程施工合同、施工准备、全面施工和竣工验收。此外,建设工程项目施工的顺序一般遵循:先场外后场内、先地下后地上、先主体后装修、先土石方工程、再管线安装工程、再土建工程、再设备设施安装工程、最后是绿化工程。绿化工程因为受栽植季节限制,常常要与其他单项(位)工程交叉进行。

(3)确定施工顺序和施工方法

必须科学合理地确定单项工程施工顺序,确定施工方法时对于工程量大且施工技术复杂并在施工过程中具有新技术、新工艺或特种结构工程使用的单项(单位)工程还需要编制具体的施工过程设计,其余只需概括说明即可。

(4)施工机械和设备的选择

主要是根据园林工程施工过程中需要的机械和设备进行必要的预先安排,设备的进场方式、时间的安排。如园林绿化工程中对于大树移栽工程单项工程就需要汽车吊车来起吊大树,并帮助大树合理定位和扶正等作业。在大树移栽中选择何种规模的汽车吊以及相关车辆如何进场、进场的时间等就需要有具体的选择和进场方式的确定。

(5)主要材料和构件的运输方法

施工中对于某些特殊的材料或构件的运输也需要预先做出设计安排。如园林绿化工程中,对于设计图纸中采用的特殊苗木就需要提前进行苗木场考察和薅苗工作,并预先进行断根、起土球和组织运输等环节。缀石、雕塑等材料的定制,采集和装箱、运输等环节。大型游乐设施的运输与安装等机器在运输过程中对于道路、桥梁的要求也必须做出设计安排。

(6)各单项(位)工程在施工过程的劳务组织

(7)主要分部分项工程施工段的划分和流水顺序

(8)冬季和雨季施工措施

(9)确定安全施工措施

4. 施工方案评价体系

主要从定性和定量两方面来进行评价。

对施工方案的定性评价主要从施工操作难易程度和安全可靠性、为后续工程创造有利条件的可能性、利用现有的和取得施工机械的可能性、冬雨季施工的可能性以及文明施工创造条件的可能性展开。对施工方案的定量评价主要从单项(位)工程施工工期、施工成本、施工质量、施工中劳动力使用情况以及主要材料消耗量进行评价。

5. 施工准备工作

(1)施工准备工作

包括组建管理机构、确定各部门职能、确定岗位职责和聘用岗位人员等建立工程管理组织工作。

施工技术准备,包括编制施工进度控制目标、编制施工作业计划、编制施工质量控制实施细则、编制施工成本控制实施细则、确定分项工程成本控制目标以采取有效成本控制措施、作好工程技术交底工作等。施工劳动组织准备,主要包括建立良好的施工队伍,并建立科学的管理体系,对进场的工人队伍做好相关培训。施工物资准备,主要指建筑材料的准备和绿化苗木的准备,以及施工机械、机具的准备等。施工现场准备,主要是清除现场施工障碍,实现"四通一清",现场施工控制网络的测量等内容。

(2)编制施工准备计划。

6. 施工进度计划

(1)编制施工进度计划依据

编制单项(单位)工程施工进度计划的依据主要有:单项(位)工程承包合同和全部施工图纸;建设地区相关原始资料;施工总进度计划对本工程有关要求;单项(位)工程设计概算和预算资料以及施工物资供应条件等。

(2)施工进度计划编制步骤

计划编制的步骤主要包括:熟悉审查施工图纸;确定各单项(单位)工程施工的起点和流向,划分施工段和施工层;分解施工过程,确定工程项目名称和施工顺序;选择施工方法和施工机械,确定施工方案;计算工程量和机械台班;计算工程项目持续时间,确定各项流水参数;绘制施工横道图,并在实施中按项目进度要求调整和优化施工横道图计划。

(3)制定施工进度控制实施细则

由于主要是对于具体的单项(单位)工程施工环节进行详细的进度安排,所以进度控制主要是编织月、旬和周施工作业计划,以及落实劳动力和机械及原材料供应计划。协调与设计单位和分包单位关系以及与建设单位关系,确保材料供应和设备图纸及时到位。

7. 施工质量计划

(1)编制施工质量计划的主要依据

单项(单位)工程施工质量控制计划制订的依据为:施工图纸和有关设计文件;设计概算和施工图预算文件;该工程承包合同对工程造价、工期和质量有关规定;国家现行施工验收规范和有关规定;施工作业环境状况等。

(2)施工质量计划内容

基本可参照施工总质量计划来进行。

(3)编制施工质量计划步骤

① 施工质量要求和特点。根据园林建设工程各分项工程特点、工程承包合同和工程设计要求,认真分析影响施工质量的各项因素,明确施工质量特点及其质量控制重点。

② 施工质量控制目标及其分解。根据施工质量要求和特点,分项确定单项单位工程质量控制目标,然后将目标逐级分解为:分部工程、分项工程和工序质量控制子目标,并将各子目标定为"优良"或"合格",依此作为确定施工质量控制点的依据。

③ 确定施工质量控制点。根据单项(单位)工程、分部分项工程施工质量目标要求,对影响施工质量的关键环节、部位和工序设置质量控制点。

④ 制定施工质量控制实施细则。包括:建筑材料、绿化材料、预制加工品和工艺设备、设施质量检查验收措施;分部工程、分项工程质量控制措施;以及施工质量控制点的跟踪监控办法。

⑤ 建立工程施工质量体系。

8. 施工成本计划

(1)施工成本分类及其构成

单项(位)工程施工成本计划分为:施工预算成本、施工计划成本和施工实际成本 3 种。其中施工预算成本是由直接费和间接费两部分费用构成。

(2)编制施工成本计划步骤。

通过手机和审查有关编辑依据,做好工程施工成本预测来编制单项(单位)工程施工成本计划,并制定出施工成本控制实施细则。

施工成本计划和控制实施细则中包括:材料的优选、设备质量和价格的控制,施工工期和成本的优化,施工中跟踪与监控计划成本与实际成本差额,分析原因和采取纠正的措施。全面履行合同的措施,健全工程成本控制组织、落实相关责任制,保证工程施工成本控制目标的实现。

9. 施工资源计划

单项(位)工程资源计划内容包括:编制劳动力需要量计划、建筑材料和绿化材料需要量计划、预订加工成品需要量计划、施工机具需要量计划和各种设施需要量计划。

根据施工方案、施工进度和施工预算,依次确定各专业工种及其进场的时间、劳动量和人员数,将计划作为现场劳动力调配的依据。

根据施工预算的工料分析和施工进度,依次确定施工中所需材料的名称、规格和数量,及其进场的时间,将计划作为工地备料、确定堆场和仓库面积,以及材料运输的依据。

根据施工预算和施工进度计划编制并确定园林施工中对于需要的材料与设备等,如石材、喷泉设备、小品、路椅、电话亭等需要预制加工、或采购的制品,计划可以作为加工订货、确定堆场面积和组织运输的依据。

10. 施工平面布置

大中型的园林建设工程施工都要作好施工平面图布置。

(1)施工平面布置依据

施工平面图布置的依据包括:建设地区原始资料;施工地原有和拟建工程位置及尺寸;全部施工设施建造方案;施工方案、施工进度和资源需要量计划;建设单位可提供的房屋和其他生活设施。

(2)施工平面布置原则

平面布置要紧凑合理,尽量减少施工用地;尽量利用原有建筑物或构筑物,降低施工设施建造费用;尽量采用装配式施工设施,提高施工设计安装速度;合理组织运输,减少场内运输费;施工设施布置都要满足方便生产、有利于生活、环境保护、安全防火等要求。

(3)施工平面布置内容

1)设计施工平面图。包括:总平面图上的全部地上、地下构筑物和管线;地形等高线,测量放线标桩位置;各类起重机构停放场地和开放路线位置;以及生产性、生活型设施和安全防火设施位置。平面图的比例尺一般为1/500～1/200。

2)编制施工设施计划。主要包括生存性和生活性施工设施的种类、规模和数量,以及占地面积和建造费用。

11. 主要技术经济指标

单项(位)工程施工组织设计的评价指标包括:施工工期、施工质量、施工成本、施工安全和施工效率,以及其他技术经济指标。

四、施工设施

施工设施包括施工环节中的施工用房屋,施工承包单位项目组和现场建设单位与监理组工程师办公用房屋,与施工相关的生产用房,施工人员居住的生活用房屋等。施工中涉及的施工设施有运输设施、施工供水设施、施工用供电设施、施工通讯设施、施工供热设施、施工供压缩空气设施、施工安全设施,以及在城镇施工中的防治污染设施等。其中,在园林建设施工项目中主要涉及的施工设施主要集中在施工房屋设施、施工供水设施、施工材料堆放、苗木临时栽植用地及其设施和施工安全设施等方面。

(一)施工房屋设施

施工房屋设施包括生产性设施、物资储存设施和生活用房屋设施。在工程施工中施工用房的布点一般要求适应园林施工生产的需要,并方便职工上下班;一般不能占据主要工程的工程位置;尽量要靠近已有交通、或即将修建的正式或临时交通线路;市政园林施工中要尽量利用施工现场中已有的或附近已有的建筑物,在新建风景区或游乐场等工程中应尽量提前修建能够利用的永久性工程;如果必须修建临时性建筑也应以经济适用为原则。

对于大型园林建设项目、高速路绿化、机场绿化等施工范围较大的项目可以通过采用修建装配式活动房屋的方式逐段解决办公与生活用房。而生产用房如混凝土搅拌站、木材加工厂、现场钢筋加工厂、金属构件加工点等生产用设施面积科根据施工项目规模做相应安排。

而施工中需要的材料与设备仓库面积及其储备量计算可以参考建设工程施工设施中仓库面积、储备量计算公式进行计算。

(二)施工运输设施

建设工程中的施工运输可以分为场外运输和场内运输两种形式。场外运输又可分为材料由外地利用公路、水路或铁路运输到建设工地，和本地区范围内的运输。园林工程涉及的运输货物主要为建筑材料、半成品、雕塑作品和施工用设备、建筑废弃物和渣土等。运输的设备主要是汽车和船舶等，其需要的机械台班主要根据施工中材料的需求量、运输量等间接计算出来。

对于某些建设项目来说，其材料或设备运输中还会对施工道路有一定的要求，必要时需要构筑简易公路或运输通道。

(三)施工供水设施

主要是根据工程特点和工程量确定施工供水量，在建设工程中对于不同施工项目其用水已有相应的参考定额可作为施工用水量的计算。而不同的施工机械和现场生活用水量也有相应的定额可参照执行。

施工用水量确定后就需要在施工现场周围联系寻找水源，对水量、水质标准进行分析检测。并确定供水系统、设计出供水管线布线图并指导供水系统的建设施工。

一般园林建设工程施工用水，包括现场施工用水、施工机械用水、生活用水、灌溉用水、水景工程造景用水和消防用水。供水水源除利用市政管道用水外，也可以用各种天然水源。

(四)施工供电设施

园林建设工程工地临时供电，包括动力用电与照明用电两种。在计算工程用电量时需要综合考虑到全部工地所使用的机械动力设备、其他电气工具及照明用电的数量，施工总进度计划中施工高峰时段所有设备同时用电时的设备最高数量，以及各种设备在施工工作中的需用情况等。确定了施工用电量后，接下来就是考虑电源问题施工机械用电定额情况，以及室内、外照明场所用电定额，施工现场周围电力网供电情况，现有电气设备的容量、负荷等级及各用电设备在工地上的分布情况。园林建设工程中各分项工程中设备安装的工程量和施工进度，施工现场规模和各施工阶段电力需要量。各施工阶段的电力需要量等因素。从而制订出供电电源选择的几种方案。即：有完全由工地附近的电力系统供电；工地附近电力系统只供应一部分，其余须由临时供电系统补充；利用附近高压电力网申请临时配电变压器等几种方案。当建设项目工地位于边远地区且周围没有电力系统时，可采用利用内燃机发电站等设施解决。

外围的上述设备制定完成后，就需要在工地上配备供电系统，利用合适的变压器、不同截面的配电导线等，来满足建设工地对电力的需求。

第二节 施工项目管理概述

一、施工项目管理的概念

(一)建设项目管理

建设项目管理是施工企业用系统的观点、理论和方法，根据园林建设项目既定的质量要求、规定时限、投资总额、资源和环境等条件，为圆满实现建设项目目标所进行的有效的决策、计划、组织、协调、控制等科学管理活动。

建设项目管理的对象是园林建设项目。建设项目的管理者应当是参与建设活动的各方组织，包括建设单位、设计、施工单位和监理单位。其中建设单位是建设项目管理的主体，建设单位可以委托社会监理单位按合同为其项目实施的各个阶段进行项目管理，设计单位对建设项目的设计阶段进行设计项目管理，施工单位以承包商的身份对建设项目的施工阶段进行施工项目管理。

(二)施工项目管理

施工项目管理的对象是施工项目，施工项目管理的主体是施工企业，或其授权的项目经理部。施工企业通过一系列有效方法对施工全过程进行包括投标签约、施工准备、施工、验收、竣工结算和交工使用后服务等各阶段，以及对各生产要素所进行的决策、计划、组织、指挥、控制、协调、教育和激励等活动。其主要内容有：建立施工项目管理组织，制定管理规划，按合同规定实施各项目标控制，对施工项目的生产要素进行优化配置。

(三)施工项目管理与建设项目管理的区别

建设项目的管理者是建设单位(业主)或有其委托的社会监理单位，而施工项目的管理者是施工企业。由业主或监理单位进行的工程项目管理中涉及的施工阶段管理仍然属于项目管理，不能算作施工项目管理。建设项目管理的对象是建设项目，而施工项目管理的对象是施工项目本身。由于管理的主体与客体的差异，导致两种管理范围和过程有一定差异。施工项目管理与建设项目管理的主要区别如表 4-2-1。

表 4-2-1 施工项目管理与建设项目管理的区别

区别 特征	项目施工管理	建设项目管理
管理主体	项目施工企业或其授权的项目经理部	建设单位或其委托的建设监理单位
管理客体	施工项目的施工活动及其相关的生产要素	建设项目
管理目标	符合需求的园林建设成果，获得预期的环境效益、社会效益与经济效益	符合任务书要求，达到设计效果，发挥园林建设项目的功能、效益
管理范围	承包合同规定的承包范围，可以是园林建设项目，也可以是园林单项(位)工程	由可行性研究报告审定的园林建设项目
管理过程	投标签约、施工准备阶段 施工阶段 竣工验收及结算阶段 用后服务接待	项目决策建议书、可研阶段 项目组织计划、设计阶段 项目实施阶段 竣工验收及结算阶段

二、施工项目管理全过程和内容

(一)施工项目管理全过程

施工项目管理的程序依次为：编制项目管理规划大纲、编制投标书并进行投标、签订施工合同、选定项目经理，以及项目经理接受企业法人的委托组建项目经理部、企业法人与项目经理签订“项目管理目标责任书”、项目经理部编制“项目管理实施规划”、进行项目开工前的准备、施工期间按“项目管理实施规划”进行管理、在项目竣工验收阶段进行竣工结算、清理各种债权债务、一切资料和工程。进行项目的经济分析并写出项目管理总结报告报送企业管理层的职能部门，企业管理层对项目管理进行考核并根据考核结果兑现“项目管理目标责任书”中的奖惩、最后项目经理部解体。企业在建设项目的保修期内对对项目进行回访和保修。

在整个园林建设项目周期内，施工的工作量最大，投入的人力、财力、物力最多，施工项目管理的难度也最大。其最终目标是按合同规定，按设计要求建造园林，并获取预期的环境效益、社会效益与经济效益。

施工项目管理全过程分为五个阶段：即投标、签约阶段、施工准备阶段、施工阶段、验收交工与结算阶段和用后服务阶段。各阶段项目管理中的主要工作和实行机构等具体内容见表4-2-2。

表4-2-2　施工项目管理各阶段的管理目标及主要工作

管理阶段	管理目标	主要工作	执行机构
投标签约阶段	中标签订工程承包合同	按企业经营战略，对工程项目提出投标决策 决定投标后，多方搜集企业自身、相关单位、市场、现场等诸方面的信息 编制既能使企业盈利，又有竞争力可望中标的标书及投标 若中标，则与招标方谈判，依法签订工程承包合同	企业经营部
施工准备阶段	从组织机构、人力、物力、技术、施工条件等方面确保施工项目具备开工和连续施工的基本条件	根据需要企业工程管理部组建工程项目经理部，配备人员 编制中标后施工组织设计，进行施工准备工作 制定施工项目管理规划 进行施工现场准备，达到开工要求	项目经理部
施工阶段	完成工程承包合同规定的全部施工任务，达到验收交工标准	按施工组织设计进行施工 做好动态控制管理，保证质量、进度、成本、安全等目标的全面实现 管理好施工现场，实行文明施工 严格履行工程承包合同，协调好与建设单位、监理单位等单位关系 处理好合同变更和索赔 做好记录、检查、分析和改进工作	项目经理部
验收交工与结算阶段	对竣工工程验收交工，总结评价；对外结清债权、债务关系；使建设项目能尽早想社会开放，发挥效益	工程收尾，并进行实地测量，对照图纸，逐一确认企业内部自检，如有不合格应及时组织返工 提交工程竣工申请 在预验基础上接受正式验收 管理移交竣工文件，进行结算 总结工作，编制竣工总结报告 办理工程交接手续	项目经理部

（续表）

管理阶段	管理目标	主要工作	执行机构
用后服务阶段	充分发挥园林建设项目的功能，反馈信息，改进今后工作，提高企业信誉	在合同规定的责任期内进行保修、维护、植物管理养护等服务 为保证一些单项工程的正常使用提供必要的技术咨询服务 进行工程回访、听取用户意见，总结经验，发现问题及时维修、维护 大型工程竣工应借助媒体进行必要的宣传，以扩大该园林建设项目的社会影响	项目经理部

（二）施工项目管理内容

施工项目管理的主要内容与要求见表4-2-3。

表4-2-3　施工项目管理主要内容与要求

内　　容	要　　求
建立管理组织：建立施工项目管理机构，即决策和责任机构	选聘方式合理，经理人选称职
选聘施工项目经理	
组建管理机构	符合组织原则，组织形式合理，便于开展工作 有明确的责任、权限和义务
制定施工管理制度	符合国家政策法规和企业规章制度 适应施工管理要求
制定惯例规划：制定对项目管理的内容、办法、步骤、重点及具体安排纲领性文件	
进行工程项目分解、制定阶段控制目标	制定各阶段各部分的控制目标，形成施工和项目管理总体网络系统 进行项目分解、制定阶段控制目标
建立施工项目管理体系	绘制施工项目管理工作体系图，绘制施工项目管理信息流程图
编制施工管理规划	确定管理重点，编制施工组织设计
进行目标控制：预测控制目标并在实施过程中检查、分析、控制等措施实现目标	

（续表）

内　　容	要　　求
进度目标控制 质量目标控制 成本目标控制 安全目标控制	均衡合理施工，保证合同工期 建立质量体系，确保施工质量 采取有效措施，降低成本，提高效益 创建安全的施工条件和环境，保证施工顺利
生产要素管理：根据生产要素特点进行优化配置和动态管理	
劳动管理	建立符合项目施工特点的用工、分配制度、优化劳动组合；提高劳动生产率
材料管理	用科学的组织管理方法进行材料管理，合理、节约使用材料，降低材料成本
机械设备管理	合理选择配置机械设备并进行科学管理 提高建筑施工机械化水平和效率
技术管理	建立正常的施工生产技术效率 积极采用"四新"实行施工技术管理现代化
资金管理	对资金进行预测，计划管理；筹措并合理使用
合同管理：用法律手段处理施工中发生的经济关系和问题，保证施工正常进行	
设立合同管理部门或人员	具有较高管理素质、能力、专业和法律知识 依法签订合同，全面履行合同 妥善处理合同纠纷和索赔
建立合同管理系统和合同文件档案	运用计算机系统辅助管理合同 档案中有相关法规、合同文本资料 项目施工中有关协议、会谈、签证等全部资料
信息管理：以系统理论为指导，运用计算机处理施工中信息，为项目管理提供依据	
建立施工项目管理信息系统	对信息收集、传递、处理、检索和提高功能 对项目进度、成本、质量、安全及生产要素进行控制和管理

第三节　施工项目进度控制

园林施工项目进度控制是指施工项目经理部根据施工合同规定的工期要求编制出施工进度计划，并上报给工程师审核。审核同意后以此作为进度控制的目标，对施工的全过程进行经常的检查、实际进度与进度目标对照、分析、及时发现实施中出现的偏差，采取有效的施工组织措施，达到调整施工进度计划，排除干扰，保证工期目标实现的全部活动。

一、影响施工项目进度的因素

由于市政园林建设工程往往是建设工程项目的组成部分，整个工程具有工程结构和工艺复杂、建设周期长、参与的主体单位多等特点，决定了建设工程进度受到许多因素的影响。这些因素可归纳为人的因素、材料因素、技术因素、资金因素、工程水文地质因素、气象因素、环境因素、社会环境因素以及其他难以预料的因素。其中人的因素是最大的干扰因素。从其产生的根源来看，有来源于开发商及上级主管机构的、有来源于设计单位的、有来源于承包商（分包商）及上级主管机构的、有来源于材料设备供应商的、有来源于监理单位的、有来源于政府主管部门的，也有来源于社会和各种自然条件的。

（一）来源于建设单位（业主）的因素

这类影响因素往往表现为业主提供勘察资料不准确，特别是地质资料错误或遗漏而引起的未能预料的技术障碍，这种情况对于地基或基坑的开挖及支护影响很大，出现这种情况施工方可以协商向业主索要工期或按新的设计方案及施工方案进行施工。

业主提供的控制性坐标点、高程点资料不准确或错误，这种情况在园林施工过程中经常出现。由于园林施工图相对比较粗放，因而在施工方进场后在测量放线过程中会发现与现场提供的平面控制点和水准点有出入，出现这种情况应及时通过监理方要求业主协调设计方和勘察单位现场会商。影响到工期则应索要工期顺延或赶工费。如果施工方不及时对出现问题通知监理方反而贸然施工，造成的工程事故因由施工方负主要责任。

业主对施工现场临时供水、供电工程相关手续办理和实施不及时，供应量不足。在施工单位设计的施工方案中应该对现场临时用电额度进行计算，业主根据此在施工现场准备中完成。如果是由业主单位私自接市政电网、水网而影响施工进度，也可通过监理方向甲方进行工期索赔。

此外来自于业主单位的影响因素还包括：因前道施工工程形成的地上、地下构筑物及各种管线的搬迁工作拖延而不能及时向园林施工方移交施工场地（可以申请工期顺延）；施工现场内局部树木的移植、更新或砍伐工作未能及时完成（可以申请工期顺延）；业主提供的施工图纸不及时、不配套（责任就在工程师方面，应及时协调解决）；业主中途修改施工项目、或因投资额度变化增加或减少工程内容（造成对工期影响的处理方式可以洽商解决）；因新技术、新材料或技术方案变化使合同条件发生变化（造成对工期影响的处理方式可以洽商解决）；业主单位组织的材料、设备供货部及时或数量型号及技术参数不复合设计要求（复合设计质量要求的尽管用，但不符合要求的应及时通知监理方处理、不复合要求则要求提供设计变更通知单)；业主单位组织、协调能力不足致使施工承包方、分包商、供应商以及各工种、专业、各工序配合上出现矛盾(应追究甲方工程师责任)；建设单位开发资金不足不能按合同支付合同款项等(现场项目经理部因及时通知企业管理层，由公司出面协商)；以及出现施工中遇到超标地下水、流沙、地质断层、溶洞、地下文物及战争遗留的弹药等(洽商或工期顺延)。

(二)来源于设计单位的因素

这类影响因素往往表现为设计单位不能按设计合同的约定及时提供施工图纸，造成这方面的原因主要是设计单位项目设计配置的人员不合理，各专业之间缺乏协调配合；设计单位无健全的设计质量管理体系，导致出现图纸的“缺、漏、错”等现象；图纸出图不到位、设计深度不到位致使出现边施工、边修改的局面。还有就是因各种原因设计单位将设计任务分包或转包，导致出现分包方合同纠纷等。

(三)来源于承包商自身的因素

这类影响因素往往表现为承包企业组建的项目经理部管理人员不能满足施工需要，项目经理存在管理水平低、经验不足，致使工程组织混乱不能按预定进度计划完成。现场施工人员资质、资格、经验、水平及人数不能满足施工需要，施工过程中出现施工质量问题或进度、安全问题。企业项目经营部编制的工程项目施工组织设计不合理、施工进度计划不合理、采用施工方案不得当，主要表现为部分分部(分项)工程施工工序安排不合理，未能较好地解决各工序之间在时间上的先后和搭接问题，以及在施工过程中为达到保证工程质量目的，在工地现场充分利用空间、争取时间方面未能处理好个方面因素，最终影响到工期的合理安排；项目经理未能根据施工现场情况及时调配劳动力和施工机具；对于施工用机械设备配置不合理不能满足施工需要。施工过程中因施工用供水、供电设施及施工用机械设备出现故障，而项目经理部未及时解决。以及因承包企业负责的材料供应不及时，材料的数量、型号及技术参数错误，供货质量不合格导致项目建设停工或窝工。

总承包商协调各分包商能力不足，分包单位施工中相互配合工作不及时、不到位。承包商(分包商)自有资金不足或资金安排不合理，无法支付相关应付费用。以及施工过程中出现安全事故、质量事故，且对此的调查、处理不及时等因素。

(四)来源于监理单位的因素

这类影响因素往往表现为监理单位为建设项目组建的监理项目部中配置的监理工程师的学历、专业、资质、资格、经验、水平、数量、年龄、健康状况不能满足工程监理需要。或工程师自身责任心不强、管理协调能力薄弱，不能根据施工现场的实际情况及时采取有效措施保证工程按计划实施。以及因监理单位公司内部进行监理管理机构调整、股权调整、人员调整、资产重组等原因无法按合同履约。

(五)来源于社会和各种自然条件的因素

这类影响因素比较复杂，包括来自于政府主管部门应相关政策、法律法规及管理条例的调整，政府管理机构调整、管理职责调整及人员调整对工程施工的影响。

来源于各种社会的和各种自然因素造成的影响，尤其是应自然灾害、发生的突发刑事案件、工地周围发生的重大政治、社会活动，以及城市供水、供电、供气系统发生故障和因交通管制与中断对施工造成进度的影响。

二、施工项目进度控制的措施

施工项目进度控制是指在既定的工期内，施工单位项目经理部编制出优化的工程施工进度计划。项目经理部在执行该进度计划的施工过程中，经常检查施工的实际进度情况，并将实际进度与计划进度相比较，若出现偏差，及时分析产生偏差的原因和该偏差对施工工期的影响程度，根据偏差产生原因找出必要的调整措施、修改原计划，不断地如此循环，直至工程竣工验收。施工项目进度控制的总体目标是确保施工项目的既定目标如期的实现，或者在保证施工质量，并因此而增加施工实际成本的条件下，实现适当缩短工期。

施工项目进度控制方法主要是通过项目施工计划的规划、控制和协调来实现。规划就是指确定施工项目总进度控制目标和分进度控制目标，进而编制施工进度计划。控制是指在施工的全过程中，进行实际进度与计划进度的比较，如果出现偏差及时采取措施调整。协调是指协调与施工进度有关的单位、部门和施工队伍之间的进度关系。

(一)施工项目进度控制的具体措施

施工项目进度控制采取的措施主要有：组织措施、技术措施、合同措施、经济措施和信息管理措施等。

其中，组织措施主要通过落实施工主体中各层次的进度控制的人员、建立进度控制的组织系统，通过如召开协调会议、落实各层次进度控制的人员、具体任务服务工作职责。通过对施工项目的总结、进展和合同结构进行项目的分解，进而确定项目的进度目标，建立控制目标体系等；技术措施主要是通过采用加快施工进度的技术方法；合同措施是通过对分包单位签订各合同的合同工期与进度计划目标进行协调管理；经济措施是实现进度计划的资金保证措施；信息管理措施是指通过不断收集施工实际进度的相关资料进行整理统计并与计划进行比较，定期通过监理工程师向业主单位提交比较报告。

(二)施工项目进度控制的主要内容

主要通过施工前进度控制、施工过程中进度控制和施工后进度控制三个阶段完成对施工项目的进度控制。即：

1. 施工前进度控制：通过对参与项目的风险型分析，发现并提出需要解决的问题；编制施工组织总进度计划和工程进度计划；编制施工的年度、季度、月度工程计划。

2. 施工过程进度控制：通过定期收集施工数据，预测施工进度及其发展趋势，随时掌握施工过程中因设计变更等引起的施工内容的增减，施工内外部条件变化情况，及时调整施工计划，达到施工进度控制的目的。

3. 施工后进度控制：完成工程后通过组织工程验收，处理工程索赔，工程进度资料整理、归类、编目和建档等工作。

第四节　施工项目质量控制与管理

“靠质量数信誉，靠信誉拓市场，靠市场增效益，靠效益求发展”是每一个施工企业生存和发展的根本，施工企业只有创造出优质(优良)的工程项目才能有好的业绩和信誉，才能在市场的残酷竞争中立于不败。所以，施工企业牢固树立施工项目质量控制的概念对于企业发展、创造优良工程就非常重要。

工程质量管理是指企业在施工中为保证和提高工程质量，通过运用一整套质量管理体系、手段和活动，达到施工项目质量控制的目的。由于工程项目建设投资大，建设周期长，而且建成及使用时期长，只有合乎质量标准的工程项目才能投入生产和交付使用，发挥其投资效益。为此，世界上许多国家对工程质量的要求，都有一套严密的监督检查办法。施工质量控制的目的就是通过相应的质量管理措施，将施工过程中出现的质量问题消灭在它的形成过程中。建立以预防为主，出现质量问题及时上报并采取合理措施进行补救处理的机制，并且在处理过程中做到手续完整。在施工的全过程、多环节中都要致力于工程质量的提高。要达到此目的，这就要求施工企业把工程质量管理的重点，从事后检查把关为主变为预防、改正为主。项目经理部在组织施工前要制定科学的施工组织设计，经理部成员在施工中从管结果变为管因素，把影响质量的诸因素查找出来，发动全员、全过程、多部门参加，依靠科学理论、程序、方法，参加施工人员均不应发生重大伤亡事故。使工程建设全过程都处于受控制状态。

一、施工项目质量控制的概念

(一)质量管理

国家标准中对“质量管理”的定义是：确定质量方针、目标和职责并在质量体系中通过诸如质量策划、质量控制、质量保证和质量改进使其实施全部管理职能的所有活动。

施工项目的质量管理的首要任务是确定质量方针、目标和职责，核心是建立有效的质量体系，通过质量策划、质量控制、质量改进，确保质量方针、目标的实施和实现。

(二)全面质量管理

国家标准对“全面质量管理”的定义是：一个组织以质量为中心，以全员参与为基础，目的在于通过让顾客满意和本组织所有成员及社会受益而达到长期成功的管理途径。

(三)质量控制

国家标准对“质量控制”的定义是：为达到质量要求所采取的作业技术和活动。

园林建设的产品质量的产生、形成和实现有个过程，在此过程中为使产品具有适用性，需要进行一系列的作业技术和活动，必须使这些作业技术和活动在受控状态下进行，才能生产出满足规定质量要求的产品。质量控制要贯穿项目施工的全过程，包括施工准备阶段、施工阶段、交工验收阶段和保修阶段。

二、全面质量管理的程序

质量管理和其他各项管理工作一样，要做到有计划、有措施、有执行、有检查、有总结才能使整个管理工作循序渐进进行，保证工程质量不断提高。通常采用所谓“PDCA 循环方法”对项目施工过程中的生产、技术和管理进行控制。该法就是先有分析，提出设想；安排计划，按计划执行。执行中进行动态检查、控制和调整，执行完成进行后总结处理。PDCA 分为四个阶段，即计划(P)、执行(D)、检查(C)、处理(A)阶段。见图 4-4-1。

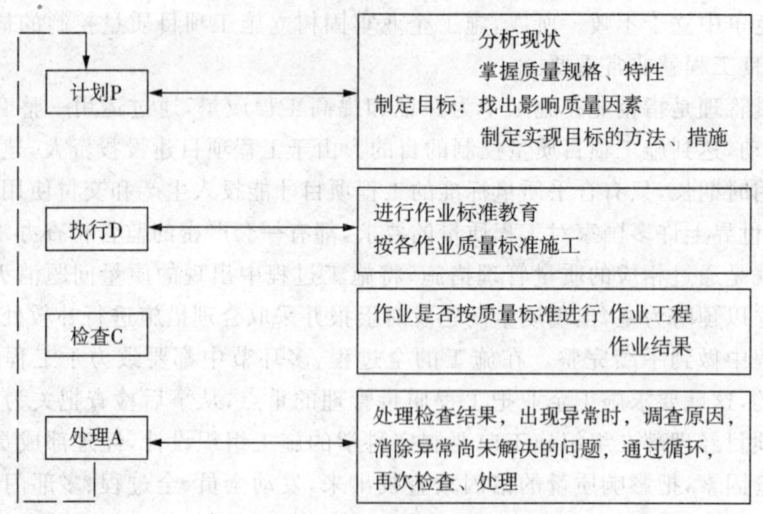

图 4-4-1　质量管理程序

三、全面质量管理的步骤

全面质量管理是指在企业生产活动中，企业中所有部门，所有组织，所有人员都以产品质量为核心。把专业技术，管理技术，数理统计技术集合在一起，建立起一套科学严密高效的质量保证体系，控制生产过程中影响质量的各类因素。从而能以优质的工作、最经济的办法生产或提供满足用户需要的产品的全部活动。在施工企业的全面质量管理中具有施工全过程管理、全企业管理和全员管理的特点，通过采用预防为主和数据说话的观点严格质量控制，有效地控制影响产品质量的因素。通过建立质量管理体系，在条件适宜时积极申请加入 ISO9000 系列标准。ISO9000 系列标准是国际公认的质量管理体系标准，它是供世界各国共同遵守的准则。贯彻该标准强调的是由公正的第三方对质量体系进行认证，并接受认证机构的监督和检查。

施工企业在园林建设施工过程中，推行全面的质量管理就是要求施工项目经理部或整个企业所有部门、成员全员参与，通过制定出的一系列完整的规章制度。对施工过程各项目施工内容建立关键工序质量管理控制点，建立严格的质量管理体系。具体而言有以下几步工作必须做到。

第一步，制定推进规划。

第二步，建立综合性的质量管理机构。

第三步，建立工序管理点。在工序作业中的薄弱环节或关键部位设立管理点，保证园林建设项目的质量。

第四步，建立质量体系。

第五步，开展全过程的质量管理。即施工准备工作、施工过程、竣工交付和竣工后服务的质量管理。

四、施工质量控制的依据与程序

(一)施工质量控制的依据

施工质量控制的主要依据是工程承包合同文件，包括委托监理合同和施工承包合同文件；项目施工设计文件，包括施工图纸和图纸会审会议纪要；国家和地方政府有关工程施工质量管理方面的法律法规文件，如《建筑法》、《建设工程质量管理条例》和《建筑业企业资质管理规定》等；国家有关质量检验与控制的专门技术法规性文件，包括工程项目施工质量验收标准、有关工程材料、半成品和构建质量控制方面的专门技术法规性依据，如：

《钢筋混凝土用热轧光圆钢筋》(GB13013－91)、《型钢验收、包装、标志及质量证明书的一般规定》(GB2101－89)等；控制施工作业活动质量的技术规程；新技术、新材料、新工艺的技术鉴定书及有关数据、指标等；园林绿化工程大树移栽技术规范等。

(二)施工质量控制的程序

施工项目质量控制的工作程序见图 4－4－2。

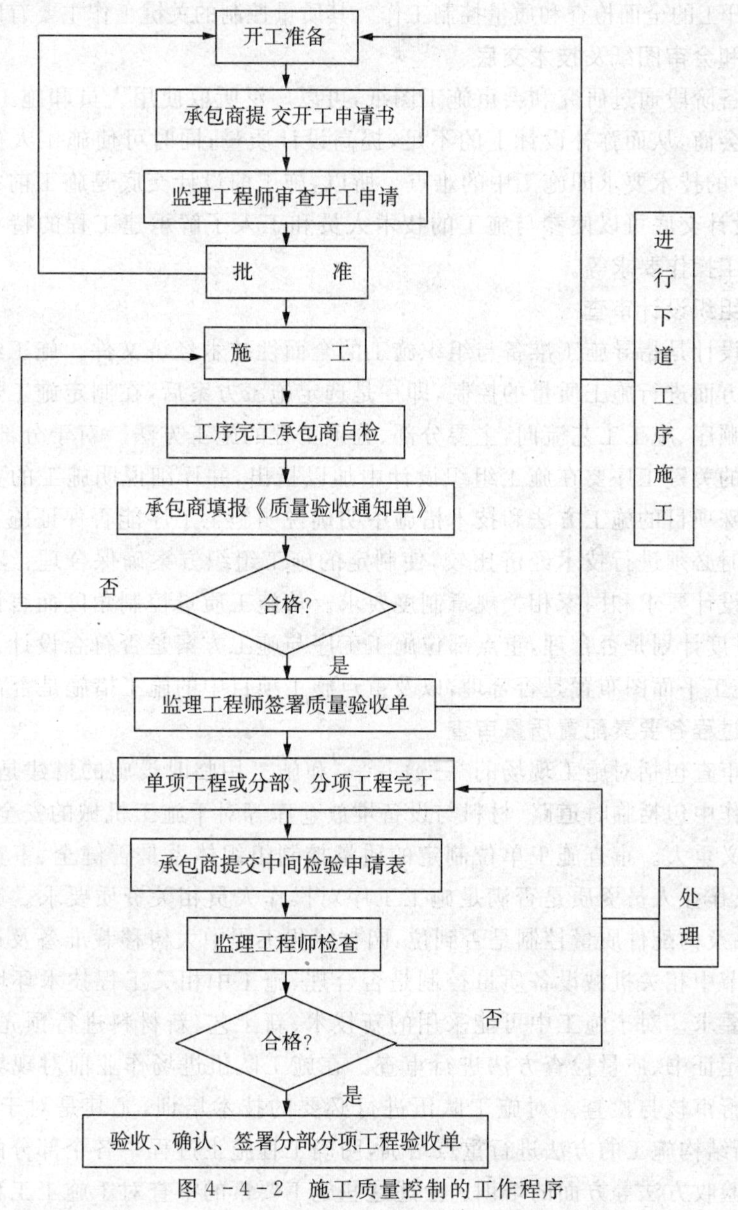

图 4－4－2　施工质量控制的工作程序

五、施工准备阶段的质量控制

建设工程施工准备是为了保证园林施工正常进行而进行的事先工作。施工准备阶段的质量控制工作不仅在工程开工前要做好，而且要贯穿整个施工过程。其目的就是确保施工生产顺利进行，确保工程质量符合要求。

从施工前质量管理和控制的角度看，要求项目经理部对所有合同和技术文件、报告进行详细的审阅，审核项目施工报告并经现场核实，审核施工方案、施工组织设计，有关材料、半成品的质量检验报告，审核设计变更、图纸修改文件，以及制定有关质量问题的处理报告、对施工中采用的新技术、新材料、新工艺进行审核，组织做好设计技术交底，准备好质量管理相关表格。从而做好项目开工的全面检查和质量控制工作。其质量控制的关键工作主要有以下几点。

(一)研究和会审图纸及技术交底

在施工准备阶段通过研究和会审施工图纸，可以广泛听取使用人员和施工人员的意见，发现问题及时会商，从而弥补设计上的不足，提高设计质量；同时可使施工人员充分了解设计意图、施工中的技术要求即施工中的难点。所以，施工前设计交底是施工前一项重要的准备工作，通过设计交底可以使参与施工的技术人员和工人了解承建工程的特点、技术要求、施工工艺及施工操作要求等。

(二)施工组织设计审查

施工组织设计是指导施工准备与组织施工的全面性技术经济文件。施工组织设计制定中要求从两个方面进行施工质量的控制，即一是选定施工方案后，在制定施工进度时必须正确地考虑施工顺序、施工工艺流向，主要分部、分项工程的施工方法。对于分部、分项工程中影响施工质量的关键工序要在施工组织设计中加以指出，并详细说明施工的要点和质量控制参数。在特殊项目的施工方法和技术措施中明确说明施工工序能否保证施工质量。二是制订施工方案时必须进行技术经济比较，使制定的施工组织方案确保合理、经济，确保施工质量满足项目设计要求和国家相关规章制度要求。从施工质量控制角度而言该阶段重点审查施工、施工进度计划是否合理，重点部位施工工序与施工方案是否符合设计及相关规范要求；审核现场施工平面图布置是否合理，以及重点施工项目中的施工措施是否合理等。

(三)施工过程各要素配置质量审查

这方面的审查包括对施工现场的“三通一平”和施工用临时设施的搭建是否到位，因为该阶段准备工作中包括临时道路、材料与设备堆放仓库等对于施工机械的安全进场，材料和设备的安全意义重大。审查施工单位制定的质量控制组织体系是否健全、审查质量管理体系、施工管理及作业人员资质是否满足施工工序对操作人员相关资质要求。审查施工现场原材料、半成品及构配件质量控制是否到位，园林绿化工程中大树移栽准备及运输工作是否齐全。施工环节中相关机械设备质量控制是否合理、施工中相关工程技术环境和现场管理环境是否满足要求。对于施工中可能采用的新技术、新工艺、新材料进行预先审查把关，重点对其技术鉴定证书、质量检查方法进行审查。在施工队伍进场作业前对现场中甲方提供的测量标桩进行审核与检查。对施工队伍进行必要的技术培训，尤其是对于新工艺、新材料、新技术和新结构施工的方法进行重点培训，明确工程施工过程中各个部分的质量要求和重要隐蔽工程验收方法等方面的培训。上述这些施工要素的审查对于施工工程质量控制极为重要，尤其是对项目经理部制定的施工质量控制体系和质量管理体系的审查到位，因为这方面的内容及做法对于整个建设项目的质量形成重大影响。

(四)审查项目开工申请，把好项目开工关

该阶段的工作重点是项目经理部在充分审核开工前准备工作，尤其是施工质量控制工作方案的基础上，写出项目施工开工申请书并提交现场监理部审核、报请建设单位同意开工。

六、施工阶段的质量控制

该阶段质量控制一般是结合对施工组织设计总进度计划和各分部、分项工程施工计划的制订，做出各分部、分项工程施工的工序中相应质量控制计划，并指导施工过程。按照施工组织设计总进度计划，编制出具体的月度和分项工程施工作业计划和相应的质量计划。通过对施工中的材料、机械设备、施工工艺、操作人员、生产环境等影响施工质量的因素进行控制，以保证园林建设之产品总体质量处于稳定的状态。该阶段控制属于施工过程质量控制，是整个施工项目质量控制的重点时期。施工过程中通过对施工中重要工序的巡视、检查，隐蔽工程质量的检查检验，对分部、分项工程质量的验收等程序达到对质量的控制目的。该阶段质量控制的重点过程为：

(一)做好对施工队伍的作业技术交底工作

对施工队伍做好施工环节的作业技术交底工作主要指对作业班组，尤其是重点工作环节中的分部、分项工程的关键工序，施工设计中涉及新技术、新工艺、新材料的关键部位的作业技术进行详细的技术交底工作。并且，施工员、工程师要随时进行作业指导，保证施工队伍中的每一位参与者对施工的过程及其质量控制要素做到心中有数。

(二)施工过程质量控制

在工程施工的过程中项目经理部工程师、技术员必须在场指导工人进行施工，而现场监理部工程师必须采取定时巡视、检查的方式，监理员必须在重要部位的施工中采用旁站、巡视作业方式进行施工质量检查，发现问题随时进行校正；对于隐蔽工程的质量控制尤为重要，因为这部分工程项目会被后续工程项目所覆盖。如果对隐蔽工程的质量检查和控制有所疏忽，会对整个施工工程的质量留下重大隐患，而且在工程返工中会产生更大的经济损失。隐蔽工程只有经过施工单位自查和专业监理工程师复查并测量了工程量后方能被隐蔽覆盖，进入下一道作业工序。

对于施工中专业性较强的工序而言，施工单位工程师检查和现场专业监理工程师的专业检查显得非常重要。只有通过了工程师的专业施工交接检查工作且已经合格后才能进入下道工序的施工。如工业与民用建筑工程中的基坑和钢筋工程施工中，开挖的基坑的深度、直径和岩基状况必须经过工程师现场检查合格后才能将加工好的钢筋体放入基坑；而钢筋工程也需要经过工程师现场检验合格后才能放入模板进行混凝土浇筑工序。园林绿化中的大树移栽工程中，对于树坑的开挖与基床的回填也需要专业工程师现场检验合格，大树树根的修剪、经运输后的大树土球与根系状况经过专业工程师检查后才能进入大树的移栽种植工序。

(三)施工工序的质量控制

施工工序质量控制包括对影响施工质量的五个因素(人、材料、机具、方法、环境)的控制，通过控制使各工序质量的数据波动处于允许的范围内；通过工序检验来判断施工工序是否符合规定的标准，以及是否处于稳定状态。在出现偏差时分析产生偏差的原因并及时采取措施，使之处于允许的范围内。

对直接影响质量的关键工序，对下道工序有较大影响的上道工序(包括隐蔽工程)，对容易造成施工质量不稳定、容易出现不良产品的重要分部(分项)工程的关键工序，对用户反馈和过去有过返工的不良工序都必须设立工序质量控制(管理)点，进行重点工序质量的控制。

对施工质量有重大影响的工序，对其操作人员、机具设备、材料、施工工艺、测试手段、环境条件等因素要进行随机检查分析与验证，并进行必要的控制。同时做好验证记录，以便向建设单位证实工序处于受控状态。工序记录的主要内容为质量特性的实测记录和验证签证。

(四)中间产品的质量控制

工程施工的中间产品一般是指前道的单位工程或分部工程施工结束后，经保养并验收合格后成为后续单位工程或分部工程的基础。如道桥工程中的混凝土浇筑工程完工后经过保养，经过验收合格后作为沥青混凝土铺装的中间产品；市政园林建设工程中的广场地下停车库建设中，停车库的楼板混凝土浇筑工程完工后，经过工程师检查合格与验收后要分别要进入防水工程、渣石铺装、土层回填及种植土回填、或者素混凝土浇筑、广场砖铺装等后续工程的施工。停车库楼板的混凝土浇筑工程就是后续工程的一个中间产品，后期施工中产生的每一个前道工序既是后道工序的隐蔽工程，又可以作为中间产品对待。在园林工程中的雕塑作品、缀石、跌水工程等完成作品也属于中间产品。上述建设工程中形成的中间产品的质量控制对于整个建设工程的质量控制同样非常重要，这些产品完成后必须经过工程师检查合格后方能进入下道施工工序。

(五)分部、分项工程质量验收

对于施工项目中的各分部分项和隐蔽工程在相应施工工作结束后，施工单位项目经理部需要组织专业技术人员通过自查对其工程量、工程质量和施工中的技术资料进行预验收，然后报请现场监理工程师进行验收，监理工程师验收并做好监控记录。对于重要的分部、分项工程，施工单位经过自查合格后各专业工程师会同监理工程师按照施工规范进行验收。对于其他分部、分项工程项目在施工过程中进行不定期的抽检，对抽检中发现的不合格项目作出处理意见及抽检记录。表 4-4-1 是一般分部分项、隐蔽工程及竣工验收记录表。

表 4-4-1　分部分项、隐蔽工程及竣工验收记录表

编制		审核		批准	
日期		日期		日期	
工程验收记录					
序号	条款号	验收内容		验收时间	
1					
2					
3					
……					
……					

(六)设计变更与技术复核的控制

加强对施工过程中提出的设计变更的控制，对于施工阶段出现的与施工项目有关的重大问题引起的变更须经建设单位、设计单位、施工单位三方同意，由设计单位负责修改，并向施工单位签发设计变更通知书。对建设规模、投资方案等有较大影响的变更，须经原批准初步设计单位同意，放可进行修改。所有设计变更资料均需由文字记录，并按要求归档。

在工程施工过程中，常会遇到一些原设计未预料到的具体情况，使得原设计项目无法正常地进行下去，因而发生的设计变更。如工程的管道安装过程中遇到原设计未考虑到的设备和管墩，使得管道等按原设计标高处无法安装等，需改变原设计管道的走向或标高。所以需经设计单位和建设单位同意，办理设计变更或设计变更联络单。这类设计变更应注明工程项目、位置、变更的原因、做法、规格和数量，以及变更后的施工图，经三方签字确认后即为设计变更。

七、竣工验收阶段的质量控制

该阶段与施工质量控制有关的工作内容主要是竣工前施工单位质量检验，包括竣工文件的审核、竣工检查和设备的联动试车等。施工单位先行自检，发现质量问题及时排除解决。并提请建设单位、监理单位参与检查，完成对工程质量的评定。最后报请国家建设管理部门组织项目的竣工验收和质量评定，根据评定中发现质量问题及时整改，并完成技术质量文档审核与归档工作。

工程验收包括单位工程、或分部(分项)工程、单项工程的验收，不论哪种验收其质量控制都应该遵循对影响工程实体质量的五个主要因素进行全面的质量控制原则。期间监理工程师要对施工过程进行全方位的质量监督、控制与检查。

(一)工序间的交工验收工作的质量控制

施工中往往上道工序的质量成果被下道工序所覆盖，分项或分部工程质量成果被后续的分项或分部工程所掩盖。因此，要对施工全过程的分项与分部施工的各道工序进行质量控制。在施工过程中要求班组实行保证本工序、监督前工序、服务后工序的自检、互检、交接检和专业性的“中间”质量检查，保证不合格工序不转入下道工序。当出现不合格工序时，做到“三不放过”(原因未查清不放过、责任未明确不放过、措施未落实不放过)，并采取必要的措施，对于出现不合格工序的质量监控点加强复检防止发再生。

(二)竣工交付使用阶段的质量控制

单位工程或单项工程竣工后，由施工项目的上级部门严格按照设计图纸、施工说明书及竣工验收标准，对工程的施工质量进行全面鉴定，评定等级，作为竣工交付的依据。工程进入交工验收阶段后，应有计划、有步骤、有重点地进行收尾工程清理工作，通过交工前的预验收，找出漏项项目和需要修补的工程，并及早安排施工。还应做好竣工工程产品保护，以提高工程的一次成优及减少返工整修。工程项目经自检、互检后，与建设单位、设计单位和上级有关部门进行正式的交工验收工作。

第五节　施工项目成本控制

一、施工项目成本控制及其形式

施工项目成本是项目经理部在承建并完成施工项目过程中所发生的全部生产费用的总和。

(一)施工项目成本控制的概念

施工项目成本控制是指在施工过程中项目上发生的全部费用的总和,它包括了项目施工中发生的直接成本和间接成本。其中直接成本包括人工费、材料费、机械费和其他直接费;间接成本是指在施工现场发生的现场管理费和临时设施费。由于施工过程中发生的成本属于制造成本,所以施工项目成本控制工作内容应包括施工项目成本预测、计划、实施、核算、分析、考核整理资料与编制成本报告等8个环节。

施工经理部在项目施工的全过程中,为控制人工、机械、材料消耗和费用支出,降低工程成本,达到预期的项目目标,所进行的成本预测、计划、实施、检查、核算、分析及考评等一系列活动即谓施工项目成本控制。

项目经理部是施工成本控制的中心,为此项目经理部应该成立以项目经理为中心的成本控制体系,并将施工中的预测成本按项目部内部各岗位和作业层次进行目标分解并明确各管理人员和作业层的成本责任、权限及相互关系。要求项目经理部对施工中的各种消耗和费用进行责任成本控制,并承担成本风险。项目经理部负责编制施工项目成本计划和目标成本,通过项目管理规划中的措施降低成本。其中的施工预算实际上就是项目经理的成本计划,在该计划中首先要明确降低成本的技术组织措施,其次计算降低成本费用,从而形成分部分项工程预算书和间接成本预算书。预算书中应明确项目经理计划成本,一般计划成本比目标成本更可靠。

(二)施工项目成本的形式

按成本管理的需要,施工项目成本可以分为预算成本、计划成本和实际成本,其基本概念、编制依据及其在施工项目成本控制中的作用见表4-5-1。

表4-5-1　施工项目成本的主要形式

	预算成本	计划成本	实际成本
概念	按项目所在地园林业平均成本水平编制的该项目成本	项目经理部编制的该项目计划达到的成本水平	项目在施工阶段实际发生的各项生产费用总和
编制依据	施工图纸 统一的工程量计算规则 统一的建设工程定额 项目所在地的劳务价格、材料价格、机械台班价格、价差系数 项目所在地的有关取费费率	公司下达的目标利润及成本降低率 该项目的预算成本、施工定额 项目施工组织设计及成本降低措施 行业内同类项目的成本水平等	成本核算

（续表）

	预算成本	计划成本	实际成本
作用	确定工程造价的基础 编制计划成本的依据 评价实际成本的依据	用于建立经理不的实际控制责任制，控制生产费用，加强经济核算，降低工程成本	反映项目经理部的生产技术、施工条件和经营管理水平

二、施工项目成本控制

施工项目的成本主要由施工的直接成本和间接成本两部分组成。其中的直接成本是在施工过程中耗费的人工费用、材料费用、机械使用费和其他费用构成的成本，它们转化成了工程的实体或有利于工程的形成。在工程核算中是能够直接计入成本的费用。间接成本是项目经理部为施工准备、组织和管理施工生产而必须支出的各种费用，它们虽然不直接用于工程项目，但在工程核算中是按一定的标准计入工程成本的。主要包括现场经理部管理人员的工资及其津贴等、现场管理办公费用、职工的旅差费用和福利费用，以及国家强制实行的教育费附加、税金和其他财务费用等。

(一)施工项目成本控制原则

施工阶段的成本控制是园林建筑企业能否有效地进行项目成本控制的关键，项目经理部在组织和控制措施上必须给予高度重视，以期达到提高企业经济效益的目的。一般而言企业在施工阶段进行成本控制的原则有：

1. 全员控制的原则

通过项目经理部全员控制建立项目成本控制体系。因为施工项目成本是施工项目经济效益的综合性指标，它涉及与项目有关的各个部门，同时也与每个员工的切身效益有关。因此，项目经理、各部门、施工队、班组等都负有成本控制的责任。在一定范围内形成所有参与者均享有成本控制的权利网络，在成本控制方面形成业绩与工资挂钩的模式，形成一个有效的项目成本控制责任网络。

2. 动态控制的原则

在施工前进行成本预测，确定目标成本，编制成本计划，制定或修订各项消耗费用和开支标准；在施工阶段则要落实已经制定的成本计划和落实降低成本的措施，建立灵敏的成本信息反馈系统，使有关人员及时获得信息、纠正不利成本偏差。制止不合理开支。在竣工阶段对于已成为定局的盈亏情况，进行成本核算、分析，并对项目经理部进行考评。

3. 目标管理的原则

目标管理是进行任何一项管理工作的基本方法和手段，项目的成本控制也应该遵循这一原则。通过将施工的成本控制目标和责任分解到每一个工序中，通过目标责任到位和执行情况检查、评价和修正目标，从而形成管理的计划、实施、检查、处理循环，最终使得成本目标得以实现。

4. 开源节流的原则

为了提高经济效益，主要通过成本支出和增加预算收入两个方面的工作就是在成本控制中做到的。项目经理部在施工中每发生一笔较大的成本费用，都要核实该费用有无与其相应的预算收入存在支大于出，在分部分项工程的成本核算和月度核算中，也要进行实际成本与预算收入的对比分析。其目的是找出施工中成本节约或超支的原因，纠正项目成本的不利偏差，提高项目成本的降低水平。

（二）施工项目成本控制的内容

施工项目成本控制在项目实施过程各个阶段中主要控制能力的内容见表4－5－2。

表4－5－2　施工项目成本工作内容

项目施工阶段	内　　容
投标承包阶段	对项目工程成本进行预测、决策 中标后组建与项目规模相适应的项目经理部，以减少管理费用 园林施工企业以承包合同价格为依据，向项目经理部下达成本目标
施工准备阶段	审核施工图纸，选择经济合理、切实可行的施工方案 制订降低成本的技术组织措施；项目经理部确定自己的成本目标并进行目标分解 反复测算平衡后编制正式施工项目计划成本
施工阶段	制订落实检查各部门、各级成本责任制 执行集资逆差成本计划，控制成本费用；加强材料、机械管理，保证质量，杜绝浪费 搞好合同索赔工作，避免经济损失；加强经常性的分部分项工程成本核算分析以及月度（季、年度）成本核算分析，及时反馈，以纠正成本的不利偏差
竣工阶段 保修期间	尽量缩短收尾工作时间，合理精简人员；及时办理工程结算，不得遗漏 控制竣工验收费用；控制保修期费用；总结成本控制经验

（三）施工阶段成本控制的有效途径

1. 按照“量、价”分离原则，控制工程直接成本

首先是对材料费的控制，通过认真审核施工图纸并计算出工程量，各施工班组只能在规定的额度内分批领用材料、或者通过改进施工技术和推广降低材料消耗的各种技术措施。施工中坚持材料回收。在现场加强材料消耗管理、减少搬运降低损耗。

其次是合理控制人工费用，根据劳动定额计算用工量、在现场讲解及培训施工技术水平和班组的管理水平，减少和避免无效劳动，提高劳动效率。

再次是控制机械费用，充分利用机械使用效率，尽量减少设备维修和养护人员的数量和零配件的费用。

第四是严格的质量控制，班组将自检工作贯穿到施工的整个过程，项目经理部定期对工程进行质量检测，做到工作以期合格，杜绝返工现象的发生。

2. 精简项目机构、合理配置项目部成员、降低间接成本

按照组织设计原则，因事设职、因职选人，各司其职、各负其责，组建出精干的项目部。

3. 组织连续、均衡有节奏的施工，合理使用资源，降低工期成本

4. 从“开源”原则出发，增加预算收入

施工阶段的成本控制是一项复杂的系统工程，在实际施工过程中应根据不同的工程规模和不同的管理机构和不同的企业灵活应用。

第六节　施工项目安全控制与管理

一、施工项目安全控制概述

安全生产是为了预防生产过程中施工等相关人员伤害、设备损坏等事故发生，保证现场施工人员在生产活动中的安全而采取的各种管理措施和活动。由于建筑施工大多露天作业、高空作业，期间起重和垂直运输作业频繁，作业工程受气候等影响较大，因此安全问题尤为突出，必须做好安全控制工作。园林施工环境大多为开放式环境，周围人员比较复杂，加之施工中常与其他施工工程流水作业和交叉作业。施工的安全问题也不容忽视。一个工程项目的效益、施工质量是与安全生产密不可分的，没有安全保证，没有一个安全的工作环境是不可能创造出优质工程，更无从出效益。为此，国务院关于安全生产先后制定了所谓的“三大法规”，即《工厂安全卫生规程》、《建筑安装工程安全技术规程》和《工人职员伤亡报告规程》对于安全生产有了明确的规定。其中《建筑安装工程安全技术规程》中对于施工过程中的一般安全要求，施工现场、脚手架、土石方工程、机电设备与安装、拆除工程、防护用品使用等，以及施工安全管理，技术措施和施工现场安全作了一系列规定。国家住房与建设部也先后颁布了《施工现场临时用电安全技术规范》、《建筑施工高处作业安全技术规范》、《建筑施工安全检查评分标准》等法规。

园林施工项目的安全控制就是在园林施工过程中项目经理部通过运用科学管理的理论、方法对劳动者行为进行规范，控制劳动对象、劳动手段和施工环境条件，消除或减少不安全因素，使人、物、环境构成的施工生产体系达到最佳安全状态。并为企业创造效益的过程。

安全生产控制点基本原则：管生产必须管安全；安全第一，预防为主的原则；动态控制的原则；全面控制的原则；现场安全为重点的原则。

二、安全管理的主要内容

(一)建立安全生产制度

施工安全生产制度规范一般要包括：安全教育与安全培训管理制度、每周现场安全员联合安全检查制度、每月现场检查制度、班组安全活动日、安全会议制度、工地安全员每周安全例会制度、安全目标管理制度及安全奖惩制度等。

(二)贯彻安全技术管理

强化与规范安全管理制度，实行安全目标管理、发动群众参与事故控制。在具体执行安全管理制度时坚持制度面前人人平等，“对事不对人”是理念。有了好的管理制度还必须有得力人员监督执行。

(三)坚持安全教育和安全技术培训

加强对施工班组的安全意识和安全制度、安全技术的培训对于施工安全非常重要，由于施工工程五要素中的“人”是关键因素。建立和完善班组的安全管理制度并通过班组成员的积极参与，提高班组成员的安全素质为企业安全生产夯实基础。新工人进入岗位前要进行安全教育，特种专业作业也要进行专业安全技术培训，考核合格后方能上岗。要使全体职工经常保持高度的安全生产意识，牢固树立“安全第一”的思想。

(四)组织安全检查

施工项目经理部必须建立定期安全检查制度，明确检查方式、时间、内容分类整改、处罚措施等，尤其是要特别明确工程安全防范的重点部位和危险岗位的检查方式和方法。一般施工项目安全检查的次数：项目大检查每月不少于一次，分部分项工程每半月不少于一次，班组每星期不少于一次。对于检查中发现的不安全因素及时排除，纠正违章作业。不断改善劳动条件，防止工伤事故的发生。

(五)进行事故处理

对于施工过程中发生的事故现场，项目经理部经理理所当然地应该担当事故现场总指挥的重任，与项目部安全员一起及时处理事故并上报现场监理工程师和建设单位。

一般施工过程发生的事故有：坍塌事故、施工人员高空坠落事故、人身触电事故、高空坠落物体打击事故、机械伤害事故、塔吊倾覆事故等涉及施工人员伤亡事故，在这类事故处理中项目经理作为现场总负责人，应及时安排安全员拨打应急救援电话“120”或医院的急救电话，并及时向上级有关部门汇报。及时通知现场监理工程师和业主代表到场，指挥通过项目部生产负责人进行，土建小组人员协助安全员做好现场救护工作，水、电工长协助送伤员的运送和救护工作。对于低压、高压触电事故处理，应使触电者尽快脱离电源，人工辅助呼吸和胸外心脏按压法是在触电者停止呼吸后常用的急救方法。如有脚手架倾覆事故发生，现场架子工长应组织架子工立即拆除相关脚手架，外包队伍应协助清理有关材料，保证现场道路畅通，方便急救车辆的进入……

(六)强化安全生产指标

通过承包合同将安全生产、文明施工指标分解到班组，利用奖惩手段激励施工人员，同时通过加强现场管理与检查达到强化安全生产的目的。这类措施包括：对于按期考核实现文明施工及安全目标的项目经理和成员进行奖励；对于施工过程中出现的诸如缺少安全生产防护设施、存在事故隐患的，存在施工中随意拆毁生产施工设施的项目管理人员、工程已经开工但尚无施工组织设计或施工组织设计中无安全措施的项目负责人进行经济处罚；对于现场不带安全帽、电器人员不穿绝缘鞋、高空作业人员不挂安全带等的对项目经理进行经济处罚；特殊施工及塔吊、脚手架等施工无施工方案、不进行技术交底的对项目经理、安全员等进行经济处罚；对在施工期间公司或社会各级部门检查中达不到建设部《施工安全检查标准》(JGJ59－99)中优良等级的项目经理部经理进行经济处罚等。

在施工过程的安全指标中特别注意以下这些安全技术管理内容，即地基与基础工程施工安全技术、脚手架安全技术、砌筑工程安全技术、起重工程安全技术、物料提升机和施工升降机安全技术、施工用电安全技术、拆除工程安全技术等安全技术管理，对于这些技术在编制施工组织设计时都要详细制定保证安全施工的措施，并保证有专人进行检查和监督。

三、安全管理制度

(一)安全教育制度

对新工人、调换工作岗位的工人和生产实习人员在上岗之前，必须进行岗位教育。特殊工作岗位人员的教育和训练，对于电气、焊接、起重、机械操作、车辆驾驶、大树移栽等特殊工种的工人除进行一般性安全教育外，还必须进行专门的安全操作技术教育训练。对于新进场的工人一般要进行施工安全教育且经过考核合格后才能进入操作岗位。现场安全员必须持证上岗，项目进行年度培训考核，不合格者不得上岗。

(二)安全生产责任制

承包单位与建设单位、总包单位与分包单位之间、公司和项目部之间均应该签订安全生产目标责任书，施工项目部内部建立健全安全生产责任制，施工现场工作人员人数超过 50 人的，必须设置专职安全员并负责管理施工现场安全生产工作。

(三)安全技术措施计划

施工项目经理部在编制施工组织计划时，必须根据工程施工工艺和施工方法编写较全面、具体、针对性强的安全技术措施。对于专业性较强的项目，如打桩、基坑支护与土方开挖、支持模板、起重作业、脚手架、临时用电、塔吊等项目要编制专项安全施工组织设计。根据施工组织设计组织施工，严格督促落实安全措施。施工中发生需要更改方案的，必须经原审批人员统一并形成书面方案。各分部分项进行工程施工时，必须进行分项工程安全技术交底。

(四)安全检查制度

项目经理部必须建立定期安全检查制度，明确检查方式、时间、内容和整改、处罚措施等内容。明确施工过程中工程安全防范的重点部位和维修岗位的检查方式和方法。检查次数：项目大检查每月不少于一次，分部每半月不少于一次，班组不星期不少于一次。各种检查做到每次都有记录，对查出的事故隐患应做到定人、定时、定措施进行整改，并有复查情况记录。对重大事故隐患的整改必须如期完成，并上报公司和项目有关部门。

(五)伤亡事故管理

在施工现场应实行工伤事故定期报告制度和记录。建立事故档案，每月填写工地伤亡事故报告，无伤亡事故也要填写说明，伤亡事故报表有工伤安全管理部门盖章认可。发生伤亡事故必须按规定进行上报，并认真按“四不放过”(事故原因调查不清楚不放过、事故责任不明不放过、事故责任者和群众未受到教育不放过、防范措施不落实不放过)的原则进行调查处理。

对施工中产生的工伤事故进行统计分析，其中工伤事故要在月、季、年报表中进行统计，并形成统计图表和事故及其处理档案。工伤事故频率计算公式为：

$$\text{工伤事故率}(\%)=\frac{\text{一定时间内工伤事故人次数}}{\text{同一时间内平均在册人数}}\times 100\%$$

(六)特殊工程施工的安全管理与检查制度

特殊工程如各类脚手架工程、基坑支护工程、模板工程、施工用电等项目专业组织设计，安全措施及其安全管理、检查制度可以参考相应专业资料。

(七)工程保险

工程保险是指以各种工程项目为主要承保对象的一种财产保险。工程保险的主要险种包括：建筑工程保险、安装工程保险、科技工程保险。

1. 建筑工程保险

建筑工程保险的被保险人大致包括：工程中所有人，即建筑工程的最后所有者、工程承包人、技术顾问，及工程施工所有人和承包人聘请的建筑师、设计师、工程师和其他专业技术顾问。一般在这种保险中应列出常用的保险项目，如物质损失部分、第三者责任和特种风险赔偿等。

2. 安装工程保险

安装工程保险是指以各种大型机械、设备的安装工程为保险标的的工程保险，保险人承保安装期间因自然灾害或意外事故造成的物质损失及有关法律赔偿责任。

安装工程保险的可保标的，通常也包括物质损失、特种危险赔偿和第三者责任三个部分，其中物质损失部分即分为安装项目、土木建筑工程项目、场地清理费、承包人的机器设备、所有人或承包人在安装工地上的其他财产等五项，各项标的均需明确保险金额；特种危险赔偿和第三者责任保险项目与建筑工程保险相似。

3. 科技工程保险

主要指国家特殊行业的工程项目施工中发生的保险项目，如海洋石油开发保险、卫星发射保险、核电站建设保险等。

第七节　施工项目劳动管理

施工项目劳动管理是项目经理部把参加园林施工项目活动的人员作为生产要素，对其所进行的劳动、计划、组织、控制、协调、教育等管理工作的总称。其核心是按着施工项目的特点和目标要求，合理地组织、使用和管理劳动力，培养提高劳动者素质，激发劳动者的积极性和创造性，提高劳动生产率，完成施工合同，获取更大效益。

一、施工项目劳动组织管理的原则

施工项目的劳务组织形式按其劳务类型不同，管理方式也不同。如对于外部输入劳务型的组织管理需要项目经理部签订工程外包、分包劳务合同来进行管理；对于内部劳务型项目经理部要针对企业劳务特点提出要求、标准以及检查、考核方式对劳务进行直接的管理；对于混合劳务型要结合前两种形式综合管理。总而言之，劳动管理一般遵循如表 4－7－1 所列的原则。

表 4－7－1　施工项目劳动力组织管理的原则

原　则	内　容	
两层分离	项目管理人员	●以组织原理为指导，科学定员设岗为标准 ●公司领导审批，逐级聘任上岗 ●依据项目承包合同管理
	劳务人员	●以企业为依托，企业适当保留一些与本企业专业密切相关的高级技术工人，其余劳动力由企业向社会劳动力市场招募 ●企业以项目劳动力计划为依据，按计划供应给项目经理部 ●建筑劳务分包企业是施工项目的劳动力可靠且稳定的来源 ●依据劳务分包合同管理

（续表）

原　则		内　容
优化配置	素质优化	●以平等竞争、择优选用的原则，选择觉悟高、技术精、身体好的劳动者上岗 ●以双向选择、优化组合的原则组合生产班组 ●坚持上岗转岗前培训制度，提高劳动者综合素质
	数量优化	●依据项目规模和施工技术特点，按照合理的比例配备管理人员和各工种工人 ●保证施工过程中充分利用劳动力，避免劳务失衡、劳务与生产脱节
	组织形式优化	●建立适应项目特点的精干高效的组织形式
动态管理	依据和目的	●以进度计划与劳务合同为依据，以动态平衡和日常调度为手段，允许劳动力合理流动 ●以达到劳动力优化组合以及充分调动作业人员劳动积极性为目的
	管理的方法	●项目经理部向公司劳务管理部门申请派遣劳务人员的数量、工种、技术能力等要求，并签订劳务合同 ●项目经理部向参加施工的劳务人员下达施工任务单或承包任务书，并对其作业质量和效率进行检查考核 ●项目经理部应对参加施工的劳务人员进行教育培训和思想管理 ●根据施工任务分为是哪个条件的变化，对劳动力进行跟踪平衡、协调，进行劳动力补充或减员，及时解决劳动力配合中的矛盾 ●在劳务平衡协调过程中，按合同与企业劳务部门保持沟通，人员使用和管理的协调 ●按合同支付劳务报酬，解除劳务合同后，将人员遣归企业内部劳务市场

二、施工项目劳动力组织管理的内容

施工项目劳动力组织管理的内容见表 4－7－2。

表 4－7－2　施工项目劳动组织管理的内容

管理方式	内　容
对外包、分包劳务的管理	●认真签订和执行合同，并纳入整个施工项目管理控制系统，及时发现并协商解决问题，保证项目总体目标实现 ●对其保留一定的直接管理权，对违纪不适宜工作的工人，项目管理部门拥有辞退权，对贡献突出者有特别奖励权 ●间接影响劳务单位对劳务的组织管理工作，如工资奖励制度、劳务调配等 ●对劳务人员进行上岗前培训并全面进行项目目标和技术交底工作

（续表）

管理方式	内　　容
由项目管理部门直接组织的管理	●严格项目内部经济责任制的执行，按内部合同进行管理 ●实施先进的劳动定额、定员，提高管理水平 ●组织与开展劳动竞赛，调动职工的积极性和创造性 ●严格职工的培训、考核、奖惩 ●加强劳动保护和安全卫生工作，改善劳动条件，保证职工健康与安全生产 ●抓好班组管理，加强劳动纪律
与企业劳务管理部门共同管理	●企业劳务管理部门与项目经理部通过签订劳务承包合同承包劳务，派遣作业队完成承包任务 ●合同中应明确作业任务及应提供的计划日数和劳动力人数、施工进度要求及劳务进退场时间、双方的管理责任、劳务费计取及结算方式 ●企业劳务部门的管理责任：保任务量完成，保进度、质量、安全、文明施工和劳务费用 ●项目经理部的管理责任是：在作业队进场后，保证施工任务饱满和生产的连续性、均衡性，保证物资供应、机械配套；保证各项质量、安全防护措施落实、保证及时供应技术资料；保证文明施工所需的一切费用及设施 ●承包责任状根据已签订的承包合同建立，主要有：作业队承包的任务及计划安排；对作业队施工进度、质量、安全、节约、写作和文明施工的要求；对作业队的考核标准、赢得报酬及上缴任务；对作业队的奖惩规定

三、劳动定额与定员

（一）劳动定额

劳动定额是在正常生产条件下，为完成单位工作（产品）所规定的劳动消耗的数量标准。其表现形式有：时间定额和产量定额两种，前者指完成合格产品所必需的时间，后者指单位时间内完成合格产品的数量，而这在数值上互为倒数。

1. 劳动定额的作用

劳动定额是劳动效率的标准，是劳动管理的基础。其主要作用是：

（1）劳动定额是编制施工项目劳动计划、作业计划、工资计划等各项计划的依据。

（2）劳动定额是项目经理部合理定编、定岗、定员及科学组织生产，以及推行经济责任制的依据。

（3）劳动定额是考评个人劳动效率的标准，是按劳分配的依据。

（4）劳动定额是施工项目实施成本控制和经济核算的基础。

2. 劳动定额水平

劳动定额水平必须先进合理。在正常生产条件下，定额应控制在多数工人经过努力能够完成，少数先进工人能够超过的水平上。定额要从实际出发，充分考虑到达到定额的实际可能性，同时还要注意保持不同工种定额水平之间的平衡。

(二)劳动定员

劳动定员是根据施工项目的规模和技术特点，为保证施工的顺利进行，在一定时期内(或施工阶段内)项目必须配备的各类人员的数量和比例。通过对施工项目的劳动定员可以均衡生产、合理用人，对项目实施动态管理；提高全员劳动生产率，也是建立各种经济责任制的前提。

劳动劳动定员方法：

(1)按劳动定额定员，适应于有劳动定额的工作，其计算公式为：

$$某工种的定员人数=\frac{某工种计划工程量}{该工种工人产量定额\times 计划出勤工日利用率}$$

(2)按施工机械设备定员，适应于如车辆及施工机械的司机等的定员，其计算公式为：

$$某机械设备定员人数=\frac{必需的机械设备台数\times 每台设备工作班次}{工人看管定额\times 计划出勤工日利用率}$$

(3)按比例定员，按某类人员占工人总数或其他类人员之间的合理的比例关系确定人数。如普通工人可按与技术工人比例定员。

(4)按岗位定员，按工作岗位数确定必要的定员人数。如维修工、门卫、消防人员等。

(5)按组织机构职责分工定员，适用于工程技术人员、管理人员的定员。

四、施工项目中劳动分配

施工项目劳动分配的方式，见表 4-7-3。

表 4-7-3　施工项目劳动分配方式

支付对象	依据	方式	备注
项目经理部向公司劳务部门支付劳务费	劳务承包合同中约定的劳务合同费	依核算制度按月结算	1. 在承包总造价中扣除： ① 项目经理部现场管理工资额 ② 向公司上缴管理费分摊后，由劳务合同确定劳务承包合同额 2. 在劳务承包合同中扣除： ① 劳务管理部门管理费 ② 劳务管理部门上缴公司费用后，经核算后，向作业队支付
劳务管理部门向作业队支付劳务费	劳务责任状	按月施工进度支付	
作业对象班组支付工资、奖金	考核进度、质量、安全、节约、文明施工等	实行计件工资制	
班组向工人分配	根据日常表现对考核结果进行浮动	实行结构工资制	

第八节　施工项目材料管理

一、施工项目材料管理的概念

施工项目材料管理是项目经理部为顺利完成工程项目施工任务，合理使用和节约材料，努力降低材料成本所进行的材料计划、订货采购、运输、库存保管、供应、加工、使用、回收等一系列的组织和管理工作。

二、施工项目材料的采购与供应

施工项目材料的采购权主要集中在企业法人及其企业决策人手中，即一般由企业建立统一的材料机构并对外向社会建材市场和苗木市场、对内建立企业内部材料市场，对各施工项目所需要的主要材料、大宗材料实行统一计划、统一采购、统一供应、统一调度和统一核算，在企业范围内进行动态配置和平衡协调。所以，对于项目经理部而言，施工项目所需要材料主要来自企业内部的建材市场。

在采购与材料供应中：施工项目所需主要材料、大宗材料（A 类材料），以签订买卖合同的方式由公司材料机构供应；工程所需的周转材料、大型工具等向企业材料机构租赁；小型及随手工具由施工班组在企业内部材料市场自行采购；对于某些企业采购供应计划外的材料（如特殊材料、B 类或 C 类材料）可由承包人授权，项目经理部直接负责采购，项目经理部编制采购计划，报企业材料主管部门批准后按计划采购。当项目经理部远离企业本部时也可在法人授权下由项目部就地采购。

三、材料管理的任务

施工项目的材料管理，一般实行分层管理，即分为管理层材料管理和劳务层的材料管理。

（一）管理层的材料管理任务

主要是确定并考核施工项目的材料管理目标，承办材料资源开发、订购、储运等业务；负责保价、定价及价格核算；制定材料管理制度，掌握供求信息，形成监督网络和验收体系。具体任务有：建立稳定的供货关系和资源基地；组织好投标报价工作，一般材料费占工程造价的 70％，因此在投标报价过程中，选择材料供应单位、合理估算用料、准确制定材料价格，对于争取得标、扩大市场业务范围具有重要作用；建立材料管理制度。

（二）劳务层的材料管理任务

主要是管理好领料、用料及核算工作。具体任务为：属于限额领用时，要在限定用料范围内，合力使用材料，对领出材料负责保管；任务完成后，对领用和租用的材料节约归己，超耗自付。

（三）项目经理部的材料管理任务

项目经理部及时向企业材料机构提交各种材料计划，并签订相应的材料合同，实施材料的计划管理;加强现场材料的验收、储存保管,建立材料领发、退料登记制度,监督材料的使用,实施材料定额消耗管理;大力节约材料,采用代用材料,助于降低材料成本的新技术、新途径和新方法;建立施工项目材料管理岗位责任制。

四、材料供应管理的内容

施工项目材料管理,主要包括园林建设工程所需的全部原料、材料、工具、构件以及各种加工订货的供应与管理。当前,大中型施工项目一般均采用招标的方式进行承包。材料供应管理的主要内容有:

1. 根据招标文件要求,计算材料用量,确定材料价格,编制标书。
2. 确定施工项目供料和用料的目标及方式。
3. 确定材料需要量,储备量和供应量。
4. 组织施工项目材料及制品的订货、采购、运输、加工和储备。
5. 编制材料供应计划,保质、保量、按时满足施工需求。
6. 根据材料性质进行分类管理、合理使用,避免损失和丢失。
7. 项目完成后及时退料和办理结算。
8. 组织材料回收、修复和综合利用。

五、施工项目现场材料管理

(一)施工项目材料计划管理

1. 施工项目材料计划的编制依据

项目经理部编制材料计划的依据如表 4-8-1。

表 4-8-1 项目经理部编制的主要的材料计划

材料计划	编制依据和内容
施工项目主要材料需要量计算	●项目开工前,向公司材料机构提出一次性材料计划,包括总计划、年计划 ●依据施工图纸、预算,并考虑施工现场材料管理水平和节约措施编制材料需要量 ●以单位工程为对象,编制各种材料需要量计划,而后归集总整个项目的各种材料需要量 ●该计划作为企业材料机构采购、供应的依据
主要材料月(季)需要量计划	●在项目施工中,项目经理部影响企业材料机构提出主要材料月(季)需要量计划 ●应根据工程施工进度编制计划,还应随着工程变化情况和调整后的施工预算及时调整计划 ●该计划内容主要包括各种材料的库存量、需要量、储备量等数据,并编制材料平衡表 ●该计划作为企业材料机构动态供应材料的依据
构配件加工订货计划	●在构件制品加工周期允许时间内提出加工订货计划 ●依据施工图纸和施工进度编制 ●作为企业材料机构组织加工和向现场送货的依据 ●报材料供应部门作为及时送料的依据

（续表）

材料计划	编制依据和内容
施工设施用料计划	●按使用期提前向供应部门提出施工设施用料计划 ●依据施工平面图对现场设施的设计编制 ●报材料供应部门作为及时送料的依据
周转材料、工具租赁计划	●按使用期提前向租赁站提出租赁计划 ●要求按品种、规格、数量、需用时间和进度编制 ●依据施工组织设计编制 ●作为租赁站送货到现场的依据
主要材料节约计划	●根据企业下达的材料节约率指标编制 ●要求落实到各有关的分部分项工程施工的技术组织措施中 ●作为向施工班组领发料限额及考核的依据

2. 施工项目材料计划的编制

(1)施工项目材料需要量计划编制

一般以单位工程为对象归集各种材料的需要量。即在编制的单位工程预算的基础上，按分部分项工程计算出各种材料的消耗数量，然后在单位工程范围内按材料种类、规格分别汇总，得出单位工程各种材料的定额消耗量。在此基础上考虑施工现场材料管理水平及节约措施即可编制出施工项目材料需要量计划。

(2)施工项目月(季、半年、年)度材料计划编制

在这类材料计划编制的主要内容是：计算各种材料的需要量、储备量，经过综合平衡确定材料申请、采购量等。

各种材料的需要量的确定是根据生产任务、施工组织技术措施、上期材料计划执行情况和材料消耗定额等，根据上述情况采用直接计算的方法计算出该材料的需要量。即通过公式：

$$某种材料需要量 = \sum(计划工程量 \times 材料消耗定额)$$

库存材料库存量和储备量的确定是根据编制计划时实际库存量加上期初预计到货量再减去期初的预计消耗量来计算的。即通过公式：

$$计划期末储备量 = (0.5 \sim 0.7)经常储备量 + 保险储备量$$

当材料生产或运输受季节影响时，需考虑对材料的季节性储备，其计算公式：

$$季节性储备量 = 季节储备天数 \times 平均日消耗量$$

最终编制出的材料综合平衡表，如表 4－8－2。在平衡表中提出相应的计划材料进货量，即材料的申请量和市场采购量。

表 4-8-2　材料平衡表

<table>
<tr><th rowspan="4">材料名称</th><th rowspan="4">计量单位</th><th rowspan="4">上期实际消耗量</th><th colspan="8">计划期</th><th rowspan="4">备注</th></tr>
<tr><th rowspan="3">需要量</th><th colspan="4">储备量</th><th colspan="3">进货量</th></tr>
<tr><th rowspan="2">期末储备量</th><th rowspan="2">期初库存量</th><th rowspan="2">期内不合用数量</th><th rowspan="2">尚可利用资源</th><th rowspan="2">合计</th><th colspan="2">其中</th></tr>
<tr><th>申请量</th><th>市场采购量</th></tr>
<tr><td></td><td></td><td></td><td></td><td></td><td></td><td></td><td></td><td></td><td></td><td></td><td></td></tr>
<tr><td></td><td></td><td></td><td></td><td></td><td></td><td></td><td></td><td></td><td></td><td></td><td></td></tr>
<tr><td></td><td></td><td></td><td></td><td></td><td></td><td></td><td></td><td></td><td></td><td></td><td></td></tr>
<tr><td></td><td></td><td></td><td></td><td></td><td></td><td></td><td></td><td></td><td></td><td></td><td></td></tr>
<tr><td></td><td></td><td></td><td></td><td></td><td></td><td></td><td></td><td></td><td></td><td></td><td></td></tr>
<tr><td></td><td></td><td></td><td></td><td></td><td></td><td></td><td></td><td></td><td></td><td></td><td></td></tr>
<tr><td></td><td></td><td></td><td></td><td></td><td></td><td></td><td></td><td></td><td></td><td></td><td></td></tr>
<tr><td></td><td></td><td></td><td></td><td></td><td></td><td></td><td></td><td></td><td></td><td></td><td></td></tr>
<tr><td></td><td></td><td></td><td></td><td></td><td></td><td></td><td></td><td></td><td></td><td></td><td></td></tr>
<tr><td></td><td></td><td></td><td></td><td></td><td></td><td></td><td></td><td></td><td></td><td></td><td></td></tr>
<tr><td></td><td></td><td></td><td></td><td></td><td></td><td></td><td></td><td></td><td></td><td></td><td></td></tr>
<tr><td></td><td></td><td></td><td></td><td></td><td></td><td></td><td></td><td></td><td></td><td></td><td></td></tr>
<tr><td></td><td></td><td></td><td></td><td></td><td></td><td></td><td></td><td></td><td></td><td></td><td></td></tr>
</table>

材料申请采购量＝材料需要量＋计划期末储备量－(计划期初库存量－计划期内不合用数量)－企业内可利用资源

在材料平衡表的基础上，分别编制材料申请计划和市场采购计划。

3. 材料计划的组织实施

主要包括做好材料的申请、订货采购工作，使所需全部材料从品种、规格、数量、质量和供应时间上都能按计划得到落实，不留缺口；做好计划执行过程中的检查工作，发现问题及时采取措施，保证计划的实现；加强日常的材料平衡工作。

(二)施工现场材料管理

施工项目现场材料管理的内容见表 4-8-3。

表 4-8-3　施工项目现场材料管理的内容

材料管理环节	内　　容
材料消耗定额	1. 以材料施工定额为基础，发放施工材料和进行材料核算 2. 检查、考核及分析材料消耗定额执行情况，分析定额与实际用料间差异，反映材料消耗情况，提高定额管理水平 3. 根据实际执行情况积累和提供修订和补充材料定额的数据

（续表）

材料管理环节	内　　容
材料进场验收	1. 根据现场平面图，做好材料的堆放和临时仓库的搭设。避免或减少场内材料二次运输 2. 植物材料随到随种，保持成活 3. 根据进料计划组织材料进场，根据送料凭证、质量保证书或产品合格证进行材料数量与质量的把关验收 4. 验收要严格实行验品种、验规格、验质量、验数量的“四验”制度 5. 验收时做好记录，办理验收手续。对不符合计划要求或质量不合格的材料，拒绝验收
材料储存保管	1. 进库材料要建立台账 2. 现场堆放材料必须有相应的防火、防盗、防变质、防损坏措施 3. 现场材料要按平面图布置定位放置、保管处理得当、合乎堆放保管制度 4. 对材料要做到日清、月结、定期盘点、账物相符
材料颁发	1. 严格限额领发料制度，收发料要及时入账上卡 2. 对施工用料按计划进行总控制，实行限额发料 3. 超限用料须事先办理手续，填限料单，注明超耗原因。经批准后方可领发材料 4. 建立领发料台账，记录领发状况和节约超支状况
材料使用监督	1. 组织原材料集中加工，扩大成品供应。要求将混凝土、钢筋、木材、石灰、玻璃、油漆等不同程度地集中加工处理 2. 坚持按分部工程进行材料使用分析和核算。发现问题及时解决，防止材料超用 3. 现场材料管理者应对现场材料使用进行监督、检查 4. 是否认真执行领发料手续、记录好材料使用台账 5. 是否严格执行材料配合比，合理用料
材料回收	1. 回收和利用旧材料，要求实行交旧(废)领新、包装回收、修旧利废 2. 施工班组必须回收余料，及时办理退料手续，在领料单中登记扣除 3. 余料要上报，按供应部门的安排办理调拨和退料 4. 设施用料、包装物及容器等在使用周期结束后组织回收 5. 建立回收台账，处理好经济关系
周转材料现场管理	1. 按工程量、施工方案编报需用计划 2. 各种材料均按规格分别整齐码放，垛间留有通道 3. 露天堆放的周转材料应有限制高度，并有防水等防护措施 4. 零配件要放入容器保管，按合同发放，按退库验收标准回收、做好记录 5. 建立材料使用维修制度 6. 周转材料需要报废时，应按规定进行报废处理

第九节　施工项目机械设备管理概述

一、施工项目机械设备管理

1. 施工项目机械设备管理的概念

施工项目机械设备管理是指项目经理部针对所承担的施工项目，运用科学方法优化选择和配备施工机械设备，并在生产过程中合理使用，进行维修保养等各项管理工作。

2. 施工项目机械设备的管理权限

施工企业如设有企业机械设备管理部门，则该部门应同意管理项目经理部使用的机械设备。如果没有专门部门，至少有专任的机械管理员。对于远离企业本部，到外埠承包施工项目的项目经理部，可由企业法人授权，就地解决施工所需机械设备。

项目经理部的主要任务就是编制机械设备使用计划，报企业审批。负责对进入施工现场的机械设备（机械施工分包人的机械设备除外）做好使用中的管理、维护和保养。

3. 施工项目机械设备的供应渠道

其供应渠道包括：施工企业内部由管理部门从自有机械设备中调配、或从市场上租赁项目所需的机械设备。企业专门为项目购置机械设备，提供给项目经理部使用。将机械施工任务分包给专业队伍。

二、施工项目机械设备的选择

1. 施工项目机械设备选择的依据和原则

由于园林建设工程等项目施工中使用的机械都是从公司内部或机械设备租赁市场上租赁的，所以施工机械选择的依据是：根据项目施工条件、工程特点、工程量大小及工期要求等。选择的原则是：要适用于项目施工的要求、使用安全可靠、技术先进、经济合理。

2. 施工项目机械设备选择的方法

(1)综合评分法

当有多台同类机械设备可供选择时，可以综合考虑它们的技术特性，通过对每种机械特性打分的方法比较其优劣。常用的评分特性有 13 项，并对每个特性划分为几个等级（如 A、B、C 三级），每个等级给予不同的标准分（如 10、8、6 分）。一般这些评分的特性包括：工作效率、工作质量、使用费和维修费、能源耗费量、占用人员、安全性、稳定性、可服务项目多少、设备完好性、维修难易、安拆用难易和灵活性、对气候适应性和对环境的影响等。

(2)单位工程量成本比较法

机械设备使用的成本费用分为可变费用和固定费用两大类。前者又称操作费，它随机械工作时间变化，与操作者工资、燃料费用、小的维修费和直接材料费有关。后者是与使用期间机械的折旧费、大修理费、机械管理费、投资应付利息、固定资产占用费等有关，这种费用是要按期缴纳的租金。单位工程量成本的计算公式为：

$$C=\frac{R+PX}{QX}$$

式中　C——单位工程量成本

R——一定期间固定费用

P——单位时间变动费用

Q——单位作业时间产量

X——实际作业时间(机械使用时间)

(3)界限时间比较法

接线时间(X_0)是指两台机械设备的单位工程量成本相同时的时间。由于单位工程量成本C是机械作业时间X的函数,当A、B两台机械的单位工程量成本相同时,即$C_a=C_b$时,则有如下关系式:

$$\frac{R_a+P_aX_0}{Q_aX_0}=\frac{R_b+P_bX_0}{Q_bX_0}$$

解得界限时间公式:

$$X_0=\frac{R_aQ_a-Q_aQ_b}{P_aQ_b-Q_bQ_a}$$

当A、B两机单位作业时间相同,即$Q_a=Q_b$时,上式可简化为:

$$X_0=\frac{R_b-R_a}{P_a-P_b}$$

上面的公式可用图4-8-1表示。

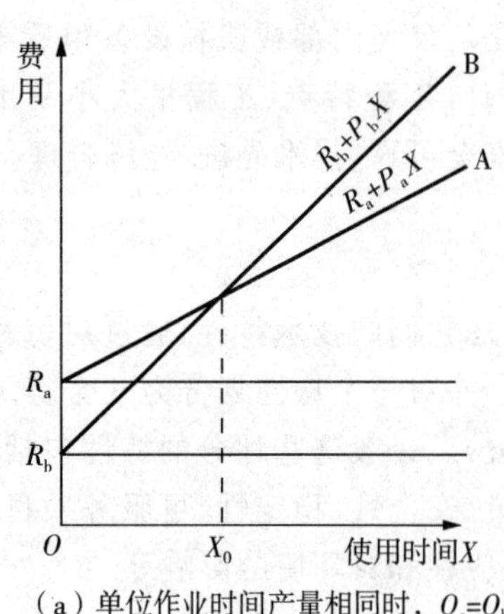

(a)单位作业时间产量相同时,$Q_a=Q_b$

(b)单位作业时间产量不同时,$Q_a\neq Q_b$

图4-8-1　界限时间比较法

由图(a)可知,当$Q_a=Q_b$时,应按总费用多少,选择机械。由于项目已定,两台机械需要的使用时间X是相同的,即

$$需要使用时间(X)=\frac{应完成工程量}{单位时间产量}=X_a=X_b$$

当 $X<X_0$ 时，选择 B 机械；$X\neq X_0$ 时，选择 A 机械。

由图(b)可知，当 $Q_a\neq Q_b$ 时，这时两台机械的需要使用时间不同，$X_a\neq X_b$。在均能满足项目施工进度要求的条件下，需要使用时间 X，应根据单位工程量成本较低者选择机械。项目进度要求确定，当 $X<X_0$ 时选择 B 机械；$X>X_0$ 时选择 A 机械。

(4)折算费用法(等值成本法)

在大型施工项目中由于项目的施工期限长，某些机械需要长期使用，项目经理部可以购置机械，这时就需要考虑机械的原值、年使用费、机械的残值和复利利息等，就可用折算费用法计算。即在预计机械使用的期限内，按月或年摊入成本，选择较低者购买。其计算公式为：

年折算费用＝(原值－残值)×资金回收系数＋残值×利率＋年度机械使用费

其中：$资金回收系数=\dfrac{i\,(1+i)^n}{(1+i)^n-1}$

式中：i——复利率；

n——计划期。

三、施工项目机械设备的使用

在机械的使用过程中，要严格执行机械使用和维护的责任制，实行人机固定；操作人员实行操作证制度，操作人员需经培训、考试，确认合格者发给操作证并持证上岗；在机械施工期间严格执行相关技术规定，遵守技术实验规定，进入现场的机械设备需测定其技术性能，确认合格后才能验收。当在寒冷季节施工时要使用机械设备的冬季使用规定；合理组织配置机械施工，安排好机械设备的流水施工和综合利用，提高单机效率。为机械施工创造良好的施工现场环境，作业前需向操作人员进行安全操作交底；对于机械使用费用实行单机或机组核算；公司机械管理部门建立机械设备档案。

四、施工项目机械设备的保养与维护

施工项目机械设备的保养维护分为：例行保养、定期保养和各种修理，其中例行保养主要是由操作人员在每日(班)工作前、工作中和工作后进行的保养维护，主要进行机械的清洁、运转情况检查、紧固易松脱的螺栓，调整各部位不正常的行程和间隙等。定期保养主要是机械运转到规定的保养定额工时时，停机进行的保养，一般分为四级保养。修理包括零星小修、中修和大修。

第十节　施工项目现场管理

一、施工项目现场管理的概念及内容

(一)施工项目现场管理的概念

施工现场管理时指项目经理部按照国家住房与城乡建设部《建设工程施工现场管理规

定》和城市建设管理的有关法规，科学地安排使用施工现场，协调各专业管理和各项施工活动、控制污染，创造文明安全的施工环境和人流、物流、资金流、信息流畅通的施工秩序所进行的一系列管理工作。

(二)施工项目现场管理的内容

主要包括：合理规划施工用地；科学设计施工总平面图；建立施工现场管理组织；建立文明施工现场等内容。

二、施工项目现场管理

项目经理部应遵照执行国家住房与城乡建设部颁布的《建设工程施工现场管理规定》文件，根据建筑或园林建设项目施工的特点，加强施工现场管理，将施工各要素进行科学、合理地安排，在一定的时间和空间内有组织、有计划、有秩序地开展施工，实现工程项目快速、优质、低耗地完成施工任务。

(一)进行充分的施工准备，合理配置施工资源

"施工准备"是每一个建设项目施工的一个重要阶段。一个工程项目从开始到竣工，需要耗用大量材料，使用许多机械设备，组织安排各工种人力。并且涉及广泛的社会关系，比如，与上级各部门的协调，和周边居民的沟通等。而且还要处理各种复杂的技术问题，协调各种配合关系。因而需要通过统筹安排和周密准备，才能使工程顺利开工，开工后能连续顺利地施工且能得到各方面条件的保证。只有认真做好施工准备工作，才能取得良好的建设效果。具体说需要进行如下工作内容：

1. 组建一流的项目施工人员

要想管好一个施工现场，前提必须有个好的项目管理班子；要想建造精品工程，前提必须有一支素质和技术好的建筑队伍。所以，项目一开始的选人是非常重要的。现场项目部要根据项目的大小，配备施工员、安全员、质量员、材料员、资料员、机管员等管理人员，并根据实际情况，配备后勤人员。

选择一个好的施工队伍，是干好一个项目的关键。由于园林建设项目往往涉及建筑、道路、园林等工程内容，其建设队伍具有小型、施工工人大多数都是地方农民和来自各地的打工者。这些工人素质良莠不齐，班组之间协调不好，就容易发生冲突，影响整个项目工程的进行。所以在选择班组上，尽量选择以前合作过的班组，这些以前合作过的班组之间容易沟通、配合。再加上良好的后勤管理工作，可免去工人的"后顾之忧"，所以说良好的高素质的后勤也是项目开工之时的一个重要的选择。

2. 做好施工物资准备，根据计划合理储备材料

物资的充分准备，是一个工程项目施工形象进度的基本保证，按计划和工序要求的时间施工材料没有进入施工现场，施工生产就无法进行。施工材料按计划时间进场，在施工现场指定地点，按规定方式进行储存或堆放，以满足施工现场文明施工需要和施工现场管理需要。

项目开工准备时，还要依据工程形象进度和施工物资需要量，分别落实货源厂家进行合同评审，安排运输储备，以满足开工之后的施工生产需要。施工物资准备工作要根据施工预算，施工方法和施工进度计划来确定物资需要量和进入施工现场时间，依据物资需要量和进

场批量时间来确定供货厂家签订加工订货供应合同。

3. 合理配置施工机械

在市政和园林工程施工中现代化机械已经大量使用，如何使施工有效地降低成本、提高质量、保证进度，这是当前建设项目发展的主流。在施工过程中，要保持机械组合的相对稳定。根据工程的规模，确定大型机械的使用量。根据现场条件，合理布置机械的位置。

(二)以安全为重点，规范现场，安全第一

安全是每个施工项目管理的重中之重，施工现场的安全，更是现场项目部的第一个管理目标。项目部要确定"以安全管理为重点，规范现场管理"的管理思路，把安全工作放在各项管理工作的重中之重，切实做到安全第一，预防为主。

1. 齐抓共管，全面落实安全生产责任制

在项目开工时，首先要建立健全项目部安全生产保证体系，明确项目经理部的安全生产责任制，健全各安全生产管理制度、教育制度、检查制度、奖罚制度，狠抓安全责任制的落实，从项目负责人到每一名普通职工个个安全有责任，人人有指标，要形成安全工作齐抓共管的大好局面。其次要根据工程规模和特点，配备足够的有充分管理经验的专职安全管理人员，项目经理牵头组织全体职能人员要经常有规律地进行施工现场安全大检查，对检查发现的问题要立即整改，安全员更是要时时处处讲安全、时时处处盯安全、时时处处改安全。

2. 防患未然，制定专项安全生产保证措施

项目部应该根据工程的特点，编制详细的安全管理和职业健康方案，结合所在项目的实际进行重大危险源辨识，列出危险源清单，并制定相应的安全生产保证措施，对重大危险源要进行公示，编制安全生产事故应急救援预案，防患于未然。对深基坑支护、塔吊、人货电梯、模板、洞口临边及临时用电等要编制专项安全施工方案，做到安全管理有的放矢。项目经理要组织项目部有关技术人员进行详细的施工技术交底和现场调查。一方面通过对设计图纸、技术资料的详细讲解、交代，充分了解项目施工的整体状况和难点、重点。另一方面带领施工技术安全责任人员到施工现场进行实地勘察，了解施工场所的环境、施工条件、施工区域的危险因素等等。一个合理、有效的施工安全技术措施并能够在项目施工过程中得到认真的执行是项目得以顺利实施的良好保障。

3. 加强检查，发现隐患及时处理

在整个项目施工过程中开展经常性的安全检查是项目安全管理工作的重要环节。它能够及时发现施工中的隐患，及时发现不文明的行为，及时纠正违章作业并及时对工人进行教育。通过安全检查及时发现问题并及时纠正，项目部的安全管理人员要经常性的安全检查并召开安全例会，对发现的问题及存在的隐患及时整改；公司的安全管理部门要组织进行安全巡检，发现问题后，除教育、整改外，并对安全不良行为进行记录，作为年度考核内容之一。

(三)以质量为中心，创建精品工程，质量为主

施工项目的现场质量管理是一个系统工程，涉及项目管理的各层次和施工现场的每一个操作工人，加上建筑产品生产周期长、外界影响因素多等特点，决定了质量管理的难度大。

施工现场的质量管理方面要始终注重"过程控制"和"细部处理"。一个工程项目的实施过程，工序繁杂，材料众多，只有从源头上控制材料质量、从工序上创建过程精品，狠抓细部，按照"策划先行、过程跟踪、达标验收、奖优罚劣"的管理思路进行全过程质量管理，才能实现

一流的工程质量的目标，最终建成精品名牌工程。具体做到：

1. 建立健全项目质量保证体系，加强技术指导工作

建立健全项目质量保证体系，确定质量目标，进行目标量化分解，形成全员质量管理体系。施工过程中，要加强技术指导工作，使每道工序都要做到有方案、有措施、有交底，明确标准，明确要求。项目部编制切实可行的施工组织设计和分项工程施工方案，施工员要对工人进行详细的操作技术交底，对施工班组工人要进行指导。特别是对后期装饰阶段的分部、分项工程更要进行详细的策划，有的还要进行二次设计，使工程观感不但要达到设计和规范要求，力求质量可靠，观感美观。

2. 把好原材料和半成品的质量关，加强过程控制

所有大宗材料都必须招标采购，对所采购的材料，要检查厂家企业资质、出厂合格证、检验报告对进场材料做好标识，防止不合格的材料混入工程。加强过程控制，严格执行班组自检、专职质量员检、监理工程师检的"三检"制度和工序交接检查制度，隐蔽验收制度。

3. 注重细部处理和成品保护

"细部"一般是指大面积施工以外的细小部位、各分项工程接合部，不同材料、不同做法的交接处。这些部位都是影响质量的重要部位，体现施工管理水平和操作技术的关键部位，做好了能够对整个工程质量起到画龙点睛的效果。

(四)以科学为基础，统筹安排、确保进度

工程进度是合同正常履约的一项重要内容，而且合理安排工期对工程施工质量、施工安全、施工形象、施工成本都有着千丝万缕的关系，一定要做到科学组织、统筹安排，确保工程进度。做到：

1. 科学编制工程施工进度计划，加强计划的落实；
2. 充分履行总包职能，加强沟通和协调；
3. 制定进度奖罚措施。

(五)以成本为核心，降低消耗，增加企业利润

成本管理是施工项目管理中的核心内容，是增加企业利润、扩大企业资金积累最主要的途径，追求效益最大化是施工现场管理的永恒课题，要坚持成本控制开源和节流并重的原则，最大限度地挖掘成本控制的潜力。一般做法是：

1. 明确责任，综合管理；
2. 先算后干，控制成本；
3. 分项管理，节约成本；
4. 动态控制，分析成本。

(六)以节约为原则，以人为本，创建文明工地

1. 坚持科学发展观，建设节约型文明工地；
2. 详细策划方案，建设具有特色的文明工地；
3. 加强后勤保障，营造良好的工人生活环境。

[本章参考文献]

1. 全国二级建造师执业资格考试用书编委会编写．建设工程施工管理(第3版)．中国

建筑工业出版社,2009

2. 苑丽琴．浅谈建设工程施工组织设计．科学之友,2011(17)

3. 赵君鑫,陆银根等．铁路工程施工组织设计．西南交通大学出版社,2009

4. 北京土木建筑学会．建筑工程组织设计与施工方案(第 2 版).2005

5. 刘大军．城镇工程施工组织与管理．合肥工业大学出版社,2010

6. 兰鸣．建设工程施工组织设计优化研究(硕士论文). 北京林业大学,2010

7. 住房与城乡建设部 15 号令．建设工程施工现场管理规定(1991 年 12 月 5 日颁布)

[复习思考题]

1. 建设项目施工组织设计编制的依据与原则是什么?

2. 为什么说园林建设项目施工前准备工作中技术准备非常重要? 技术准备的主要内容有哪些?

3. 简述单项工程、单位工程、分部工程和分项工程的概念与内容。

4. 园林建设项目施工组织总设计的基本程序是什么?

5. 简单叙述表 4-1-2 中施工网络计划的基本信息,其中哪些是现行作业,哪些是后续作业,其逻辑关系式什么?

6. 施工总质量计划、总成本计划等是否是与施工进度计划一同编制的?

7. 施工质量控制点主要在单位工程体现出来,还是在分部(分项)工程中体现出来? 为什么?

8. 施工预算成本、计划成本和实际成本分别在施工项目的哪一阶段出现? 在成本控制中如何分析成本差异,并进行纠错?

9. 简述园林建设单项(单位)工程施工组织设计编制程序。

10. 简述园林施工项目管理的过程与管理内容。

11. 影响施工项目进度的因素有哪些?

12. 施工项目质量控制的依据是什么? 如何进行单项(单位)工程的质量?

13. 施工项目成本控制的工作内容有哪些?

14. 施工项目劳动管理的劳动定额是怎么回事? 其作用是什么?

15. 施工项目管理中施工企业对材料管理遵循的原则和内容有哪些?

16. 如何根据综合评定法确定甲、乙、丙三台机械设备的选择?

第五章　园林建设工程施工监理

本章主要内容：

1. 介绍了建设工程施工监理的基本知识，监理单位在建设工程各阶段的工作内容；

2. 监理单位资质、注册监理工程师资格的获得及其在建设项目中的责任与权利；

3. 在建设工程项目实施阶段中重点介绍了各阶段监理工作的内容，并在施工阶段对于监理的施工图管理、施工组织审查，监理工程师对于施工进度的监理控制、工程投资的监理控制、施工安全的监理等进行了详细的论述。

4. 在本章中同时对于施工阶段监理工程师的责任与权利进行了界定，使之做到“公正、独立、自主”地执行国家建设领域的各项法规，保护建设项目参与各方的正当权利。

本章教学难点与实践内容：

1. 监理单位、注册监理工程师在园林建设工程项目的职责与权利概念是本章的重点，施工阶段监理工程师对于施工图管理、施工组织设计的审查，施工中对于承建施工单位施工进度控制、施工质量检查验收、施工成本的控制，以及施工合同的管理程序和方法是本章的难点。其中对于承建单位施工组织计划的审查指标，施工过程中对承建施工单位施工质量的控制方法、施工进度控制和成本控制方法，及监理工程师的职责与权限必须领会。以便在今后的工作中学会与监理工程师打交道和配合建设单位、监理单位的方法。

2. 教学过程中可以利用多媒体手段将承建施工单位编制的施工组织计划的审定程序、方法，施工过程中监理工程师对施工进度、质量和成本，合同管理中的职责与权利介绍清楚。

3. 实践课内容：通过案例分析了解监理工程师对于园林建设工程施工组织计划审核的方法。

建设工程监理也叫工程建设监理，属于国际上业主项目管理的范畴。它是指具有相应资质的工程监理企业，接受建设单位的委托，承担其项目管理工作，并代表建设单位对承建单位的建设行为进行监控的专业化服务活动。国家原建设部和原国家计委与 1995 年 12 月 15 日印发了《工程建设监理规定》，并于 1996 年 1 月 1 日起执行。规定中明确指出，为了确保工程建设质量，提高工程建设水平，充分发挥投资效益，在建设项目中引进建设工程监理这一主体，并且规定国家在大、中型工程项目、市政、公用工程项目、政府投资兴建和开发建设的办公楼、社会发展事业项目和住宅工程项目和外资、中外合资、国外贷款、赠款、捐款建设的工程项目必须委托监理单位，依据国家批准的工程项目建设文件、有关工程建设的法律、法规和工程建设监理合同及其他工程建设合同，对工程建设实施监督管理。工程建设监理的主要内容是控制工程建设的投资、建设工期和工程质量；进行工程建设合同管理，协调有关单位间的工作关系。其特性主要表现为监理的服务性、科学性、独立性和公正性。

第一节　建设监理概述

监理是依照相关法律准则，由某执行机构或其执行者对其管辖事宜范围内的有关行为主体实施监督、控制和管理，维护有关主体的正当行为，在执行监理业务时监督有关部门的违法行为，并采取相应组织协调措施，协助有关主体达到其预定目标的智力服务机构。

建设监理是指国家监理活动的执行者对建设工程参与者的行为进行监督、管理和评价，保证建设行为符合国家法律、法规、技术标准和有关政策，约束和制止建设行为的随意性和盲目性，确保建设行为的合法性、科学性、合理性和积极性，同时对建设过程中的建设进度、投资额度、工程质量按计划（合同）进行有效的控制，实现计划（合同）内容的要求。建设监理监督的对象包括建设单位、设计单位、施工企业、建设项目设备供应单位以及社会监理单位。建设监理的执行者分别由政府的建设管理部门和经过政府有关部门认证、取得资格的监理工程师（或社会监理单位）组成。由于两类执行者的法律地位不同，其执行的职能的性质与内容也不尽相同。为此，前者属政府职能机构的监理也称为政府监理，后者属专业技术服务类的监理，也称谓社会监理单位监理（社会监理）。一般政府监理主要制定监理法规、并依法实施建设领域的建设监理工作；社会监理则在建设项目的准备阶段、建设项目的实施准备阶段、建设项目的施工阶段、建设项目的竣工验收阶段和项目保修阶段实施建设监理工作。通过在实施准备阶段、施工阶段和竣工验收阶段的监理实现对建设项目施工工期目标的控制、质量目标的控制、进度目标的控制和施工合同的管理。

一、政府建设监理

（一）政府建设监理的概念

政府建设监理是指各级政府建设主管部门，对建设单位建设行为的强制性监理和对社会建设监理单位的监督管理。它具有强制性、宏观性和统一性的特点，其监理工作纳入包括：制定建设监理法规和依法实施建设监理两个方面。

（二）政府建设监理的业务内容

1. 制定建设监理法规

建设监理法规是由政府建设主管机关编制，经法规管理部门审定，由部门或政府最高领导人批准后颁布，作为建设监理机构组织和开展建设监理工作的依据。政府建设监理主要业务包括：制定国家或各地政府相关建设市场法规、工程建设法规、工程监理法规、工程建设规范和工程建设定额。

2. 依法实施建设监理

政府监理依法实施的工作包括：根据市场法规审查建设单位招标和发包工程资质、审查设计单位、承建单位投标和工程资质，监督建设单位、设计单位和承建单位的招投标行为的合法性；根据工程建设法规监督承建单位项目管理、安全管理和工程事故处理行为的合法性;根据工程监理法规监督社会建设监理单位和监理工程师资质,监督建设单位和社会建设监理单位行为的合法性;根据工程建设规范监督设计单位和承建单位执行规范行为的合法性;根据工程建设定额监督设计单位、建设单位和承建单位执行定额行为的合法性。

(三)政府建设监理的性质

政府建设监理的性质具有强制性、执法性、全面性和宏观性的特点。

强制性是由于政府管理行为象征国家机器运转这一特征所决定的,代表国家和维护国家利益的管理机构实施的管理行为。因此对于被管理者来说是强制性的,是必须接受的。

政府建设监理区别于通常的行政领导和行政指挥等一般性的行政管理行为,而主要是依据国家政策、法律、方针政策以及国家颁布的技术标准、规范进行监理,并严格遵照规定的监理程序进行监督、检查、许可、纠正、强制执行等权力。政府监理人员每一具体监理行为都必须有充分的法律依据。

政府建设监理是针对整个建设活动的,它覆盖全社会,因此所有建设工程都必须接受政府的监理。就一个园林建设工程项目的建设过程而言,从该项目的立项、设计、施工、指导竣工验收投入使用都必须接受政府的监理,因而这种监理具有监理的全面性。

政府建设监理侧重于宏观的社会效益,其着眼点是保证建设行为的规范化,维护公共利益和参与工程建设各方的合法利益,就一个项目来说,政府监理与监理单位监理是不同的,后者的监理在建设的全过程中是直接的、不间断的监理。

二、监理单位监理

(一)监理单位监理的概念

监理单位监理是指由独立的、专业的社会监理单位,受建设单位(业主或投资者)的委托,对工程建设项目全过程或部分项目建设内容实施的一种专业化管理。

(二)监理单位监理的内容

按国际惯例,监理单位监理的一般任务是确保建设项目的总目标,从目前监理制度发展的过程和发展方向上看,监理单位的工程监理的主要工作内容可概括为所谓的“三控制、三管理、一协调”。“三控制”包括的内容有项目的投资控制、进度控制和质量控制,通过这三种工作内容达到使建设项目的工期目标、质量目标和费用项目合理实现的目的。“三管理”即项目的合同管理、安全管理和风险管理,通过这种管理行为来监督项目实施过程。“一协调”主要指在项目施工阶段由项目现场监理工程师帮助业主监控建设项目施工过程中,各参与主体之间的组织协调工作。

社会建设监理的主要任务就是通过对建设项目的四大目标管理的控制而实现,这种控制包括项目工期目标控制、质量目标控制、费用目标控制、合同管理,为此监理单位现场监理部首先是要根据合同委托的工作内容明确建设项目施工中的有关施工工期、质量、费用的目标,然后在项目的实施过程中跟踪目标、并根据发现的偏差进行纠偏工作,保证项目按期、保质和经济有效地完成。

根据我国建设监理法规有关规定,监理单位监理在建设项目实施各个阶段的主要工作内容如表 5-1-1 所示。

表5-1-1 监理单位监理的内容

建设监理阶段	监理工作内容
1. 建设项目准备阶段	(1)投资决策咨询 (2)进行建设项目可行性研究和编制项目建议书 (3)项目评估
2. 建设项目实施准备阶段	(1)组织社查获评选设计方案 (2)协助建设单位选择勘察、设计单位，签订勘察、设计合同并监督实施 (3)审查设计概(预)算 (4)在施工准备阶段协助建设单位编制招标文件，评审投标书，提出定标意见，并协助建设单位与中标单位签订承包合同；核查施工设计图
3. 建设项目施工阶段	(1)协助建设单位与承建单位编写开工报告 (2)确认承包单位选择分包单位 (3)审查承包单位提出的施工组织设计、施工方案 (4)审查承建单位提出的材料、设备清单及所列的规格与质量 (5)监督、检查承建单位严格执行工程承包合同和工程技术标准、规范 (6)调解建设单位与承建单位间的争议 (7)检查已确定的施工技术措施和安全防护措施是否实施 (8)主持协商工程设计变更(超过合同委托权限的变更需报建设单位决定) (9)检查工程进度和施工质量，验收分项分部工程，签署工程付款凭证
4. 建设项目竣工验收阶段	(1)督促整理合同文件和技术档案资料 (2)组织工程的竣工预验收，提出竣工验收报告 (3)核查工程决算
5. 建设项目保修维护阶段	负责检查工程质量状况，鉴定质量责任，督促和监督保修工作

(三)监理单位监理遵循的原则

监理单位受业主委托对建设工程实施监理时，应遵循的基本原则是"公正、独立、自主"的原则。监理工程师在建设工程监理中必须尊重科学、尊重事实，组织各方协同配合，维护有关各方的合法权益。业主与承建单位虽然都是独立运行的经济主体，但他们追求的经济目标有差异，监理工程师应在按合同约定的权、责、利关系的基础上，协调双方的一致性。只有按合同的约定建成工程，业主才能实现投资的目的，承建单位也才能实现自己生产的产品的价值，取得工程款和实现盈利。

一般监理单位监理在执行监理工作时应遵循的原则有：

1. 监理单位和监理工程师执业资质审查的原则

监理单位是建筑市场的主体之一，建设监理是一种高智能的有偿技术服务。社会建设监理单位在从事建设监理业务之前，必须经过有关主管部门对其资质进行审查并取得相应《资格等级证书》，并按照证书中批准的监理范围承接监理业务，不得超越范围或等级实施监理。而对于监理工程师从业资格国家实行注册认证的管理制度，监理工程师必须是经过全国建设监理主管部门考核确认，或经过全国统一考试合格取得资格并经注册取得"监理工程师岗位证书"的专业技术与管理人员，否则不得以监理工程师名义从事建设监理业务。每年由国家住房与城乡建设部相关部门及下属监理协会组织注册监理工程师注册考试；水利部、交通部等部委和部分省、市、自治区也进行相应的注册考试制度，并分别取得相应注册资格。只有取得国家或部分省、市的注册认证资格的工程师才具有监理工程师执业资格。

2. 监理工程师必须坚持独立、公正和科学的原则

国家原建设部和原国家计委在 1995 年 12 月 15 日印发《工程建设监理规定》中明确规定：从事工程建设监理活动，应当遵循守法、诚信、公正、科学的准则。按照国际惯例，社会建设监理单位的各级负责人和监理工程师不得在政府机构或施工、设备制造、材料供应单位任职，监理单位也不得时施工、设备制造和材料供应单位的合伙经营者或有经营隶属关系。监理单位从事监理业务时，必须守法、诚信、公正、科学及具备基本职业道德。

3. 监理项目实行总监理工程师全权负责的原则

总监理工程师是工程监理全部工作的负责人。监理单位根据合同要求建立和健全项目部的总监理工程师负责制，明确总监理工程师与各专业监理工程师的权、责、利关系，健全项目监理机构，具有科学的运行制度、现代化的管理手段，形成以总监理工程师为首的高效能的决策指挥体系。

4. 监理单位监理实行有偿服务的原则

监理单位监理是偏于专业技术咨询服务类，在社会监理单位接受建设单位的监理任务时，应该收取监理酬金，并应在监理委托合同中加以明确。根据有偿服务的原则，监理单位在建设项目的实施过程中获得其相应的经济收益。

5. 综合效益的原则

建设工程监理活动既要考虑业主的经济效益，也必须考虑与社会效益和环境效益的有机统一。建设工程监理活动虽经业主的委托和授权才得以进行，但监理工程师应首先严格遵守国家的建设管理法律、法规、标准等，以高度负责的态度和责任感，既对业主负责，谋求最大的经济效益，又要对国家和社会负责，取得最佳的综合效益。只有在符合宏观经济效益、社会效益和环境效益的条件下，业主投资项目的微观经济效益才能得以实现。

(四)监理单位应具备的条件

社会监理单位是技术密集型企业，是依法成立的法人，除有自己的名称、组织机构、场所、必要的财产和经费外，还必须具有与承担监理业务相适应的人员素质、监理手段、专业技能和管理水平。只有符合条件的监理单位经申请并得到政府有关部门的资格认证，确定监理范围，并经工商行政管理机关注册登记，取得营业执照，成为可以从事工程建设监理业务的经济实体，才能从事工程建设监理业务。

(五)社会建设监理单位的资质等级及业务范围

社会建设监理单位的资质分为甲级、乙级、丙级，其各自标准如下：

1. 甲级(可以跨地区、跨部门监理一、二、三等的工程)

甲级资质监理单位由取得监理工程师资格证书的在职高级工程师、高级建筑师或者高级经济师作单位负责人,或者由取得监理工程师资格证书的在职高级工程师、高级建筑师作为技术负责人。单位中取得监理工程师资格证书的工程技术人与管理人员不少于50人,且专业配套,其中高级工程师和高级建筑师不少于10人。注册资金不少于100万元。具有监理过5个一等工民用建筑项目或2个一等专业、交通建设项目的业绩。

2. 乙级(只能监理本地区、本部门二、三等的工程)

乙级资质监理单位由取得监理工程师资格证书的在职高级工程师、高级建筑师或者高级经济师作单位负责人,或者由取得监理工程师资格证书的在职高级工程师、高级建筑师作为技术负责人。单位中取得监理工程师资格证书的工程技术人与管理人员不少于30人,且专业配套,其中高级工程师和高级建筑师不少于5人、高级经济师不少于2人。注册资金不少于50万元。具有监理过5个二等一般工民用建筑项目或2个二等专业、交通建设项目的业绩。

3. 丙级(只能监理本部门三等的工程)

丙级资质监理单位由取得监理工程师资格证书的在职高级工程师、高级建筑师或者高级经济师作单位负责人,或者由取得监理工程师资格证书的在职高级工程师、高级建筑师作为技术负责人。单位中取得监理工程师资格证书的工程技术人与管理人员不少于10人,且专业配套,其中高级工程师和高级建筑师不少于2人、高级经济师不少于1人。注册资金不少于10万元。具有监理过5个三等以上工民用建筑项目或2个三等专业、交通建设项目的业绩。

(六)监理单位与建设单位、承建单位、质量监督站的关系

1. 建设单位与监理单位的关系

建设单位与监理单位作为建设工程的主体之一,它们在合同关系上看二者是平等的合同约定关系、是委托与被委托的关系。合同已经确定,建设单位在项目施工期间不得干涉监理工程师的正常工作。

监理单位依据合同中建设单位授予的权力行使职责,公正、独立地开展工程监理工作。在项目管理的实施过程中,总监理工程师应定期根据监理委托合同的业务范围向建设单位报告工程进展情况、承建单位在施工中存在的问题,并提出建议和打算。

总监理工程师在项目实施过程中,严格按建设单位授予的权力,执行建设单位与承建单位签署的建设工程施工合同,但无权自主变更建设工程施工合同。当有不可预见或不可抗拒的因素时,总监理工程师认为需要变更工程施工合同时应向建设单位提出建议,协助建设单位与承建单位协商变更建设工程施工合同。

总监理工程师在工程建设项目的实施过程中是独立的第三方,当建设单位与承建单位之间在执行建设工程施工过程中发生争议时,须提交总监理工程师调解,总监理工程师在接到调解要求后,必须在30日内将处理意见书面通知双方。如果双方或其中任何一方不同意总监理工程师的意见,在15日内可直接请求当地建设行政主管部门调解,或请当地经济合同仲裁机构仲裁。

工程监理是有偿服务活动,其酬金及计提办法,由建设单位与监理单位依据所委托的监

理内容、工作深度、国家或地方的有关规定协商确定，并写入监理委托合同。

2. 监理单位与承建单位的关系

监理单位与承建单位之间是监理与被监理的关系，承建单位在项目实施中必须接受监理单位的监督检查，并为监理单位开展工作提供方便，按照合同要求为监理单位要求提供完整的施工原始记录、检测纪录等技术、经济资料。监理单位应为项目的实施创造条件，按时按计划做好监理工作。监理单位与承建单位在施工工程中的关系可以总结为以下三点，即：

(1)建设单位在监理单位入驻前将监理的内容、总监理工程师的姓名、所授予的权限等书面通知承建单位。

(2)监理单位与承建单位间没有合同关系，监理工程师对项目实施中行使的权力来自于建设单位的授权和建设单位与承建单位为甲、乙方的建设工程合同中已经事先予以承认，以及国家建设监理法规赋予监理单位的职责。

(3)监理单位是存在于签署建设工程施工合同的甲乙双方之外的独立一方，在工程项目实施过程中，监督合同的执行，体现其公正性、独立性和合法性，因此监理单位不直接承担工程建设中进度、造价和工程质量的经济责任和风险。

3. 监理单位与质量监督站的区别

(1)监理单位与质量监督站的性质不同。监理单位对工程的日常活动进行检查、监督和管理等社会服务活动既有强制性、又有非强制性的一面。而质量监督是政府对建设工程进行质量检验和评定质量等级的行政行为，工程质量监督站代表政府行使政府职能，是执法机构，其工作具有强制性。

(2)工作的广度和深度不同。质量监督站主要代表政府把好工程质量关，其工作范围限于工程质量的监督。而社会监理是按照建设单位委托对整个建设项目的前期、设计阶段、施工招标阶段、施工阶段和保修阶段进行的监理。在施工阶段监理的具体内容是控制工程建设的投资、建设工期和工程质量，进行工程建设的合同管理和信息管理，协调有关单位间的工作关系。

在工作深度上，工程质量监督站主要是以抽查为主，而社会监理单位则通过设立由总监理工程师、监理工程师和监理工作人员组成的监理组进驻现场，采取不间断地监控工程施工活动。

(3)工作的依据和控制手段上的区别。工程质量监督站和社会监理单位都是按照和遵守国家政策、法规和技术标准对工程质量进行检查和验收。但工程质量监督站还可以依据国家和地方有关行政法规和手段给某些违章施工单位予以通报、警告、返工、罚款等处分，而监理单位只能根据施工合同和监理委托合同开展工作，并使用合同约束的经济手段，如采取是否签证确认，是否支付工程款等措施，这是与质监站的处分上的本质的区别。

三、监理工程师

监理工程师是岗位职务，是指经全国统一考试合格，取得《监理工程师资格证书》，并经监理工程师注册机关注册，取得《监理工程师岗位证书》的工程监理人员。

监理工程师不得以个人名义私自承接建设监理业务，也不得为未取得监理资质证书的单位实施监理业务的技术服务。监理业务只能由取得《监理资质证书》的单位承接，监理工程师只能服务于取得《监理资质证书》的监理公司、监理事务所等单位，才能开展工程建设监理业务。

监理工程师的工作与一般工程技术人员的工作不同，它不仅要解决工程建设中的技术问题，还要处理建设工程施工合同中的经济问题，调解工程建设过程中有关方面的争议等。因此，监理工程师为适应工程建设监理工作的需要，比一般工程技术人员应该具有更高的要求和更好的素质。

我国工程建设监理规定明确了我国工程项目建设监理实行总监理工程师负责制。总监理工程师行使监理合同赋予监理单位的权限，全面负责受委托的监理工作。总监理工程师在授权范围内发布有关指令，签认所监理的工程项目有关款项的支付凭证。项目法人不得擅自更改总监理工程师的指令。总监理工程师有权建议撤换不合格的工程建设分包单位和项目负责人及有关人员。总监理工程师要公正地协调项目法人与被监理单位的争议。可见，根据国家法律法规和监理合同赋予的监理权限，现场总监理工程师在工程施工监理中承担着巨大的压力。

(一)监理工程师的责任

在工程施工阶段，监理工程师要根据国家的法规、技术标准、设计文件、监理合同、建设工程施工合同等，对工程项目施工的全过程进行监督、管理。其责任有控制工程建设的投资、建设工期和工程质量，进行工程建设合同管理，协调有关单位间的工作关系。在工程项目施工的不同阶段，监理工程师具体的责任和任务有：

(1)协助业主考察、选择、确定施工队伍，并参与合同谈判；

(2)有权发布开工令、停工令、复工令以及在授权范围内的其他指令；

(3)认可承包单位编制的施工组织设计或施工方案；

(4)有权要求撤换不合格的工程建设分包单位和工程项目建设负责人及有关人员；

(5)在工程实施中，及时进行隐蔽工程的验收、签证；

(6)审查有关材料的性能、质量与操作工艺，监督有关工程试验；

(7)签认工程项目有关款项的支付凭证；

(8)处理有关工程变更事项；

(9)处理有关索赔事项；

(10)参加工程质量事故调查、分析和处理；

(11)参加或检查分项工程、分部工程和单位工程的质量评定工作，对单位工程质量写出评估报告；

(12)签发竣工验收证明书。

(二)监理工程师的权利

在一般情况下，业主应赋予监理工程师以下权利：

(1)施工技术的核定权；

(2)材料设备和工程质量上的确认权与否决权；

(3)计划进度与建设工期上的确认权与否决权；

(4)工程款支付与结算上的确认权与否决权；

(5)施工组织协调上的主持权。

在特殊情况下，如出现了危及生命、工程或财产安全的紧急事件时，监理工程师有权指令承建单位实施解除这类危险的作业，或必须采取其他的措施。另外，除在建设工程施工合同和监理合同中明确规定外，监理工程师无权解除合同规定的承建单位的任何权利和义务。

第二节　建设监理业务的委托

一、建设监理业务委托的方式

园林建设工程项目实施建设监理，建设单位可直接委托某一个社会建设监理单位来承担，也可以采用招标的方式来选出社会建设监理单位。建设单位即可以委托一个社会建设监理单位承担工程项目建设全过程的监理任务，也可以委托多个监理单位分别承担不同阶段的监理。监理单位接受监理委托后，应在开始实施监理业务前向受监工程所在地县级以上人民政府建设行政主管部门备案，接受其监督管理。同时，建设单位要与监理单位签订监理业务委托合同。建设单位要与监理单位商定监理权限，并在合同中明确监理单位的权限，以确保建设监理业务的顺利实施。同时，建设单位也要将其所委托的社会监理单位、监理内容、总监理工程师姓名与赋予的权限一并以书面通知承建单位。监理项目组入住工地后，总监理工程师也应将授予监理工程师的有关权限通知承建单位。

在建设工程监理实施过程中，监理工程师应进驻施工现场，并定期向建设单位报告工程进展情况。其间，建设单位与承建单位签订的承包合同，在未经建设单位授权时，监理单位是不能变更的。当建设单位与承建单位在执行合同中如发生争议，应当提交监理工程师调解，只有当调解不成时，才报请工程所在地县级以上人民政府的建设行政主管部门及至当地经济合同仲裁机构仲裁。

建设单位委托社会监理单位承担监理业务时，要与被委托方签订监理委托合同，其主要内容包括监理工程对象、双方权利和义务，监理费用，产生争议时的解决方式等。已经签订的合同不得擅自解除或变更，如要解除或变更合同时，也要经合同双方协商，达成新的协议后才能解除或变更。

为了适宜建设监理事业的发展，住房与城乡建设部已在全国范围内推行“工程建设监理委托合同示范文本”。该文本中有“工程建设监理委托合同”及附合同的“工程建设监理委托合同标准条件及专用条件”。

二、监理项目实施程序

(一)成立项目监理机构

监理单位根据投标活动获得工程项目监理业务并签订合同后，根据合同内容监理单位应根据建设工程的规模、性质、业主对监理的要求，委派称职的人员担任项目总监理工程师，总监理工程师是一个建设工程监理工作的总负责人，他对内向监理单位负责，对外向业主负责。

监理机构的人员构成是监理投标书中的重要内容，是业主在评标过程中认可的，总监理工程师在组建项目监理机构时，应根据监理大纲内容和签订的委托监理合同内容组建，并在监理规划和具体实施计划执行中进行及时的调整。

(二)编制建设工程监理规划

在监理单位参与某项建设工程的监理业务投标过程中，根据项目特点和规模监理单位需编制出工程监理规划。建设工程监理规划是开展监理活动的纲领性文件。

(三)制定各专业监理实施细则

项目监理机构进驻施工现场后，现场监理部应及时制定出监理项目各专业监理实施细则，并报送建设单位备案。

监理实施细则应由专业监理工程师编制，经总监理工程师批准，在工程开工前完成，并报建设单位核备。监理实施细则应分专业编制，体现该工程项目在各专业技术、管理和目标控制方面的具体要求，以达到规范监理工作的目的。

(四)规范化地开展监理工作

监理工作的规范化体现在：

(1)工作的时序性。这是指监理的各项工作都应按一定的逻辑顺序先后展开。

(2)职责分工的严密性。建设工程监理工作是由不同专业、不同层次的专家群体共同来完成的，他们之间严密的职责分工是协调进行监理工作的前提和实现监理目标的重要保证。

(3)工作目标的确定性。在职责分工的基础上，每一项监理工作的具体目标都应是确定的，完成的时间也应有时限规定，从而能通过报表资料对监理工作及其效果进行检查和考核。

(五)参与工程验收、签署建设工程监理意见

建设工程施工完成以后，监理单位应在正式验交前组织竣工预验收，在预验收中发现的问题，应及时与施工单位沟通，提出整改要求。监理单位应参加业主组织的工程竣工验收，签署监理单位意见。

(六)向业主提交建设工程监理档案

建设工程监理工作完成后，监理单位向业主提交的监理档案资料应在委托监理合同文件中约定。如在合同中没有作出明确规定，监理单位一般应提交：设计变更、工程变更资料，监理指令性文件，各种签证资料等档案资料。

(七)监理工作总结

监理工作完成后，项目监理机构应及时从两方面进行监理工作总结。即及时向业主提交的监理工作总结，其主要内容包括：委托监理合同履行情况概述，监理任务或监理目标完成情况的评价，由业主提供的供监理活动使用的办公用房、车辆、试验设施等的清单，表明监理工作终结的说明等。并向监理单位提交的监理工作总结，其主要内容包括：监理工作的经验，监理工作中存在的问题及改进的建议。

三、建设工程监理工作内容

监理委托合同的主要内容包括监理工程对象、双方权利和义务，监理费用，争议问题的解决方式等。另外，在监理过程中建设单位对已签订的委托合同不得擅自解除或变更，如要解除或变更合同时，也必须经双方协商，达成新的协议后才能解除或变更。

第三节　建设项目实施准备阶段的监理

建设项目实施准备阶段的各项工作非常重要，它直接关系到建设项目是否能达到优质、低耗和如期建成并发挥效益。在项目开始阶段由于建设单位新组建，存在组织机构不健全、人员配备不足或业务不熟悉等问题，加上建设单位急于将建设项目推入实施阶段。使得建设项目的实施准备工作不充分而造成先天不足，或使投资超支、质量欠佳等。如果建设单位人力不足或业务不熟，可以将该阶段的工作委托给社会监理单位来承担。这些工作如勘察与设计监理，采购方面的监理，工程招标、合同管理等方面的监理工作。

园林建设项目建设实施准备阶段往往包括组织准备、技术准备、现场准备、法律与商务准备，这部分准备工作都可以委托社会监理来完成或实施。

一、建设项目建设实施准备阶段的监理工作内容

与建设项目实施准备阶段特点相关，该阶段监理工作的内容主要是给建设单位提供项目决策、协助建设单位取得建设批准手续，提供与建设项目有关的市场行情信息，协助与指导建设单位做好施工方面的准备工作。也有将设计阶段的监理工作放在建设项目实施准备阶段的监理工作中。可以看出该阶段的监理工作内容主要为项目的咨询与建议为特征。

在建设项目的规划、可行性研究报告阶段，监理工作的主要内容体现在协助建设单位取得项目的规划、与建设项目有关的市场行情调研、可行性报告的制定和项目报告的批准等方面。

在建设项目勘察阶段的监理任务是根据监理合同中赋予监理单位的权限，确定勘察任务书，确定勘察工作与委托勘察单位，并协助建设单位与勘察单位协商合同及签订委托合同，为勘察单位提供相关基础材料，监督管理勘察过程中的质量、进度及费用，审定勘察报告等。

在建设项目设计阶段的监理任务是了解建设单位的投资意图并根据投资意图制定其监理工作计划，编制设计大纲(或设计纲要)，与建设单位商讨确定对涉及建设项目的相关单位的委托方式、选择设计单位，参与设计单位对涉及方案的优选，检查、督促设计过程中设计合同的实施，对设计进度、质量和设计造价进行控制，设计费用支付的签署，设计文件的验收等。

施工前对施工现场的材料、设备等的采购实施监理工作，重点审核材料与设备清单，对材料、设备质量、价格等进行比较，确定生产单位并与此谈判，对进场的材料、设备质量进行检验，对采购合同进行管理。

在施工进场准备阶段的监理主要内容是拟订计划，协调施工现场与外部环境的各种关系。

确定园林建设工程施工任务委托书，草拟工程招标文件、组织招标工作，参与施工合同的谈判。

二、工程勘察的监理工作内容

(一)勘察前监理工作内容

勘察前监理工作按合同要求主要是编审勘察任务书。通过委托勘察任务,将勘察任务作为建设项目设计前的任务交与勘察单位。在勘察任务书编制出来后对此进行审查和拟订勘察进度计划。在委托勘察任务时,通过拟订勘察招标文件、审查勘察单位的资质,选定勘察单位后商定合同条件、参与合同谈判。在协议或合同签订后即与建设单位提出支付定金。

(二)开勘准备阶段的监理工作内容

该阶段主要是为勘察单位准备基础资料,审查勘察单位提出的勘察纲要。在审核时主要审查勘察纲要是否符合合同规定,勘察单位能否兑现合同要求。在大型或复杂的工程勘察中还要会同设计单位对勘察纲要进行审核。

(三)现场勘察阶段的监理工作内容

勘察开始后监理工作的内容主要是对勘察单位的勘察进度、勘察质量和勘察报告进行监督检查。检查其人员、设备是否按计划进场,实际勘察的速度是否与预测的勘察进度一致。在勘察过程中操作是否符合规范,勘察点、线有无偏、错、漏项,勘察时的钻探深度、取样位置及样品保护是否规范得当等。当勘察内容完成合同规定项目并上报勘察结果后,监理的内容转到检查勘察报告的完整性、合理性、可靠性和实用性上,以及勘察报告的深度是否满足设计工作的需求,根据勘察进度按合同规定签署勘察费用的支付。

(四)勘察成果利用阶段的监理工作内容

勘察完成后,将勘察报告交业主并转到设计单位,根据设计单位和相关技术部门要求,对于需要补充勘察的资料监理工程师要对勘察单位签发补充勘察通知书,并申请建设单位同意增加补勘的费用。该阶段还要协调勘察单位与设计、施工单位的配合,及时将需要补充的勘察要求及时签发补充勘察通知书,而将补充勘察得到的勘察报告提交设计与施工单位,以作为设计、施工的依据。

三、设计阶段的监理工作内容

(一)接受建设单位委托设计监理任务

监理单位在接受监理业务委托时,先要深入了解建设单位的投资意图,然后与委托的建设单位接触洽商即将承担的监理业务工作内容、任务,明确监理的范围。如果达成协议并接受建设单位建设项目监理委托,签订合同后监理单位即成立项目监理组,确定总监理工程师和各专业监理负责人,明确监理工作重点和工作方式,制订设计监理工作计划和进度计划。

(二)设计准备阶段的监理任务

该阶段监理工作的主要任务是根据合同中建设单位委托的工作内容,组织和协助建设单位完成项目设计前有关项目规划、报批和用地申请等工作,使项目尽快能够进入设计阶段。具体任务包括:

(1)协助建设单位向城市规划部门申请规划设计条件通知书(申请书中简要论述建设的意图、构思,并附建设项目的批准文件、用地许可证及拟建设项目的地址等)。在取得措施规划部门提出的规划设计条件咨询意见表后,即向有关部门咨询承担该项目的配套建设意见,协助建设单位领取城市规划部门发出的规划设计通知。

(2)协助建设单位编制设计纲要。根据已经批准的建设项目的可行性研究报告和选址报告,进行设计纲要的编制。主要阐明云林建设项目的性质、功能和建设宜居,详细说明建设项目确切的设计要求。介绍项目与社会、环境的关系,建设单位的财务计划限制,要求设计的范围与设计深度、进度,以及应该交付的设计文件。

(3)委托设计。委托设计的方式有三种,即一是直接指定某一设计单位;二是通过设计方案竞赛选择设计单位;三是通过招标委托。对于工业与民用建筑工程、道路与桥梁,以及较大型的园林建设项目通常采用招标方式。在项目设计的招标工作中,监理工程师要制定招标细则,发出招标通知,编写招标文件,确定评标组成人员与评标标准。审核参与投标的设计单位资质及信誉情况,组织招标、评标、决标,与中标设计单位进行合同谈判与签订,确认设计分包单位,编写设计任务书。

(4)准备设计需要的基础资料。这些基础资料主要是:经批准的设计任务书、规划设计通知书。规划部门批准的地形图、建设总平面图和现状图,当地气象、风向、风荷、雪荷及地震级别、水文地质和工程地质报告。"三废"处理要求及其他建设项目的限制。

(三)设计阶段的监理任务

设计阶段的监理工作的核心是协助建设单位给设计单位提供设计中所需要的基本文件资料,检查和督促设计单位的设计进度和质量。该阶段监理任务体现在以下几点:

(1)参与设计单位的设计方案比较,以优化设计;

(2)配合设计进度,及时提供设计需要的基础性资料,协调设计与政府有关部门的关系;

(3)协调各设计单位和各设计之间的关系;

(4)对设计进行进度、设计质量、设计的投资和履行合同的情况进行监督检查。该阶段主要监督检查设计单位的设计进度,通过与设计单位商定设计出图计划,并对照计划检查设计单位是否有力量能够完成设计任务。在设计质量的监督方面主要是检测设计各专业之间的配合及设计成果的配套上,在质量方面主要检查各阶段的设计文件依据的资料的可靠性、数据的准确性,以及与国家标准、规范的一致性和设计深度是否适合。按设计专业或分项工程确定项目的投资比例以便能够投资建设工程项目的总投资,进行项目的造价估算,预测工程造价与材料价格的趋势,审查概算,并签发支付设计费用。最后还要检查设计单位在设计成果、设计深度、设计质量、设计进度等方面的合同履行情况。

(5)设计变更管理。主要审查设计变更的必要性,以及因设计变更而在费用、时间、质量、技术等方面的可行性,并考察需要增加的设计费用问题。

(四)设计成果验收阶段的监理任务

1. 设计方案的审核

园林建设工程设计方案的审核包括对总体方案的审核和专业设计方案的审核。对总体方案的审核内容有:设计依据、设计规模、用地平衡、总体布局、功能景观分区、道路管网、设施配套、建设期限、投资概算等的可靠性、合理性、经济性、美观性、先进性和协调性,是否满足原决策要求的质量目标和水平。专业设计方案的审核内容有:设计方案的各阶段设计参数、设计标准、功能和使用价值方面是否满足安全、美观、经济、实用、可靠等要求。

2. 主要设备、材料清单的审核

主要是审核设计中选用的相关设备的型号、质量要求，设备产地及其在建设项目中的适应性，选用植物材料的实用性和合理性等。

3. 概预算的审核

主要审核设计预算中工程量、取费标准、相关费率的计算方法等的正确性与合理性。

4. 图纸审核

图纸审核分初步设计图纸、技术设计图纸和施工图的审核。审核初步设计图纸，要检查工程所采用的技术方案是否符合总体方案的要求，以及是否达到项目决策所要求的质量标准、景观效果；审核技术设计图纸，主要审核专业设计是否符合预定的质量标准和要求；审核施工图纸，主要分别对建筑、结构、给排水、电气、供热、采暖、绿化等专业的施工图进行审核，看其设计的功能、材料的选择、平面与竖向的布局等是否合理和符合质量要求。

(五)设计图纸的交底与会审

图纸交底与会审是在施工阶段进行的，也就是在施工单位接到施工图纸后，组织设计单位作技术交底和组织施工、建设等单位技术人员对设计图纸进行会审。对会审中发现的问题要责成设计单位修改。

(六)设计监理的依据

园林建设工程设计的监理依据主要有：

(1)《公园设计规范》、《风景区设计规范》及其他现行的国家颁布的工程设计、工程建设的有关政策、法规与标准；

(2)建设项目设计阶段的监理委托合同；

(3)批准的选址报告；

(4)城市规划部门批准的有关文件；

(5)建设单位为有关设计阶段提供的工程地质、水文地质的勘察报告；

(6)当地的气象、土壤、地震灾害等自然条件；

(7)设计需要的有关资料和各种定额。

四、工程招投标监理

在建设单位对园林建设工程施工项目实行招标前，项目总监理工程师应协助建设单位做好各项准备工作，并向当地招标活动主管机构提出招标申请。协助建设单位编制招标文件、招标标底，并组织投标、开标、评标和定标等各项工作。协助建设单位签订承包合同并就该合同条款是否正确反映主要施工监理权限和内容进行审查和提出意见。协助建设单位对分包单位进行资格审查和认可。

五、现场监理

园林建设工程开工前，监理工程师必须对有关工程项目进行充分的现场调查，从而掌握现场情况。

(一)现场边界线的确认

工程开工后,现场条件就会产生变化,因此监理工程师应该在工程开工后及时与工地相邻单位、土地占有者、有关部门、合同的业主取得联系,及时确认现场边界,以减少施工中的外界干扰因素。

(二)场地周围设施的调查

确认场地周围各种地下埋设物(上下水道、煤气、电气电缆、电话电缆、通讯电缆),各种地上设施(各种检查井、电线杆、电话杆、护栏等)及现状树的位置、数量并绘制调查事项的平面实测图。会与需要保护、拆迁或拆除的设施要协助建设单位与有关单位联系,采取措施。

(三)周围道路的调查

主要调查了解道路宽度、路面材质、交通流量、道路法规(通信时间、擦亮限制、载重限制、停车限制等),以研究施工中所需材料、设备的运入运出时间。必要时对于运输线路上的桥梁、人行桥等的加固需要与道路管理单位及公安交警协商进行维护加固、修复,以及确认使用条件。

(四)相邻建筑物的调查

要尽量详细地调查现场相邻建筑物、构筑物、地下构筑物的资料(建设时期、构造状况、基础状况、桩的类型及资金、长度和施工方法)及其施工方法等资料,从中选择可供参考的资料。

施工中要充分考虑工程施工可能给相邻建筑物带来的损伤,出现这种情况就会出现索赔及对相邻建筑物进行补强加固等的要求。因此,在项目开工前最好与相邻建筑物所有者进行协商,以便对建筑物的原状进行调查并拍成原状照片,以确认建筑物的原状。

(五)位于海岸、湖岸、河岸的场地

当施工项目位于海岸、湖岸、河岸地带时,还应该去调查水体的高低潮的水位,尤其是最低潮水位、历史上洪水高潮水位,以及台风受害记录等。施工主页时的风速、风向等信息。

(六)气候及风土人情的调查

主要调查风向、风速、降雨量、极端高温天与极端低温时段,北方地区冻土冻胀土壤的深度等以及当地的人文、风土人情。

(七)场地内埋设物及地下障碍物的调查

随着各地城市化进程的不断加快,各地对城市市区都进行了在开发。在拆除地上建筑物的过程中对与已经拆除的建筑物的基础、地下构筑物、桩基管线的现状不是非常清楚,因此对于这些埋设物及地下障碍物通过挖深坑、实测和拍照等方式进行记录很有必要。尤其是在旧城区、旧厂房再开发中,还会出现历史文物、战争中的武器遗留物品等。对于上述埋设物及地下障碍物,已经构成施工的障碍物的需要及时弄清楚并报告有关部门、协商清楚处理作业。

(八)工程用水、排水的调查

首先要确认项目施工高峰期间的用水量,然后调查市政供水能力及高水位的水压是否充分。工地周围排水管道的最大排水量是多少,施工中能否直接利用市政排水管道进行排水。如果工地远离市政供水管道,需要打井供水时,调查当地地下水资源情况;或者考虑长距离供水时的取水管道直径的选择。

某些施工项目如果地处山区，还需要调查在施工现场是否存在山洪冲击的情况，如有就必须采取相应的措施。

(九)工程用动力电的调查

首先要编制施工现场的用电计划，若满足不了施工高峰时的最大用电容量时，要事先采取措施，向当地供电部门申请架设供电设备，以免影响工程施工。

(十)周围地区的特殊条件调查

通过调查施工现场相邻建筑物的用途，尽量避免施工对相邻建筑物使用者生产、生活的不良影响，同时避免施工现场周围的特殊条件可能对工程施工产生的不利影响。

(十一)材料供应情况调查

施工前充分了解当地建材市场、绿化苗木市场行情变化情况，对施工中需要的大量或主要材料的供应情况(包括品种、规格、质量、数量、价格等)进行调查。根据建设单位对建设工程特殊材料使用要求，建材品种清单在当地或周围市场中做调研。对于承包单位上报的建材品种和绿化苗木品种清单及其价格信息，更需要做详细的市场调研，以便在价格审核和施工图预算审核及竣工决算审核中掌握主动权。

第四节　建设工程施工阶段的监理

一、施工图的管理

施工图是工程施工的主要依据，因此在工程施工中，必须严格依图纸施工。监理工作中施工图管理是其项目管理的一个重要内容和有效手段，对质量、进度、投资控制起到重要作用。而就全国的监理市场来看，实施设计阶段建设监理的工程项目寥寥无几。由于设计阶段没有监理，使得一些由于设计原因造成的工程项目质量、投资、进度等方面的问题在施工阶段得不到彻底解决或不能够解决，而造成许多不必要的浪费和损失。因为设计阶段，是具体工程项目建设的起点和项日开发目标具体化的第一步，它对于整个工程项目目标的实现，无论从工程的质量，还是从工程投资或进度来说，都具有重大影响和举足轻重的决定性作用。所以，在委托建设监理的园林建设工程中，监理工程师要注意施工图管理这一重要工作。

在施工图管理工作中，监理工程师主要需抓住以下工作：

(1)督促设计单位按照合同的规定，及时提供一定数量、配套的施工图。并规定施工图交接中健全的手续，图纸的目录及数量均有交接双方人员签字。

(2)组织图纸会审与技术交底。图纸会审是施工者在熟悉图纸过程中，对图纸中的一些问题和不完善之处，监理工程师提出一些合理化建议。设计单位设计师再据此建议进行解释或修改，以使施工者了解设计意图和减少图纸差错。

施工图设计阶段监理工作的重点在设计质量的控制上，它是施工图管理的核心。一般该阶段监理工程师质量控制的程序见图 5-4-1。

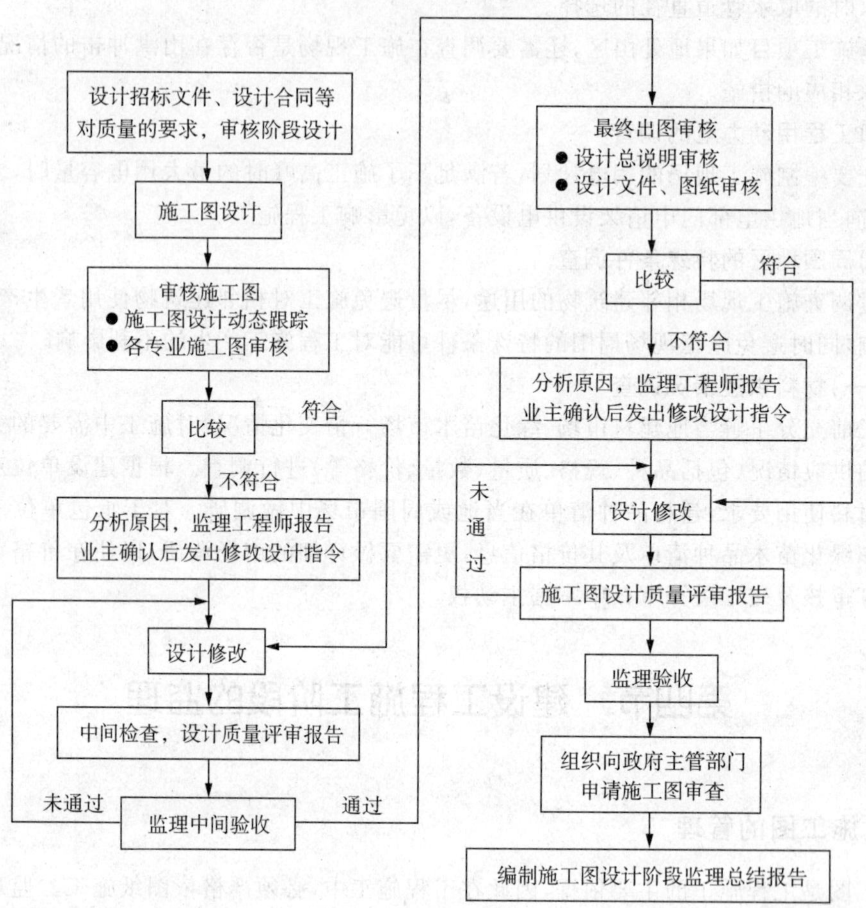

图 5－4－1　施工设计阶段监理资料控制程序框图

二、施工组织设计审查

施工组织设计是由施工单位负责编制的，是选择施工方案、指导和组织施工的技术经济文件。施工单位可以根据自己的特长和工程要求，编制既能发挥自己特长，又能保证建设工程顺利施工的施工组织设计。如果施工组织设计资料欠佳，就不能达到指导施工的作用。为此监理工程师要对施工单位编制的施工组织设计进行审查。

(一)施工组织设计的主要内容

应包括以下几方面：

1. 工程概况

包括工业与民用建筑、市政和园林建设概况，如建设单位情况、项目建设地址、工程性质、工程造价、工期等，以及主要建筑物的建筑设计及建筑结构的概括。

2. 施工条件

包括建设场地施工前期准备情况，如“三通一平”状况、电路接口、施工现场周围环境等；市政和园林建设施工场地的地形、地貌、地质、土壤状况、气象条件；建筑材料和设备的交通运输条件；物资供应条件；水、电、路，场地及周围环境等。

3. 施工部署及施工方案

施工部署即对整个建设项目全局性的战略意图，施工方案是单位工程或某分项工程的施工方法。审查施工单位编制的施工组织设计方案，就是通过施工方案的技术经济分析，从中选出适宜的施工质量、进度和安全的最佳方案。

4. 施工进度计划及各种物资、材料供应计划

5. 施工平面图

审查施工平面图设计中各种施工机械、材料堆放、施工中生产与生活用房设置是否满足施工要求等。

6. 主要施工技术及组织措施

主要审核施工单位施工组织设计方案中包括保证工程质量、降低工程成本以及安全施工的技术措施和组织措施。

7. 主要技术经济指标

项目主要经济技术指标如劳动力均衡性指标、劳动生产率、机械化程度、用工量、工程质量优良率等。

(二)监理工程师要对施工企业编制的施工组织设计进行审查

监理工程师主要审查施工组织设计是否符合国家或地方相关法规及技术规范和标准，是否符合工程承包合同的规定，是否具有可操作性，是否符合应遵守的原则。如审查施工组织设计安排顺序是否符合施工技术和工艺要求，是否与选择的施工方法、采用的施工机械相协调，是否考虑了施工组织和工程质量的要求，是否考虑了当地气象条件，是否符合安全施工的要求等。

在施工方案审核时要审核在施工措施和方案中是否考虑了保证质量这一重要前提，施工进度安排是否合理和综合平衡，对工程中使用的材料、设备是否有严格的检验制度。在整个工程建设中是否能够有健全的质量保证体系和质量责任制，是否有严格的竣工验收检查制度等。

三、工程质量监理

(一)工程质量控制方式

如果建设单位已经委托监理单位对建设项目进行全过程的监理，监理工程师对工程质量的控制就要从项目的可行性研究开始，贯穿项目规划、勘察、设计和施工的全过程。工程进入施工准备阶段，监理工程师要对施工图实施管理和对施工组织设计进行审查。对工程中拟采购的材料、设备清单进行审查、认可。对参与施工的人员、设备及拟采用的施工技术方案进行监督检查和审定。但目前我国建筑领域的建设监理一般都是施工阶段的监理，所以当园林建设工程进入施工阶段时，监理工程师对工程质量控制的方式主要有以下两种：

1. 督促承建单位健全质量保证体系

施工企业应建立健全的质量保证体系，才能使建设的工程项目每一个工序、每一个分项工程、分部工程，每一个单位工程均处于工程师控制之中。因此，监理工程师应特别注意参

加建设的每个承建单位的质量保证体系是否健全，对每一个质量保证体系还不健全的承建单位，要督促其尽快建立、健全质量保证体系；另一方面更要严格地、认真地进行监督检查。

2. 严格依据标准和合同规定进行检查

依靠委托合同监理工程师对施工工程质量进行检查，每一个分项工程，乃至分项工程中某些重要工序都要进行检查，只有经过检查确认后，施工单位才能进入下一个分项工程或下一道工序的施工。尤其是隐蔽工程的施工中，监理工程师在施工单位检查的基础上实施检查验收，确认签收后施工单位才能进入下道工序的施工。未经过监理工程师检查确认的，监理工程师可以对承建单位提出的付款申请书拒绝签证。

该阶段监理工程师对工程质量检查的内容主要有：施工过程是否按经审定的施工组织设计（或方案）进行施工；对某些隐蔽工程进行预检；对进场材料、设备进行质量把关；对现场操作工人的操作质量进行巡视检查；对一些分项工程中的主要工序进行质量检查；对主体的重要结构部位、重要的、关键的分项工程，以及对关键的设备安装进行微观的严格的检查；收集技术档案资料；一旦发生质量事故，要参与事故的调查与处理；检查施工的原始记录是否真实、完善；参与竣工验收检查和工程质量评定工作。

（二）质量监理的组织与职责

1. 组织形式

根据国家工程监理规定和建筑法，监理单位在工程项目的监理机构一般设有总监理工程师，再按若干分项、分部工程的专业监理工程师及监理员。或者在一个项目中设有总监理工程师，再按单位工程设监理组或监理工程师及监理员。他们根据监理合同和国家法律法规赋予的权力进行施工工程的监理活动。

2. 职责范围

监理人员对施工质量的监理，除需要在组织上健全外，还需要建立相应的职责范围与工作制度，使监理人员明确在施工质量控制中的主要职责。监理工程师的主要职责有：负责检查和控制工程项目的质量，组织单位工程和隐蔽工程的验收，参与施工阶段的单位工程、分部（分项）工程的中间验收；审查工程中使用材料、设备的质量合格证和复验报告；审核和控制项目的有关文件；审核工程的工程月进度付款的工程数量和质量；组织对施工单位的各种申请进行审查并提出处理意见；收集与保管工程项目的各项记录；负责编写单项工程施工阶段报告，以及季度、年度工作计划和总结；签发工程项目的通知以及违章通知和停工通知。

（三）施工质量监理的责任制度与工作制度

在施工中，监理工程师为了能使其对工程质量始终处于控制中，需要监理一些责任制度与工作制度。涉及监理工程师的责任制度主要包括：现场监理工程师责任制；图纸会审制度；材料、构配件、设备质量检验制度；隐蔽工程检查验收制度；设计变更、技术核定审批制度；分项、分部工程质量检查验收制度；工程质量事故与缺陷处理制度；单位工程交工验收制度；质量整改通知等文件管理制度和质量监理的会议制度。

（四）监理工程师对质量的处理

在园林建设施工过程中，因各种因素都会发现施工中会或多或少地存在程度不同的质量问题。因此，监理工程师在监理过程中一旦发现施工中存在有质量问题时就要立即进行处理。一般常用的处理方式包括：

1. 处理的程序

对于已经发现的施工质量问题，监理工程师即以质量通知单的形式通知承建单位，要求承建单位停止对有质量问题的部位或与该部位有关联的部位的下道工序的施工。承建单位接到质量通知单后，应向监理工程师提出"质量问题报告"，说明质量问题的性质及其严重程度，造成的原因，提出处理的具体方案。监理工程师在接到承建单位的报告后，即进行调查和研究，并向承建单位提出"不合格工程项目通知"，作出处理确定。

对于造成的质量问题，不论是建设单位的还是承建单位自身造成的，承建单位都必须根据监理工程师指示对质量进行修补。如果是承建单位自身的原因，则修补费用由承建单位负责，如果不是则修补所发生的费用按合同条款规定由建设单位负责。

2. 质量问题处理方式

(1)返工重做

凡是工程质量未达到合同条款规定的标准，质量问题较严重或无法通过修补使工程质量达到合同规定的标准时，监理工程师应该作出返工重做的处理决定。

(2)修补处理

工程质量某些部分未达到合同条款规定的标准，但质量问题并不严重，通过修补后可以达到合同规定的标准，并在结构、使用功能和外观上没有带来任何影响，在这种情况下，监理工程师可以作出修补处理的决定。

3. 处理质量问题的方法

监理工程师对质量问题处理的决定是一项较复杂的工作，因为它不仅涉及工程质量问题，而且还涉及工期和工程费用的问题。因此，监理工程师应持慎重的态度对质量问题的处理做出决定。为此，在决定前一般要采用以下方法，以使处理决定能够更为合理。

(1)实验验证

对于构成质量问题的构件或项目，通过合同规定的常规实验以外的实验方法做进一步的验证，以确定质量问题的严重程度，并依据实验验证的数据进行分析后作出处理决定。

(2)定期观察

对一些损坏程度尚未稳定的质量问题，不宜过早地作出决定，要对其进行一定时期的观测，根据观测的结果再作出处理决定。有些质量问题并不是短时期内就可以通过观测得出结论的，需要较长时间的观察。在这种情况情况下也可以征得建设单位与承建单位的同意，修改合同延长质量责任期。

(3)专家论证

有些质量问题涉及技术领域较广或是采用了新材料、新技术、新工艺时，在现场往往难以决策。在这种情况下，监理工程师可以要求有关专家进行论证。监理工程师通过专家论证意见和合同条件，作出最后的处理决定。

4. 监理工程师对工程质量监理的手段

(1)旁站监理。在施工期间监理人员全部或大部分时间是在现场，对承建单位的各项工程活动进行跟踪监理，尤其是对于主要工程的关键工序必须进行旁站监理的方式，发现问题可及时指令承建单位予以纠正。

(2)测量。对于工程施工中质量的检测大量采用利用设备进行测量的方式完成，质量控制点的测量尤为重要。

(3)试验。对于部分工艺和材料的质量不能用已有方式进行检测时,要委托有资质的机构进行实验验证。

(4)严格执行监理的程序。在工程质量监理过程中,必须严格执行监理程序。通过严格执行监理程序来强化承建单位的质量管理意识,提高质量水平。如按合同规定开工申请单没有监理工程师批准就不能开工,这样可以促使承建单位做好开工前的各项准备工作。按合同规定,如果没有承建单位自检的质量验收报告,监理工程师可以拒绝对工程验收。这样可以强化承建单位自身质量保证系统的功能。按合同规定,没有监理工程师签发的中间交接证书,就不允许施工单位进行下道工序的施工,从而促使承建单位必须坚持按规范和合同规定的要求施工,以保证施工正常进行。因此只有严格执行监理程序才能控制承建单位的施工程序,保证工程质量。

(5)指令性文件。按国际惯例,施工单位应严格履行监理工程师对任何事项发出的指示。监理工程师的指令一般采用书面的形式,因此也称为"指令性文件"。在对工程质量的监理中,监理工程师应充分利用指令性文件对承建单位施工的工程进行质量控制。如监理工程师在发现工程质量问题时,就以"不合格工程项目通知"的指令性文件通知承建单位停工、返工或修补。

(6)拒绝支付。监理工程师对工程质量的控制不是像质量监督员采用行政手段,而是采用经济手段。监理工程师对工程质量控制的最主要手段,就是以计量支付确认保障。承建单位任何工程款项的支付都是要经监理工程师确认并开具证明。它是工程款项支付条件之一,也是工程质量必须达到合同规定的标准。

以上六种手段是监理工程师在工程质量监理中经常采用的,有时是单独采用,有时同时采用其中的几种。

四、工程进度监理

对园林建设项目进行施工进度控制,使其能够顺利地在合同规定期限内完成,是监理工程师的中心任务之一。对于一些商业性、经营性、娱乐性或对环境有较大影响的建设项目,如果能够在工程预订的期限内完成,可以使其投资效益更快更充分地发挥。所以作为监理工程师在工程施工监理中,对工程质量、工程投资和工程进度都要实行控制,这三个方面是对立统一的关系。在一般情况下,如果考虑到加快施工速度就需要增加投资额度,同时加快施工速度也可能影响到工程质量。但如果在施工过程中由于监理工程师严格监理下施工承包单位对施工质量进行了严格的控制,施工期间不发生质量事故也没有出现返工,反过来又会加快工程进度。因此,监理工程师为使这三个目标均能控制得恰到好处,就要全面考虑、系统安排。

工程项目进度控制是一个系统工程,它是要按照进度计划目标和组织系统,对系统各个方面的行为进行检查,以保证目标实现。为此,工程项目进度控制的只要任务就是检查并掌握实际进度情况,把工程项目的实际进度情况与计划目标进行比较,分析进度较计划提前或拖后的原因。决定应该采取的相应措施和补救方法,及时调整计划,使总目标得以实现。工程师还应经常向建设单位提供有关工程项目进度的信息,协助建设单位确定进度的总目标。

(一)影响工程施工进度的因素

要有效地控制工程施工进度,就必须对影响工程进度的因素进行分析,实现采取措施,以避免或尽量缩小计划进度与实际进度的偏差。监理工程师必须首先合理确定项目施工的进度目标。由于市政园林建设工程施工特点,尤其是一些大中型市政建设项目施工周期普遍较长,施工过程中影响施工进度的因素繁多而复杂,因此监理工程师要力求做到对施工进度进行主动的控制,及时排除一些影响施工进度的因素。通常影响工程项目施工进度的因素有以下几个方面:

1. 相关单位对施工进度的影响

园林建设施工进度计划的实施不仅是承建单位,还往往涉及多个单位,如设计单位、物质供应单位以及与工程施工有关的运输部门、通讯部门、供电供水部门等,这些单位中的任何一个部门的工作拖延,都会对工程项目的施工进度产生影响。监理工程师在对工程进度控制时除了注意承建单位的施工进度外,还应注意与有关单位的工作如何相互协调,以有效地控制工程项目进度。

2. 设计变更因素的影响

设计变更往往是园林建设项目施工进度计划中最大的干扰因素,设计变更中的建设工程功能的改变、工程量的增减、因设计失误或其他原因导致的对原设计计划进行的改变,将会打乱承建单位原定的工程项目施工进度计划,致使工期拖延或停顿。因此监理工程师对设计变更应持慎重态度,综合考虑。

3. 材料物资供应进度的影响

不管是建设单位负责供应的材料与设备,还是承建单位采购的施工材料与设备,在施工中往往发生因种种原因未能按时供应到位和机具不能按时运抵现场,或运抵现场后发现其质量不符合合同中规定的技术标准,造成现场停工待料,从而对施工进度产生影响。这种情况,监理工程师要区别对待。分析原因并提出督促意见,提出工期补救措施。

4. 资金的影响

施工期间材料、设备的购置,建设单位要按照工程量完成情况支付给承建单位工程进度款等,如果建设单位资金不能保障支付,就会直接影响施工进度。因此,监理工程师在控制施工进度时,既要制止承建单位提前开工某个项目而出现的资金短缺,又要促使建设单位履行合同支付工程款。

5. 不利施工条件的影响

主要指施工过程中施工现场比设计和合同条件中所预料的施工条件更为困难的情况,这在基础工程施工更为常见。如出现大量地下水涌出或发现大的地下溶洞、断层、地基中出现流沙等。或施工的外部环境条件发生变化,如现场周围出现道路堵塞、混凝土运送车辆发生车祸等,这种不利因素对施工进度产生不利的影响。

6. 技术原因的影响

技术原因也是造成工程进度拖延的一个因素。特别是承建单位对某些施工项目的技术过于低估其难度,或对设计意图及技术规范未完全领会而导致工程质量出现问题,都会影响工程施工进度。为此,监理工程师要协助承建单位对技术疑难的工程确定合理的施工方案,组织技术交底和图纸会审,以防止承建单位盲目施工,确保工程进度计划的实施。

7. 施工组织不当

主要是承建单位在具体的施工过程中，项目经理等因组织设计、质量控制和进度、安全控制等环节出现失误，或因劳动力或机具的调配不当导致施工中断或出现问题。监理工程师应协助承建单位及时做好计划的调整工作，处理施工中出现的上述问题，以确保进度计划的实现。

8. 不可预见的影响

在施工期间出现社会动乱、自然灾害等一些不可预见的因素导致施工进度停顿或中断。

施工中影响进度的因素复杂繁多，其中有些是自然灾害等无法避免的，但有些因素在监理工程师实现掌握了进度实施状况以及该因素产生的原因后，可及时协助施工单位排除或采取相应措施绝境，是影响进度的程度降到最低，有点还可以通过有效的措施得到弥补。

(二)监理工程师对施工进度控制的任务、职责与权限

1. 对施工进度控制中的任务

监理工程师对施工进度控制的主要任务包括：适时发布开工令；审批承建单位提交的施工总进度计划及年、季、月的实施计划；严格控制关键工序、关键分项分部工程或单位工程的工期；定期检查施工现场实际进度与计划进度是否相符；协调各承建单位之间的施工安排，尽量减少相互干扰；协调、督促并协助做好材料及设备按计划供应；公正、合理地处理好承建单位的工期索赔要求，尽量减少对工期有重大影响的工程变更；协助建设单位和承建单位做好单位工程和全部工程的验收。

2. 监理工程师对施工进度控制中的职责

监理工程师的职责概括起来就是督促、协调和服务，具体职责包括：控制施工总进度，审批承建单位提交的施工进度计划；监督承建单位执行进度计划，根据各阶段控制目标做好进度控制，并根据承建单位完成进度的实际情况签署月进度支付凭证；向承建单位及时提供施工图及有关技术资料；督促与协调承建单位做好材料、施工机具与设备等物资的供应；定期向建设单位提交工程进度报告；在合同执行中，做好工程施工进度计划实施中的记录，并保管各种资料；组织接待验收与竣工验收。

3. 监理工程师的权限

监理工程师依据建设单位委托给监理单位建设工程监理合同行使其权限，为了明确监理工程师在施工管理中的地位，保障其对项目实施全面监理，监理工程师被赋予很大的权限，主要有：

(1)保证工程建设按合同规定的日期开工与竣工

承建单位收到中标通知书后要在较短的时间内，必须尽快向监理工程师提交施工进度计划，经监理工程师审查、修改、批准后，才能根据监理工程师下达的开工令进行施工；承建单位在项目施工实施中必须接受监理工程师定期检查其计划执行情况；当实际进度与计划进度出现差距时，监理工程师可指令承建单位修改或调整进度计划，保证工程项目按合同规定的期限竣工。

(2)施工组织设计审定权

承建单位在进驻施工现场前必须将其项目经理部编制的施工组织设计和施工方案报送现场监理部，由监理工程师审定其施工组织设计和相关施工质量控制、进度控制和安全控制

的措施。审核通过后才能实施施工。

(3)修改设计建议及设计变更签字权

根据施工图会审,对于审核中和实际施工中出现的情况监理工程师可以建议或修改设计变更的建议,经监理工程师签字后送设计单位进行设计变更;设计单位发生的设计变更只有通过监理工程师签字认可后,才具有变更效应。

(4)劳动力、材料、设备使用监督权

根据季、月度施工进度计划,监理工程师深入现场监督检查劳动力配置、施工机械的类型与数量,以保证进度计划实现。

(5)工程付款签证

监理工程师在对工程进行进度控制时,一方面要对施工承建单位的工程施工进度款进行审核,并签字后交建设单位支付工程进度款;另一方面也应要求建设单位的建设资金到位,以便按时支付工程进度款。

(6)下达停工令和复工令

施工过程由发生重大安全事故、出现严重质量事故和其他合同规定的影响施工项目的问题时,可以由总监理工程师下达停工令。要求承建单位及时整改、消除隐患。当承建单位整改完成并报监理工程师审核检查后,由总监理工程师下达施工复工令。

(7)合同条款解释权

建设单位与承建单位签订的承包合同条款,监理工程师虽不承担风险,但具有有效地管理合同和在合同执行中对合同条款进行解释的权力。

(8)索赔费用的核定权

当发生因建设方原因导致的施工工期延误或产生经济损失时,承建单位可以依据合同向建设单位进行相关索赔。对于发生的索赔事宜监理工程师具有核定权,并将核定结果报建设单位。因承建方施工质量、工期耽误等情况,导致项目无法按期完工,项目无法发挥其经济效益和社会效益时,建设单位根据合同向承建单位进行相关索赔及其费用也应经监理工程师进行核定。

(9)有效开展协调工作的权力

协调工作主要包括:协调各承建单位之间的关系,使其相互配合,搞好工作衔接,保证进度计划的实施;协调建设单位与承建单位之间的关系,在合同执行中应公开地维护双方的利益,确保工程进度;协调监理单位与承建单位之间的关系,定期召开协调会议,监察进度计划情况。

(10)工程验收签字权

当分项、分部工程或一些监理工程师认为必要检查的重要工序完工后,应经监理工程师组织验收,在验收前施工单位必须自己先检查验收,然后报请监理工程师组织验收,并经监理工程师签发验收证后方能继续施工,以避免发生自然问题后增加处理的难度和防止施工单位只抢进度、不顾工程自然的问题。

(三)施工进度计划的检查与监督

在施工进度计划编制时,很难对计划实施中出现的一些因素事先预料到,因此在建设项目施工中会因各种因素导致经常出现实际进度与计划进度之间出现偏差,这就需要监理工程师经常对承建单位施工进度计划的执行情况进行检查与监督，为施工进度计划的调整提供必要的信息资料。其主要工作内容有：

1. 定期收集由承建单位提供的有关报表资料

这类报表包括每日进度报表、作业状况表等。日进度报表内容主要由项目名称、施工活动名称、建设单位名称、承建单位名称、监理单位名称，气候、报表编号及日期，正在进行和刚开始的工作、工作的位置及其人描述，材料消耗，设备使用情况等。作业状况表中须列出施工当天所有施工活动，包括各项活动的名称和编号，施工中采用的设备型号及数量和人员工种与数量。

2. 派监理人员常驻现场，具体检查进度的实施情况

为了掌握工程的实际进度，避免承建单位超报已完工程量的现象，监理人员应当经常到施工现场检查和监督，除监察具体的施工活动外，还要注意其他影响工程进度和工程变更的事情。如合同日期的变化、后续工作的变动、材料供应日期的改变，在掌握这些情况后通过定期召开现场会议，以获得现场施工的信息及了解施工活动中的潜在问题。经过对上述数据的汇总处理并与原计划进行比较，从而形成各种进度报表。

(四)施工进度计划的调查

监理工程师从施工现场获得各类施工信息后，根据报表和监理人员巡查或旁站监理获得的施工情况，将施工的实际进度与计划进度相比较，看其是否超前、拖后，还是基本一致。一旦出现偏差，必须及时进行相应的调整。在进行调整前监理工程师必须分析实际进度与计划进度出现偏差的原因，以及该偏差对后续施工将产生的影响极其大小。从而在进度调整中尽量使这种影响尽可能地最小化。特别是在施工点存在多个分包单位施工现象时，如果使施工中出现的工期拖延影响面扩大，则对后续承建单位的施工产生负面影响，造成不必要的索赔现象。当然，有时由于工期直接拖延会造成后续工作的赶工现象，产生的赶工费用会造成施工成本的上升，这时候调整的工期可以适当移到费用率较低的施工活动中去。

五、工程投资监理

(一)投资控制的概念

1. 投资的含义

建设项目投资(又称为建设工程造价)，一般是指投资主体为获取预期收益，在选定的建设上所需投入的全部资金。园林建设项目投资是指市政或园林建设单位为进行园林工程建成所花费的全部费用，它属于一种非生产性建设项目投资(即只有固定资产投资，不包括流动资产投资)。全部投资费用包括:建设工程费(包括了建筑工程费)、设备购置费、安装调试费、其他费用(包括项目可行性研究费用、其他有关费用、项目实施期间发生的费用如土地征用费、设计费、职工培训费等)。

2. 投资控制的含义与基本原理

(1)含义:就是在工程项目建设的全过程中(指从决策阶段→设计阶段→项目发包阶段→项目建设实施阶段)，把投资的发生控制在批准的投资限额以内，随时纠正发生的偏差，以保证项目投资管理目标的实现。

(2)投资控制的基本原理:就是把建设项目计划的投资额作为工程项目投资控制的目标值,再把工程项目建设进展过程中的实际支出额与工程项目投资目标进行对比,通过对比发现并找出实际支出额与控制目标额之间的差距,从而采取有效措施加以控制。

3. 投资控制的目的

投资控制的目的就是使项目投资得到更高的价值,使可以动用的资金能够在主体工程、配套工程、附属工程之间合理地分配,使投资支出总额控制在限定范围之内,并保证概算、预算和投标标价基本相符。

4. 投资目标的控制手法

(1)投资控制的方法:主要包括建立健全投资主管单位、建设单位、设计单位、承建单位等有关单位的全过程投资控制责任制。也就是以建设单位为主,通过设计单位与承建单位的配合协作,监理单位的监督,自始至终层层把关。在投资控制过程中,可以分为三个阶段,即:立项阶段、设计与施工阶段和施工及竣工阶段。前两个阶段主要确定合理和足够的投资,它是做好投资控制的基础阶段。第三个阶段是投资控制的重点阶段,不控制好就不能产生真正的效果。

(2)投资控制的手段:主要有组织措施、技术措施和合同措施三部分。组织措施就是明确监理单位对投资的控制和监理单位的任务。技术措施包括对设计方案选择、审查初步设计、技术设计、施工图设计、施工组织设计等环节,深入技术领域研究节约投资的可能性。经济措施是严格审查各项费用的支出和采用节约投资的奖励措施。通过技术与经济相结合的方式是控制投资最有效的手段。

(二)监理工程师对投资的控制

在我国建设监理单位对投资方面进行控制的主要业务内容有:在项目建设的可行性研究阶段,对拟建设项目进行经济评价;在设计阶段提出设计要求并用经济方法组织评价设计方案;在施工招标阶段组织招标工作,协助评审投标书并协助建设单位与中标单位签订承包合同;在施工阶段审查施工单位提出的施工组织设计、施工技术方案,督促、检查承建单位严格执行工程承包合同等。

为使监理工程师对项目投资进行有效的控制,应在监理合同中授予现场监理工程师相应的权限,这种权限包括:

(1)审定批准承建单位制订的工程进度计划,督促承建单位按批准的进度计划完成工程。

(2)接收并检验承建单位报送的材料样品,根据检验结果批准或拒绝在该工程中使用这些材料。

(3)对工程质量按技术规范和合同规定进行检查。

(4)核对承建单位完成分项、分部工程的数量,审定承建单位的进度付款申请表,签发付款证明。

(5)审查承建单位追加工程付款的申请书,签发经济签证并交建设单位审批。

(6)审查或转交给设计单位的补充施工详图,严格控制设计变更,并及时分析设计变更对控制投资的影响。

(7)做好工程施工纪录,保存各种文件图纸,特别是注有实际施工变更情况的图纸,注意积累素材,为正确处理可能发生的索赔提供依据。

(8)对工程施工过程中的投资支出做好分析与预测,经常或定期向建设单位提交项目投资控制及其存在问题的报告。

(9)提倡主动奖励,尽量避免工程已经完工后再检验,要把本来可以预料的问题告诉承建单位,协助承建单位进行成本管理,避免不必要的返工而造成的成本上升。

其外,监理工程师还要承担起对工程进度、工程质量、工程投资的控制任务。特别在投资控制中监理工程师要通过对工程的准确计量来支付工程价款。由于监理工程师掌握着工程支付签认权,因而对承建单位的行为起到约束作用,能在施工的各个环节上发挥其监督和管理的作用。

对于执行单价合同的施工项目,工程量的大小对项目投资控制起着很重要的影响。工程量的计量程序一般是由承建单位按合同协议条款中约定的时间向监理工程师提交已完成工程的报告,监理工程师应该根据合同规定,在接到承建单位发来的工程报告后 3 天内按设计图纸核实已完成工程的数量,并在计量 24 小时前通过承建单位,而承建单位要为监理工程师进行计量提供便利条件并派人予以确认。如果承建单位无正当理由不参加计量,由监理工程师自行进行计量,并作为工程价款支付的依据。但按照协议监理工程师在接到施工企业报告后 3 天内没有进行计量,从第四天起,施工企业报告中开列的工程计量即视为已被认可,可作为工程价款支付的依据。因此,监理工程师无特殊情况时不能有任何的拖延的,监理工程师在计量时必须按约定的时间通知承建单位参加,否则计量结果按合同规定视为无效。

在施工过程中出现的工程变更会影响工程量和施工进度,尤其是会引起项目投资超出项目工程原来的预算投资。因此,监理工程师为达到对投资的控制,对工程变更也要严格控制。在对隐蔽工程的计量时,在工程隐蔽前监理工程师应预先进行测算,测算结果有时要经设计、监理与承建单位三方或两方认可,并予以签字后作为结算的依据。

很多市政园林建设工程项目,经常是预算超概算、结算超预算。造成这种状况多时由于项目投资估算时,对项目计划、设计的深度、详度不够,从而造成项目实施过程中大量的超出批准投资数额。因此,监理工程师在施工过程中必须严格控制设计变更,对扩大建设规模、增加建设投入、提高建设标准更应严加控制。对一些必须变更的,应先对工程量和工程造价的增减进行分析,在经过建设单位同意、设计单位审查签证并发出相应图纸和说明书后,监理工程师方可发出变更通知,调整原合同确定的工程投资。当投资超支部分在预算费用中调剂有困难时,且原投资估算或设计概算是报请主管部门批准的,还必须报经原审批部门批准后方可更改和发出变更通知。

当变更发生后,承建单位按监理工程师的指令要求,要进行增减合同中约定的工程量变更,更改有关工程的性质、数量、规格,更改有关部分的标高、基线、位置和尺寸,增加工程需要的附加工作,改变有关工程的施工时间和顺序。

因监理工程师签发的工程变更令,如是有设计变更或更改作为投资基础的其他合同文件,由此导致的经济支出和承建单位的损失,由建设单位承担,延误的工期相应顺延。监理工程师必须合理确定变更价款来控制投资支出。但变更也有可能是由于承建单位的违约所致,此时引起的费用必须由承建单位承担。

合同价款的变更价格，一般都是在双方协商的时间内，由承建单位提出变更价格，报监理工程师批准后调整合同价款及竣工日期。

六、施工安全控制

“生产必须安全，安全为了生产”，说明安全与生产两者之间并不矛盾，而是统一的，在施工中如果不重视安全生产，往往发生重大伤亡事故，不仅是工程不能顺利进行，而且会给建设单位及承建单位带来很大损失和在社会上造成不良影响。重视安全生产不仅能确保施工顺利进行，而且还可获得良好的社会效益、经济效益和环境效益。

（一）安全控制的主要内容

安全控制包括从安全法规层面、安全技术层面和卫生安全层面等三部分进行的控制，根据国家安全法规，安全控制的对象是劳动者，控制内容为安全生产责任制、安全教育和伤亡事故调查与处理。

（二）监理工程师在安全控制中的主要工作

(1)协助重建单位贯彻执行国家安全生产管理方面的方针、政策和规定，拟定安全生产管理制度和安全操作规程。

(2)协助承建单位建立健全安全生产制度。

(3)审核承建单位编制的施工组织、施工方案和技术措施，同时审核安全技术措施方案。施工组织设计措施必须渗透到工程施工的各个阶段、分项工程、单项方案各个工艺中。

(4)审核施工中采取的新工艺、新结构、新材料、新设备等方案，同时审核相应的安全技术操作规程。

(5)对于爆破、深基坑、吊装玻璃幕墙、大中型机械安装和拆除等特殊工程要实行旁站监理时对于发现的事故隐患，应督促有关人员限期解决，对违章作业立即制止。

(6)针对施工现场不安全的因素，及时与承建单位研究有效的安全技术措施，消除不安全的因素，预防伤亡事故发生。研究施工过程中有损职工身体健康的职业病和职业性中毒的防范措施。

(7)重点控制“人的不安全行为”和“物的不安全状态”。

［本章参考文献］

1. 吴锡铜编著．建设工程施工现场监理人员实用手册．同济大学出版社，2005

2. 欧震修主编．建筑工程施工监理手册．中国建筑工业出版社，2000

3. 本书编委会．建筑工程施工监理便携手册(第 2 版)．中国建材工业出版社，2005

4. 建设部．房屋建筑工程施工旁站监理管理办法(试行)．建市[2002]189 号文

5. 高国华编著．园林建设工程施工监理手册．中国林业出版社，2006

6. 韩东锋编著．园林工程建设监理(第 2 版)．化学工业出版社，2011

［复习思考题］

1. 我国建设监理制度中赋予现场总监理工程师的主要权力有哪些？

2. 我国建设工程管理中政府监理与社会监理单位之间的关系是怎样的？

3. 监理单位资质有几类，具备甲级监理资质等级的社会监理单位可以在哪些领域参与监理业务？

4. 为什么国家采取监理工程师注册认证制度？

5. 在现阶段我国主要以建设工程施工阶段监理为主的现状下，监理如何做好对施工项目的进度、质量、成本的控制和合同的管理？

6. 在项目的施工阶段影响工程质量的因素主要有哪些？

7. 在施工过程中监理工程师质量检查的重点是什么？

8. 监理机构开展监理工作的依据是什么？其工作程序有哪些？

第六章　园林建设工程项目竣工验收与评定

本章主要内容：

1. 介绍了建设工程竣工验收的一般程序，单位工程、单项工程和全部工程竣工验收的条件和方法；

2. 在竣工验收过程中承建施工单位、监理单位和建设单位资料的准备工作内容；竣工图的制作，竣工验收中有关工程量的计算与核算方法；

3. 在建设工程项目竣工后质量验收的方法；

4. 园林建设工程质量评定等级标准中对于分项工程中的保证项目、基本项目、外观评定中的允许偏差项目等检查点的检查评分标准，结合国家建设工程中对相关工程内容的检查评定标准进行打分评定的方法作系统阐述；

5. 对建设工程竣工验收后的工程的结算与决算内容进行了详细比较与介绍。

本章教学难点与实践内容：

1. 建设工程竣工验收中承建施工单位竣工图的制作、工程质量的评定标准及其应用和竣工后工程的结算与决算是本章的重点。承建单位、监理单位在平时工程施工过程中有关资料的积累和整理对于工程竣工验收中有关资料的准备非常重要，平时对于隐蔽工程验收的资料、分项工程、分部工程和单位工程验收中的工程量计算，施工中发生的设计变更与施工量变化资料注意收集。这些资料对于竣工图的绘制、竣工文件资料的编写与审核非常重要。

施工中涉及的国家施工质量标准、验收标准资料及时施工方案制定的依据，也是工程中间验收和竣工验收的依据。利用这类依据可以实现对验收工程项目中保证项目、基本项目和允许偏差项目的合格率进行计算。

工程竣工后的结算是由承建单位根据验收工程的工程量和相关定额编制的经济文件，建设单位或监理工程师必须依照工程验收中产生的相关资料进行审核，并作为签署工程支付款的凭证。

2. 教学过程中可以利用多媒体手段将承建施工单位编制竣工验收文件的依据、程序和方法介绍给学习者，对于工程竣工验收后的工程结算与结算可以以介绍案例的形式作为教学内容。

3. 实践课内容：利用案例绘制承建施工项目的竣工图，并领用竣工图上的工程量和设计变更、工程洽商中的工程量进行承建单位竣工文件的编制。

通过案例分析学会园林建设工程竣工后的工程结算与结算的方法。

第一节　园林建设工程项目竣工验收概论

一、园林建设工程项目竣工验收的概念和作用

(一)建设工程项目竣工验收的概念

当园林建设工程按设计要求完成施工并可供开放使用时，承建施工单位要向建设单位办理移交手续，这种交接工作就称为项目的竣工验收。因此可以看出，工程项目的竣工验收是施工全过程的最后一道程序，也是工程项目管理的最后一项工作。它是建设投资成果转入生产或使用的标志，也是全面考核投资效益、检验设计和施工质量的重要环节。竣工验收既是对项目进行接交的必须手续，又是通过竣工验收对建设项目的成果的工程量(含设计与施工质量)、经济效益(含工期与投资数额等)等进行全面考核和评估的过程。

园林建设项目的竣工验收是园林建设全过程的最后一个阶段，它是由投资成果转入为使用、对公共开放、服务于社会、产生效益的一个标志，因此竣工验收对促进建设项目尽快投入使用、发挥投资效益、全面总结建设过程的经验都具有很重要的意义和作用。

竣工验收既可以在整个建设项目全部完成后一次集中验收，也可以分期、分批组织验收，即对一些分期建设项目的单位工程、分项工程在建成后，只要相应的辅助设施能予配套，并能够正常使用的，就可以组织验收，以使其及早发挥投资效益。因此，凡是一个完整的园林建设项目，或是一个单位工程建成后达到正常使用条件的就应及时组织竣工验收。

(二)工程项目竣工验收准备的资料

根据住房与城乡建设部令第 78 号《房屋建筑工程和市政基础设施工程竣工验收备案管理暂行办法》、住房与城乡建设部[建建 2000]142 号《关于建发〈房屋建筑工程和市政基础设施工程竣工验收备案管理暂行办法〉的通知》，建设工程竣工后需由建设单位按照国家有关规定，在建设行政主管部门办理工程项目竣工验收备案手续。建设单位通过向备案机关领取《房屋建筑工程和市政基础设施工程竣工验收备案表》，并持有建设、勘察、设计、监理等单位负责人签名并加盖单位公章的《房屋建筑工程和市政基础设施工程竣工验收备案表》，在工程竣工合格之日起 15 日内，向备案机关申报备案。

根据暂行办法规定，建设单位在申报工程项目竣工验收备案时，要组织编制一系列工程竣工验收资料，这些资料包括：

1. 施工项目竣工验收备案表

备案表作为验收资料的封面，由建设单位在提交备案文件资料前填写。

2. 工程概况

作为验收资料的表二，主要由竣工验收日期、建设工程规划许可证复印件、建设工程施工许可证复印件和建筑工程施工施工图审查报告等组成。

3. 单位工程验收通知书

作为验收资料的表三，通知书由建设单位加盖公章，由当地建设工程质量监督站项目主监员签名，并要求详细填写参建各方验收人员名单，其中包括建设(监理)单位、施工单位、勘

察与设计单位人员等。

4. 单位工程竣工验收证明书

作为验收资料的表四，主要由建设单位交施工单位填写，并经各负责主体（建设、监理、勘察、设计、施工单位）签字加盖单位公章后，送质监站审核通过后，提交一份完整证明书至备案部门备案。

5. 整改通知书

作为验收资料的表五，完整整理好质监站要求记录的有关项目责令整改问题的书面记录，这种整改主要是一些不涉及结构安全和主要使用功能的其他一般质量问题，这些问题完成整改的记录。

6. 整改完成报告书

作为验收资料的表六，整改报告书中记录有整改项目详细的整改记录，并由建设单位加盖公章、质监站主监员确认整改完成情况；如果施工过程中未有整改内容，也需要建设（监理）单位签字盖章确认。

7. 工程质量监理评估报告

作为验收资料的表七，主要是施工单位整改完毕后，由总监理工程师填写。对于质量评估意见：表明项目监理部是否已经严格按照《建设工程监理规范》、监理合同、监理规划及监理实施细则对该工程进行了全面监理；项目的地基和基础工程施工质量是否符合设计及规范要求；主体工程施工质量是否符合设计及相关规范要求；水、电、暖通等安装工程施工质量是否符合设计及规范要求是否满足使用功能要求。并明确评定工程质量等级。

8. 对于工业与民用建筑工程还有工程质量保修书

作为验收资料的表八，在工程竣工验收合格后填写。

9. 竣工验收的其他文件资料

包括规划部门认可文件、工程项目施工许可证、公安消防部门认可文件、环保部门认可文件、施工图设计文件审查报告、建设工程档案专项验收意见书等的复印件。

二、工程竣工验收的依据和标准

（一）竣工验收的依据

1990 年 9 月 11 日国家计委颁布的《建设项目（工程）竣工验收办法》规定了建设项目（工程）竣工验收的范围、依据、条件、程序；2000 年 6 月 30 日住房与城乡建设部发布《房屋建筑工程和市政基础设施工程竣工验收暂行规定》明确了中华人民共和国境内新建、扩建、改建的各类房屋和市政基础设施工程的竣工验收的条件、程序及工程竣工验收报告的内容；2001 年 12 月 27 日国家环境保护总局发布《建设项目竣工环境保护验收管理办法》规定了建设项目竣工环境保护验收范围、条件、程序等；2009 年 4 月 30 日公安部发布修订后的《建设工程消防监督管理规定》，明确了建设单位申请消防验收应当提供相关材料。上述四部国家法规形成了建设工程竣工验收的法律依据，而建设项目工程竣工验收的一般依据主要有以下几点：

1. 上级主管部门审批的计划任务书、设计纲要、设计文件等；
2. 招投标文件和工程合同；
3. 施工图纸和说明、设备技术说明书、图纸会审记录、设计变更签证、技术规范和材料订单；

4. 国家或行业颁布的现行施工技术验收规范及工程质量检验评定标准；

5. 有关施工记录及工程所用的材料、构件、设备质量合格证书及检验报告单；

6. 承接施工单位提供的有关质量保证等文件；

7. 国家颁布的有关竣工验收的文件；

8. 引进技术或进口成套设备的项目还应该按照签订的合同和国外提供的设计文件等资料进行验收，及其验收结果。

(二)竣工验收的标准

园林建设项目涉及多种建设门类、多种专业，且要求的标准也各异，有些在目前尚未形成国家统一的标准，因此对工程项目或一个单位工程的验收，可采用相应或相近工种的标准进行。

园林建设工程涉及土建项目的园林建设项目，其土建工程的验收标准是：土建工程、服务设施及娱乐设施应按照设计图纸、技术说明书、验收规范及建筑工程质量检验评定标准验收，并应符合合同所规定的工程内容及合格的工程质量标准。不论是游憩性建筑还是娱乐、生活设施，不仅建筑物的室内工程要完工，而且室外工程的明沟、踏步斜道、散水以及应平整建筑物周围场地，清除障碍物，并达到水通、电通、道路通。

园林建设工程涉及安装工程的验收标准是：按照设计要求的施工项目内容、技术质量要求及验收规范和质量验收评定标准的规定，完成规定的各道工序，且质量符合合格要求。各项设备、电气、空调、仪器、通讯等工程项目全部安装完毕，经过单机、联动无负荷试车，全部符合安装技术的质量要求，基本达到设计要求能力。

绿化工程的验收标准是：施工项目内容、技术质量要求及验收规范和质量应达到设计要求、验收评定标准的规定及各工序质量的合格要求，如树木的成活率，草坪铺设或播种后成坪质量，花坛的品种、纹样等。

三、竣工验收的程序

根据建设工程的规模大小和复杂程度，整个建设工程的验收可分为初步验收和竣工验收两个阶段进行。规模较大、较复杂的建设工程，应先进行初步验收，然后进行全部建设工程的竣工验收。规模较小、较简单的工程，可以一次进行全部工程的竣工验收。

建设工程在竣工验收之前，项目经理应组织项目经理部有关部门进行预验，通过后以书面形式向公司提出竣工验收预检申请。由施工单位组织职能部门对承建的单位工程进行竣工预检，合格后公司总工签署单位工程预检记录。

单位工程竣工自检合格并达到验收条件后，报项目监理部申请工程竣工预验收，监理工程师组织承建单位、建设单位、设计单位相关人员对工程进行检查验收，合格后由总监理工程师签署单位工程竣工预验收报验表。

由建设单位负责进行建设项目的各类专项验收及有关专业系统验收，这些验收内容包括人民防空验收、消防验收、规划验收、环境保护检测验收、电梯验收、锅炉验收、智能建筑验收等。单位工程的竣工验收由建设单位组织监理、设计、施工等单位进行，验收合格通过后在单位工程质量竣工验收记录上签字。

建设工程全部完成，经过各单项工程的验收，符合设计要求，并具备竣工图表、竣工决算、工程总结等必要文件资料，由建设项目主管部门或建设单位向负责验收的单位提出竣工验收申请报告。由建设单位负责工程竣工备案工作并报各地政府竣工备案管理部门备案。

四、竣工验收的分类

(一)单位工程竣工验收

以单位工程或某专业工程内容为对象，独立签订建设工程施工合同的，达到竣工条件后，承包人可单独进行交工，发包人根据竣工验收的依据和标准，按施工合同约定的工程内容组织竣工验收，按照现行建设工程项目划分标准，单位工程是单项工程的组成部分，有独立的施工图纸，承包人施工完毕，征得发包人同意，或原施工合同已有约定的，可进行分阶段验收。这种验收方式，在一些较大型的、群体式的、技术较复杂的建设工程中比较普遍地存在。中国加入世贸组织后，建设工程领域利用外资或合作进行的建设项目会越来越多，采用国际惯例的做法也会日益增多。分段验收或中间验收的做法也符合国际惯例，它可以有效控制分项、分部和单位工程的质量，保证建设工程项目系统目标的实现。

(二)单项工程竣工验收

指在一个总体建设项目中，一个单项工程或一个车间，已按设计图纸规定的工程内容完成，能满足生产要求或具备使用条件，承建单位向监理单位提交"工程竣工报告"和"工程竣工报验单"，经监理工程师组织验收合格并签认后，应向建设单位发出"交付竣工验收通知书"，说明工程完工情况，竣工验收准备情况，设备无负荷单机试车情况，具体约定交付竣工验收的有关事宜。对于投标竞争承包的单项工程施工项目，则根据施工合同的约定，仍由承建单位向建设单位发出交工通知书，请建设单位予以组织验收。在单项工程项目竣工验收前，承建单位要按照国家规定，进行预验收并整理好全部竣工资料，完成现场竣工验收的准备工作，明确提出交工要求，建设单位应按约定的程序由监理单位及时组织正式验收。

(三)全部工程竣工验收

当建设项目已按设计要求全部建设完成，并已符合竣工验收标准时，通过承建单位组织的预验收后，经向建设单位提交正式验收申请报告书，由建设单位组织设计、施工、监理等单位和档案部门进行全部工程的竣工验收。全部工程的竣工验收，一般是在单位工程、单项工程竣工验收的基础上进行。对已经交付竣工验收的单位工程(中间交工)或单项工程并已办理了移交手续的，原则上不再重复办理验收手续，但应将单位工程或单项工程竣工验收报告作为全部工程竣工验收的附件加以说明。

五、竣工验收的条件

(一)竣工验收条件一

承建单位在完成承建的施工项目后，经过单位自检并完成瑕疵整改后，如果施工的工程项目达到下列条件者，可报请竣工验收。即：

生产性工程和辅助公用设施已按设计建成，能满足生产要求。例如，生产、科研类建设项目，土建，给水排水，暖气通风，工艺管线等工程和属于厂房组成部分的生活间、控制室、操作室、烟囱、设备基础等土建工程均已完成，有关工艺或科研设备也已安装完毕。

主要工艺设备已安装配套，经联动负荷试车合格，安全生产和环境保护符合要求，已形成生产能力，能够生产出设计文件中所规定的产品。

生产性建设项目中的职工宿舍和其他必要的生活福利设施以及生产准备工作，能适应投产初期的需要。

生产性建设项目中的职工宿舍和其他必要的生活福利设施以及生产准备工作，能适应投产初期的需要。

(二)竣工验收条件二

工程项目达到下列条件者，也可报请竣工验收。即：工程项目(包括单项工程)符合上述基本条件，但实际上有少数非主要设备及某些特殊材料短期内不能解决，或工程虽未按设计规定的内容全部建完，但对投产、使用影响不大，也可报请竣工验收。

工程项目有下列情况之一者，施工企业不能报请监理工程师进行竣工验收。1)生产、科研性建设项目，因工艺或科研设备、工艺管道尚未安装，地面和主要装修未完成者；2)生产、科研性建设项目的主体工程已经完成，但附属配套工程未完成影响投产使用。如：主厂房已经完成，但生活间、控制室、操作间尚未完成；车间、锅炉房工程已经完成，但烟囱尚未完成等；3)非生产性建设项目的房屋建筑已经竣工，但由本施工企业承担的室外管线没有完成，锅炉房、变电室、冷冻机房等配套工程的设备安装尚未完成，不具备使用条件；4)各类工程的最后一道喷浆、表面油漆活未做；5)房屋建筑工程已基本完成，但被施工企业临时占用，尚未完全腾出；6)房屋建筑工程已完成，但其周围的环境未清扫，仍有建筑垃圾。

第二节　竣工验收的准备工作

建设项目竣工验收前的准备工作是竣工验收工作顺利进行的基础，承建施工单位、建设单位、设计单位和监理工程师均应尽早做好准备工作，其中以承建施工单位和监理工程师的准备工作尤为重要。

一、承建施工单位的准备工作

承建单位在完成施工项目后，首先应该整理汇总施工过程中的所有技术资料。在通过单位自检的基础上，对于存在的问题积极进行整改。绘制出施工项目的竣工图，对于相关的安装设备进行试车试验。最后向建设单位申请施工项目的竣工预验收工作，经监理工程师组织预验收，并对验收中查出的问题进行整改。

(一)工程档案资料的汇总整理

工程档案是园林建设工程的永久性技术资料，是园林施工项目进行竣工验收的主要依据。因此，档案资料的准备必须符合有关规定及规范的要求，做到准确、齐全，能够满足园林建设工程进行维修、改造和扩建的需要。一般应包括：

1. 上级主管部门对该工程的有关技术决定文件；

2. 竣工工程项目一览表，包括竣工工程名称、位置、面积、特点等；

3. 地质勘察资料；

4. 工程竣工图，工程设计变更记录，施工变更洽商记录，设计图纸会审记录等；

5. 永久性水准点位置坐标记录，建筑物、构筑物沉降观测记录；

6. 新工艺、新材料、新技术、新设备的实验、验收和鉴定记录；

7. 工程质量事故发生情况和处理记录；

8. 建筑物、构筑物、设备使用注意事项文件；

9. 竣工验收申请报告、竣工验收报告、工程竣工验收证明书、工程养护与保修证书等。

(二)竣工自检

竣工验收前，在施工项目经理的组织领导下，由生产、技术、质量、预算、合同等部门成员和有关的工长或施工员组成预验收小组。根据国家或地区主管部门规定的竣工标准、施工图和设计要求、国家或地区规定的质量标准和要求，以及合同中规定的质量和要求，对竣工项目按分段、分层、分项地逐一进行全面的检查，预验小组成员按照各自所主管的内容进行自检，并做好记录，对不符合要求的部位和项目要制定修补处理措施和标准，并限期修补好。

施工单位在自检的基础上，对已查出的问题全部修补处理完成后，项目经理应申报公司上级部门再进行复检，为正式验收做好充分准备。

园林建设工程项目中竣工验收检查的内容主要有以下几点：

1. 对园林建设用地内进行全面检查

重点检查在现场有无剩余的建筑材料、有无残留的渣土等、有无尚未竣工的工程项目。

2. 对场区内外邻接道路进行全面的检查

重点检查道路有无损伤或被污染、道路上有无剩余的建筑材料或渣土。

3. 临时设施工程

与设计图纸对照，确认场地已无残存的物件、确认有无残留的草皮或树根，同时向电力部门、通讯部门、给排水部门等有关各方提交解除合同的申请。

4. 整地工程

挖方、填方及残土处理作业是否全部完成、对照设计图纸和工程照片等检查地面是否达到设计要求、检查残土的处理量有无异常，残土堆方地点是否按照要求进行了整地作业等；在种植树种地基土的作业中对照设计图纸、工期照片、施工说明书检查有无异常。

5. 管理设施工程

检查雨水井、雨水进水口、污水检查井等设施是否全部到位或损坏，金属构件施工有无异常，管口施工有无异常，以及进水口底部施工有无异常及进水口是否有垃圾积存。

检查电器设备安装与设计图纸是否有误、线路供电电压是否符合当地供电部门供电标准及通电后设备运行是否正常，电器开关能否正常工作，施工中的灯柱、电杆安装是否符合规定，供电部门认证的金属构件有无异常。

检查供水设备施工与设计图纸是否一致、通水试验有无异常，供水设备是否工作正常。

检查挡土墙施工与设计图纸是否一致、材料砌筑方法有无异常以及接缝的外观质量是否符合规定。

6. 服务设施工程

主要检查包括饮水设施施工与设计图纸有无异常，金属件有无污染，下水进水口内部和管口施工的质量有无问题。

检查服务性建筑与设计图纸对照有无异常，室内外装修有无污损，油漆工程有无污损，以及污水进水口内部施工有无异常和供电、电器照明方面有无异常等。

7. 园路铺装工程

对于大理石、水磨石、混凝土铺装应检查是否按设计图纸施工，大理石、水磨石骨料有无剥离，接缝及边角有无损伤和铺装伸缩缝及表面有无裂缝等异常；对于块料铺装要检查是否与设计图纸一致，接缝及边角有无损伤，块料与基础有无剥离、伸缩缝有无异常等；对于台阶、路缘石施工要检查与施工图纸是否一致、二次制品上有无污损，接缝等处有无异常等。

8. 运动设施工程

检查与设计图纸对照有无异常，表面排水状况有无异常，草坪建植是否有问题，表面施工是否良好，有无安全问题等。

9. 休憩设施工程

首先检查与施工图纸对照有无异常，预制件有无污损和异常，油漆工程有无异常，设施表面研磨质量是否符合标准等。

10. 游戏设施工程

检查与设计图纸比较有无异常，如游戏沙坑等内的沙中有无混杂异物，游戏器具自身有无污损或异常，油漆工程是否正常等。还需要检查游戏设施的基础部分、木质部分、螺丝螺帽等有无安全问题等。

11. 绿化工程

对照设计图纸重点检查大树移植、一般乔木种植、灌木种植、地被植物种植是否合乎设计要求，大树及乔木栽植时的支柱是否牢靠，成活情况有无枯死植株。栽植苗木是否按设计要求进行施工，树木的株数有无出入。草坪铺植时草坪与其他植物或设施的结合处是否美观等。

(三)编制竣工图

竣工图是如实反映施工后园林建设工程情况的图纸。它是工程竣工验收的主要文件，同时也是项目今后维修、改扩建的重要依据。因此，园林施工项目在竣工前，应及时组织有关人员进行测定和绘制，以保证工程档案的完备和满足维修、管理养护、改造或扩建的需要。竣工图必须真实、准确地反映项目竣工时的实际情况，做到准确、完整，并符合长期归档保存的要求。做到图物相符、技术数据可靠、签字手续完备、整理符合档案管理要求。

1. 竣工图编制的依据

建设单位提供的作为工程施工的全部设计施工图原图、施工图纸会审记录或交底记录、设计变更通知书、工程联系单，施工变更洽商记录、施工放样资料，隐蔽工程验收记录以及材料代换等的签证记录、工程质量检查记录、质量事故报告及处理记录、建(构)筑物定位测量资料等原始资料。

2. 竣工图编制的内容要求

凡按图施工没有变动的，以及施工过程中未发生设计变更的，竣工图的编制应由施工单位负责在在原施工图上加盖、签署“竣工图”印章后，即可作为竣工图。

凡在施工中虽有一般性设计变更，但没有较大结构性的或者重要管线等方面设计变更的，而且可以在原施工图上进行修改和补充的即可反映工程实际情况，可以不重新绘制竣工图。这种情况由编制单位负责在原施工图上注明修改后的实际情况，并附以设计变更通知书、设计变更记录和施工说明，在原施工图上加盖修改专用章和加盖、签署“竣工图”印章后，即可作为竣工图。

凡在施工过程中有重大变更的，如结构形式改变、标高改变、平面布置改变、工艺改变、项目改变或其他重大修改的，以及图面变更面积超过35%的，就不宜在原施工图上修改、补充内容，应重新绘制实测改变后的竣工图，经施工单位或设计单位与工程实际核对无误后，按原图编号，末尾加注“竣”字，或在新图图标内注明“竣工阶段”，加盖“竣工图”印章后，方可作为竣工图。

引进工程的竣工图，应在外商提供的最终版施工图上按实际修改，经外商审核后加盖“竣工图”章，方可为竣工图。

重大改建、扩建工程涉及原有工程项目变更时，应将相关项目的竣工图资料统一整理归档，并在原图案卷内增加必要的说明仪器归档。

也有在施工过程中因种种原因出现施工图被取消，包括设计变更取消或现场部分项目未被施工的情况，此时施工单位就不需要编制竣工图，但应在原图纸目录中注明“取消”，并将原图作废。

竣工图的内容必须真实、准确，与工程实际情况完全相符，要保证图纸质量，不论是原施工图还是新绘制的竣工图，都必须是新图纸并保证图纸的绘制质量。做到规格统一、图面整治、字迹清楚。竣工图绘制应采用耐久性强的书写材料，如碳素墨水、蓝黑墨水，不得使用易褪色的书写材料，如：红色墨水、纯蓝墨水、圆珠笔、复写纸、铅笔等。

附：

建设项目竣工验收过程中加盖的竣工图章（图6-2-1）和竣工图确认章（图6-2-2）制作技术规格。

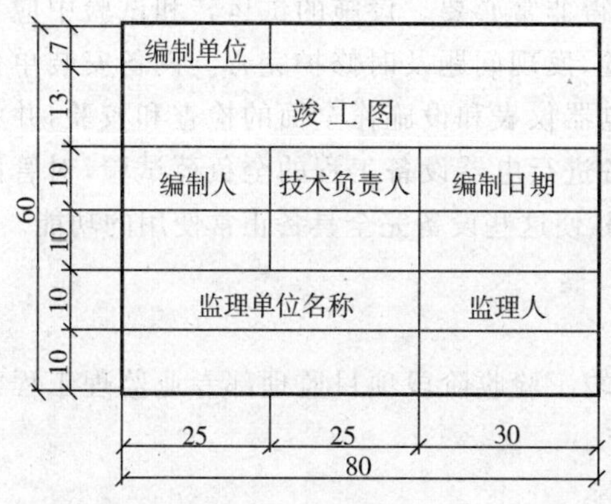

图6-2-1　施工单位验收过程中竣工图制作中加盖的竣工图图章（单位为毫米）

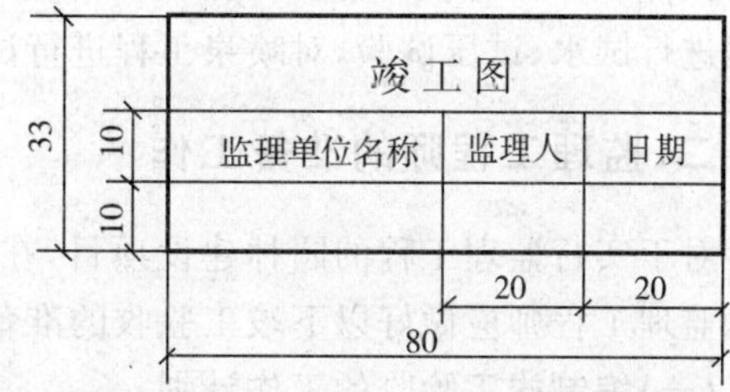

图6-2-2　监理单位验收过程中竣工图制作中加盖的竣工图确认章（单位为毫米）

3. 竣工图编制方法

编制竣工图的方法根据国家建委1982年〔建发施字50号〕《关于编制基本建设工程图竣工图的几项暂行规定》等有关规定执行，在实际工作中，竣工图大部分是利用原施工图来编制的，竣工图编制的基本方法有下列几种：

(1)注记修改法:此法是用一条粗直线将被修改部分划去。因为注记修改基本上不涉及图纸上线条修改的内容,而用文字、符号加以注释,因此,此法仅适用于原施工图上仅是用文字注释的内容。如建筑、结构施工图的总说明、材料代用、门窗表的修改等变更。

(2)杠划法:即在原施工图上将不需要的线条用粗直线或叉线划去,重新编制竣工图的真实情况。此法是竣工图编制工作中最常用的一种基本方法。其特点是,被划去的内容和重新绘制的内容都一目了然,且编制竣工图的工作量较小,不足的是当变更较大或较多时,图面易乱,表达不清。

(3)刮改法:即在原施工底图上刮去需要更改的部分,重新绘制竣工后的真实情况,再复晒竣工蓝图。此法的特点是必须具备施工底图方可进行,对于大型工程和重要建筑物,考虑到目前蓝图不利于长期保存,最好编制竣工底图,或者利用现代复印设备,先制作施工底图,再利用刮改法做竣工底图。

(4)贴图更改法:原施工图由于局部范围内文字、数字修改或增加较多,较集中,影响图面清晰,或线条、图形在原图上修改后使图面模糊不清,宜采用贴图更改法。即将需修改的部分,用别的图纸书写绘制好,然后粘贴到被修改的位置上。粘贴时,必须与原图的行列、线条、图形相衔接。在粘贴接缝处要加盖编制人印章。重大工程不宜采用贴图更改法,整张图纸全面都有修改的,也不宜用贴图更改法,应该重绘竣工图。

(5)重新绘制新图:此法是在施工过程中,随工程分部的修建而逐步编制,待整个工程竣工,各个部分的竣工图也基本绘制完成,经施工部门有关技术负责人审查,核实后,再描绘成底图,底图核签之后即可晒制竣工蓝图。此法的特点是:竣工图清晰准确、系统完整,便于永久保存和利用。

(四)进行工程设施与设备的试运转和试验的准备工作

市政、园林工程中有关的设备的正常使用关系到游人等的人身安全,所以在工程竣工验收前,由施工单位进行工程设备的安全试运转显得非常必要。设施的试运转和试验中应重点对游乐设置中的缆车等设备进行试运行和试验,发现问题及时修护完善。设备安装单位还要编制各设备的系统操作规程,对各种设备、电器仪表和设施作全面的检查和校验,并将这些文件一并作为竣工验收的资料。对其他设备进行电器设备工程的全负荷试验,对管网工程进行试水、试压试验,对喷泉工程进行试水等,使这些设备完全具备正常使用的功能。

二、监理工程师的准备工作

对于实行监理工程的园林建设项目,在工程竣工验收阶段项目监理部专业监理工程师和总监理工程师应做好以下竣工验收的准备工作。

(一)编制竣工验收的工作计划

监理工程师是竣工验收的重要组织者,他首先应该提交验收计划,计划内容分竣工验收的准备、竣工验收、交接与收尾三个阶段,每个阶段都要明确竣工验收的具体时间、内容、标准。总监理工程师编制的竣工验收工作计划应事先征得建设单位、承接施工单位及设计单位的一致意见。

(二)整理、汇集各种经济与技术资料

总监理工程师在项目正式验收前,应指示项目组所属各专业监理工程师,按照原有的专

业分工，对各自负责管理监督的项目的技术资料进行一次认真的清理。市政与大型园林建设工程项目的施工期往往是1～2年或更长的时间，因此项目监理部必须借助在施工期间收集并积累的各种资料，该资料将会为监理工程师在竣工验收阶段提供有益的数据和情况，其中有些资料将用于对施工单位所编制竣工技术资料的复核、确认和办理合同责任，工程结算和工程移交所必需。

(三)拟定竣工验收条件，验收依据和验收必备技术资料

拟定竣工验收条件，验收依据和验收必备技术资料是监理单位必须要做的重要准备工作。监理单位将上述内容拟定好后分发给建设单位、承建施工单位、设计单位及现场的监理工程师。拟定的工程竣工验收必备的技术资料，包括工程项目中的工程概况(包括：参建单位名称、主要技术参数、施工现场外部环境)，竣工图编制依据，工程项目施工技术、规范及规程标准，施工图纸变更概况(包括建设单位工程通知单)，施工过程中单位工程、单项工程中有关质量、进度、安全控制技术文件、隐蔽工程及中间验收中能够反映工程施工量的表格，竣工验收中质量评定要求等。

1. 竣工验收的条件

合同所规定的承包范围内各项工程内容已全部完成；承建施工单位已对各分部、分项工程完成自检，施工中的所有隐蔽工程已经通过验收，且都符合设计和国家施工及验收规范及工程质量验评标准、合同条款等；已经通过由项目监理部组织的建设工程竣工预验收，且对验收中发现和提出的问题和待完善的地方，施工单位已经完成整改。工程项目中的电力、上下水、通讯等管线均与外线接通、联通试运行，并有记录。竣工图已按有关规定如实地绘制，验收的资料已齐备，竣工技术档案按档案部门的要求进行整理。施工现场已经完成场地清理工作，已经经过市政或园林项目的试运行、主要设备完成试车实验。

对于大型市政或园林建设项目，为了尽快发挥建设成果的效益，也可以分期、分批地组织验收，陆续交付使用。

2. 竣工验收的依据

列出竣工验收的依据，并进行逐项对照验收检查。

3. 竣工验收必备的技术资料

大型园林建设工程正式验收往往是由验收委员会来验收，而验收委员会的成员经常要事先审阅已进行中间验收或隐蔽工程验收等的资料，以全面了解工程的建设情况。为此，监理工程师与承建施工单位需主动配合验收委员会进行验收工作。对于验收委员会提出的质疑应给予解答，并需向验收委员会提交：竣工图，分项、分部工程检验评定时必需的技术资料。

其中工程竣工验收必备的技术资料主要有以下内容组成：

(1)综合资料

主要有项目建设批复、建设用地规划许可证、建设工程规划许可证、工程中标通知、施工许可证、施工图设计文件审查报告、工程地质勘察报告、工程勘察合同、工程设计合同、工程监理合同、工程施工合同等文件，施工单位、监理单位资质，工程安全条件备案表、工程质量申报表，以及消防审查审核意见书、建筑节能质量监督备案表、建筑物防雷装置设计审核意见书、人民防空人防函、建筑工程防震设防审批确认表、建设项目环境影响登记表等外部环境审核材料。

建设项目规划验收合格证书、承建单位编制的施工组织设计、特殊工程组织设计(如脚手架施工组织设计、模板施工组织设计、临时用电施工组织设计),施工人员上岗证,各单位工程基础验收报告、主体验收报告,竣工报告等。

(2)工程施工物资资料

主要包括相关材料见证及试验资料,如钢材合格证及复试报告汇总记录表、水泥合格证及复试报告汇总记录表、粗细骨料试验报告单汇总记录表、砖块合格证及复试报告单汇总记录表、防水材料合格证及复试报告单汇总记录表、混凝土试块试验报告单汇总记录表、砂浆强度试块试验报告单汇总记录表,以及上述各类材料检测检验报告单机评定表。

对于施工中部分设备、物资的合格证及检验试验报告单,如焊条(焊剂)合格证、电线及PVC套管合格证、镀锌管或铸铁管合格证、内墙及地面砖合格证,烧结空心砖砌块合格证,配电箱(柜)合格证,部分电器设备合格证、各类门窗合格证等。

(3)监理资料

主要有开工报告、单位工程质量保证体系审查资料,施工组织方案报审材料、施工过程中监理员旁站监理记录等。

(4)隐蔽工程验收记录

主要包括基础和主体工程隐蔽验收记录、气体拉结筋隐蔽验收记录、暗配管敷隐蔽验收记录、屋面工程隐蔽验收记录和其他隐蔽验收记录。

施工单位施工管理日志、混凝土施工日志等管理资料。

(5)其他检验资料

包括管道强度试验记录,给、排水管道灌水实验记录,卫生器具通水、满水试验记录,低压电器、线路绝缘电阻试验记录、线路、插座设备接地检查记录和沉降观察记录等。

4. 竣工验收的组织

施工项目竣工后在施工单位完成自检并且整改后,可以报请项目监理组组织进行施工项目的预验收。竣工预验收由监理工程师组织实施,监理组组织建设单位、设计、勘察和施工单位相关人员,按建设工程项目竣工验收要求和规范进行项目的预验收,通过预验收及时发现现场存在的问题,要求施工单位项目经理部整改,为项目的正式验收做好准备。

第三节　竣工验收的程序

施工项目完成后即进行项目的竣工验收阶段,经过施工项目经理部组织自检合格后,项目经理部申请现场监理项目部组织进行施工工程的预验收工作,待预验收合格、施工单位现场清查完成后,即可报请建设单位组织进行项目的竣工验收。在政府质监站组织下完成建设项目的竣工验收工作,待验收合格,即进入建设项目的交工和投入试运行阶段,直至全面投入使用。

一、竣工项目的预验收

竣工项目的预验收是在承建施工单位完成自检、并认为符合正式验收条件后,在申报工程验收之后和正式验收之前进行的。委托监理的园林建设工程项目,项目监理部收到预验收申请后,总监理工程师应组织其所有各专业监理工程师来完成。这类施工项目由监理单位组织、建设单位和承建单位参加进行项目的预验收。

由于预竣工验收的时间较长,又多是各方面派出的专业技术人员,因此对验收中发现的问题多在此时解决,从而为正式验收创造条件。为做好竣工预验收工作,总监理工程师要提出一个预验收方案,该方案含预验收需要达到的目的和要求,预验收的重点、预验收的组织分工,预验收的主要方法和主要检测工具等,并向参加预验收的人员进行交底。

预验收中,监理工程师按照承建单位自检合格后提交的《施工工程(单位工程)竣工验收申请表》,审查资料并进行现场检查。预验收过程中项目监理部就存在的问题向施工单位提出书面意见,要求承建单位限期整改。施工单位整改完毕后,按有关文件要求,编制《建设工程竣工验收报告》交监理工程师检查,由总监理工程师签署意见后,提交建设单位。为了更好地对接完成项目的竣工验收工作,竣工预验收要吸收建设单位、设计、质量监督人员参加,而承建施工单位也必须派人配合竣工验收工作。

在竣工项目预验收过程中对于发现的问题应该及时解决,为正式验收创造条件。预验收工作大致可分为以下两大部分。

(一)竣工验收资料的审查

1. 技术资料主要审查的内容

(1)工程项目开工报告;

(2)工程项目的竣工报告;

(3)图纸会审及设计交底记录;

(4)设计变更通知单;

(5)技术变更洽商单;

(6)工程质量事故调查和处理资料;

(7)水准点位置、定位测量记录;

(8)材料、设备、构件的质量合格证书;

(9)试验、检验报告;

(10)隐蔽工程记录;

(11)施工日志;

(12)竣工图;

(13)质量检验评定资料;

(14)工程竣工验收有关资料。

2. 技术资料审查方法

主要检查工程施工是否完成工程设计和合同约定的各项内容;审核《建设工程竣工验收报告》和《工程质量评估报告》是否符合规范;有无完整的技术档案和施工管理资料;工程中使用的各种材料、配件和设备是否具有合格证书和进场试验报告;审核建设单位是否已经按合同约定支付工程款;有无工程质量保修书;政府职能部门有关强制要求的安保规划及验收意见书等材料。在资料审查中监理工程师要将资料中不当的及遗漏或错误的地方都记录下来,并利用监理工程师自己日常监理过程中所收集积累的数据、资料,与承建施工单位提供的资料一一校对，凡是不一致的地方都记载下来，然后再与承建施工单位商讨，如果仍然不能确定的地方，再与当地质量监督站及设计单位来佐证资料的核定。如果出现几方面资料不一致而难以确定时，可重新测量实物予以验证。

(二)工程竣工的预验收

园林建设工程的预验收在某种意义上说，比正式验收更为重要。因为正式验收时间短促不可能详细地、全面地对工程项目一一察看，而主要依靠工程项目的预验收。因此参加施工项目预验收的人员要以高度的责任感，并在可能的检查范围内，对工程的数量、质量进行全面的确认，特别是对那些重要部位和易于遗忘的部位分别登记造册，作为预验收的成果资料，提供给正式验收中的验收委员参考和承建施工单位进行整改。预验收主要进行以下几方面的工作：

1. 组织与准备

参与验收的监理工程师和其他人员，应按专业或区段分组，并制定负责人。验收前先要组织预验收人员熟悉有关验收资料，制订检查顺序方案，并将检查项目的各子项目及重点检查部位以表格或图列示出来。同时在预验收中使用的相关工具、记录、表格都要准备好，以供检查中使用。

2. 组织预验收

园林建设工程由于涉及复杂的施工内容，所以在工程的预验收中要全面检查各分项工程。检查方法有以下几种：

(1)直观检查：直观检查是一种定性的、客观的检查方法，直观检查由于采用手摸、眼看的方式，就需要有丰富经验和掌握标准熟练的人员才能担任此项工作。

(2)实测质量检查：利用相关测量工具由监理工程师会同建设、设计单位人员实测质量检查，对于能够予以实测实量的工程部位都应通过实测实量取得数据。

(3)实测点数：对于绿化工程中种植的苗木等可以通过现场点数、单位面积种植数量、苗木质量是否符合设计要求等进行测量，对苗木、配件、设施和器具等都应一一清点。

(4)隐蔽工程验收：对于部分已经隐蔽但其工程量和质量不明确的部位要按照隐蔽工程验收方法进行测量。如发现有遗漏或质量问题应及时通知施工单位补齐或更换。

(5)现场操作试车：对工程中涉及的一些水电设备、游乐设施应逐项启动设备进行检查。

上述检查完成后，各专业组长应向总监理工程师报告检查验收结果。如果检查出的问题较多较大，则应由监理工程师指令承建施工单位限期整改并在此进行复检。如果存在问题仅属一般性的，除通知承建施工单位抓紧修整外，总监理工程师应编写预验报告一式三份，一份给施工单位供整改用；一份给建设单位以备正式验收时转交给验收委员会；一份由监理单位自存。与此同时，总监理工程师应填写竣工验收申请报告报送建设单位。

二、正式竣工验收

正式验收是由国家、地方政府、建设单位以及有关单位领导和专家参加的最终整体验收。国家投资的建设项目的正式竣工验收一般由竣工验收委员会(或验收小组)的主任(组长)主持，具体的事务性工作由总监理工程师来组织实施。正式的竣工验收由建设单位组织、政府建设质量监督站监督验收。建设工程正式竣工验收的工作程序是：

(一)准备工作

验收会议由建设单位组织，必要时建设单位可成立建设项目竣工验收委员会(或验收小组)。建设单位向各验收委员会单位发出请柬，并书面通知勘察、设计、施工、监理及质量监督站等单位。具体竣工验收的工作议程等也可以委托监理单位完成，由建设单位选定会议地点。验收前由工程施工、监理、设计、勘察等各方将各自的工程档案资料准备好，做好验收会议中各自单位的工作汇报准备。竣工验收委员会拟定竣工验收的工作议程，报验收委员会主任审定。选定验收会议地点，并准备好一套完整的竣工验收的报告及有关技术资料。

(二)正式竣工验收程序

验收会议由建设单位组织并主持会议，介绍工程竣工验收程序，要求工程勘察、设计、施工、监理等单位分别汇报各自单位在工程中的合同履约情况和各自在工程建设中执行法律、法规和工程建设强制型标准情况。验收委员审阅建设、勘察、设计、施工和监理单位的工程档案资料。验收委员会相关专家分别对工程勘察、设计、施工、设备安装和管理环节作全面评价，并形成工程竣工验收意见，填写《建设工程竣工验收报告》并签名、加盖公章，完成工程项目的竣工验收工作。整个工程验收工作的程序可以总结为以下几条：

1. 验收委员会主任主持验收委员会会议。

2. 由设计单位汇报设计实施情况及对涉及的自检情况。

3. 由承建施工单位汇报施工情况及自检自验的结果。

4. 由监理工程师汇报工程监理的工作情况和预验收结果。

5. 在验收现场实施验收中，验收人员对技术资料及工程实物进行验收检查，在检查中可吸收监理单位、设计单位、质量监督人员参加。在广泛听取意见、认真讨论的基础上，统一提出竣工验收的结论意见。

6. 验收委员会主任宣布验收委员会的验收意见，举行竣工验收证书和鉴定书的签字仪式。

7. 建设单位代表发言。

8. 验收委员会会议结束。

三、工程质量验收方法

建设工程质量验收时按照工程施工合同规定的质量等级，遵照现行的质量评定标准，采用相应的手段对工程分阶段进行质量认可和评定。

(一)隐蔽工程验收

隐蔽工程是指那些在施工过程中上一道工序的工作结束，被下一道工序所掩盖，而无法进行复查的工程部位。如混凝土工程中的钢筋工程、基础的宽度、断面尺寸，直埋电缆管线和绿化工程中的种植坑等。因此，在施工中在下一道工序施工前，现场监理人员应按照设计要求、施工规范，采用必要的检查工具，对其进行检查验收。如果检查后发现符合设计要求及施工规范规定，监理人员应及时签署隐蔽工程记录交承建施工单位归入技术资料；如果不符合有关规定，应以书面形式告诉承建施工单位。令其处理整改，整改后符合要求再进行隐蔽工程的复检和验收签证。

隐蔽工程的验收须由施工单位准备好自检记录，对地基加固处理、管线埋管、绿化工程及道路施工工程中的回填剖面等施工以后的施工质量和施工量进行检查验收。邀请质量监督机构和设计单位、建设单位在现场进行检查验收。未经隐蔽工程验收合格，不得进行下道工序的施工。在有监理单位进驻的工程现场，隐蔽工程验收应由施工单位在隐蔽验收日提前48小时通知现场监理项目部进行验收。在隐蔽工程的下一道工序施工前，现场监理工程师应按照设计要求、施工规范，采取必要的检查工具对其进行检查验收。如果经检查施工质量合乎要求应记录并签署隐蔽工程记录，返还承接施工单位归入技术资料；如不符合要求也应以书面形式告诉施工单位，令其处理，待符合要求后再进行隐蔽工程的验收。如果建设单位或监理工程师在接到通知检验时间后12小时仍未能进行检验，则视为建设单位或监理工程师检验合格，施工单位有权覆盖并进行下一步工序。

一般工程隐蔽工程的验收包括：基础工程的验收（主要分为基坑、基槽的验收，地基工程的验收和基础工程的验收三类）、钢筋混凝土工程的验收（在灌注混凝土以前，在覆盖屋面保护层、基槽回填土前和外墙板勾缝以前进行对钢筋骨架、管线、部件和预埋件等的验收）、承重结构工程的验收（对包括墙、柱、梁、板、屋架等的质量、构造、尺寸偏差等进行检查验收）、防水工程的验收（保护层厚度油毡或其他防水材料的质量、层数、做法或空腔防水构造等进行的检查验收），以及绿化工程的验收。

表6-3-1列出了隐蔽工程验收项目及其验收内容。

表6-3-1 ××工程隐蔽工程验收内容

项　　目	验收内容
基础工程	地质、土质、标高、断面、桩的位置及数量、地基、垫层等
混凝土工程	钢筋的品种、规格、数量、位置、形状、焊缝接头位置，预埋件数量及位置以及材料
防水工程	屋面、水池、水下结构防水层数、防水处理措施等
绿化工程	土球苗木的土球规格、根系状况、种植穴规格、施基肥的数量、种植土的处理等
其　　他	管线工程、完工后无法进行检查的工程等

(二)分项工程验收

对于重要的分项工程，监理工程师应按照合同中的质量要求，根据该分项工程施工的实际情况，参照质量评定标准进行验收。

在分项工程验收中，监理工程师必须按有关单位工程中对分部工程中各分项工程的验收规范选择检查点数，然后计算出基本项目和允许偏差项目的合格或优良的百分比，最后定出该分项工程的质量等级，从而确定能否验收。

(三)分部工程验收

根据分项工程质量验收结论，参照分部工程质量标准，可得出该分部工程的质量等级，以便决定可否验收。

(四)单位工程验收

通过对分项、分部工程质量等级的统计推断，在结合对质保资料的核查和单位工程质量观感评分，便可系统地对整个单位工程作出全面的综合评价，从而决定是否达到合同所要求的质量等级，进而决定能否验收。

（五）分部（分项）工程质量验收记录表范本

下面根据收集到的基本资料将建设工程中有关分部（分项）工程质量验收记录表格作为附件材料列出。

分部（分项）工程质量验收记录表中根据分部工程施工的质量要求规范明确了其分项工程检验的数量，检验结果和验收结论都有详细记录。分部工程和分项工程质量验收记录表分别见表6－3－2和表6－3－3。

表6－3－2　分部（子分部）工程质量验收记录表

<table>
<tr><td colspan="3">单位工程名称</td><td colspan="2"></td><td colspan="2">结构类型及层数</td><td></td></tr>
<tr><td colspan="2">施工单位</td><td colspan="2"></td><td>技术部门负责人</td><td></td><td>质量部门负责人</td><td></td></tr>
<tr><td colspan="2">分包单位</td><td colspan="2"></td><td>分包单位负责人</td><td></td><td>分包技术负责人</td><td></td></tr>
<tr><td>序号</td><td colspan="2">子分部（分项）工程名称</td><td colspan="2">分项工程（检验批）数</td><td colspan="2">施工单位检查评定</td><td>验收意见</td></tr>
<tr><td rowspan="5">1</td><td></td><td></td><td colspan="2"></td><td colspan="2"></td><td rowspan="5"></td></tr>
<tr><td></td><td></td><td colspan="2"></td><td colspan="2"></td></tr>
<tr><td></td><td></td><td colspan="2"></td><td colspan="2"></td></tr>
<tr><td></td><td></td><td colspan="2"></td><td colspan="2"></td></tr>
<tr><td></td><td></td><td colspan="2"></td><td colspan="2"></td></tr>
<tr><td>2</td><td colspan="2">质量控制资料</td><td colspan="3"></td><td colspan="2"></td></tr>
<tr><td>3</td><td colspan="2">安全和功能检验（检测）报告</td><td colspan="3"></td><td colspan="2"></td></tr>
<tr><td>4</td><td colspan="2">感官质量验收</td><td colspan="3"></td><td colspan="2"></td></tr>
<tr><td rowspan="5">验收结论</td><td colspan="2">分包单位</td><td colspan="5">项目经理　　年　月　日</td></tr>
<tr><td colspan="2">施工单位</td><td colspan="5">项目经理　　年　月　日</td></tr>
<tr><td colspan="2">勘查单位</td><td colspan="5">项目负责人　　年　月　日</td></tr>
<tr><td colspan="2">设计单位</td><td colspan="5">项目负责人　　年　月　日</td></tr>
<tr><td colspan="2">监理（建设）单位</td><td colspan="5">总监理工程师：
（建设单位项目专业技术负责人）　　年　月　日</td></tr>
</table>

注：地基基础、主体结构工程的分项工程质量验收部填写“分包单位”、“分包单位负责人”和“分包技术负责人”。地基基础、主体结构分部工程验收勘察单位应签认，其他分部工程验收勘察单位可不签认。

表6-3-3 分项工程质量验收记录

<table>
<tr><td colspan="2">单位(子单位)工程名称</td><td colspan="2"></td><td>结构类型</td><td></td></tr>
<tr><td colspan="2">分部(子分部)工程名称</td><td colspan="2"></td><td>检验批数</td><td></td></tr>
<tr><td colspan="2">施工单位</td><td colspan="2"></td><td>项目经理</td><td></td></tr>
<tr><td>序号</td><td>检验批
部位、区段</td><td colspan="2">施工单位检验
评定结果</td><td colspan="2">监理(建设)单位
验收结论</td></tr>
<tr><td></td><td></td><td colspan="2"></td><td colspan="2"></td></tr>
<tr><td></td><td></td><td colspan="2"></td><td colspan="2"></td></tr>
<tr><td></td><td></td><td colspan="2"></td><td colspan="2"></td></tr>
<tr><td></td><td></td><td colspan="2"></td><td colspan="2"></td></tr>
<tr><td></td><td colspan="3">说明：
施工执行GB50202—2002及《建筑工程质量验收统一标准》
主控项目合格,一般项目符合设计及规范要求。</td><td colspan="2"></td></tr>
<tr><td>检查结论</td><td>项目专业技术负责人：
年 月 日</td><td>验收结论</td><td colspan="3">监理工程师：
(建设单位项目技术负责人)：
年 月 日</td></tr>
</table>

第四节 园林建设评定等级标准

根据国务院颁布的《建设工程质量管理条例》和建设部颁发的《市政工程质量等级评定规定》等规定内容,在市政及园林建设项目的质量评定标准中,一般要参照执行已颁布的系列行业工程质量检验评定标准对市政与园林建设项目工程的单位工程的质量等级进行评定。

按照我国现行标准,分项、单位、建设工程质量的评定等级分为“合格”与“优良”两级。因此,监理工程师在工程质量的评定验收中,只能按合同要求的质量等级进行验收。工程的最终验收后的质量等级由当地工程质量监督站或上级业务主管部门核定。

一、工程质量等级标准

(一)分项工程的质量等级标准

1. 合格

市政与园林建设项目的单位工程中的保证项目必须符合相应质量评定标准的规定。基本项目抽检处(件)应符合相应质量评定的合格规定。建设工程的外观项目的评分应达到70分以上;在实测项目中,在允许的偏差抽检点数中,主要检查项目的合格率为100%,在属于非主要检查项目中：如土建工程有70%及其以上，设备安装工程由80%及其以上的实测值在相应质量评定的允许偏差范围内，其余的实测值也应基本达到相应质量评定标准的规定。如在园林绿化工程中的植物材料对成活率、整形有具体的要求。如各种乔木是凭自主数量来检查，草坪、草本花卉、竹类等时按完工形状来检查评定。评定等级时要求工程质量保证资料评分应达70分以上，工程综合评分应达70分以上。

2. 优良

市政与园林建设项目的单位工程中的保证项目必须符合相应质量评定标准的规定。基本项目抽检处(件)应符合相应质量评定的合格规定。建设工程的外观项目的评分应达到85分以上；在实测项目中，在合格的基础上，全部检查项目(包括保证主要检查项目和非主要检查项目)的评分合格率应达85%。园林建设工程中其基本项目每项抽检的处(件)应符合相应质量评定标准的合格规定，其中50%及其以上的处(件)符合优良规定，该项即为优良；优良项目数占抽检项数50%及其以上，则该检验项目即为优良。同时，工程的质量保证资料评分应达85分以上，工程综合评分应达85分以上。

(二)单位工程质量登记标准

1. 合格：所含分项的质量全部合格。

2. 优良：所含分项的质量全部合格，其中50%及其以上为优良。

(三)建设工程项目质量等级标准

1. 合格：所含分部工程全部合格。质量保证资料应符合规定。观感质量的评分得分率达到70%及其以上。

2. 优良：所含各分部的质量全部合格，其中有50%及其以上优良。质保资料应符合规定。观感得分率达到85%及其以上。

二、工程质量的评定

(一)分项工程质量评定标准

对于分项工程质量评定，由于涉及单项工程、项目工程的质量评定和工程能否最终被顺利验收。所以，参与工程施工的主体单位：勘察单位、设计单位、施工单位、监理单位(建设单位)都要在各自的环节中完善、充实其相应的资料，尤其是监理工程师在质量的评定过程中应做到认真仔细，以确定工程能否验收。

验收的分项工程的评定内容有：

1. 保证项目

它是涉及市政、园林建设工程结构安全或重要使用性能的分项工程，它们应全部满足标准规定的要求。

2. 基本项目

它对市政、园林建设成果的使用要求、使用功能、美观等都有较大影响，必须通过抽查来确定是否合格，是否达到优良的工程内容，它在分项工程质量评定中的重要性仅次于保证项目。

基本项目的主要内容有：对允许有一定的偏差的项目，但有不宜纳入允许偏差的项目。在基本项目中一般用数据来规定出“优良”和“合格”的标准。对不能确定偏差而又允许出现一定缺陷的项目，则以缺陷的数量来区分"合格"和"优良"；用程度来区分项目的"合格"与"优良"，当无法定量时就用不同程度的措辞来区分"合格"和"优良"。

3. 允许偏差项目

对于市政、园林建设工程的使用功能、观感等的影响程度较大，根据一般操作水平允许有一定的偏差，但其偏差值限制在一定范围内的工作内容。这种允许的偏差数据一般由以下情况：有"正"、"负"要求的数值；要求大于或小于某一数值；要求在一定范围内的数值和采用相对比例值确定偏差值。

(二)分项工程质量评定举例

下面以某市市政工程质量等级评定为例，系统介绍建设工程质量等级评定方法。

1. 市政道路工程质量检验内容及规范

验收规范及质量检查主要内容按以下标准执行：《水泥混凝土路面施工及验收规范》(GBJ 97—1987)、《沥青路面施工及验收规范》(GB 50092—1996)、《城镇道路工程施工与质量验收规范》(CJJ 1—2008)、《市政桥梁工程质量检验评定标准》(CJJ 2—2008)、《钢筋焊接及验收规程》(JGJ 18—2003)、《公路路面基层施工技术规范》(JTJ 034—2000)、《公路工程质量检验评定标准》(土建工程)(JTG F80—2004)、《混凝土结构工程施工质量验收规范》(GB 50204—2002)、《给排水管道工程施工及验收规范》(GB 50268—2008)、《给排水构筑物工程施工及验收规范》(GB 50141—2008)等 10 部法规。其中，相应的检查项目、允许误差、检验要求、检验方法等在各自的规范中均有详细介绍。

2. 市政道路工程的质量评定等级

质量等级分为"合格"与"优良"两个等级。

3. 市政道路工程的工序、部位、单位工程的划分

市政道路工程的工序划分为：路基、基层、面层、附属构筑物等。

市政道路工程不宜划分部位，但也可以按长度划分为若干个部位，便于工程项目的管理。

市政道路工程中的独立核算项目，应是一个单位工程。所以，一般采用分期单独核算的同一市政道路工程为若干个单位工程。

检验评定时工程必须经外观项目检查合格后，才能进行允许偏差项目的检验。偏差项目检验时，抽检的样点应能反映工程的实际情况。

4. 市政道路工程质量检查评定的方法

市政道路工程质量的检验与评定应按工序、部位及单位工程三级进行，但当该工程不划分部位时，可按工序、单位工程两级进行，其评定标准的主要依据为合格率：

$$\text{合格率}=\frac{\text{同一检查项目的合格点(组)数}}{\text{同一检查项目的应检点(组)数}}\times 100\%$$

(1)对于工序质量评定而言，合格项目中，下列项目应评为"合格"。即主要检查项目(表格栏目中列有△者)的合格率应达到 100%；非主要检查项目的合格率应达到 70%，且不符合本标准要求的点，具有的最大偏差应在允许偏差的 1.5 倍之内。在特殊情况下如最大偏差超过允许偏差 1.5 倍，但不影响下道工序施工、工程结构和使用功能，仍可评为合格。

在工序质量评定中符合下列要求者应评为"优良"。即抽检项目符合合格标准的条件，

且全部检查项目合格率的平均值应达到85%。

(2)部位质量评定中,当该部位所有工序点的质量为合格,则该部位应评为“合格”。当该部位所有工序点在评定为合格的基础上,全部工序检查项目合格率的平均值达到85%,则该部位应评为“优良”。

(3)单位工程。所有部位的工序均为合格,则该单位工程应评为“合格”。在评定合格的基础上,全部部位检验项目合格率的平均值达到85%,则该单位工程应评为“优良”。

市政道路分项工程中工序质量验收记录表见表6-4-1、表6-4-2、表6-4-3和表6-4-4。

表6-4-1　分项工程质量验收记录

<table>
<tr><td colspan="2">工程名称</td><td>××××综合利用工程——挡土墙、道路、排水工程(1标段)</td><td>结构类型</td><td>市政道路</td><td>检验批数</td><td>12</td></tr>
<tr><td colspan="2">施工单位</td><td>××××建设集团有限公司</td><td>项目负责人</td><td></td><td>质量部门负责人</td><td></td></tr>
<tr><td colspan="2">分包单位</td><td></td><td>分包单位负责人</td><td></td><td>分包技术负责人</td><td></td></tr>
<tr><td>序号</td><td colspan="2">检验批部位、区段</td><td colspan="2">施工单位检查评定记录</td><td colspan="2">监理(建设)单位验收结论</td></tr>
<tr><td>1</td><td colspan="2">×号道路××～××段水泥碎石砾石层路床</td><td colspan="2">合格</td><td colspan="2"></td></tr>
<tr><td>2</td><td colspan="2">×号道路××～××段水泥碎石砾石层路床</td><td colspan="2">合格</td><td colspan="2"></td></tr>
<tr><td>3</td><td colspan="2">×号道路××～××段水泥碎石砾石层路床</td><td colspan="2">合格</td><td colspan="2"></td></tr>
<tr><td>…</td><td colspan="2"></td><td colspan="2">合格</td><td colspan="2"></td></tr>
<tr><td>…</td><td colspan="2">1支×号道路水泥碎石砾石层路床</td><td colspan="2">合格</td><td colspan="2"></td></tr>
<tr><td></td><td colspan="2"></td><td colspan="2"></td><td colspan="2"></td></tr>
<tr><td></td><td colspan="2"></td><td colspan="2"></td><td colspan="2"></td></tr>
<tr><td></td><td colspan="2"></td><td colspan="2"></td><td colspan="2"></td></tr>
<tr><td></td><td colspan="2"></td><td colspan="2"></td><td colspan="2"></td></tr>
<tr><td></td><td colspan="2"></td><td colspan="2"></td><td colspan="2"></td></tr>
<tr><td></td><td colspan="2"></td><td colspan="2"></td><td colspan="2"></td></tr>
<tr><td></td><td colspan="2"></td><td colspan="2"></td><td colspan="2"></td></tr>
<tr><td colspan="2">施工单位检查评定结果</td><td colspan="5">经检查,水泥稳定碎石层分项工程的检验批质量验收记录完成,质量符合设计和规范要求,评定为合格。
项目专业质量检查员：　　项目专业质量(技术)负责人：　　年　月　日</td></tr>
<tr><td colspan="2">监理(建设)单位验收结论</td><td colspan="5">监理工程师(建设单位项目技术负责人)：　　年　月　日</td></tr>
</table>

××省建设厅制

表 6-4-2 市政道路工程路基质量验收记录

<table>
<tr><td colspan="2">工程名称</td><td colspan="3">××××综合利用工程——挡土墙、道路、排水工程(1标段)</td></tr>
<tr><td colspan="2">施工单位</td><td colspan="2">××××建设集团有限公司</td><td>项目负责人</td><td>×××</td></tr>
<tr><td colspan="2">分项工程部位</td><td colspan="2">水泥稳定碎砾石层路床分项工程</td><td>验收部位</td><td>×号道路
××路段</td></tr>
<tr><td colspan="2">专业工长</td><td colspan="2">×××</td><td>施工班组长</td><td>×××</td></tr>
<tr><td colspan="2">施工执行标准及标号</td><td colspan="4">《水泥混凝土路面施工及验收规范》(GBJ 97—87)</td></tr>
<tr><td colspan="4">标准规定项目</td><td colspan="2">检查记录</td></tr>
<tr><td>序号</td><td>检 查 项 目</td><td>质量验收规范的规定</td><td colspan="2">施工单位检查评定记录</td><td>监理(建设)单位验收</td></tr>
<tr><td>1</td><td>碾压轮迹深度</td><td>第 4.1.2 条</td><td colspan="2">用14T压路机碾压,轮迹深度小于5毫米,符合第 4.1.2 条规定</td><td rowspan="13"></td></tr>
<tr><td>2</td><td>砂石基层偏差</td><td>第 4.1.3 条</td><td colspan="2">/</td></tr>
<tr><td>3</td><td>碎石基层偏差</td><td>第 4.2.3 条</td><td colspan="2">基层偏差符合第 4.2.3 条规定,符合规范规定</td></tr>
<tr><td>4</td><td>沥青贯入式碎石基层偏差</td><td>第 4.3.3 条</td><td colspan="2">/</td></tr>
<tr><td>5</td><td>灰土中土块粒径</td><td>第 4.4.1 条</td><td colspan="2">/</td></tr>
<tr><td>6</td><td>石灰土类基层偏差</td><td>第 4.4.3 条</td><td colspan="2">/</td></tr>
<tr><td>7</td><td>块石基层偏差</td><td>第 4.5.2 条</td><td colspan="2">/</td></tr>
<tr><td>8</td><td>石灰、粉煤灰类混合料拌和要求</td><td>第 4.6.1 条</td><td colspan="2">/</td></tr>
<tr><td>9</td><td>石灰、粉煤灰类混合料基层偏差</td><td>第 4.6.4 条</td><td colspan="2">/</td></tr>
<tr><td></td><td></td><td></td><td colspan="2"></td></tr>
<tr><td></td><td></td><td></td><td colspan="2"></td></tr>
<tr><td></td><td></td><td></td><td colspan="2"></td></tr>
<tr><td></td><td></td><td></td><td colspan="2"></td></tr>
<tr><td colspan="2">施工单位检查评定结果</td><td colspan="4">经检查,该检验批标准规定项目及检查项目均符合设计设计和施工规范规定,施工质量好,资料完整,评定为合格。

项目专业质量检查员:　　项目专业质量(技术)负责人:　　年　月　日</td></tr>
<tr><td colspan="2">监理(建设)单位验收结论</td><td colspan="4">监理工程师(建设单位项目技术负责人):　　年　月　日</td></tr>
</table>

市政道路工程用表

表 6-4-3　市政道路工程路基(水稳层)检验批质量验收记录

工程名称	××××综合利用工程——挡土墙、道路、排水工程(1 标段)		
施工单位	××××建设集团有限公司	项目负责人	×××
分项工程部位	水稳层路床分项工程	验收部位	×号道路 ××路段
专业工长	×××	施工班组长	×××
施工执行标准及标号			

标准规定项目		检查记录	
外观质量检查要求	1. 弯沉值及密实度必须符合设计要求 2. 基层表面应坚实、平整、不得有浮石、粗细料集中且未搅拌均匀等现象 3. 用 14T 以上压路机碾压后,轮迹深度不大于 5 毫米;灰土底层不得有浮土、脱皮、松散现象	外观质量检查意见	1. 弯沉值及密实度符合设计要求 2. 基层表面坚实、平整、无浮石、粗细料集中且未搅拌均匀等现象 3. 用 14T 以上压路机碾压后,轮迹深度不大于 5 毫米;灰土底层无浮土、脱皮、松散现象

序号	检查项目	允许偏差(毫米)	各实测点值										监理(建设)单位验收
1	压实度%	不小于规定要求											
2	宽度	+200 −0	200	170	200	140	120	220	180	200			
3	平整度	20	10	21	13	12	17	20	18	19			
4	中线高程	±20	−11	11	17	16	17	19	17	10			
5	横坡	±20,且不大于 0.3%	11	10	16	20	14	10	19	22			
6	弯沉值	详见弯沉测定表											
7	压实密度	详见压实度测定表	编号 JPKH2009－9－0005,符合设计要求和规范规定										
8	厚度	±10%	6	9	5	9	7	10	3	8			
9													

共实测　40　点,其中合格 37 点,不合格 7　点;合格率　92.5　%	
施工单位检查评定结果	经检查验收,该检验批标准规定项目及检查项目均符合设计要求和施工规范要求,施工质量好,资料完整,评定为合格。 项目专业质量检查员:　项目专业质量(技术)负责人:　年　月　日
监理(建设)单位验收结论	监理工程师(建设单位项目技术负责人):　年　月　日

市政道路工程用表

表 6-4-4 市政道路工程路基(水稳层)检验批质量验收记录

工程名称	××××综合利用工程——挡土墙、道路、排水工程(1 标段)		
施工单位	××××建设集团有限公司	项目负责人	×××
分项工程部位	水稳层路床分项工程	验收部位	×号道路 ××路段
专业工长	×××	施工班组长	×××
施工执行标准及标号			
标准规定项目		检查记录	
外观质量检查要求	1. 弯沉值及密实度必须符合设计要求 2. 基层表面应坚实、平整、不得有浮石、粗细料集中未搅拌均匀等现象 3. 用 14T 以上压路机碾压后,轮迹深度不大于 5 毫米;灰土底层不得有浮土、脱皮、松散现象	外观质量检查意见	1. 弯沉值及密实度符合设计要求 2. 基层表面坚实、平整、无浮石、粗细料集中且未搅拌均匀等现象 3. 用 14T 以上压路机碾压后,轮迹深度不大于 5 毫米;灰土底层无浮土、脱皮、松散现象

序号	检查项目	允许偏差(毫米)	各实测点值										监理(建设)单位验收
1	压实度%	不小于规定要求											
2	宽度	+200 -0	210	160	200	120	50	120	140	120			
3	平整度	20	20	14	17	20	15	22	17	14			
4	中线高程	±20	-10	15	-16	20	11	10	20	13			
5	横坡	±20,且不大于 0.3%	13	20	14	10	7	11	19	10			
6	弯沉值	详见弯沉测定表											
7	压实密度	详见压实度测定表	编号 SJKH2009-4-0003,符合设计要求和规范规定										
8	厚度	±10%	6	9	5	9	7	10	3	8			
9													
共实测 40 点,其中合格 38 点,不合格 2 点;合格率 95 %													

施工单位检查评定结果	. 经检查验收,该检验批标准规定项目及检查项目均符合设计要求和施工规范要求,施工质量好,资料完整,评定为合格。 项目专业质量检查员: 项目专业质量(技术)负责人: 年 月 日
监理(建设)单位验收结论	监理工程师(建设单位项目技术负责人): 年 月 日

市政道路工程用表

第五节　工程项目的交接与回访保修

工程项目验收及质量评定工作结束后，标志着市政、园林建设工程项目的投资建设业已完成，并将投入使用。此时建设单位即应努力完善各项准备条件，争取建成的市政、园林建设项目早日发挥其社会、经济效益；而承建施工项目单位则应抓紧处理工程遗留的问题，以尽早地将工程交付给建设单位，为建设单位的经营使用准备提供方便；作为建设单位委托的监理工程师则应督促双方尽快地完成工程的收尾和移交工作。

工程项目在竣工验收交付使用后，按照合同和有关的规定，在一定的期限，即回访保修期内由项目经理部组织原项目人员主动对交付使用的竣工工程进行回访，听取用户对工程的质量意见，填写质量回访表，报有关技术与生产部门备案处理。在保修期内，属于施工单位施工过程中造成的质量问题，要负责维修，以不留隐患。一般在我国工程施工项目竣工后，承建单位的工程款将保留 5%左右作为保修金，按照合同在保修期满后退还承包单位。

一、工程项目的移交

工程项目竣工和交接是两个不同的概念。所谓竣工是针对承包单位而言，它有以下几层含义：第一，承包单位按合同要求完成了工作内容；第二，承包单位按质量要求进行了自检；第三，项目的工期、进度和质量均满足合同的要求。工程项目交接则是由监理工程师（建设单位技术负责人）对工程的质量进行验收之后，协助承包单位与建设单位进行移交项目所有权的过程。能否交接取决于承包单位所承包的工程项目是否通过了竣工验收。因此，交接是建立在竣工验收基础上的时间过程。

在我国由于生产资料是国家所有。原则上将一切项目均应通过国家的验收与交接。但随着投资渠道的多元化，已经破除了国家投资的单一模式，因此现阶段我国的工程项目的竣工验收与交接已经发生了变化。目前工程项目的竣工验收与交接主要有以下三类：

1. 个人投资的项目

例如，外商投资项目和民间资本投资的建设工程项目，监理工程师只需验收之后，协助承包单位与投资者进行交接即可。

2. 企业投资的项目

例如，企业利用自有资金进行的技改项目，验收与交接是对企业的法人代表的。

3. 国家投资的项目

国家投资行为分为地方政府的某个部门担任建设单位的角色或地方政府投资成立的城建有限公司作为企业法人；或中央政府委托地方政府的某个部门担任建设单位的角色，但项目建成后的项目所有权属于中央政府。

前者投资项目一般包括由当地建委、城建局或其他单位为业主进行的一般市政、园林项目，其项目的验收与交接是在承建单位与业主之间发生。而由中央政府投资或国资委下属企业投资的大型项目的验收与交接通常是在建设单位接收竣工的项目使用一年之后，由国家有关部委组成验收工作小组进驻项目所在地。在全面检查项目的质量和使用情况之后进行验收,并履行项目移交的手续。因而该类项目的验收与交接是在国家有关部委与当地的建设单位之间进行。

一般市政、园林建设工程项目属于国家或地方政府投资的中、小型建设项目,这类工程项目竣工后,通过了建设单位组织的竣工验收后,对于在验收过程中发现并提出的一些漏项内容或存在的工程质量方面的问题,由监理工程师督促承建施工单位进行收尾整改。整改完成后,最终确定建设工程由承建单位向建设单位正式办理移交手续。这类项目由于工程移交不能占用很长的时间,因而要求承建施工单位在移交工程过程中力求使建设单位的接管工作简便。在办理移交工作后,监理工程师签发工程竣工移交接证书(如表 6-5-1 所示)。签发的工程交接书一式三份,建设单位、承接施工单位、监理单位各一份。

表 6-5-1　建设工程竣工移交证书

工程名称：　　　　　　　　　合同号：　　　　　　　　监理单位：

致建设单位____________： 　　兹证明______________号竣工报验单所报______________工程已按合同和监理工程师的指示完成,从______________开始,该工程进入保修阶段。 附注:(工程缺陷和未完工程)　　　　　　　　监理工程师：　　　　日期：
总监理工程师的意见： 　　　　　　　　　　　　　　　　签名：　　　　日期：

本表格一式三份,建设单位、施工单位、监理单位各一份。

工程项目经竣工验收合格后,便可办理工程交接手续,即将工程项目的所有权移交给建设单位。在办理工程交接前,施工单位要编制竣工结算书,以此作为向建设单位结算最终拨付的工程款。而竣工结算书通过监理工程师审核、确认并签证后,才能通知建设单位与施工单位办理工程价款的拨付手续。

监理工程师对竣工结算书的审核是以工程承包合同、竣工验收单、施工图纸、设计变更通知书、施工变更记录、现行建设工程相关工程预算定额、工程材料预算价格、取费标准等为依据,分别对各单位工程的工程量、套用定额、单价、取费标准及费用等进行核对,搞清楚有无多算、错算,与工程实际是否相符合,所增减的预算费用有无根据、是否合法。

二、技术资料的移交

建设工程的主要技术档案是工程档案的重要部分,因此在正式验收时就应该提供完整的工程技术档案。由于工程技术档案有严格的要求,涉及内容很多,往往又不是承建施工单位一家,一般要求承建施工单位提供工程技术档案的核心部分,而整个工程档案的归档、装订则在竣工验收结束后,由建设单位、承建施工单位和监理工程师共同完成。在工程技术档案整理时,一般是由建设单位与监理工程师将保存的资料交给承建施工单位来完成,最后由监理工程师校对审阅,确认符合要求后,再由承建施工单位按要求装订成册,统一验收保存。所以在工程项目交接时,施工单位将所有施工资料和安装的成套工程技术资料进行分类整理、编目建档后移交给建设单位,同时施工单位还应将在施工中所占用的房屋设施进行维修清理、打扫干净，连同房门钥匙全部予以移交。

建设工程竣工验收合格后，在工程交接过程中有关技术材料的移交的建档资料及其在工程建设各阶段相应的材料内容参见表6-5-2和表6-5-3。

表6-5-2　建设工程竣工移交证书

工程名称：　　　　　　　　　　合同号：　　　　　　　　　　监理单位

<table>
<tr><td>致建设单位＿＿＿＿＿＿＿＿＿＿＿＿＿＿＿＿：
　　兹证明＿＿＿＿＿＿＿＿＿＿＿＿＿＿号竣工报验单所报＿＿＿＿＿＿＿＿＿＿＿＿＿＿＿工程已按合同和监理工程师的指示完成，从＿＿＿＿＿＿＿＿＿＿＿＿＿＿开始，该工程进入保修阶段。
附注：(工程缺陷和未完工程)
监理工程师：　　　日期：</td></tr>
<tr><td>总监理工程师的意见：
签名：　　　日期：</td></tr>
</table>

本表一式三份，建设单位、承建单位和监理单位各一份。

表6-5-3　园林建设工程验收合格后移交的技术材料内容一览表

工程阶段	移交档案资料内容
项目准备及施工准备	1. 申请报告，批准文件 2. 有关建设项目的决议，批示及会议记录 3. 可行性研究，方案论证资料 4. 征用土地、拆迁、补偿等文件 5. 工程地质(含水文、气象)勘察报告 6. 概预算 7. 承包合同、协议书、招标文件 8. 企业执照及规划、园林、消防、环保、劳动等部门审核文件
项目施工	1. 开工报告 2. 工程测量定位记录 3. 图纸会审、技术交底 4. 施工组织设计等 5. 基础处理、基础工程施工文件；隐蔽工程验收记录 6. 施工成本管理的有关资料 7. 工程变更通知单，技术核定单及材料代用单 8. 建筑材料、构件、设备质量保证单及进场试验记录 9. 栽植的植物材料名录、栽植地点及数量清单 10. 各类植物材料已采取的养护措施及方法 11. 假山石等非标工程的养护措施及非法 12. 古树名木的栽植地点、数量、已采取的保护措施等 13. 水、电、暖、气等管线及设备安装施工记录和检验记录 14. 工程质量事故的调查报告及所采取处理措施的记录 15. 分项、单项工程质量检验评定记录 16. 项目工程质量检验评定及当地工程质量监督站核定的记录 17. 其他(如施工日志等)等 18. 竣工验收申请报告

（续表）

工程阶段	移交档案资料内容
竣工验收	1. 竣工项目的验收报告 2. 竣工决算及审核文件 3. 竣工验收的会议文件、会议决定 4. 竣工验收质量评价 5. 工程建设中的照片、录像以及领导、名人的题词等 6. 竣工图（含土建、设备、水、电、暖、绿化种植等）

三、其他移交工作

为确保工程在生产或使用过程中保持正常的运行，实行监理的建设工程的监理工程师在施工项目竣工移交时，还应督促承建施工单位做好以下各项的移交工作。

(一)使用保养提示书

在整个市政、园林项目施工过程中，由于施工单位和监理工程师已经经历了整个建设过程等各个环节，对园林施工中某些新设备、新设施和新的工程材料等的使用和性能已经积累了不少经验和教训，施工单位和监理工程师应把这方面的知识，编写成“使用保养提示书”，以便使用建设项目的部门能予掌握和正确操作。

(二)各类使用说明书

在市政与园林建设工程项目中还涉及各类设施的安装和使用，以及园林绿化工程中园林植物的管理、保护等技术指导资料。所以移交时各类设备的使用说明书籍以及有关装配图纸是管理者必备的技术资料，因此施工单位应在竣工验收后，及时收集列表汇编，并于交工时移交给建设单位，移交中也应办理交接手续。

(三)交接附属工具零配件及备用材料

市政、园林建设项目中的部分设备及其易损件及材料，其供应厂商都会附有一些专门的维修工具和附属零件，并对容易损坏的配件及材料提供一定数量的备品、备件。如喷泉、喷灌设施等。这些材料对于今后使用过程中设备的正常运行和维护都是十分重要的。监理工程师在竣工后应协助承建施工单位全部交还给建设单位，如果发生有遗失损坏，应按合同中的规定给予赔偿。

(四)厂商及总、分包承接施工单位明细表

在市政、园林工程项目的使用过程中，管理者对许多技术问题不太清楚时，需要向总、分包施工单位，生产厂家进行咨询或购买专用的零配件。这些零配件对今后使用中维持正常的使用十分必要。为此，在移交工作中，监理工程师与施工单位应将材料、设备的供应、生产厂家及分包单位列一明细表，以便以后解决长期使用中出现的问题。

(五)抄表

工程交接中，监理工程师还应协助建设单位与施工单位做好水表、电表及机电设备内存油料等数据进行交接，以便双方财务往来结算。

四、工程项目的回访与保修

工程项目在竣工验收并交付使用后，按照合同和国家有关的规定，在一定的期限内，即回访保修期内应由项目经理部组织原项目人员主动对交付使用的竣工工程进行回访，充分听取用户对工程的质量意见。填写质量回访表，报有关技术与生产部门备案处理。这种回访一般采用三种形式：

1. 季节性回访

大多是雨季回访屋面、墙面的防水情况，冬季回访采暖系统的情况，发现问题，采取有效措施及时加以解决。

2. 技术性回访

主要了解工程施工过程中已采用的新材料、新技术、新工艺、新设备等技术性能和使用后的效果；市政、园林绿化工程中大树移栽成活保养情况；游乐设施使用情况等。对于发现的问题及时加以补救和解决，同时也便于施工单位总结经验、获取科学依据，为将来改进、完善和推广创造条件。

3. 保修期满前的回访

这种回访一般是在保修期即将结束之前进行的回访。保修期内，属于施工单位施工过程中造成的质量问题，要负责维修，不留隐患。如果属于设计原因造成的质量问题，在征得建设单位和设计单位认可后，协助修补，但费用由设计单位承担。

对在工程使用期间反馈的有关质量问题和质量投诉等，施工单位应立即组织力量进行维修，发现影响安全的质量问题应紧急处理。项目经理在回访中发现的质量问题，应及时分析、制定解决措施，作为进一步改进和提高质量的依据。

对所有的回访和保修都必须予以记录，并提交书面报告，作为技术质量归档。项目在使用期间产生的质量纠纷或问题的处理应本着协商解决的原则，若无法达成统一意见，则根据合同交由当地仲裁部门负责仲裁或由当地人民法院审理。

第六节　工程竣工结算与决算

工程的竣工结算是指按工程进度、施工合同、施工监理情况办理的工程价款结算，以及根据工程实施过程中发生的超出施工合同范围的工程变更情况，调整施工图预算价格后确定的工程项目最终结算价格。一般分为单位工程竣工结算、单项工程竣工结算和建设项目竣工总结算。竣工结算工程价款等于合同价款加上施工过程中合同价款调整数额减去预付及已结算的工程价款再减去保修金。它是由承包单位编制，监理工程师（建设单位技术负责人）审查，或者委托有相应资质的工程造价咨询机构进行审查。工程的竣工结算是验收报告的重要组成部分，是正确核算新增固定资产价值，考核分析投资效果，建立健全经济责任的依据，是反映建设项目实际造价和投资效果的文件。

工程竣工决算是由建设单位负责组织人员进行编制，上报主管部门审查，同时抄送有关设计单位。在国家大中型建设项目的竣工决算中还应抄送财政部、建设银行总行和各省、市、自治区财政局和各地建设银行分行各一份。决算是在建设工程项目施工完成并竣工验收合格后编制的，它反映的是基本建设工程的实际造价。

一、工程竣工结算

工程竣工结算是指单项工程完成并达到验收标准，取得竣工验收合格签证后，施工企业与建设单位之间办理的工程财务结算。单项工程竣工验收后，由施工企业及时整理交工技术资料，主要包括绘制竣工图和编制竣工结算以及施工合同、补充协议、设计变更洽商等资料，经监理工程师审核后送建设单位，经承发包双方达成一致意见后办理结算。但属于中央和地方财政投资的建设工程的结算需经财政主管部门委托的专业银行或中介机构审查，有的工程还需要审计部门审计。

(一)工程竣工结算编制依据

工程竣工结算的编制是一项政策性较强，反映技术经济综合能力的工作，既要做到正确反映市政、园林建设企业创造的工程价值，又要正确地贯彻执行国家有关部门的各项规定。为使相关建设企业在施工中耗用的资金及时得到补偿，在工程结算中对工程价款的结算往往会有中间结算(工程进度款结算)、年终结算，全部工程竣工验收后进行的竣工结算。

编制工程竣工结算必须提供如下依据：

1. 国家有关法律、法规、规章制度和相关的司法解释。
2. 国务院建设行政主管部门以及各省、市、自治区和有关部门发布的工程造价计价标准、计价办法、有关规定及相关解释。
3. 施工承包合同、专业分包合同及补充合同，有关材料、设备采购合同。
4. 招投标文件，包括招标答疑文件、投标承诺、中标报价书及其组成内容。
5. 工程竣工图或施工图、施工图会审记录，经批准的施工组织设计，以及设计变更、工程洽商和相关会议纪要。
6. 经批准的开、竣工报告或停、复工报告。
7. 本地区现行的概(预)算定额，材料预算价格、费用定额及有关文件规定。
8. 设计变更通知单和施工现场工程变更洽商记录等影响工程造价的相关资料。
9. 工程竣工报告及工程竣工验收单；
10. 按照有关部门规定及合同中有关条文规定持凭证进行结算的原始凭证。

(二)工程竣工结算方式

在我国建设工程的结算方式一般采用按月结算、竣工后一次结算、分段结算、目标结算和双方约定的其他结算方式进行结算。而工程的竣工结算应该属其中的分段结算的一种特殊形式，即施工工程当年不能竣工的单项工程或单位工程按照工程形象划分不同阶段进行结算。一般工程的竣工结算的方式按照建设工程招标文件、或施工单位中标后与建设单位协商中规定的方式进行竣工结算。其方式主要有：

1. 决标或议标后的合同价加签证结算方式

这种竣工结算主要依据招投标过程中的中标价为核心，且以合同的形式将价固定下来。对于合同中未包括的条款或出现的一些不可预见的费用，加上工程施工过程中发生的有关变更的增减账的费用，经建设单位或监理工程师签证认可后，与原中标合同价一起进行结算。工程竣工后，可以暂扣合同价的2%～5%作为工程维修金，其余工程款一次结清，在施工过程中所发生的材料使用量、主要材料价差、工程量的变化等，如果合同中没有可以调价的条款，一般不予调整。因此，凡按合同价承包的工程，一般均列有一项不可预见费用在里面。

2. 施工图概(预)算加签证的结算方式

该方式把经过审核确定的施工图预算作为竣工结算的依据，在施工过程中发生但在施工预算中未包括的项目和费用，经监理工程师或建设单位驻现场工程师签证，和原预算价格在工程结算时进行调整，因此又称这种方式为施工图预算加签证的结算方式。

一般小型园林建设工程都是以经建设单位审定后的施工图概(预)算价作为工程竣工结算的依据的核心，在施工图概预算中未包括的，而在施工中发生的工程变更所增减的费用，以及各种材料(构配件)预算价与实际价的差价等，并经建设单位或监理工程师签证后，与原审定的施工图预算一起进行结算。

3. 预算包干结算方式

预算包干结算也称施工图预算加系数包干结算。在签订合同条款时，预算外包干系数要明确包干内容及范围。但一般包干费通常不包括下列费用：即在施工图外增加的建设面积，工程结构设计变更和标准提高、非施工原因的工艺流程的改变等，隐蔽性工程的基础加固处理以及非人为因素造成的损失等产生的费用。

4. 平方米造价包干的结算方式

承发包双方根据一定的工程资料，事先协商好每平方米造价指标后，乘以建筑面积而形成的竣工结算方式。这种方式适用于园林建设工程中的广场铺装、草坪铺设等项目。

5. 工程量清单结算方式

采用这种方式往往是以劳务合同为主体的施工形式，采用工程清单招标时，中标人填报的清单分项工程单价是承包合同的组成部分，工程竣工结算时按实际完成的工程量，以合同中的工程单价为依据计算结算价款。

(三)工程结算的编制方法

园林建设工程竣工结算的编制，因承包方式的不同而有所差异，其结算方法均应根据各省市建设工程造价(定额)管理部门、当地园林管理部门和施工合同管理部门的有关规定办理工程结算。下面介绍几种常见的园林工程竣工结算的编制方法。

1. 采用招标方式承包工程的竣工结算编制方法

这种工程结算原则上应以合同中标价(议标价)为基础进行，如遇工程有较大设计变更、材料价格调整、合同条款规定允许调整的，或当合同条文中有过规定不允许调整但非施工企业原因发生中标价格以外的费用时，承发包双方应签订补充合同或协议，承包方可以向发包方提出工程索赔，作为结算调整的依据。园林施工企业在编制竣工结算时，应按本地区主管部门的规定，在中标价格基础上进行调整。

采用招标(或议标)方式承包建设工程的结算方法是目前最普遍的工程结算方法。

2. 以原施工图概(预)算为基础进行的竣工结算编制方法

以原施工图概(预)算为基础的工程结算时，对施工中发生的设计变更、原概(预)算书与实际不相符、或因经济政策的变化等，导致竣工结算编制中出现增减账时，即应在施工图概

(预)算的基础上作增减调整。在编制竣工结算时的具体增减内容主要有以下几个方面：

(1)工程量量差

工程量量差一般指施工图概(预)算所列出的分项工程量与实际完成的分项工程量不相符而需要增加或减少的工程量。这种差异主要是因涉及工程施工变更引起，设计变更经设计、建设单位(或监理单位)、施工企业三方研究、签证、填写设计变更洽商记录，作为结算时增减工程量的依据。在施工中如发生特殊原因与正常施工方式不同，施工单位据此编报施工组织设计，经建设单位(监理单位)同意、签认后，也可作为工程结算的依据。或当施工图概(预)算分项工程量不准确的情况时，在编制工程竣工结算前，应结合工程竣工验收情况核对实际完成的分项工程量，如发现与施工图概(预)算书所列分项工程量不符合时，其工程量不符实应进行调整。

(2)各种人工、材料、机械价格的调整

在园林建设工程结算中，人工、材料、机械费差价的调整办法及范围，应按当地主管部门的规定办理。其中：①人工单价调整一般由三种方法进行，即按照概(预)算定额来分析的人工工日乘以人工单价的差价、按概(预)算定额分析的人工费乘以系数，按概(预)算定额编制的直接费为基数乘以主管部门公布的季度或年度的综合系数一次调整。②材料价格调整的方法有两种，即对于主要材料，分规格、品种以定额的分析量为准，定额量乘以材料单价即为主要材料的差价，而对于辅材则以概(预)算定额编制的直接费乘以当地主管部门公布的调价系数；当国家造价管理部门根据市场价格有新规定时，应将单位工程的工期与价格调整结合起来，测定综合系数，并以直接费为基数乘以综合系数。③机械价格的调整一般采用机械增减幅度系数和综合调整系数完成。

(3)各项费用的调整

间接费、计划利润及税金是以直接费(或定额人工费总额)为基数计取的，随着人工费、材料费和机械费的调整，其间接费、计划利润及税金也同样在变化。当各种人工、材料、机械价格调整后再计取间接费、计划利润和税金方面有两种方法，即人工、材料差价不计算间接费和计划利润，但允许计取税金；将人工、材料、机械差价列入工程成本计取间接费、计划利润及税金。

3. 采用施工图概(预)算加包干系数和平方米造价包干方式的工程竣工结算编制方法

这两种结算方式的工程，一般在工程承包合同中已分清了承发包单位之间的义务和经济责任，不再办理施工过程中所承包范围内的经济洽商，在工程结算时不再办理增减调整。所以，工程竣工后仍以原概(预)算加系数或平方米造价包干进行结算。对这种承包方式，承包或发包方必须对工程施工期内各种价格变化进行预测，以获得一个综合系数，即风险系数。这种做法对承包、发包方均有一定的风险性，一般只适用于建设面积小、施工项目单一、工期短的园林建设工程；对工期长、施工项目负责、材料品种多的园林建设工程不宜采用这种方式承包。

一般建设工程中涉及园林建设工程竣工结算时的取费，以及各项取费的计算办法以附件形式列出。即：一般园林建设工程竣工结算中费用计算方法和取费格式，园林建设工程竣工结算书的一般格式如表 6-6-1 和表 6-6-2。

表 6-6-1　绿化、土建工程结算费用计算程序表

费用	项目序号	计算公式	金额
1	原概(预)算直接费		
2	历次增减变革直接费		
3	调价金额	[(1)+(2)]×调价系数	
4	工程直接费	(1)+(2)+(3)	
5	企业经营费	(4)×相应工程类别费率	
6	利润	(4)×相应工程类别费率	
7	税金	(4)×相应工程类别费率	
8	工程造价	(4)+(5)+(6)+(7)	

表 6-6-2　水、暖、电等工程结算费用计算程序表

费用	项目序号	计算公式	金额
1	原概(预)算直接费		
2	历次增减变革直接费		
3	其中:定额人工费	(1)、(2)两项所含	
4	其中:设备费	(1)、(2)两项所含	
5	其他直接费	(3)×费率	
6	调价金额	[(1)+(2)+(5)]×调价系数	
7	工程直接费	(1)+(2)+(5)+(6)	
8	企业经营费	(3)×相应工程类别费率	
9	利润	(3)×相应工程类别费率	
10	税金	[(7)+(8)+(9)]×税率	
11	设备费价差(±)	(实际供应价-原设备费)×(1+税率)	
12	工程造价	(7)+(8)+(9)+(10)+(11)	

(四)工程索赔

建设工程索赔通常是指在工程合同履行过程中,合同当事人一方因对方不履行或未能正确履行合同或者由于其他非自身因素而受到经济损失或权利损害,通过合同规定的程序向对方提出经济或时间补偿要求的行为。索赔是合同执行阶段一种避免风险的方法,同时也是避免风险的最后手段。工程建设索赔在国际建筑市场上是承包商保护自身正当权益、弥补工程损失、提高经济效益的重要手段。索赔是一种正当的权利要求,它是业主、监理工程师和承包商之间一项正常的、大量发生而普遍存在的合同管理业务,是一种以法律和合同为依据、合情合理的行为。

本教材中涉及的所谓"工程索赔"是指由于建设单位的直接或间接原因,使承包者在完

成工程中增加了额外的费用，承包者通过合法的途径和程序要求建设单位偿还承包者在施工中所遭受的损失。其内容包括：因设计变革而引起的索赔，因材料差价引起的索赔，因设计质量要求的变更而引起的索赔，结算中建设单位不合理扣款而引起费用损失的索赔，拖欠工程进度款，利息的索赔、工程暂停、终止合同的索赔和因非承包者原因造成的工期延误损失的索赔。具体详细内容可以参考相关工程索赔案例和相应书籍。

(五)工程结算编制实例

下面以某工程建安工程结算的编制为实例介绍建设工程竣工结算编制的方法。

××××工程标段一及标段二工程竣工结算

1. 本工程结算编制依据

本竣工结算的编制依据《××××工程标段一及标段二工程结算会议纪要》、该工程投标文件、《××××工程标段一及标段二工程建安工程施工承发包合同》第23条：合同价款及调整方式的规定、《关于××××工程标段二装饰工程施工委托函》及《××××工程标段二装饰工程报价申请的批复》和其他相关法律、法规文件。

2. 本工程结算造价分为以下两部分进行编制

(1)工程量清单项目结算造价

(2)新增设计变更、洽商及现场签证项目结算造价

第一部分　工程清单项目结算造价

一、工程量清单内项目结算计价方法

(一)原工程量清单内项目各分部分项工程基本按投标文件进行编制，各分部工程调整情况如下

1. 土建及装饰工程

按投标文件工程量和综合单价或甲方审核单价进行结算，其中调整的项目有：

(1)扣除由其他分包单位施工项目的工程造价

① 扣除铝合金门窗施工单位施工项目投标造价(采光天棚、夹板装饰门、金属平开门、金属推拉门、金属推拉窗)，但增加了铝合金门窗的安装费；

② 扣除栏杆施工单位施工项目投标造价(金属扶手带栏杆、栏板)。

(2)工程量清单中的装饰工程项目

装饰工程中块料楼地面(厨房、厕所防滑砖，阳台仿古砖)、块料墙面(厨房、厕所、阳台栏板内侧防滑砖)、天棚吊顶(厨房、厕所)、外墙刷喷涂料等项目，在结算时扣除原投标造价，直接按《××××工程标段二装饰工程报价申请的批复》中审定的单价重新计价。

(3)工程量调增的项目

砖水池、化粪池由原工程量清单中的5座调整为9座(投标时没图，在招标答疑上是暂按5座计算，而实际在施工中按室外排水平面图要求施工的数量为9座)。

2. 给排水工程

扣减了甲方供卫生洁具主材费用(按招标答疑中确定的单价),其他项目没有调整,按原投标中标价表编制安装费结算。

3. 电气安装工程

电气工程没有进行调整,按原投标时中标计价表及总造价编制结算。

(二)项目措施费及其他项目费

1. 项目措施费

土建、装饰工程,给排水及电气安装工程结算中的项目措施费按原投标时的项目措施费结算。

在原投标的临时设施费的基础上增加了以下项目措施费:

(1)样板房主体工程赶工费:为了保证在2004年10月对外开放样板房,开发公司××、×××,监理公司×××、××,省八建公司×××、×××等人在施工项目经理部会议室开会商讨赶工的问题,经协商同意给予赶工费的补偿,见会议纪要及签证单编号26。

(2)临时设施费:主要为第二次搭建临时设施费,即由于我司进场施工前在建设单位及监理公司指定的地点搭建临时设施,在其场地上已完成施工设施及办公设施的搭建,但由于该地块系在稻田土上用土方堆填起来的场地,未经过重型机械碾压,加上我司地块处理场地最外边,在连日大雨的冲刷下边坡滑坡造成我司搭建好的临时设施塌陷面积超过一半,基本无法继续在这里居住和办公。经多次与建设单位和监理公司协商,最后确定在南沙公司的斜对面征地重新搭建临时设施,这样我司搭建了两次临时设施,并造成工人长时间无法进驻和施工的事实,也造成了我司经济上的损失,我司在投标时根本无法估计和预料到会发生这样的事情,因此我司请求重复计算临时设施费。最后通过协商同意按原投标时的临时设施费的75%给予补偿,见签证单编号27。

临时设施补偿费:我司完工后,由于××公司征用我司临时板房作为其他施工单位临时设施办公用,经协商同意板房补偿38 000元整。见签证单28。

2. 其他项目费

扣除预留金,扣除总包服务费中未发生项目的费用(煤气工程总包服务费)。

二、工程量清单项目结算造价

工程量清单项目结算总造价:10 509 475.60元。

大写:壹仟零伍拾万玖仟肆佰柒拾伍元陆角整。

第二部分　新增,设计变更、洽商及现场签证项目结算编制

一、图纸及工程量清单外新增项目工程结算

根据“××××工程标段一及标段二工程结算会议纪要”的精神,我司在结算时增加了以下项目的工程造价:

1. 桩芯工程

在招标文件中的1.3中1.3.1说明桩芯工程不含在本次报价范围内,基础部分只包括承台、地梁、土方挖填及凿桩头,在1.4中也说明桩工程已完工,且清单工程量无该项目,我

司在投标时也未对该项目进行报价,而在施工时要求我司完成该部分工程的施工,属招标范围外新增工程项目。

2. 二次装修项目

我司在完成框架结构的施工后,广州城建××地产公司曾要求我司完成二次装饰的报价,并于2005年5月24日收到"××××工程标段一及标段二工程标价申请的批复",同意我司按审核后的单价完成二次装修工程的施工(《关于××××工程标段二装饰工程施工委托函》),该部分施工内容属清单外增加工程项目,并按委托函的有关结算的规定进行该部分项目的结算。

(1)原工程量清单中已有的装饰工程项目在工程量清单项目结算时已按"××××工程标段一及标段二工程标价申请的批复"文件审定的单价进行了调整。其项目有:块料楼地面(厨房、厕所防滑砖、阳台仿古砖),块料墙面(厨房、厕所、阳台栏板内侧防滑砖),天棚吊顶(厨房厕所)等。详见工程量清单结算有关内容。

(2)原工程量清单中未有的装饰项目在结算时,按《关于××××工程标段二装饰工程施工委托函》中结算精神执行,原工程量清单中有可参照的工程量按投标工程量清单中的工程量,以及"××××工程标段一及标段二工程标价申请的批复"审核的单价进行结算。

3. 市政工程

该部分工程施工图纸在施工过程中增加的图纸,不在招标范围内,属新增加的工程项目。详见签证编号24有关内容。

4. 室外电缆

招标文件中"1.3.2 施工图纸范围内安装工程:1.3.2.4 户内电表箱后的户内照明电气工程",清单工程量从无室内配电箱(MX1)到室外(MX)的配电项目 ZR－VV－5×10MT40/F,在招标答疑纪要的第3页:"2. 电源进线管预埋项目清单中未列明,是否漏项?答:不包。",在施工时要求我司完成该部分工作,我司也按照要求完成了该项目的施工,在投标报价时我司也未对该项目进行报价,属新增加的工程项目。详见签证编号25有关内容。

二、设计变更和设计洽商项目工程结算

该部分工程为设计变更及设计洽商修改的项目,其中:

1. 屋架钢管支架

C型屋面钢管支架原图未出大样和标明使用材料,只说节点大样详图一期(见图J－C－3－09),其节点大样是在施工时后补的(建字号(别－7改)号),清单工程量也无此项目,在投标报价时我司无法对该项目进行报价,也未对该项目进行暂报价,结算应增加该工程项目造价。

2. 天面女儿墙钢筋混凝土

CL单项工程天面女儿墙施工图大样未注明女儿墙使用的材料,也没有具体的配筋图纸,在施工时我司经与设计院联系,确认该型号女儿墙为钢筋混凝土墙,并补充了钢筋配置,且清单工程量无此项目,在投标报价时我司也未对该项目进行报价,结算应增加该工程项目造价。见图纸会审记录。

3. 厕所沉箱填充陶粒混凝土

厕所沉箱原施工图无大样图,总说明里面也没有说明填充的材料及做法,在施工过程中经与设计院联系,以设计变更的方式补充了大样图(建字第(别－1)号),确定使用陶粒混凝土作为填充材料，我司已按要求完成该项目的施工。工程量清单无此项目，在投标报价时我司也未对该项目进行报价，及结算应增加该工程项目造价。

4. 厕所沉箱刚性防水

厕所沉箱原施工图纸无大样图，说明里面也没有刚性防水，清单工程量也无此项目，在投标报价时我司也未对该项目进行报价。在施工工程中经与设计院联系，以设计变更的方式补充了大样图(建字第(别一1)号)，增加了刚性防水，工程量清单无此项目，在投标报价时我司也未对该项目进行报价，结算应增加该工程项目造价。

5. 墙面抹灰(分格)

在施工图纸总说明及立面图上都未要求对外墙面抹灰进行分格，在清单工程量项目特征中也未提及抹灰分格，而在施工时设计院和开发公司要求对外墙抹灰进行分格，并在样板房施工时确定了分格的具体方案。我司在报价时的单价分析里未包含墙面分格的工作内容即未报价，结算应增加该工程项目造价。见设计变更及洽商编号14有关内容。

三、现场签证项目工程结算造价

1. 该部分工程为施工过程中现场签证增加的项目；

2. 工程量按现场签证单计算工程量。

四、新增项目，设计变更、洽商和现场签证项目工程结算造价

结算申报造价：3 191 780.17 元，大写：叁仟壹佰玖拾万壹仟柒佰捌拾元壹角柒分。其中：

1. 新增项目结算申报造价：2 081 949.81 元；

2. 设计变更、洽商结算申报造价：649 241.75 元；

3. 现场签证项目结算申报造价：10 518.27 元。

五、本工程结算申报造价

13 701 255.77 元，大写：壹仟叁佰柒拾万零壹仟贰佰伍拾伍元柒角柒分。

二、工程竣工决算

建设工程竣工决算是指工程项目竣工验收后，根据施工图设计、合同及其调整施工项目、施工工程量等编制而成的文件，该文件一般是由建设单位编制。文件包含了建设工程项目从立项到投入使用期间所发生的一切费用。竣工决算的内容应包括从项目策划到竣工投产全过程的全部实际费用，包括了竣工财务决算说明书、竣工财务决算报表、工程竣工图和工程造价对比分析等四个部分。其中竣工财务决算说明书和竣工财务决算报表又合称为竣工财务决算，它是竣工决算的核心内容。

市政、园林建设项目或单项工程工程的竣工决算是项目完工后，由建设单位财务及有关技术部门，以承建单位的工程项目竣工结算、前期工程费用等资料为基础进行编制。它反映了建设项目或单项工程从筹建到竣工使用全过程中各项资金的使用情况和设计概(预)算执行的结果，它是考核建设成本的重要依据。

(一)工程竣工决算的编制依据

建设项目竣工决算的编制依据主要有：

1. 经批准的可行性研究报告及其投资估算书；

2. 经批准的初步设计或扩大初步设计及其概算书或修正概算书；

3. 经批准的施工图设计及其施工图预算书；

4. 设计交底或图纸会审会议纪要；

5. 招投标的标底、承包合同、工程结算资料；

6. 施工单位的施工记录或施工签证单及其他施工过程中发生的费用记录；

7. 竣工图及各种竣工验收资料；

8. 历年基建资料、财务决算及批复文件；

9. 设备、材料等调价文件和调价记录；

10. 有关财务核算制度、办法和其他有关资料、文件等。

(二)工程竣工决算的编制步骤

1. 收集、整理、分析工程原始资料

建设单位从建设工程开始就按竣工决算编制依据的要求，收集、清点、整理有关资料，这种原始资料主要包括建设工程档案资料，如：设计文件、施工记录、上级批文、预(决)算文件。

2. 对照、核实工程施工过程中发生的工程变动，核实工程造价

对照、核实工程变动情况，重新核实各施工单位、单项工程造价。将竣工资料与原设计图纸进行查对、核实，必要时可实地测量，确认实际变更情况；根据经审定的施工单位竣工结算等原始资料，按照有关规定对原概(预)算进行增减调整，重新核定工程造价。

3. 编制工程竣工财务决算说明书

由于财务决算说明书是整个工程竣工决算的核心内容，所以建设单位在编制该说明书是要力求内容全面、简明扼要、文字流畅、说明问题。

4. 填报竣工决算报表

根据决算报表填报要求仔细填报工程竣工决算报表。

5. 做好工程造价对比分析

针对监理工程师审核过的施工单位的竣工结算资料中情况，根据工程财务报表资料编制依据，对建设项目工程造价进行对比分析。尤其是做好工程概算(预算)中相关工程造价的差异和出现差异的原因。做好竣工决算中的财务报表和其他资料编写的准备。

6. 清理、装订好竣工图纸

根据施工中发生的设计变更和工程洽商签证，对比施工的实际情况与施工单位绘制的竣工图纸，整理装订成册。

7. 按国家规定上报、审批、存档

将工程竣工资料上报政府审计部门进行项目审计，送档案管进行管理，并在建设单位内部进行档案的存档管理工作。

(三)建设工程竣工决算内容

建设项目工程竣工决算主要由竣工财务决算说明书、竣工财务决算报表、工程竣工图、工程造价对比分析等内容组成。其中，各部分文件的内容如下：

1. 竣工财务决算说明书

财务决算说明书主要包括建设项目概况，会计账务的处理、财产物资情况及债权债务的清偿情况，工程资金结余、基建结余资金等上交分配情况，主要经济技术指标的分析计算情

况，工程建设经验及项目管理和财务管理工作以及竣工财务决算中有待解决的问题，决算与概算的差异和原因分析，需要说明的其他事项等。

2. 工程竣工图

建设工程竣工图是建设项目的实际反映，是工程的重要档案资料，是真实地记录各种地上、地下建筑物、构筑物等情况的技术文件，是工程进行交工验收、维护改建和扩建的依据，是国家的重要技术档案。竣工图绘制的具体要求有：施工单位在施工中按要求要做好其施工记录、检验记录，整理好变更文件，并及时做出施工图，保证施工图质量。

凡按图施工没有变动的，可由建设单位（包括总包和分包）在原施工图上加盖“竣工图”标志，即作为竣工图；凡在施工过程中，虽有一般性设计变更但能将原施工图加以修改补充作为竣工图的，可以不重新绘制，有施工单位负责在原施工图（必须是新蓝图）上注明修改部分，并附以设计变更通知单和施工说明，加盖“竣工图”标志后，作为竣工图；凡结构形式、施工工艺、平面布置等重大改变的要重新绘制。在资料清单中要逐张加盖竣工图章。

3. 工程造价对比分析

批准的概算是考核建设工程造价的依据。在分析时，可先对比整个项目的总概算，然后将建筑安装工程费、设备工器具费和其他工程费用逐一与竣工决算表中所提供的实际数据和相关资料及批准的概算、预算指标、实际的工程造价进行对比分析，以确定竣工项目总造价是节约还是超支，并在对比的基础上，总结先进经验，找出节约和超支的内容和原因，提出改进措施。在实际工作中，应主要分析以下内容：

(1)主要实物工程量。

(2)主要材料消耗量。

(3)考核建设单位管理费、建筑及安装工程其他直接费、现场经费和间接费的取费标准。

(四)建设工程竣工决算表及其主要内容

建设工程的竣工决算主要是以决算表的形式出现，决算书主要有文字说明部分、对竣工工程的介绍、竣工财务决算报表和交付给建设单位的财务财产明细等内容组成。

1. 园林建设工程竣工决算

一般园林建设工程竣工决算书内容如表 6－6－3。

表 6－6－3　园林建设工程竣工决算内容表

表现形式	内　容
文字说明	1. 工程概况 2. 设计概算和建设项目计划的执行情况 3. 各项技术经济指标完成情况及各项资金使用情况 4. 建设工期、建设成本、投资效果等
竣工工程概况表	设计概算的主要指标与实际完成的各项主要指标进行对比，可用表格的形式表现
竣工财务决算表	表格形式反映出资金来源与资金运用情况
交付使用财产明细表	交付使用的园林项目中固定资产的详细内容，不同类型的固定资产，应相应设计不同形式的表格表示。一般园林建筑即可用交付使用财产、结构、工程量（包括设计、实际）概算等来表示设备安装可交付使用财产名称、规格型号、数量、概算、实际设备投资、建安基建等项来表示

2. 建设项目竣工财务决算报表主要报表

以下将我国主要基本建设项目的竣工决算中涉及的主要表格内容集中列出，以使学习者在学习过程中掌握其核心内容。我国基本建设项目竣工涉及的有关表格见表6-6-4、表6-6-5、表6-6-6、表6-6-7、表6-6-8和表6-6-9。

表6-6-4 基本建设项目竣工财务决算审批表

建设项目法人（建设单位）		建设性质	
建设项目名称		主管部门	
开户银行意见： 盖 章 年 月 日			
专员办（审批）审核意见： 盖 章 年 月 日			
主管部门或地方财政部门审批意见： 盖 章 年 月 日			

交付单位　　　　　　　　　　　　接受单位

盖　章　　　　　年 月 日　　　　盖　章　　　　　年 月 日

表6-6-5 大、中型基本建设项目概况表

建设项目（单项工程）名称			建设地址						项 目	概算	实际	主要指标
主要设计单位			主要施工企业	设计		实际		基建支出	建筑安装工程 设备、工具、器具 待摊投资 其中：建设单位管理费 其他投资 待核销基建支出 非经营项目转出投资 合 计			
占地面积			总投资（万元）	固定资产	流动资金	固定资产	流动资金					
新增生产能力	能力（效益）名称		设 计	实 际								
建设起止时间	设计	从 年 月开工至 年 月竣工										
	实际	从 年 月开工至 年 月竣工										
设计概算批准文号								主要材料消耗	名称 单位	概算	实际	
完成主要工程量	建筑面积（平方米）		设备（台、套、吨）						钢材 吨 木材 立方米 水泥 吨			
	设计	实际	设计		实际							
收尾工程	工程能力		投资额	完成时间				主要技术经济指标				

交付单位　　　　　　　　　　　　接受单位

盖　章　　　　　年 月 日　　　　盖　章　　　　　年 月 日

表6-6-6　大、中型基本建设项目竣工财务决算表

资　金　来　源	金　额	资　金　占　用	金　额
一、基建拨款		一、基本建设支出	
1. 预算拨款		1. 交付使用资产	
2. 基建基金拨款		2. 在建工程	
3. 进口设备转账拨款		3. 待核销基建支出	
4. 器材转账拨款		4. 非经营项目转出投资	
5. 煤代油专用基金拨款		二、应收生产单位投资借款	
6. 自筹基金拨款		三、拨付所属投资借款	
7. 其他拨款		四、器材	
二、项目资本		其中:待处理器材损失	
1. 国家资本		五、货币资金	
2. 法人资本		六、预付及应收款	
3. 个人资本		七、有价证券	
三、项目资本公积金		八、固定资产	
四、基建借款		固定资产原价	
五、上级拨入投资借款		减:累计折旧	
六、企业债券资金		固定资产净值	
七、待冲基建支出		固定资产清理	
八、应付款		待处理固定资产损失	
九、未交款			
1. 未交税金			
2. 未交基建收入			
3. 未交基建包干节余			
4. 其他未交款			
十、上级拨入资金			
十一、留成收入			
合　　计			

交付单位　　　　　　　　　　　　　　　　　接受单位

盖　　章　　　　　年　月　日　　　　　　　盖　　章　　　　　年　月　日

补充资料:基建投资借款期末余额:

应收生产单位投资借款期末数:

基建结余资金:

表 6-6-7　大中型建设项目交付使用资产总表

单项工程项目名称	总计	固定资产				流动资产	无形资产	递延资产
		建安工程	设备	其他	合计			

交付单位　　　　　　　　　　　　　　接受单位
盖　　章　　　　　　年　月　日　　　盖　　章　　　　　　年　月　日

表 6-6-8　小型基本建设项目竣工财务决算总表

建设项目名称			建设地址				
初步设计概算批准文号							
占地面积	计划	实际	总投资（万元）	计划		实际	
				固定资产	流动资金	固定资产	流动资金
新增生产能力	能力(效益)名称		设　计	实　　际			
建设起止时间	设计	从　　年　　月开工至　　年　　月竣工					
	实际	从　　年　　月开工至　　年　　月竣工					
基建支出	项　　目		概　算(元)	实际(元)			
	建筑安装工程 设备工具器材 待摊投资 其中： 建设单位管理费 其他投资 待核销基建支出 非经营性项目转出投资						
	合计						

资金来源	概算	资金运作	
项目	金额(元)	项目	金额(元)
一、基建拨款 其中:预算拨款 二、项目资金 三、项目资本公积 四、基建借款 五、上级拨入借款 六、企业债券资金 七、待冲基建支出 八、应付款 九、未交款 十、上级拨入资金 十一、留成收入		一、交付使用资产 二、待核销基建支出 三、非经营项目转出投资 四、应收生产单位投资借款 五、拨付所属投资借款 六、器材 七、货币资金 八、预付及应收款 九、有价证券 十、固定资产	
合　计		合　计	

交付单位　　　　　　　　　　　　　　接受单位
盖　　章　　　　　　年　月　日　　　盖　　章　　　　　　年　月　日

表6-6-9　基本建设项目交付使用资产明细表

单项工程项目名称	建筑工程			设备　工具　器材　家具						流动资产		无形资产		递延资产	
	结构	面积（m）	价值（元）	名称	规格型号	单位	数量	价值（元）	设备安装费（元）	名称	价值（元）	名称	价值（元）	名称	价值（元）

交付单位　　　　　　　　　　　　　　　接受单位

盖　章　　　　　　　年　月　日　　　　盖　章　　　　　　　年　月　日

三、建设工程竣工结算中新增资产价值的确定

(一)新增资产价值的分类

按照新的财务制度和企业会计准则，新增资产按资产性质可分为固定资产、流动资产、无形资产、递延资产和其他资产等五大类。即：

1. 固定资产

固定资产是指使用期限超过一年，单位价值在 1 000 元、1 500 元或 2 000 元以上，并且在使用过程中保持原有实物形态的资产。

2. 流动资产

流动资产是指可以在一年或者超过一年的营业周期内变现或者耗用的资产。流动资产按资产的占用形态可分为现金、存货、银行存款、短期投资、应收账款及预付账款。

3. 无形资产

无形资产是指特定主体所控制的，不具有实物形态，对生产经营长期发挥作用且能带来经济利益的资源。主要有专利权、非专利技术、商标权、商誉。

4. 递延资产

递延资产是指不能全部计入当年损益，应当在以后年度分期摊销的各种费用，包括开办费、租入固定资产改良支出等。

5. 其他资产

其他资产是指具有专门用途，但不参加生产经营的经国家批准的特种物资，银行冻结存款和冻结物资、涉及诉讼的财产等。

(二)新造资产价值的确定方法

1. 新增固定资产价值的确定

新增固定资产价值是以独立发挥生产能力的单项工程为对象的。单项工程建成经有关部门验收鉴定合格，正式移交生产或使用，即应计算新增固定资产价值。一次性交付生产或使用的工程应一次计算新增固定资产价值，分期分批交付生产或使用的工程，应分期分批计算新增固定资产价值。在计算时应注意以下几种情况：

(1)对于为了提高产品质量、改善劳动条件、节约材料消耗、保护环境而建设的附属辅助工程，只要全部建成，正式验收交付使用后就要计入新增固定资产价值。

(2)对于单项工程中不构成生产系统，但能独立发挥效益的非生产性项目，如住宅、食堂、医务所、托儿所、生活服务网点等，在建成并交付使用后，也要计算新增固定资产价值。

(3)凡购置达到固定资产标准不需安装的设备、工具、器具,应在交付使用后计入新增固定资产价值。

(4)属于新增固定资产价值的其他投资,应随同受益工程交付使用的同时一并计入固定资产。

(5)交付使用财产的成本,应按下列内容计算:

1)房屋、建筑物、管道、线路等固定资产的成本包括建筑工程成本和应分摊的待摊投资;

2)动力设备和生产设备等固定资产的成本包括需要安装设备的采购成本、安装工程成本、设备基础支柱等建筑工程成本或砌筑锅炉及各种特殊炉的建筑工程成本、应分摊的待摊投资;

3)运输设备及其他不需要安装的设备、工具、器具、家具等固定资产一般仅计算采购成本,不计分摊的"待摊投资"。

(6)共同费用的分摊方法。新增固定资产的其他费用,如果是属于整个建设项目或两个以上单项工程的,在计算新增固定资产价值时,应在各单项工程中按比例分摊。分摊时,什么费用应由什么工程负担应按具体规定进行。一般情况下,建设单位管理费按建筑工程、安装工程、需安装设备价值总额按比例分摊,而土地征用费、勘察设计费等费用则按建筑工程造价分摊。

2. 流动资产价值的确定

(1)货币性资金。货币性资金是指现金、各种银行存款及其他货币资金。

(2)应收及预付款项。应收账款是指企业因销售商品、提供劳务等应向购货单位或受益单位收取的款项;预付款项是指企业按照购货合同预付给供货单位的购货定金或部分货款。应收及预付款项包括应收票据、应收款项、其他应收款、预付货款和待摊费用。一般情况下,应收及预付款项按企业销售商品、产品或提供劳务时的成交金额入账核算。

(3)短期投资包括股票、债券、基金。股票和债券根据是否可以上市流通分别采用市场法和收益法确定其价值。

(4)存货。存货是指企业的库存材料、在产品、产成品等。各种存货应当按照取得时的实际成本计价。存货的形成,主要有外购和自制两个途径。外购的存货,按照买价加运输费、装卸费、保险费、途中合理损耗、入库前加工、整理及挑选费用以及缴纳的税金等计价;自制的存货,按照制造过程中的各项实际支出计价。

3. 无形资产价值的确定

无形资产是指特定主体所控制的,不具有实物形态,对生产经营长期发挥作用且能够带来经济利益的资源。

(1)无形资产的计价原则。投资者按无形资产作为资本金或者合作条件投入时,按评估确认或合同协议约定的金额计价。

1)购入的无形资产,按照实际支付的价款计价;

2)企业自创并依法申请取得的,按开发过程中的实际支出计价;

3)企业接受捐赠的无形资产,按照发票账单所持金额或者同类无形资产市价作价;

4)无形资产计价入账后,应在其有效使用期内分期摊销。

(2)无形资产的计价方法

1)专利权的计价；

2)非专利技术的计价；

3)商标权的计价；

4)土地使用权的计价。

4. 递延资产和其他资产价值的确定

(1)递延资产价值的确定

1)开办费是指在筹集期间发生的费用，不能计入固定资产或无形资产价值的费用，主要包括筹建期间人员工资、办公费、员工培训费、差旅费、印刷费、注册登记费以及不计入固定资产和无形资产购建成本的汇兑损益、利息支出等。根据现行财务制度规定，企业筹建期间发生的费用，应于开始生产经营起一次性计入开始生产经营当期的损益。企业筹建期间开办费的价值可按其账面价值确定。

2)以经营租赁方式租入的固定资产改良工程支出的计价，应在租赁有限期限内摊入制造费用或管理费用。

(2)其他资产

其他资产包括特准储备物资等，按实际入账价值核算。

第七节　施工总结

现代管理十分重视总结分析，把总结看做是比其他管理阶段更为重要的阶段，其原因是总结中获得的信息和经验对实现管理良好的循环和进行信息反馈起着十分重要的作用，符合管理中的封闭原理和信息反馈原理。通过总结企业项目经理部在施工过程中对施工进度、质量、安全和成本的控制方式，出现的问题和解决方法，对于提高企业施工中的管理与项目控制水平，使企业发展走向良性道路具有重要作用。

当市政、园林建设工程全部竣工并交付使用后，施工企业应该及时认真进行施工经验总结，其目的在于通过施工总结达到积累经验和吸取教训，并提高企业经营管理水平。企业施工总结的内容包含施工技术总结、质量总结、施工管理总结、施工阶段性总结和竣工总结等，但在整个施工总结中以施工工期控制、施工质量和施工成本等三个方面最为重要。

一、施工项目进度控制总结

主要根据工程合同和施工总进度计划，从以下几方面总结分析：

1. 对工程项目建设总工期、单位工程工期、分部工程工期和分项工程工期，以及计划工期与实际完成工期进行对比分析，并对各项主要施工阶段工期控制进行分析。

2. 检查施工方案是否先进、合理、经济，并能有效地保证工期。

3. 分析检查工程项目的均衡施工情况、各分项工程的协作及各主要工种之间衔接情况。

4. 劳动组织、工种结构和各种施工机械的配置是否合理，是否达到定额水平。

5. 各项技术措施和安全措施的实施情况，是否能满足施工的需要。

6. 各种原材料、预制件、设备、各类管线和加工订货的实际供应情况。

7. 关于新工艺、新技术、新结构、新材料和新设备的应用情况及效果评价。

(一)进度控制总结的依据

总结时应依据的资料主要有：施工进度计划，施工进度计划执行的实际记录，施工进度计划检查结果，施工进度计划的调整资料。这些资料都是项目经理部在施工过程的进度控制中产生的，所以经理部在平时的施工管理中就必须注意积累，并分门别类。在项目总结中就不难得到。

(二)进度控制总结内容

施工进度控制总结应包括下列内容：合同工期目标及计划工期目标完成情况，施工进度控制经验，施工进度控制中存在的问题及分析，科学的施工进度计划方法的应用情况，施工进度控制的改进意见。

1. 进度目标完成情况

(1)施工过程时间目标完成情况

时间目标完成情况，可以通过计算以下指标进行分析。即：

$$合同工期节约值=合同工期-实际工期$$

$$指令工期节约值=指令工期-实际工期$$

$$定额工期节约值=定额工期-实际工期$$

$$计划工期提前率=\frac{计划工期-实际工期}{计划工期}\times 100\%$$

$$缩短工期的经济效益=缩短一天产生的经济效益\times 缩短工期天数$$

缩短工期的原因大致有这样几种：计划编制得积极可靠，进度计划执行认真、控制得力，经理部对进度控制中产生问题协调及时有效，企业劳动效率高等。这些都可以在总结中使用。

(2)资源利用情况

在施工过程中对于资源的利用情况控制和利用方法总结中所使用的指标主要有：

$$单方用工=总用工数/建筑面积$$

$$劳动力不均衡系数=最高日用工数/平均日用工数$$

$$节约工日数=计划用工工日-实际用工工日$$

$$主要材料节约量=计划材料用量-实际材料用量$$

$$主要机械台班节约量=计划主要机械台班数-实际主要机械台班数$$

$$主要大型机械费用节约率=\frac{各种大型机械计划费之和-实际费之和}{各种大型机械计划费之和}\times 100\%$$

资源节约的主要原因有：施工计划积极可靠，对施工中的各种资源的优化效果好，按材料和设备计划得到保证供应，项目经理部认真制定并实施了节约措施，对施工中的各方面因素协调及时且得力。

(3)成本情况

主要是通过降低施工成本，充分利用新材料、新工艺、新方法和新技术等得到实现，其指标有：

$$降低成本额=计划成本-实际成本$$

$$降低成本额=\frac{降低成本额}{计划成本额}\times 100\%$$

节约成本的主要原因大致如下：计划积极可靠；成本优化效果好；认真制定并执行了节约成本措施；工期缩短；成本核算及成本分析工作效果好。

2. 进度控制中问题的总结

对施工过程中出现的某些问题进行总结，这些问题可能包括：某些进度控制目标没有实现，或在计划执行中存在缺陷。在进行总结时，这种目标值可以定量地计算，指标与前项相同；也可以定性地分析。对产生问题的原因也要从编制和执行计划中去找。问题要找够，原因要摆透，不能文过饰非。遗留的问题应反馈到下一控制循环解决。

进度控制中出现问题的种类大致有以下几种：工期拖后，资源浪费，成本浪费，计划变化太大等。控制中出现上述问题的原因大致是：计划本身的原因、资源供应和使用中的原因、协调方面的原因、环境方面的原因等。

3. 进度控制中经验的总结

经验是指对成绩及其取得的原因进行分析以后，归纳出来的可以为以后进度控制借鉴的本质的、规律性的东西。总结进度控制的经验可以从以下几方面进行：

(1)进度控制中项目经理部是怎样编制计划，如何编制才能使计划取得更大效益，计划编制方法包括准备、绘图、计算等。

(2)在施工过程中是如何优化计划的，包括优化目标的确定、优化方法的选择、优化计算、优化结果的评审、电子计算机应用等。

(3)怎样实施、调整与控制计划，包括组织保证、宣传、培训、建立责任制、信息反馈、调度、统计、记录、检查、调整、修改、成本控制方法、资源节约措施等。

(4)进度控制工作的新创造。总结出来的经验应有应用价值，通过企业有关领导部门审查批准，形成规程、标准或制度，作为以后工作必须遵守或参照执行的文件。

4. 提出今后提供施工进度控制水平的措施

措施即办法，是在总结进度控制中问题及其产生的原因的基础上，有针对性地提出解决遗留问题的办法。在这些措施中一般应包括对以前已总结的经验的推行，和今后在进度控制中应包括的一些措施。如：

(1)编制更好地计划的措施；

(2)更好地执行计划的措施；

(3)有效的控制措施。

二、施工项目质量控制总结

主要根据设计要求和国家规定的质量检验标准，从以下几方面进行总结分析：

1. 按国家规定的标准，评定工程质量达到的等级。

2. 对各项分项工程进行质量评定分析。

3. 对重大质量事故进行总结分析。

4. 各项质量保证措施的实际情况，及质量责任制的执行情况。

（一）质量控制总结的依据

总结时应依据的资料主要有：建设部《工程质量监督工作守则》、《××省工程质量监督工作细则》和××市有关工程质量监督管理相关规定，充分发挥质量监督作用。同时，施工企业内部也应建立了一系列关于施工质量控制和管理实施细则，并使它成为指导每个项目经理部进行施工质量控制和竣工后质量控制总结的主要参考依据。在施工过程中采用的"新技术、新工艺、新材料和新方法"实施细则，以及施工单位在投标时的施工组织计划和质量控制计划以及项目经理部在进驻施工现场后编制的施工计划也是在进行施工质量控制总结中的依据。

（二）质量控制总结的内容

主要包括严格质量管理制度与落实情况、建立健全企业质量管理机构和人员配置，项目经理部和企业质量控制机构在施工过程中严格检查施工中质量实际控制工作和措施的落实。对企业或施工项目部都要建立工程的质量目标和质量管理保证体系等。从而保证施工过程中质量目标的实现。

1. 企业工程质量责任制度的制定与落实

项目部建立以项目经理为核心的质量保证体系，明确各部室工作职能与工作责任人。并且，工程重点部位重点控制，各主要工序，均有专人负责质量管理与控制。做到责任到岗、责任到人和责任到工序。施工企业在工程质量的管理上实行以公司总工程师或副总工程师为领导的施工质量、进度的领导轮流负责制，在现场检查时发现问题，第一时间就能拿出解决方案，并上报后批准马上实施纠错工作。

对于各主要风险工程及工序的施工实行严格的技术交底制度，在项目开工前对所有施工及管理人员进行技术交底，明确施工程序、工艺流程、操作要点、质量标准等并按要求施工。

施工队伍推行质量责任制和质量检查制度，班组监理质量责任卡，明确责任人实行对质量终身负责制。施工队严格自检、项目部复检，并报请监理工程师总检查的制度。施工中班组间严格"交接班"制度并要求班组质量员做好记录和班组间的交接班记录。项目部实行技术人员的24小时值班制。

2. 企业建立健全质量管理机构及人员配备

现代企业质量管理制度和ISO质量管理体系要求企业建立健全"质量管理机构"，建立以公司主要技术负责人为领导的部门管理体系，各部门由专人负责。做到质量管理责任到人，企业分工明确、责任到人的质量管理体系。一般企业质量管理机构建立的模块如图6-7-1。

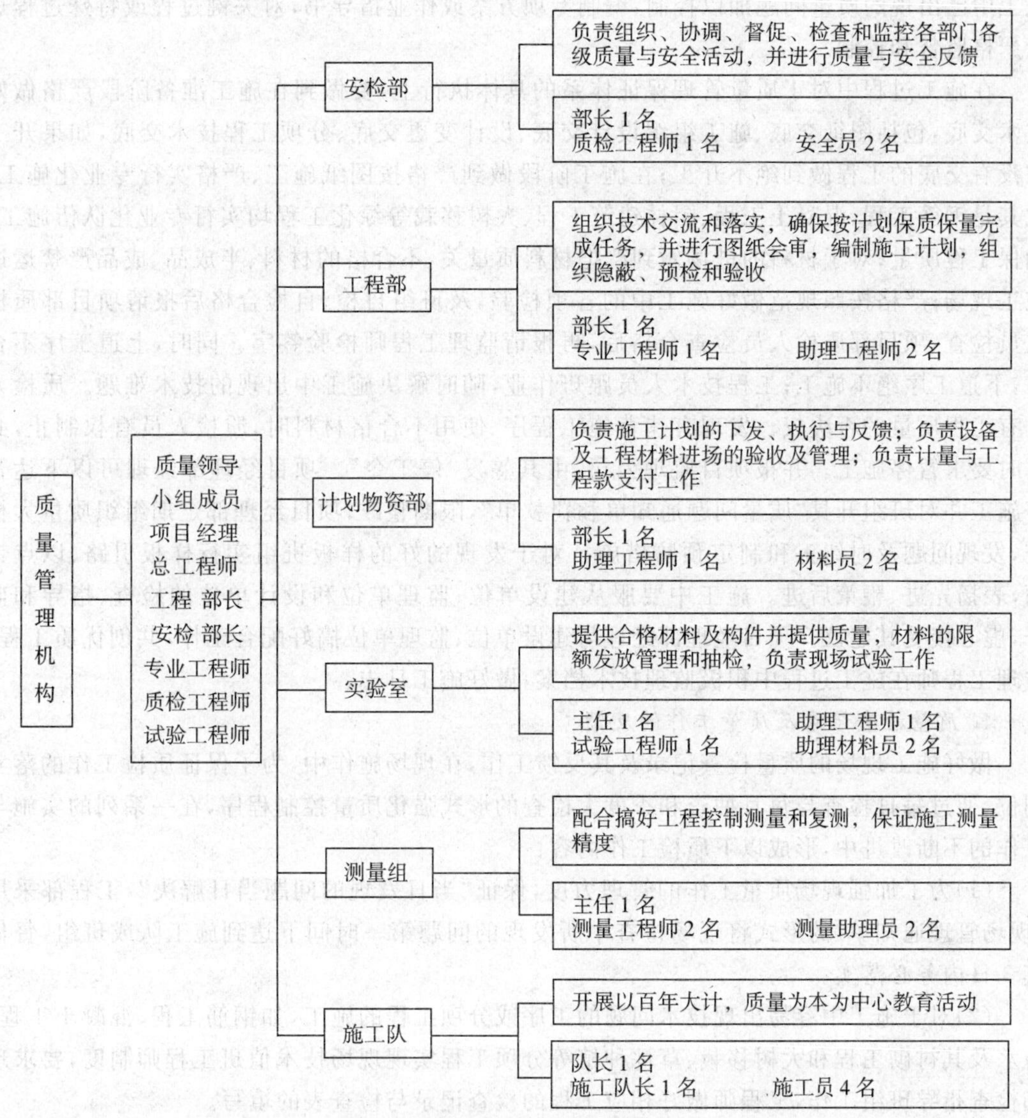

图6-7-1　企业质量管理机构设置及其人员配置

3. 质量控制目标和措施

对于施工质量控制目标一般在施工合同中会有明确的要求，所以按照招标文件要求和现行规范标准的要求和规定，通过项目经理部的科学组织、精心施工，会明确地保证：确保工程质量一次验收合格率达道100%，优良率90%。

质量控制措施主要是：加强企业管理人员及全体职工的质量意识，牢固树立“质量第一”的思想；建立强有力的工程质量保证体系，实行项目经理领导下的主管工程技术、质量管理责任制，各级管理人员质量职责、岗位责任明确，管理体系中的主管要素清楚，各部门接口衔接，抓好质量教育和培训工作，抓技术交底。项目部根据编制的《质量、职业健康安全、环境管理计划》，分工明确，责任到人。对于各分部分项工程的质量控制，要建立质量控制点，对施工中已出现的质量问题加以控制，编制专项方案或作业指导书，对关键过程或特殊过程进行严格监督和控制。

在施工过程中对于质量管理保证体系的具体执行上，要做到在施工准备阶段严格做好技术交底，包括图纸交底、施工组织设计交底、设计变更交底、分项工程技术交底，如果开工前没有交底的工程做到绝不开工；在施工阶段做到严格按图纸施工、严格实行专业化施工，尤其是钢筋工程、混凝土工程、园林建筑工程、大树移栽等绿化工程均实行专业化队伍施工，确保工程质量；对于材料的进场做到严把材料质量关，不合格的材料、半成品、成品严禁运进施工现场；严格按照规范做好施工中的各项检验，及班组自检、自检合格后报请项目部质检人员检查，项目部质检人员检查合格后，再报请监理工程师检验签字。同时，上道工序不合格，下道工序绝不施工；工程技术人员跟班作业，随时解决施工中出现的技术难题。质检人员有工程质量的否决权。发现有违背施工程序、使用不合格材料时，质检人员有权制止，必要时要求暂停施工。并报项目监理公司，由其签发“停工令”。项目经理部经理可以下达暂停施工并对班组开具“质量问题通知单和罚款单”，限期整改；项目经理部定期组织质量大检查，发现问题及时纠正和制定预防措施。对于发现的好的样板班组实行样板引路、以点带面，表扬先进、鞭策后进。施工中要服从建设单位、监理单位和设计单位的检查、指导和监督，虚心接受其建议。项目经理部经理与建设单位、监理单位搞好配合工作，共创优质工程。监理工程师在施工过程中积极监理技术档案，做好施工日志。

4. 质量检查记录及质量工作的反馈

做好施工现场的质量检查记录及其反馈工作，在现场施作中，为了保证质检工作的落实到位，通过每日检查与每月抽查和季度大检查的形式强化质量控制程序，在一系列的实施与工作的不断改进中，形成以下质检工作内容：

(1)为了加强现场质量工作的管理力度，保证“当日发现的问题当日解决”，工程部采用《现场管理通知单》的形式将现场检查中所发现的问题第一时间下达到施工队或班组，督促其 3 日内务必落实。

(2)对于施工中容易出现技术问题的工序或分项工程的施工，如钢筋工程、混凝土工程、防水及其衬砌工程和大树移栽、草坪种植等分项工程实现现场技术值班工程师制度，要求现场检查指导班组工作，工程师做好相应工程的检查记录与检查表的填写。

(3)规范现场施工行为，加强对现场的控制，加强企业文明施工形象，工程部、安质部坚持组织相关部门进行“工程质量、文明施工及安全季度大检查”。通过每季度不同主题和不同侧重方向的各方面检查，消除质量与安全隐患，整改现场不规范工序操作，强化“工完料尽场地清”文明施工形象。

5. 当做好与劳务队伍的工程质量管理

施工中存在与非企业内部的施工劳务队伍时，与劳务队伍签订的合同中明确有关质量条款。合同中应明确有关的质量方面的条款，主要是：

(1)本合同工程质量应达到：一次验收合格率 100%，优良率 90%以上，创优质工程。

(2)乙方必须严格按照施工图纸、技术交底、甲方的创优规划及有关施工技术规范施工，并接受甲方人员的监控。

(3)乙方应按照甲方贯标工作的要求及时准确地报送有关资料，积极配合甲方完成与此有关的各项工作。

(4)在施工中发生质量事故时，乙方应及时书面报告，并承担相应责任和费用。

(5)质量的奖惩执行甲方制定的《工程质量管理办法》。

(6)甲方对工程质量实行一票否决权，工程质量不合格，一律不予计价。因质量不合格而发生返工费用及造成的工期延误均由乙方自负。

(7)保修期间，乙方应积极主动承担维修作业，并负责一切费用支出。并做到：乙方在接到甲方通知后7天内，应立即派足人员进行维修；甲方保留自行维修的权利，但在维修前首先通知乙方及时派人前来共同确认；如乙方未能在规定时间内派人确认，甲方有权单方面确认维修工程量和费用，该费用从乙方8%保留金中扣除。

三、施工项目成本控制总结

主要根据承保合同、国家和企业有关成本核算及管理办法，从以下几方面进行对比分析：

1. 总收入和总支出的对比分析。

2. 计划成本和实际成本的对比分析。

3. 人工成本和劳动生产率；材料、物资耗用量和定额预算的对比分析。

4. 施工机械利用率及其他各类费用的收支情况。

(一)施工项目成本控制总结的依据

施工项目成本控制总结编写的依据主要是：项目设计预算、项目投标书中的报价书、施工预算，施工组织设计或施工方案，公司材料管理部制定的施工材料指导价，公司对机械台班指导价和劳动力价格；机械设备租赁价格和耗损标准；与建设单位签订的施工合同或分包合同价格；半成品或产品加工计划及其合同价格；企业财务成本核算制度；项目经理部与公司签订的内部承包合同等。上述各类价格成为施工项目成本控制的计划指导价格，在施工过程中主要是根据实际发生的价格与计划指导价格进行对比分析，找出成本价格差距产生的原因。通过开源节流和项目的正确管理达到施工项目成本控制的目的。

(二)施工项目成本控制总结的内容

主要内容包括通过项目经理部依照项目计划指导价格为控制蓝本，通过对项目成本的预测、决策，在项目施工的不同阶段通过对预测成本和计划成本的控制，针对施工检查中发现的问题，加强对材料、机械台班的管理。通过在施工不同阶段编制设计预算、施工预算、人工费目标成本和材料费、构件费目标成本、项目其他直接费目标成本、施工间接费目标成本等目标成本预测制度的建立和施工过程中相应实际成本的检测，进行实际成本与目标成本之间产生差异的原因，经过分析和进一步的成本核算和加强对施工的进度、质量控制措施的落实，达到改善项目成本对象的目的。从而保证施工过程中成本控制目标的实现，为企业创造更大的经济效益。

1. 建立项目经理部项目成本控制制度

在项目施工的不同阶段进行目标成本的编制：即在设计阶段根据设计进度和图纸进行设计预算概算；在施工阶段根据施工图纸进行施工费用的预算工作，根据图纸建设内容与实物量进行对比，对于施工过程中材料、设备的使用和施工机械的利用等进行指导作业，达到控制成本的作用。建立人工费用成本控制目标、材料费和构件费使用成本控制目标，以施工图预算中的周转材料费为依据，按施工方案要求，制定施工中周转材料费用控制的目标，按施工图预算中机械费为依据，制定机械合理使用台班数、机械进出场费用和机械使用的各项费用制定机械费用控制目标。

对于施工中发生的施工间接费和其他直接费用则要按施工图预算中相应管理费和其他直接费为依据，按施工图纸中施工量进行实际间接管理费用的开支和施工方案中有关场地费、材料的二次搬运费、检验试验费等费用的控制目标。

对于上述各项成本控制分析和控制目标的计算，经过项目经理部项目核算员的汇总审核，在综合分析的基础上，编制出施工项目《目标成本控制表》，见表 6－7－1。经公司相关部门的会审签字，有项目部组织落实。

表 6－7－1　目标成本预算项目费用表

序号	项目名称	说明及计算式	费率	金额	备注
一	定额直接费用(即定额基价)	指概预算定额的基价			
二	直接费用(即工、料、机)	按编制年所在地的预算价格计算			
三	其他直接费用	(一)×其他直接费用综合费率			
	1. 冬季施工增加费				
	2. 雨季施工增加费				
	3. 夜间施工增加费				
	4. 高原地区施工增加费				
	5. 沿海地区工程施工增加费				
	6. 行车干扰工程施工增加费				
	7. 施工辅助费				
四	现场经费	(一)×现场经费综合费率			一类地区
	1. 临时设施费				
	2. 现场管理费				
	3. 现场管理其他单项费用				
	a. 主副食运费补贴费				综合里程按市区×公里计算
	b. 职工探亲路费				一般省区
	c. 职工取暖补贴费				
	4. 工地转移费				按中标单位距离取定
五	定额直接工程费用	(一)+(三)+(四)			
六	直接工程费用	(二)+(三)+(四)			

（续表）

序号	项目名称	说明及计算式	费率	金额	备注
七	间接费用	（五）×间接费用综合费率			
	1. 企业管理费				
	2. 财务费				
八	施工技术装备费	（五＋七）×施工技术装备费率			
九	计划利润	（五＋七）×计划利润费率			
十	税金	（六＋七＋九）×综合税率			
十一	建筑安装工程费	（六＋七＋八＋九）			
	其中：项目部现场经费				
	税金				
	上缴利润和管理费				

2. 工程施工各阶段成本分析与控制

在项目施工的各阶段，项目经理部根据编制成的目标成本及其控制表利润对施工过程中产生的各种实际成本进行成本差异产生及其原因的分析，成本反馈控制等工作。不断校正产生的偏差，使项目施工进行的更加合理、经济，并且质量稳定和过程安全。

(1)揭示成本差异，分析差异产生的原因

将目标成本与预算成本与施工中形成实际成本相比较，计算出成本差异，确定是超支还是节约，并分析原因和确定责任归属。为今后更好地进行成本控制找到依据。

(2)成本反馈机制

要想在施工过程及今后的工程实施中控制成本，就必须将产生成本差异的原因反馈到有关责任部门，使其能采取措施，确保成本目标的实现。

(3)施工各阶段成本控制的实施

对完成建设的工程项目的成本控制的得失作全面总结。在工程投标阶段：根据工程概况和招标文件，以及竞争对手情况进行的项目成本预测，并提出投标决策意见。中标后及时总结投标过程中对项目成本预测及投标过程中的得失。同时将中标价格作为总的成本控制目标下达给项目经理部；在施工准备阶段：如何根据设计图纸和建设单位提供的有关技术资料，对施工方案、设备选型等进行的组织管理，运用价值工程原理制订出先进、经济合理的施工方案。依据方案建立分部分项工程成本目标，以各分部分项工程工程量为基础，联系劳动定额、材料消耗定额和技术措施制订节约计划，并通过优化制订出具体的成本计划。指导部门、班组分工分解成本，为成本控制做好准备；施工期间的成本控制：主要是如何加强施工任务单和领料单的管理、各工序验收以及人工、材料实际消耗核对等方面数据的记录和核对审核，计算分部分项工程成本产生差异，采取纠偏的措施等。

按月、或按季度进行成本原始记录的收集和整理，正确计算月度或季度预算成本实际成本的差异，尤其是注意不利差异产生的原因分析，防治后续作业和今后类似工程中产生因不利影响或质量低劣造成返工损失。在月度成本核算的基础上，如何实行成本核算的，形成按责任部门或责任者归集的成本费用，每月结算一次，并与责任成本进行对比分析。

经常检查对外经济合同履约情况，使供货方顺利提供物质，如出现拖期或质量不符合要求时，根据合同规定进行索赔；对缺乏履约能力的供货方采取中止合同的措施，另找可靠的单位，以免影响施工造成更大经济损失。

在验收阶段：精心安排完成工程竣工验收，使工程顺利交付使用并办理工程结算。在办理工程结算前，项目预算员和成本员全面核对一次结算书，尽量不出现工程结算时的遗漏，为企业增加应有的收入。

3. 施工项目成本控制总结结论

全面总结在项目施工的各阶段，项目经理部如何与企业管理部门以改进工作为手段，降低成本为目标，通过加强项目成本控制手段，促使企业管理水平的全面提高。此外，通过逐步完善管理制度，总结确立比较好的成本控制理念，对于项目成本控制在企业管理中的核心地位作出评述，使成本控制体制沿着规范化、合理化、国际化的方向健康发展。最后总结出今后的工作重点，即如何使成本控制进一步规范化、科学化发展，跟国际接轨，很好地发挥投资效益，减少浪费，实现可持续发展从而提高企业的竞争力。

第八节　工程的回访、养护及保养

市政、园林建设工程项目交付使用后，在一定年限内施工单位、监理单位等应到建设单位对所承包的工程项目进行工程回访，对该项建设工程的相关内容进行养护管理和维修。本着建筑企业与监理公司“质量第一，顾客至上”的宗旨，通过回访可以了解建设单位在工程交付使用后，有关业主的需求及使用情况，对于回访中发现的问题可由监理工程师或建筑企业技术人员及时指导并解决。对由于施工责任造成的使用问题，应由施工单位负责修理，直至达到能正常使用为止。回访制度是我国建设市场的一项根本制度，工程回访的范围适应于监理公司承担的所有工程及所有承建单位建设的一切工程。

一、回访的组织与安排

(一)回访的组织形式

一般建筑公司均会组建施工项目专业的回访维修小组，由公司负责质量和技术的副总经理或副总工程师担任回访维修小组组长，质量部门经理、技术经理及项目部经理担任副组长，负责具体事务，维修小组临时配备瓦工、木工若干名，水工、电工各一名。如果公司没有专门的回访维修小组，则在项目经理领导下，由生产、技术、质量及有关方面人员组成回访小组，必要时邀请科研人员参加，回访时由建设单位组织座谈会或意见听取会，听取各方面的使用意见，认真记录存在的问题，并察看现场，落实情况，写出回访记录或回访纪要。

回访维修小组的任务是根据回访维修计划，对承建的竣工项目进行定期回访和日常维修，对用户的维修要求及时给予满足，是用户满意。同时，总结工程中出现的质量问题，为搞好以后的建筑工程质量服务积累经验。

（二）回访维修的方式

1. 以回访维修的时限划分回访方式

在项目经理领导下，由生产、技术、质量及有关人员组成的回访小组，在工程完工后的不同时间范围内对竣工后交工的建设项目进行定期回访的方式。在回访中广泛听取用户的意见，及时解决使用者在使用中存在的问题，通过回访写出回访记录或纪要。这种方式分为以下三种时段的回访。

（1）工程竣工

竣工交付使用六个月后，回访维修小组进户回访，了解用户对工程质量的满意程度，并及时将回访情况进行整理，分析原因，制定对策，以防类似情况在后继工程中发生。

（2）一年后回访

这种回访时回访小组主要重点对水电设备、屋面、室内地坪、外墙的质量进行回访。了解层面细部结构是否渗漏，并分析原因，制定对策和及时处理。

（3）三年后回访

这种回访是对建筑的耐久性进行回访，重点了解刚性屋面有无起砂、裂缝，柔性防水是否有张口、油毡是否脆裂等，外墙涂料是否完好，面砖有无脱落，玻璃幕墙是否完好等。针对存在问题制定预防措施，供今后工程参考。

2. 以从回访内容和维护的方式划分回访方式

（1）季节性回访

这种回访主要回访项目使用者屋面、墙面的防水情况，地面排水情况和园林绿化工程中树木的生长情况等。在冬季主要是回访室内防寒措施、池壁驳岸工程有无冻裂等现象。

（2）技术性回访

这种回访尤其是对在施工过程中采用了“新材料、新技术、新工艺、新设备”后的工程在竣工后使用周期内对工程中采用的“四新”的技术性能和使用后的效果进行回访；对于园林绿化中新引进的植物材料的生长状况、大树生长情况等进行回访。对于存在的问题及时给予使用者技术指导和帮助。

（3）保修期满前的回访与日常维护

这种回访与维修主要是对市政工程和园林绿化工程日常管理养护，这种维护与回访可以拉近使用者与承建者之间的亲和度，维修组与使用者通过电话等手段保持长期联系，对用户提出的问题和保修期养护中暴露的问题，可以随时解决，且尽量不影响使用者的正常使用，实现按时保质完成维修任务，直到使用者满意为止。对于市政广场和园林绿化工程而言，保修期满之前，承建者在保修期内随时更换因广场砖色差、破损等问题砖；对于植物材料的浇水、修剪、施药、施肥、搭建风障、间苗、补植等维护应经常地进行。直至树木、草坪成活和生长成型。

对于经过回访和维修后的工程，回访维修小组填写回访维修记录表。最后由公司质量、技术部门验收，用户填写意见书，及时完成验收手续。而回访维修小组撰写总结报告，为将来工程的维修积累经验。

建筑工程回访、保修记录登记表，监理单位工程回访、保修记录表等见表6-8-1、表6-8-2、表6-8-3至表6-8-6。

表 6-8-1　××建筑工程回访、保修记录

编号：

<table>
<tr><td>工程名称</td><td></td><td colspan="2">竣工验收日期</td><td colspan="2"></td><td>项目负责人</td><td></td></tr>
<tr><td rowspan="2">单项工程</td><td rowspan="2">保修内容</td><td colspan="3">用户意见</td><td rowspan="2">用户签名</td><td colspan="2" rowspan="2">用户联系方式</td></tr>
<tr><td>满意</td><td>基本满意</td><td>不满意</td></tr>
<tr><td></td><td></td><td></td><td></td><td></td><td></td><td colspan="2"></td></tr>
<tr><td></td><td></td><td></td><td></td><td></td><td></td><td colspan="2"></td></tr>
<tr><td></td><td></td><td></td><td></td><td></td><td></td><td colspan="2"></td></tr>
<tr><td></td><td></td><td></td><td></td><td></td><td></td><td colspan="2"></td></tr>
<tr><td></td><td></td><td></td><td></td><td></td><td></td><td colspan="2"></td></tr>
<tr><td></td><td></td><td></td><td></td><td></td><td></td><td colspan="2"></td></tr>
<tr><td>回访负责人</td><td></td><td>联系电话</td><td></td><td>回访日期</td><td colspan="3"></td></tr>
<tr><td colspan="8">验收结论
验证人：　　　　年　　月　　日</td></tr>
</table>

注：用户意见栏和用户签名均由用户选择和签名，回访人不得代签；土建部分由项目经理部组织回访，水、暖、电、门窗等分项由各自专业负责人回访并分别做记录。

表 6-8-2　××建筑工程回访、保修回执单

编号：

<table>
<tr><td>工程名称</td><td></td><td>项目负责人</td><td></td></tr>
<tr><td colspan="4">回访、保修的主要内容：
回访负责人：　　　　年　　月　　日</td></tr>
<tr><td colspan="4">使用单位意见：
签名　　　　（盖章）　　　　年　　月　　日</td></tr>
<tr><td colspan="4">建设单位意见：
签名　　　　（盖章）　　　　年　　月　　日</td></tr>
</table>

注：本表适用于公共建筑、抗震加固工程、房屋修缮工程的回访、保修；建设单位与使用单位为同一单位时，就填写建设单位意见。

表6-8-3 ××监理公司工程回访与业主满意度调差控制程序工程回访记录

<table>
<tr><td>建设单位</td><td colspan="2"></td><td>工程名称</td><td></td></tr>
<tr><td>建筑规模</td><td colspan="2"></td><td>建筑类型</td><td></td></tr>
<tr><td>工程造价</td><td colspan="2"></td><td>质量等级</td><td></td></tr>
<tr><td>开工日期</td><td colspan="2"></td><td>竣工日期</td><td></td></tr>
<tr><td>设计单位</td><td colspan="2"></td><td>咨询单位</td><td></td></tr>
<tr><td>监理单位</td><td colspan="2"></td><td>总监理工程师</td><td></td></tr>
<tr><td>建设单位意见</td><td colspan="4">年 月 日</td></tr>
<tr><td colspan="2">回访时间</td><td colspan="3">年 月 日</td></tr>
<tr><td colspan="5">回访人员：(签名)

工程负责人：(签名)</td></tr>
</table>

表6-8-4 ××监理公司工程回访与业主满意度调差控制程序用户满意度调查表

工程名称：

调查项目	得分	重要部位坚持24小时旁站监理	是否及时提交监理报表、报告、记录等	日常巡视检查
服务的及时性	20	6分	6分	8分
实得分				

调查项目	得分	工程质量控制及达标情况	工程进度控制及达标情况	投资控制及达标情况	协调管理情况	报表、质量记录的正确性
服务的及时性	20	5分	2分	5分	2分	4分
实得分						

调查项目	得分	工作态度	人员素质	劳动纪律
服务的及时性	20	8分	6分	6分
实得分				

		工程质量		工程进度			工程投资	
					延期			
		合格	不合格	按期	业主原因	承包单位原因	工程造价控制在合同范围内	工程造价控制超合同范围
按期交付	20	10分	0分	5分	3分	0分	5分	0分
实得分								

调查目的	得分	监理资料移交是否及时、完整	各项记录是否及时转交业主	业主交办有关工程监理适宜是否及时回复、办理	承包单位申报资料是否及时审核、签证
记录情况	20	5分	5分	5分	5分
实得分					

总分		建设单位（盖章） 年　月　日

表 6-8-5　××监理公司工程回访与业主满意度调差控制程序用户满意度调查表

调　查　项　目		分项细目	满分	实得分
1. 产品质量（60分）	a. 质量控制（20分）	人员素质	6	
		仪器、设备	4	
		质量控制体系	10	
		小　计	20	
	b. 成果质量（20分）	成果合法性	10	
		成果深度	10	
		小　计	20	
	c. 后期服务（20分）	服务及时性	10	
		服务人员水平	5	
		服务态度	5	
		小　计	20	
2. 交付质量（40分）	a. 成果质量（20分）	外观包装	10	
		资料完整度	10	
		小　计	20	
	b. 交付及时性（20分）	及时性	20	
总　　计			100	
建设单位建议：				
建设单位（盖章）			调查人	

表 6-8-6 ××监理公司工程回访与业主满意度调差控制程序用户满意度分析及结果报告

<table>
<tr><td>用户单位</td><td></td><td>地址</td><td></td></tr>
<tr><td>电话、传真</td><td></td><td>联系人</td><td></td></tr>
<tr><td colspan="4">用户满意度评定总分：</td></tr>
<tr><td colspan="4">分析报告(存在问题、原因分析、改进措施)

经营部：
日　期：　　年　月　日</td></tr>
<tr><td colspan="4">批示：

总经理：
日　期：　　年　月　日</td></tr>
</table>

二、保修的范围和时间

一般来讲，凡是园林施工单位的责任或者由于施工质量不良而造成的问题，都应实行保修。

根据原建设部 1993 年颁布的 29 号令的有关规定，建筑工程中的主体结构保修期是永久的，屋面保修期为 3 年，水电安装保修期为半年，空调安装保修期为 1 年。而特种工程安装项目的保修期则由业主和承建商根据具体情况在施工合同中作出约定。由于市政、园林绿化工程中有关工程的保修期国家没有具体规定，所以其工程项目的保修期一般采用当地园林管理部门自定的规范和园林施工单位园林建设中的经验值，再在与建设单位通过协商后在合同中规定具体的保修时间。即自竣工验收完毕的次日算起，绿化工程的保修期一般为 1 年，因为植物是否成活是需要至少一个生长年份的；市政、园林建设工程中的涉及结构的主体工程的保修期参照建设部关于建筑工程的保修期规定，为永久；土建工程和水、电、卫生和通风等工程一般保修期为一年，园林建筑中的采暖工程为一个采暖期。

三、对工程维修中产生费用的处理

根据《中华人民共和国建筑法》、《建设工程质量管理条例》、《建设工程质量保证金管理暂行办法》(建质【2005】7 号)等文件规定，所有建设工程在竣工验收、交付使用时应在支付给施工单位的工程款项中预留建设工程质量保证金。保证金由政府建设行政主管部门监管，用于承包人在所谓的缺陷责任期内对建设工程质量不符合工程建设强制性标准、涉及文件以及承包合同中有关建设工程质量标准的约定维修的资金。保证金的金额按工程价款总额的3%～5%的比例预留，具体数额可在承包双方协商的施工合同中确定。

保证金一般分两次返还，第一次返还时间为竣工验收满2年，返还预留保证金的70%，第二次返还时间为竣工验收合格满5年，返还预留金的30%。对于工程质量评为省、市级优质工程的其预留金的返还时间可以缩短且返还金额比例可以提高。

园林建设工程一般比较复杂，涉及的工程项目多，竣工后回访维修中许多工程项目的维修或返工往往由多种原因造成。所以，在竣工维护期间产生的工程维修、维护或返工行为与诸多内、外部因素有关。对于因维修或维护而形成的费用及其相对应的经济责任必须根据维修项目的性质、内容、和修理原因等诸因素做深入细致的分析，找出产生问题的原因。并通过建设单位、施工单位和监理单位共同协商来处理由此产生的额外费用。一般在园林建设项目竣工交付使用后，因种种原因出现的维修或维护费用及其处理原则可以分以下几种情况：

1. 养护、修理项目确实因施工单位施工责任或施工质量不良遗留的隐患引起，其费用应由施工单位承担全部检修费用。

2. 养护、修理项目是由建设单位的设备、材料、成品、半成品等的不良原因造成的，则维护或返工费用应由建设单位承担全部修理费用。

3. 养护、修理项目是由建设单位和施工单位双方的责任造成的，双方应实事求是地共同商定各自承担的维修费用。

4. 养护、修理项目是由于用户管理使用不当，造成建筑物、构筑物等功能不良或苗木损伤死亡或是去观赏价值，由此而进行维护或返工产生的费用应由建设单位承担全部修理费用。

对于因工程养护期间发生的维修、养护或修理费用及其额度可以通过相应定额制订出维修工程预算造价，作为维修或维护发生费用的依据。交施工承包公司、监理公司和建设单位做资金预算的基础。有时，项目在招投标时已经对这部分费用进行过计算，即工程造价中已包含这部分内容。

所谓维修工程造价，是根据工程承包合同的约定，施工单位为完成工程维修施工任务所发生的费用总和。它是对建设工程竣工交付使用期间因故进行维修所发生的价值的货币表现，是由建设工程项目在维修中所消耗的社会必要劳动量决定的。工程维修的工程预算造价是指发生在维修工程施工阶段的全部费用，它们构成了工程在维修施工中的预算造价。维修工程的全部费用是根据维修施工设计图、维修工程预算定额和取费标准等确定的，是完成该项维修工程生产过程中所应支付的各种费用的总和。按照国家现行规定，维修工程费用也是由直接工程费、间接费、计划利润、其他费用和税金5个部分构成。各省、市、自治区可以根据国家主管部门的规定，结合本地区的实际情况制定本地区的维修工程费用构成与取费标准。其工程的预算及造价完全与建设工程预算及造价内容相同，其编制方法可以参照建设工程项目工程预算的编制方法进行。

四、养护、保修阶段的监理

实施监理工程的建设项目，监理工程师在工程竣工验收合格并交付建设单位使用期间，根据监理合同中获得的授权，在工程的养护、保修期内的行使的监理内容，主要是检查工程在交付使用后的运行状况、鉴定工程维护保养期间发生的质量责任，督促和监督承建单位在工程的养护、保修中的工作。

(一)保修期内的监理方法

1. 工程运行状况的检查

(1)定期检查

根据《中华人民共和国建筑法》和建设部《建设工程质量管理条例》中对建筑工程质量管理中的规定,当园林建设项目投入使用后,监理工程师要根据不同的工程项目内容每旬或每月检查一次,或三月检查一次,如有异常天气、地震等情况发生时监理工程师应及时赶赴现场进行观察和检查。

(2)检查的方法

检查的方法有访问调查法(维修状况调查法)、目测观察法、仪器测量法三种。每次调查不论使用什么方法都要详细记录检查结果和访问结果。

(3)检查的重点

园林建设工程状况的检查重点主要是建筑物、构筑物的结构质量,水池、假山等工程是否有不安全因素出现。检查时尤其对结构的重要部位、构件等重点进行观察。

2. 督促和监督养护、保养工作

养护、保修工作主要是对质量缺陷的处理,以保证新建的园林项目能以最佳状态面向社会,发挥其社会、环保及经济效益。监理工程师的责任是督促完成养护、保修的项目,确认养护、保修质量。各类质量缺陷的处理方案,一般由责任方提出,监理工程师审定执行。如责任方为建设单位时,则由监理工程师代拟,征求实施的单位同意后执行。

(二)养护、保修工作的结束

监理单位的养护、保修责任期为1年,在结束养护保修期时,监理单位应做好以下工作:

1. 将养护、保修期内发生的质量缺陷的所有技术资料归类整理。

2. 将所有满期的合同书及养护、保修书规整之后交还给建设单位。

3. 协助建设单位办理养护、维修费用的结算工作。

4. 召集建设单位、设计单位、承建施工单位联席会议,宣布养护、保修期结束。

[本章参考文献]

1. 国家建委.[建发施字50号]关于编制基本建设工程竣工图的几项暂行规定.1982

2. 北京市政工程局编著.CJJ 1—90 市政道路工程质量检验评定标准

3. 何康维.建设工程预算和决算.上海财经大学出版社,2009

4. 安玉华.施工项目成本管理.化学工业出版社,2010

5. 齐秀梅.建筑工程质量控制.北京理工大学出版社,2009

6. 许昕昶,曹峰,岳亮.浅谈施工项目成本管理[J].材料科学情报,2003,35(1):38,40

7. 蓝坤程.建筑工程项目成本控制初探[J].企业技术开发,2009,4(8):36—37

8. 唐菁菁.建筑工程施工项目成本管理.机械工业出版社,2009(2nd.)

[复习思考题]

1. 园林工程竣工验收的依据是什么?

2. 在建设工程竣工验收中哪些情况可以报请验收?哪些情况下的工程不能参与验收?

3. 承建施工单位在隐蔽工程验收中应该准备哪些资料，监理工程师的处理准则是什么？

4. 竣工图产生的依据和方法有哪些？

5. 建设工程的质量检查评定标准中关于合格率的产生方法是什么？

6. 案例(1)背景：某施工单位承包某工程项目，甲乙双方签订的关于工程价款的合同内容有：工程的建筑安装造价 660 万元，建筑材料及设备费占施工产值的比重 60%；工程预付款为建筑安装工程造价的 20%，工程实施后，工程预付款从未施工工程尚需的主要材料及构件的价值相当于工程预付款数额时起扣，从每次结算工程款中按材料和设备占施工产值的比重扣抵工程预付款，竣工前全部扣清；工程进度款逐月计算；工程保修金为建筑安装工程造价的 3%，竣工结算月一次扣留；材料和设备差价的调整按规定进行(按有关规定上半年材料和设备价差上调 10%，在 6 月份一次调增)。各月实际完成产值见表所示。

各月实际完成产值　　单位：万元

月份	二	三	四	五	六
完成产值	55	110	165	220	110

问题：1)通常工程竣工结算的前提是什么？

2)工程价款结算的方式有哪几种？

3)该工程的工程预付款、起扣点为多少？

4)该工程 2～5 月每月拨付工程款为多少？累计工程款为多少？

5)6 月份办理工程结算，该工程结算造价为多少，甲方应付工程结算为多少？

6)该工程在保修期间发生屋面漏水，甲方多次催促乙方修理，乙方一再拖延，最后甲方另请施工单位修理，修理费 1.5 万元，该项费用如何处理？

7. 案例(2)背景：某工程项目业主与承包商签订了工程施工承包合同。合同中估算工程面积为 5 300m^3，单价为 180 元/m^3。合同工期为 6 个月。有差付款条款如下：开工前业主应向承包商支付估算合同总价 20%的工程预付款；业主自第一个月起，从承包商的工程款中，按 5%的比例扣留保留金；当累积实际完成工程量超过(或低于)估算合同价的 10%时，可进行调价，调价系数为 0.9(或 1.1)；每月签发付款最低金额为 15 万元；工程预付款从乙方获得累积工程款超过合同价的 30%以后的下一个月起，至第 5 个月均匀扣除。承包商每月实际完成并经签证确认的工程面积见表。

每月实际完成工程量

月份	1	2	3	4	5	6
完成工程量(m^3)	800	1 000	1 200	1 200	1 200	500
累计完成工程量(m^3)	800	1 800	3 000	4 200	5 400	5 900

问题：1)估算合同总价为多少？

2)工程预付款为多少？工程预付款从哪个月起扣留？每月应扣工程款为多少？

3)工程量价款为多少？应签证的工程款为多少？应签发的付款凭证为多少？

附　录

建设工程可行性研究合同

委托方：____________________

地址：__________

邮编：__________

电话：__________

法定代表人：__________

职务：__________

承包方：____________________

地址：__________

邮编：__________

电话：__________

法定代表人：__________

职务：__________

经双方协商，由委托方委托承包方承担______工程的可行性研究，特订立本合同。

第一条　委托方在合同签订之日起______天以内，向承包方提供所有与研究工程有关的数据和资料，并对资料的准确性负责。

1. 提供数据、资料的内容如下：______。

2. 在合同期内，委托方进行与本工程有关的讨论、询价、对外谈判、调研考察等所得的信息资料，应及时提供给承包方，必要时可吸收承包方参加本工程可行性研究的人员参加。

第二条　承包方应在______年______月______日以前，向委托方提交本合同工程的可行性报告，并对此承担责任。可行性报告内容应包括：

1. 经济评价指标：(1)投资内部收益率：________。(2)投资回收期：________。

2. 贷款偿还能力分析：________。

3. 外汇偿还能力分析：________。

4. 盈亏平衡、灵敏度分析与风险评价：________。

5. 结论：______________。承包方应向委托方提交可行性报告______份。委托方如在合同期间对______工程提出重大变更，甚至原始资料、数据有重大变动，有可能导致承包方对可行性报告作修改甚至返工时，须经双方协商，对本合同进行修改，或增加任务变更附件，或另订合同。

第三条　费用支付条款

1. 本工程的可行性研究费为人民币________元整。于合同生效之日，委托方应向承包方付给上述金额的20％的定金。余下金额于合同期满时全部付清。

2. 委托方中止合同时，无权要求承包方退还定金。

3. 承包方不履行本合同规定的责任与义务时，应双倍偿还定金。

第四条 违约罚金

1. 承包方不按合同规定的日期提交可行性研究报告时，每延期一天，应扣除其所应得费用的________%，作为违约罚金。

2. 承包方提供的可行性研究报告中出现错误，且此等错误系承包方造成者，应扣除其所应得费用的10%～30%，视错误性质严重程度而定。

3. 因委托方责任造成的可行性研究重大修改，或返工重作，应另行增加费用，其数额由双方商定。

4. 委托方超过合同规定日期付费时，应偿付给承包方以逾期违约罚金，以每逾期一天按合同规定费用的________%计算。

第五条 本合同自签订之日起生效。合同中如有未尽事宜，由双方共同协商，作出修改或补充规定。修改或补充规定与本合同具有同等效力。

第六条 本合同正本一式二份，双方各执一份。合同副本一式______份，送______各一份备案。

委托方：________（盖章）　　　　承包方：________（盖章）

负责人：________　　　　负责人：________

________年______月______日　　　　________年______月______日

建设工程施工合同(示范文本)

第一部分　协议书

发包人(全称):____________________

承包人(全称):____________________

依照《中华人民共和国合同法》、《中华人民共和国建筑法》及其他有关法律、行政法规、遵循平等、自愿、公平和诚实信用的原则,双方就本建设工程施工项协商一致,订立本合同。

一、工程概况

工程名称:____________________

工程地点:____________________

工程内容:____________________

群体工程应附承包人承揽工程项目一览表(附件1)工程立项批准文号:____________________

资金来源:____________________

二、工程承包范围

承包范围:____________________

三、合同工期:

开工日期:____________________

竣工日期:____________________

合同工期总日历天数__________天

四、质量标准

工程质量标准:____________________

五、合同价款

金额(大写):__________元(人民币)

¥　:__________元

六、组成合同的文件

组成本合同的文件包括:

1. 本合同协议书

2. 中标通知书

3. 投标书及其附件

4. 本合同专用条款

5. 本合同通用条款

6. 标准、规范及有关技术文件

7. 图纸

8. 工程量清单

9. 工程报价单或预算书

双方有关工程的洽商、变更等书面协议或文件视为本合同的组成部分。

七、本协议书中有关词语含义本合同第二部分《通用条款》中分别赋予它们的定义相同。

八、承包人向发包人承诺按照合同约定进行施工、竣工并在质量保修期内承担工程质量保修责任。

九、发包人向承包人承诺按照合同约定的期限和方式支付合同价款及其他应当支付的款项。

十、合同生效

合同订立时间:________年________月________日

合同订立地点:________________________________

本合同双方约定____________________________后生效。

发包人:(公章)________________	承包人:(公章)________________
住所:________________	住所:________________
法定代表人:________________	法定代表人:________________
委托代表人:________________	委托代表人:________________
电话:________________	电话:________________
传真:________________	传真:________________
开户银行:________________	开户银行:________________
账号:________________	账号:________________
邮政编码:________________	邮政编码:________________

第二部分　通用条款

一、词语定义及合同文件

1. 词语定义

下列词语除专用条款另有约定外,应具有本条所赋予的定义:

1.1　通用条款:是根据法律、行政法规规定及建设工程施工的需要订立,通用于建设工程施工的条款。

1.2　专用条款:是发包人与承包人根据法律、行政法规规定,结合具体工程实际,经协商达成一致意见的条款,是对通用条款的具体化、补充或修改。

1.3　发包人:指在协议书中约定,具有工程发包主体资格和支付工程价款能力的当事人以及取得该当事人资格的合法继承人。

1.4　承包人：指在协议书中约定，被发包人接受的具有工程施工承包主体资格的当事人以及取得该当事人资格的合法继承人。

1.5　项目经理：指承包人在专用条款中指定的负责施工管理和合同履行的代表。

1.6　设计单位：指发包人委托的负责本工程设计并取得相应工程设计资质等级证书的单位。

1.7　监理单位：指发包人委托的负责本工程监理并取得相应工程监理资质等级证书的单位。

1.8　工程师：指本工程监理单位委派的总监理工程师或发包人指定的履行本合同的代表，其具体身份和职权由发包人承包人在专用条款中约定。

1.9　工程造价管理部门：指国务院有关部门、县级以上人民政府建设行政主管部门或其委托的工程造价管理机构。

1.10　工程：指发包人承包人在协议书中约定的承包范围内的工程。

1.11　合同价款：指发包人承包人在协议书中约定，发包人用以支付承包人按照合同约定完成承包范围内全部工程并承担质量保修责任的款项。

1.12　追加合同价款：指在合同履行中发生需要增加合同价款的情况，经发包人确认后按计算合同价款的方法增加的合同价款。

1.13　费用：指不包含在合同价款之内的应当由发包人或承包人承担的经济支出。

1.14　工期：指发包人承包人在协议书中约定，按总日历天数（包括法定节假日）计算的承包天数。

1.15　开工日期：指发包人承包人在协议书中约定，承包人开始施工的绝对或相对的日期。

1.16　竣工日期：指发包人承包人在协议书约定，承包人完成承包范围内工程的绝对或相对的日期。

1.17　图纸：指由发包人提供或由承包人提供并经发包人批准，满足承包人施工需要的所有图纸（包括配套说明和有关资料）。

1.18　施工场地：指由发包人提供的用于工程施工的场所以及发包人在图纸中具体指定的供施工使用的任何其他场所。

1.19　书面形式：指合同书、信件和数据电文（包括电报、电传、传真、电子数据交换和电子邮件）等可以有形地表现所载内容的形式。

1.20　违约责任：指合同一方不履行合同义务或履行合同义务不符合约定所应承担的责任。

1.21　索赔：指在合同履行过程中，对于并非自己的过错，而是应由对方承担责任的情况造成的实际损失，向对方提出经济补偿和（或）工期顺延的要求。

1.22　不可抗力：指不能预见、不能避免并不能克服的客观情况。

1.23　小时或天：本合同中规定按小时计算时间的，从事件有效开始时计算（不扣除休息时间）；规定按天计算时间的，开始当天不计入，从次日开始计算。时限的最后一天是休息日或者其他法定节假日的，以节假日次日为时限的最后一天，但竣工日期除外。时限的最后一天的截止时间为当日24时。

2. 合同文件及解释顺序

2.1 合同文件应能相互解释,互为说明。除专用条款另有约定外,组成本合同的文件及优先解释顺序如下:

(1)本合同协议书

(2)中标通知书

(3)投标书及其附件

(4)本合同专用条款

(5)本合同通用条款

(6)标准、规范及有关技术文件

(7)图纸

(8)工程量清单

(9)工程报价单或预算书

合同履行中,发包人承包人有关工程的洽商、变更等书面协议或文件视为本合同的组成部分。

2.2 当合同文件内容含糊不清或不相一致时,在不影响工程正常进行的情况下,由发包人承包人协商解决。双方也可以提请负责监理的工程师作出解释。双方协商不成或不同意负责监理的工程师作出解释。双方协商不成或不同意负责监理的工程师的解释时,按本通用条款第37条关于争议的约定处理。

3. 语言文字和适用法律、标准及规范

3.1 语言文字

本合同文件使用汉语语言文字书写、解释和说明。如专用条款约定使用两种以上(含两种)语言文字时,汉语应为解释和说明本合同的标准语言文字。

在少数民族地区,双方可以约定使用少数民族语言文字书写和解释、说明本合同。

3.2 适用法律和法规

本合同文件适用国家的法律和行政法规。需要明示的法律、行政法规,由双方在专用条款中约定。

3.3 适用标准、规范

双方在专用条款内约定适用国家标准、规范的名称;没有国家标准、规范但有行业标准、规范的,约定适用行业标准、规范的名称;没有国家和行业标准、规范的,约定适用工程所在地地方标准、规范的名称。发包人应按专用条款约定的时间向承包人提供一式两份约定的标准、规范。

国内没有相应标准、规范的,由发包人按专用条款约定的时间向承包人提出施工技术要求,承包人按约定的时间和要求提出施工工艺,经发包人认可后执行。发包人要求使用国外标准、规范的,应负责提供中文译本。

本条所发生的购买、翻译标准、规范或制定施工工艺的费用,由发包人承担。

4. 图纸

4.1 发包人应按专用条款约定的日期和套数,向承包人提供图纸。承包人需要增加图纸套数的,发包人应代为复制,复制费用由承包人承担。发包人对工程有保密要求的,应在专用条款中提出保密要求，保密措施费用由发包人承担，承包人在约定保密期限内履行保密义务。

4.2 承包人未经发包人同意，不得将本工程图纸转给第三人。工程质量保修期满后，除承包人存档需要的图纸外，应将全部图纸退还给发包人。

4.3 承包人应在施工现场保留一套完整图纸，供工程师及有关人员进行工程检查时使用。

二、双方一般权利和义务

5. 工程师

5.1 实行工程监理的，发包人应在实施监理前将委托的监理单位名称、监理内容及监理权限以书面形式通知承包人。

5.2 监理单位委派的总监理工程师在本合同中称工程师，其姓名、职务、职权由发包人承包人在专用条款内写明。工程师按合同约定行使职权，发包人在专用条款内要求工程师在行使某些职权前需要征得发包人批准的，工程师应征得发包人批准。

5.3 发包人派驻施工场地履行合同的代表在本合同中也称工程师，其姓名、职务、职权由发包人在专用条款内写明，但职权不得与监理单位委派的总监理工程师职权相互交叉。双方职权发生交叉或不明确时，由发包人予以明确，并以书面形式通知承包人。

5.4 合同履行中，发生影响发包人承包人双方权利或义务的事件时，负责监理的工程师应依据合同在其职权范围内客观公正地进行处理。一方对工程师的处理有异议时，按本通用条款第 37 条关于争议的约定处理。

5.5 除合同内有明确约定或经发包人同意外，负责监理的工程师无权解除本合同约定的承包人的任何权利与义务。

5.6 不实行工程监理的，本合同中工程师专指发包人派驻施工场地履行合同的代表，其具体职权由发包人在专用条款内写明。

6. 工程师的委派和指令

6.1 工程师可委派工程师代表，行使合同约定的自己的职权，并可在认为必要时撤回委派。委派和撤回均应提前 7 天以书面形式通知承包人，负责监理的工程师还应将委派和撤回通知发包人。委派书和撤回通知作为本合同附件。

工程师代表在工程师授权范围内向承包人发出的任何书面形式的函件，与工程师发出的函件具有同等效力。承包人对工程师代表向其发出的任何书面形式的函件有疑问时，可将此函件提交工程师，工程师应进行确认。工程师代表发出指令有失误时，工程师应进行纠正。

除工程师或工程师代表外，发包人派驻工地的其他人员均无权向承包人发出任何指令。

6.2 工程师的指令、通知由其本人签字后，以书面形式交给项目经理，项目经理在回执上签署姓名和收到时间后生效。确有必要时，工程师可发出口头指令，并在 48 小时内给予书面确认，承包人对工程师的指令应予执行。工程师不能及时给予书面确认的，承包人应于工程师发出口头指令后 7 天内提出书面确认要求。工程师在承包人提出确认要求后 48 小时内不予答复的，视为口头指令已被确认。

承包人认为工程师指令不合理,应在收到指令后24小时内向工程师提出修改指令的书面报告,工程师在收到承包人报告后24小时内作出修改指令或继续执行原指令的决定,并以书面形式通知承包人。紧急情况下,工程师要求承包人立即执行的指令或承包人虽有异议,但工程师决定仍继续执行的指令,承包人应予执行。因指令错误发生的追加合同价款和给承包人造成的损失由发包人承担,延误的工期相应顺延。

本款规定同样适用于由工程师代表发出的指令、通知。

6.3　工程师应按合同约定,及时向承包人提供所需指令、批准并履行约定的其他义务。由于工程师未能按合同约定履行义务造成工期延误,发包人应承担延误造成的追加合同价款,并赔偿承包人有关损失,顺延延误的工期。

6.4　如需更换工程师,发包人应至少提前7天以书面形式通知承包人,后任继续行使合同文件约定的前任的职权,履行前任的义务。

7. 项目经理

7.1　项目经理的姓名、职务在专用条款内写明。

7.2　承包人依据合同发出的通知,以书面形式由项目经理签字后送交工程师,工程师在回执上签署姓名和收到时间后生效。

7.3　项目经理按发包人认可的施工组织设计(施工方案)和工程师依据合同发出的指令组织施工。在情况紧急且无法与工程师联系时,项目经理应当采取保证人员生命和工程、财产安全的紧急措施,并在采取措施后48小时内向工程师提交报告。责任在发包人或第三人,由发包人承担由此发生的追加合同价款,相应顺延工期;责任在承包人,由承包人承担费用,不顺延工期。

7.4　承包人如需要更换项目经理,应至少提前7天以书面形式通知发包人,并征得发包人同意。后任继续行使合同文件约定的前任的职权,履行前任的义务。

7.5　发包人可以与承包人协商,建议更换其认为不称职的项目经理。

8. 发包人工作

8.1　发包人按专用条款约定的内容和时间完成以下工作:

(1)办理土地征用、拆迁补偿、平整施工场地等工作,使施工场地具备施工条件,在开工后继续负责解决以上事项遗留问题;

(2)将施工所需水、电、电讯线路从施工场地外部接至专用条款约定地点,保证施工期间的需要;

(3)开通施工场地与城乡公共道路的通道,以及专用条款约定的施工场地内的主要道路,满足施工运输的需要,保证施工期间的畅通;

(4)向承包人提供施工场地的工程地质和地下管线资料,对资料的真实准确性负责;

(5)办理施工许可证及其他施工所需证件、批件和临时用地、停水、停电、中断道路交通、爆破作业等的申请批准手续(证明承包人自身资质的证件除外);

(6)确定水准点与坐标控制点,以书面形式交给承包人,进行现场交验;

(7)组织承包人和设计单位进行图纸会审和设计交底;

(8)协调处理施工场地周围地下管线和邻近建筑物、构筑物(包括文物保护建筑)、古树名木的保护工作、承担有关费用;

(9)发包人应做的其他工作,双方在专用条款内约定。

8.2　发包人可以将8.1款部分工作委托承包人办理,双方在专用条款内约定,其费用由发包人承担。

8.3　发包人未能履行8.1款各项义务,导致工期延误或给承包人造成损失的,发包人赔偿承包人有关损失,顺延延误的工期。

9. 承包人工作

9.1　承包人按专用条款约定的内容和时间完成以下工作:

(1)根据发包人委托,在其设计资质等级和业务允许的范围内,完成施工图设计或与工程配套的设计,经工程师确认后使用,发包人承担由此发生的费用;

(2)向工程师提供年、季、月度工程进度计划及相应进度统计报表;

(3)根据工程需要,提供和维修非夜间施工使用的照明、围栏设施,产负责安全保卫;

(4)按专用条款约定的数量和要求,向发包人提供施工场地办公和生活的房屋及设施,发包人承担由此发生的费用;

(5)遵守政府有关主管部门对施工场地交通、施工噪音以及环境保护和安全生产等的管理规定,按规定办理有关手续,并以书面形式通知发包人,发包人承担由此发生的费用,因承包人责任造成的罚款除外;

(6)已竣工工程未交付发包人之前,承包人按专用条款约定负责已完工程的保护工作,保护期间发生损坏,承包人自费予以修复;发包人要求承包人采取特殊措施保护的工程部位和相应的追加合同价款,双方在专用条款内约定;

(7)按专用条款约定做好施工场地地下管线和邻近建筑物、构筑物(包括文物保护建筑)、古树名木的保护工作;

(8)保证施工场地清洁符合环境卫生管理的有关规定,交工前清理现场达到专用条款约定的要求,承担因自身原因违反有关规定造成的损失和罚款;

(9)承包人应做的其他工作,双方在专用条款内约定。

9.2　承包人未能履行9.1款各项义务,造成发包人损失的,承包人赔偿发包人有关损失。

三、施工组织设计和工期

10. 进度计划

10.1　承包人应按专用条款约定的日期,将施工组织设计和工程进度计划提交修改意见,逾期不确认也不提出书面意见的,视为同意。

10.2　群体工程中单位工程分期进行施工的,承包人应按照发包人提供图纸及有关资料的时间,按单位工程编制进度计划,其具体内容双方在专用条款中约定。

10.3　承包人必须按工程师确认的进度计划组织施工,接受工程师对进度的检查、监督。工程实际进度与经确认的进度计划不符时,承包人应按工程师的要求提出改进措施,经工程师确认后执行。因承包人的原因导致实际进度与进度计划不符,承包人无权就改进措施提出追加合同价款。

11. 开工及延期开工

因发包人原因不能按照协议书约定的开工日期开工,工程师应以书面形式通知承包人,推迟开工日期。发包人赔偿承包人因延期开工造成的损失,并相应顺延工期。

12. 暂停施工

工程师认为确有必要暂停施工时,应当以书面形式要求承包人暂停施工,并在提出要求后 48 小时内提出书面处理意见。承包人应当按工程师要求停止施工,并妥善保护已完工程。承包人实施工程师作出的处理意见后,可以书面形式提出复工要求,工程师作出的处理意见后,可以书面形式提出复工要求,工程师应当在 48 小时内给予答复。工程师未能在规定时间内提出处理意见,或收到承包人复工要求后 48 小时内未予答复,承包人可自行复工。因发包人原因造成停工的,由发包人承担所发生的追加合同价款,赔偿承包人由此造成的损失,相应顺延工期;因承包人原因造成停工的,由承包人承担发生的费用,工期不予顺延。

13. 工期延误

13.1　因以下原因造成工期延误,经工程师确认,工期相应顺延:

(1)发包人未能按专用条款的约定提供图纸及开工条件;

(2)发包人未能按约定日期支付工程预付款、进度款,致使施工不能正常进行;

(3)工程师未按合同约定提供所需指令、批准等,致使施工不能正常进行;

(4)设计变更和工程量增加;

(5)一周内非承包人原因停水、停电、停气造成停工累计超过 8 小时;

(6)不可抗力;

(7)专用条款中约定或工程师同意工期顺延的其他情况。

13.2　承包人在 13.1 款情况发生后 14 天内,就延误的工期以书面形式向工程师提出报告。工程师在收到报告后 14 天内予以确认,逾期不予确认也不提出修改意见,视为同意顺延工期。

14. 工程竣工

14.1　承包人必须按照协议书约定的竣工日期或工程师同意顺延的工期竣工。

14.2　因承包人原因不能按照协议书约定的竣工日期或工程师同意顺延的工期竣工的,承包人承担违约责任。

14.3　施工中发包人如需提前竣工,双方协商一致后应签订提前竣工协议,作为合同文件组成部分。提前竣工协议应包括承包人为保证工程质量和安全采取的措施、发包人为提前竣工提供的条件以及提前竣工所需的追加合同价款等内容。

四、质量与检验

15. 工程质量

15.1　工程质量应当达到协议书约定的质量标准,质量标准的评定以国家或行业的质量检验评定标准为依据。因承包人原因工程质量达不到约定的质量标准,承包人承担违约责任。

15.2　双方对工程质量有争议,由双方同意的工程质量检测机构鉴定,所需费用及因此造成的损失,由责任方承担。双方均有责任,由双方根据其责任分别承担。

16. 检查和返工

16.1　承包人应认真按照标准、规范和设计图纸要求以及工程师依据合同发出的指令施工，随时接受工程师的检查检验，为检查检验提供便利条件。

16.2　工程质量达不到约定标准的部分，工程师的要求拆除和重新施工，直到符合约定标准。因承包人原因达不到约定标准，由承包人承担拆除和重新施工的费用，工期不予顺延。

16.3　工程师的检查检验不应影响施工正常进行。如影响施工正常进行，检查检验不合格时，影响正常施工的费用由承包人承担。除此之外影响正常施工的追加合同价款由发包人承担，相应顺延工期。

16.4　因工程师指令失误或其他非承包人原因发生的追加合同价款，由发包人承担。

17. 隐蔽工程和中间验收

17.1　工程具备隐蔽条件或达到专用条款约定的中间验收部位，承包人进行自检，并在隐蔽或中间验收前 48 小时以书面形式通知工程师验收。通知包括隐蔽和中间验收的内容、验收时间和地点。承包人准备验收记录，验收合格，工程师在验收记录上签字后，承包人可进行隐蔽和继续施工。验收不合格，承包人在工程师限定的时间内修改后重新验收。

17.2　工程师不能按时进行验收，应在验收前 24 小时以书面形式向承包人提出延期要求，延期不能超过 48 小时。工程师未能按以上时间提出延期要求，不进行验收，承包人可自行组织验收，工程师应承认验收记录。

17.3　经工程师验收，工程质量符合标准、规范和设计图纸等要求，验收 24 小时后，工程师不在验收记录上签字，视为工程师已经认可验收记录，承包人可进行隐蔽或继续施工。

18. 重新检验

无论工程师是否进行验收，当其要求对已经隐蔽的工程重新检验时，承包人应按要求进行剥离或开孔，并在检验后重新覆盖或修复。检验合格，发包人承担由此发生的全部追加合同价款，赔偿承包人损失，并相应顺延工期。检验不合格，承包人承担发生的全部费用，工期不予顺延。

19.工程试车

19.1　双方约定需要试车的，试车内容应与承包人承包的安装范围相一致。

19.2　设备安装工程具备单机无负荷试车条件，承包人组织试车，并在试车前 48 小时以书面形式通知工程师。通知包括试车内容、时间、地点。承包人准备试车记录，发包人根据承包人要求为试车提供必要条件。试车合格，工程师在试车记录上签字。

19.3　工程师不能按时参加试车，须在开始试车前 24 小时以书面形式向承包人提出延期要求，不参加试车，应承认试车记录。

19.4　设备安装工程具备无负荷联动试车条件，发包人组织试车，并在试车内容、时间、地点和对承包人的要求，承包人按要求做好准备工作。试车合格，双方在试车记录上签字。

19.5　双方责任

(1)由于设计原因试车达不到验收要求，发包人应要求设计单位修改设计，承包人按修改后的设计重新安装。发包人承担修改设计、拆除及重新安装的全部费用和追加合同价款，工期相应顺延。

(2)由于设备制造原因试车达不到验收要求，由该设备采购一方负责重新购置或修理，承包人负责拆除和重新安装。设备由承包人采购的，由承包人承担修理或重新购置、拆除及重新安装的费用,工期不予顺延;设备由发包人采购的,发包人承担上述各项追加合同价款,工期相应顺延。

(3)由于承包人施工原因试车不到验收要求,承包人按工程师要求重新安装和试车,并承担重新安装和试车的费用,工期不予顺延。

(4)试车费用除已包括在合同价款之内或专用条款另有约定外,均由发包人承担。

(5)工程师在试车合格后不在试车记录上签字,试车结束 24 小时后,视为工程师已经认可试车记录,承包人可继续施工或办理竣工手续。

19.6　投料试车应在工程竣工验收后由发包人负责,如发包人要求在工程竣工验收前进行或需要承包人配合时,应征得承包人同意,另行签订补充协议。

五、安全施工

20. 安全施工与检查

20.1　承包人应遵守工程建设安全生产有关管理规定,严格按安全标准组织施工,并随时接受行业安全检查人员依法实施的监督检查,采取必要的安全防护措施,消除事故隐患。由于承包人安全措施不力造成事故的责任和因此发生的费用,由承包人承担。

20.2　发包人应对其在施工场地的工作人员进行安全教育,并对他们的安全负责。发包人不得要求承包人违反安全管理的规定进行施工。因发包人原因导致的安全事故,由发包人承担相应责任及发生的费用。

21. 安全防护

21.1　承包人在动力设备、输电线路、地下管道、密封防震车间、易燃易爆地段以及临街交通要道附近施工时,施工开始前应向工程师提出安全防护措施,经工程师认可后实施,防护措施费用由发包人承担。

21.2　实施爆破作业,在放射、毒害性环境中施工(含储存、运输、使用)及使用毒害性、腐蚀性物品施工时,承包人应在施工前 14 天以书面通知工程师,并提出相应的安全防护措施,经工程师认可后实施,由发包人承担安全防护措施费用。

22. 事故处理

22.1　发生重大伤亡及其他安全事故,承包人应按有关规定立即上报有关部门并通知工程师,同时按政府有关部门要求处理,由事故责任方承担发生的费用。

22.2　发包人承包人对事故责任有争议时,应按政府有关部门的认定处理。

六、合同价款与支付

23. 合同价款及调整

23.1　招标工程的合同价款由发包人承包人依据中标通知书中的中标价格在协议书内约定。非招标工程的合同价款由发包人承包人依据工程预算书在协议书内约定。

23.2　合同价款在协议书内约定后,任何一方不得擅自改变。下列三种确定合同价款的方式,双方可在专用条款内约定采用其中一种:

(1)固定价格合同。双方在专用条款内约定合同价款包含的风险范围和风险费用的计算方法,在约定的风险范围内合同价款不再调整。风险范围以外的合同价款调整方法。应当在专用条款内约定。

(2)可调价格合同。合同价款可根据双方的约定而调整,双方在专用条款内约定合同价款调整方法。

(3)成本加酬金合同。合同价款包括成本和酬金两部分,双方在专用条款内约定成本构成和酬金的计算方法。

23.3 可调价格合同中合同价款的调整因素包括:

(1)法律、行政法规和国家有关政策变化影响合同价款;

(2)工程造价管理部门公布的价格调整;

(3)一周内非承包人原因停水、停电、停气造成停工累计超过 8 小时;

(4)双方约定的其他因素。

23.4 承包人应当在 23.3 款情况发生后 14 天内,将调整原因、金额以书面形式通知工程师,工程师确认调整金额后作为追加合同价款,与工程款同期支付。工程师收到承包人通知后 14 天内不予确认也不提出修改意见,视为已经同意该项调整。

24. 工程预付款

实行工程预付款的,双方应当在专用条款内约定发包人向承包人预付工程款的时间和数额,开工后按约定的时间和比例逐次扣回。预付时间应不迟于约定的开工日期前 7 天。发包人不按约定预付,承包人在约定预付时间 7 天后向发包人发出要求预付的通知,发包人收到通知后仍不能按要求预付,承包人可在发出通知后 7 天停止施工,发包人应从约定应付之日起向承包人支付应付款的贷款利息,并承担违约责任。

25. 工程量的确认

25.1 承包人应按专用条款约定的时间,向工程师提交已完工程量的报告。工程师接到报告后 7 天内按设计图纸核实已完工程量(以下称计量),并在计量前 24 小时通知承包人,承包人为计量提供便利条件并派人参加。承包人收到通知后不参加计量,计量结果有效,作为工程价款支付的依据。

25.2 工程师收到承包人报告后 7 天内未进行计量,从第 8 天起,承包人报告中开列的工程量即视为被确认,作为工程价款支付的依据。工程师不按约定时间通知承包人,致命承包人未能参加计量,计量结果无效。

25.3 对承包人超出设计图纸范围和因承包人原因造成返工的工程量,工程师不予计量。

26. 工程款(进度款)支付

26.1 在确认计量结果后 14 天内,发包人应向承包人支付工程款(进度款)。按约定时间发包人应扣回的预付款,与工程款(进度款)同期结算。

26.2 本通用条款第 23 条确定调整的合同价款,第 31 条工程变更调整的合同价款及其他条款中约定的追加合同价款,应与工程款(进度款)同期调整支付。

26.3 发包人超过约定的支付时间不支付工程款(进度款),承包人可向发包人发出要求付款的通知,发包人收到承包人通知后仍不能按要求付款,可与承包人协商签订延期付款协议,经承包人同意后可延期支付。协议应明确延期支付的时间和从计量结果确认后第 15 天起应付款的贷款利息。

26.4　发包人不按合同约定支付工程款(进度款),双方又未达成延期付款协议,导致施工无法进行,承包人可停止施工,由发包人承担违约责任。

七、材料设备供应

27. 发包人供应材料设备

27.1　实行发包人供应材料设备的,双方应当约定发包人供应材料设备的一览表,作为本合同附件(附件2)。一览表包括发包人供应材料设备的品种、规格、型号、数量、单价、质量等级、提供时间和地点。

27.2　发包人按一览表约定的内容提供材料设备,并向承包人提供产品合格证明,对其质量负责。发包人在所供材料设备到货前24小时,以书面形式通知承包人,由承包人派人与发包人共同清点。

27.3　发包人供应的材料设备,承包人派人参加清点后由承包人妥善保管,发包人支付相应保管费用。因承包人原因发生丢失损坏,由承包人负责赔偿。

发包人未通知承包人清点,承包人不负责材料设备的保管,丢失损坏由发包人负责。

27.4　发包人供应的材料设备与一览表不符时,发包人承担有关责任。发包人应承担责任的具体内容,双方根据下列情况在专用条款内约定:

(1)材料设备单价与一览表不符,由发包人承担所有价差;

(2)材料设备的品种、规格、型号、质量等级与一览表不符,承包人可拒绝接收保管,由发包人运出施工场地并重新采购;

(3)发包人供应的材料规格、型号与一览表不符,经发包人同意,承包人可代为调剂串换,由发包人承担相应费用;

(4)到货地点与一览表不符,由发包人负责运至一览表指定地点;

(5)供应数量少于一览表约定的数量时,由发包人补齐,多于一览表约定数量时,发包人负责将多出部分运出施工场地;

(6)到货时间早于一览表约定时间,由发包人承担因此发生的保管费用;到货时间迟于一览表约定的供应时间,发包人赔偿由此造成的承包人损失,造成工期延误的,相应顺延工期;

27.5　发包人供应的材料设备使用前,由承包人负责检验或试验,不合格的不得使用,检验或试验费用由发包人承担。

27.6　发包人供应材料设备的结算方法,双方在专用条款内约定。

28. 承包人采购材料设备

28.1　承包人负责采购材料设备的,应按照专用条款约定及设计和有关标准要求采购,并提供产品合格证明,对材料设备质量负责。承包人在材料设备到货前24小时通知工程师清点。

28.2　承包人采购的材料设备与设计标准要求不符时,承包人应按工程师要求的时间运出施工场地,重新采购符合要求的产品,承担由此发生的费用,由此延误的工期不予顺延。

28.3　承包人采购的材料设备在使用前,承包人应按工程师的要求进行检验或试验,不合格的不得使用,检验或试验费用由承包人承担。

28.4 工程师发现承包人采购并使用不符合设计和标准要求的材料设备时,应要求承包人负责修复、拆除或重新采购,由承包人承担发生的费用,由此延误的工期不予顺延。

28.5 承包人需要使用代用材料时,应经工程师认可后才能使用,由此增减的合同价款双方以书面形式议定。

28.6 由承包人采购的材料设备,发包人不得指定生产厂或供应商。

八、工程变更

9. 工程设计变更

29.1 施工中发包人需对原工程设计变更,应提前14天以书面形式向承包人发出变更通知。变更超过原设计标准或批准的建设规模时,发包人应报规划管理部门和其他有关部门重新审查批准,并由原设计单位提供变更的相应图纸和说明。承包人按照工程师发出的变更通知及有关要求,进行下列需要的变更:

(1)更改工程有关部分的标高、基线、位置和尺寸;

(2)增减合同中约定的工程量;

(3)改变有关工程的施工时间和顺序;

(4)其他有关工程变更需要的附加工作。

因变更导致合同价款的增减及造成的承包人损失,由发包人承担,延误的工期相应顺延。

29.2 施工中承包人不得对原工程设计进行变更。因承包人擅自变更设计发生的费用和由此导致发包人的直接损失,由承包人承担,延误的工期不予顺延。

29.3 承包人在施工中提出的合理化建议涉及对设计图纸或施工组织设计的更改及对材料、设备的换用,须经工程师同意。未经同意擅自更改或换用时,承包人承担由此发生的费用,并赔偿发包人的有关损失,延误的工期不予顺延。

工程师同意采用承包人合理化建议,所发生的费用和获得的收益,发包人承包人另行约定分担或分享。

30. 其他变更

合同履行中发包人要求变更工程质量标准及发生其他实质性变更,由双方协商解决。

31. 确定变更价款

31.1 承包人在工程变更确定后14天内,提出变更工程价款的报告,经工程师确认后调整合同价款。变更合同价款按下列方法进行:

(1)合同中已有适用于变更工程的价格,按合同已有的价格变更合同价款;

(2)合同中只有类似于变更工程的价格,可以参照类似价格变更合同价款;

(3)合同中没有适用或类似于变更工程的价格,由承包人提出适当的变更价格,经工程师确认后执行。

31.2 承包人在双方确定变更后14天内不向工程师提出变更工程价款报告时,视为该项变更不涉及合同价款的变更。

31.3 工程师应在收到变更工程价款报告之日起14天内予以确认,工程师无正当理由不确认时,自变更工程价款报告送达之日起14天后视为变更工程价款报告已被确认。

31.4 工程师不同意承包人提出的变更价款,按本通用条款第37条关于争议的约定处理。

31.5 工程师确认增加的工程变更价款作为追加合同价款,与工程款同期支付。

31.6 因承包人自身原因导致的工程变更,承包人无权要求追加合同价款。

九、竣工验收与结算

32. 竣工验收

32.1 工程具备竣工验收条件,承包人按国家工程竣工验收有关规定,向发包人提供完整竣工资料及竣工验收报告。双方约定由承包人提供竣工图的,应当在专用条款内约定提供的日期和份数。

32.2 发包人收到竣工验收报告后28天内组织有关单位验收,并在验收后14天内给予认可或提出修改意见。承包人按要求修改,并承担由自身原因造成修改的费用。

32.3 发包人收到承包人送交的竣工验收报告后28天内不组织验收,或验收后14天内不提出修改意见,视为竣工验收报告已被认可。

32.4 工程竣工验收通过,承包人送交竣工验收报告的日期为实际竣工日期。工程按发包人要求修改后通过竣工验收的,实际竣工日期为承包人修改后提请发包人验收的日期。

32.5 发包人收到承包人竣工验收报告后28天内不组织验收,从第29天起承担工程保管及一切意外责任。

32.6 中间交工工程的范围和竣工时间,双方在专用条款内约定,其验收程序按本通用条款32.1款至32.4款办理。

32.7 因特殊原因,发包人要求部分单位工程或工程部位甩项竣工的,双方另行签订甩项竣工协议,明确双方责任和工程价款的支付方法。

32.8 工程未经竣工验收或竣工验收未通过的,发包人不得使用。发包人强行使用时,由此发生的质量问题及其他问题,由发包人承担责任。

33. 竣工结算

33.1 工程竣工验收报告经发包人认可后28天内,承包人向发包人递交竣工结算报告及完整的结算资料,双方按照协议书约定的合同价款及专用条款约定的合同价款调整内容,进行工程竣工结算。

33.2 发包人收到承包人递交的竣工结算报告及结算资料后28天内进行核实,给予确认或者提出修改意见。发包人确认竣工结算报告通知经办银行向承包人支付工程竣工结算价款。承包人收到竣工结算价款后14天内将竣工工程交付发包人。

33.3 发包人收到竣工结算报告及结算资料后28天内无正当理由不支付工程竣工结算价款,从第29天起按承包人同期向银行贷款利率支付拖欠工程价款的利息,并承担违约责任。

33.4 发包人收到竣工结算报告及结算资料后28天内不支付工程竣工结算价款,承包人可以催告发包人支付结算价款。发包人在收到竣工结算报告及结算资料后56天内仍不支付的,承包人可以与发包人协议将该工程折价,也可以由承包人申请人民法院将该工程依法拍卖,承包人就该工程折价或者拍卖的价款优先受偿。

33.5　工程竣工验收报告经发包人认可后28天内，承包人未能向发包人递交竣工结算报告及完整的结算资料，造成工程竣工结算不能正常进行或工程竣工结算价款不能及时支付，发包人要求交付工程的，承包人应当交付；发包人不要求交付工程的，承包人承担保管责任。

33.6　发包人承包人对工程竣工结算价款发生争议时，按本通用条款第37条关于争议的约定处理。

34. 质量保修

34.1　承包人应按法律、行政法规或国家关于工程质量保修的有关规定，对交付发包人使用的工程在质量保修期内承担质量保修责任。

34.2　质量保修工作的实施。承包人应在工程竣工验收之前，与发包人签订质量保修书，作为本合同附件(附件3略)。

34.3　质量保修书的主要内容包括：

(1)质量保修项目内容及范围；

(2)质量保修期；

(3)质量保修责任；

(4)质量保修金的支付方法。

十、违约、索赔和争议

35. 违约

35.1　发包人违约。当发生下列情况时：

(1)本通用条款第24条提到的发包人不按时支付工程预付款；

(2)本通用条款第26.4款提到的发包人不按合同约定支付工程款，导致施工无法进行；

(3)本通用条款第33.3款提到的发包人无正当理由不支付工程竣工结算价款；

(4)发包人不履行合同义务或不按合同约定履行义务的其他情况。

发包人承担违约责任，赔偿因其违约给承包人造成的经济损失，顺延延误的工期。双方在专用条款内约定发包人赔偿承包人损失的计算方法或者发包人应当支付违约金的数额或计算方法。

35.2　承包人违约。当发生下列情况时：

(1)本通用条款第14.2款提到的因承包人原因不能按照协议书约定的竣工日期或工程师同意顺延的工期竣工；

(2)本通用条款第15.1款提到的因承包人原因工程质量达不到协议书约定的质量标准；

(3)承包人不履行合同义务或不按合同约定履行义务的其他情况。

承包人承担违约责任，赔偿因其违约约发包人造成的损失。双方在专用条款内约定承包人赔偿发包人损失的计算方法或者承包人应当支付违约金的数额可计算方法。

35.3　一方违约后，另一方要求违约方继续履行合同时，违约方承担上述违约责任后仍应继续履行合同。

36. 索赔

36.1　当一方向另一方提出索赔时，要有正当索赔理由，且有索赔事件发生时的有效证据。

36.2 发包人未能按合同约定履行自己的各项义务或发生错误以及应由发包人承担责任的其他情况,造成工期延误和(或)承包人不能及时得到合同价款及承包人的其他经济损失,承包人可按下列程序以书面形式向发包人索赔:

(1)索赔事件发生后28天内,向工程师发出索赔意向通知;

(2)发出索赔意向通知后28天内,向工程师提出延长工期和(或)补偿经济损失的索赔报告及有关资料;

(3)工程师在收到承包人送交的索赔报告和有关资料后,于28天内给予答复,或要求承包人进一步补充索赔理由和证据;

(4)工程师在收到承包人送交的索赔报告和有关资料后28天内未予答复或未对承包人作进一步要求,视为该项索赔已经认可;

(5)当该索赔事件持续进行时,承包人应当阶段性向工程师发出索赔意向,在索赔事件终了后28天内,向工程师送交索赔的有关资料和最终索赔报告。索赔答复程序与(3)、(4)规定相同。

36.3 承包人未能按合同约定履行自己的各项义务或发生错误,给发包人造成经济损失,发包人可按36.2款确定的时限向承包人提出索赔。

37. 争议

37.1 发包人承包人在履行合同时发生争议,可以和解或者要求有关主管部门调解。当事人不愿和解、调解或者和解、调解不成的,双方可以在专用条款内约定以下一种方式解决争议:第一种解决方式:双方达成仲裁协议,向约定的仲裁委员会申请仲裁;

第二种解决方式:向有管辖权的人民法院起诉。

37.2 发生争议后,除非出现下列情况的,双方都应继续履行合同,保持施工连续,保护好已完工程:

(1)单方违约导致合同确已无法履行,双方协议停止施工;

(2)调解要求停止施工,且为双方接受;

(3)仲裁机构要求停止施工;

(4)法院要求停止施工。

十一、其他

38. 工程分包

38.1 承包人按专用条款的约定分包所承包的部分工程,并与分包单位签订分包合同。非经发包人同意,承包人不得将承包工程的任何部分分包。

38.2 承包人不得将其承包的全部工程转包给他人,也不得将其承包的全部工程肢解以后以分包的名义分别转包给他人。

38.3 工程分包不能解除承包人任何责任与义务。承包人应在分包场地派驻相应管理人员,保证本合同的履行。分包单位的任何违约行为或疏忽导致工程损害或给发包人造成其他损失,承包人承担连带责任。

38.4 分包工程价款由承包人与分包单位结算。发包人未经承包人同意不得以任何形式向分包单位支付各种工程款项。

39. 不可抗力

39.1　不可抗力包括因战争、动乱、空中飞行物体坠落或其他非发包人承包人责任造成的爆炸、火灾，以及专用条款约定的风雨、雪、洪、震等自然灾害。

39.2　不可抗力事件发生后，承包人应立即通知工程师，产大力所能及的条件下迅速采取措施，尽力减少损失，发包人应协助承包人采取措施。不可抗力事件结束后48小时内承包人向工程师通报受害情况和损失情况，及预计清理和修复的费用。不可抗事件持续发生，承包人应每隔7天向工程师报告一次受害情况。不可抗力事件结束后14天内，承包人向工程师提交清理和修复费用的正式报告及有关资料。

39.3　因不可抗力事件导致的费用及延误的工期由双方按以下方法分别承担：

(1)工程本身的损害、因工程损害导致第三人人员伤亡和财产损失以及运至施工场地用于施工的材料和待安装的设备的损害，由发包人承担；

(2)发包人承包人人员伤亡由其所在单位负责，并承担相应费用；

(3)承包人机械设备损坏及停工损失，由承包人承担；

(4)停工期间，承包人应工程师要求留在施工场地的必要的管理人员及保卫人员的费用由发包人承担；

(5)工程所需清理、修复费用，由发包人承担；

(6)延误的工期相应顺延。

39.4　因合同一方迟延履行合同后发生不可抗力的，不能免除迟延履行方的相应责任。

40. 保险

40.1　工程开工前，发包人为建设工程和施工场内的自有人员及第三人人员生命财产办理保险，支付保险费用。

40.2　运至施工场地内用于工程的材料和待安装设备，由发包人办理保险，并支付保险费用。

40.3　发包人可以将有关保险事项委托承包人办理，费用由发包人承担。

40.4　承包人必须为人事危险作业的职工办理意外伤害保险，并为施工场地内自有人员生命财产和施工机械设备办理保险，支付保险费用。

40.5　保险事故发生时，发包人承包人有责任尽力采取必要的措施，防止或者减少损失。

40.6　具体投保内容和相关责任，发包人承包人在专用条款中约定。

41. 担保

41.1　发包人承包人为了全面履行合同，应互相提供以下担保：

(1)发包人向承包人提供履约担保，按合同约定支付工程价款及履行合同约定的其他义务。

(2)承包人向发包人提供履约担保，按合同约定履行自己的各项义务。

41.2　一方违约后，另一方可要求提供担保的第三人承担相应责任。

41.3　提供担保的内容、方式和相关责任，发包人承包人除在专用条款中约定外，被担保方与担保方还应签订担保合同，作为本合同附件。

42. 专利技术及特殊工艺

42.1　发包人要求使用专利技术或特殊工艺,就负责办理相应的申报手续,承担申报、试验、使用等费用;承包人提出使用专利技术或特殊工艺,应取得工程师认可,承包人负责办理申报手续并承担有关费用。

42.2　擅自使用专利技术侵犯他人专利权的,责任者依法承担相应责任。

43. 文物和地下障碍物

43.1　在施工中发现古墓、古建筑遗址等文物及化石或其他有考古、地质研究等价值的物品时,承包人应立即保护好现场并于4小时内以书面形式通知工程师,工程师应于收到书面通知后24小时内报告当地文物管理部门,发包人承包人按文物管理部门的要求采取妥善保护措施。发包人承担由此发生的费用,顺延延误的工期。

如发现后隐瞒不报,致使文物遭受破坏,责任者依法承担相应责任。

43.2　施工中了现影响施工的地下障碍物时,承包人应于8小时内以书面形式通知工程师,同时提出处置方案,工程师收到处置方案后24小时内予以认可或提出修正方案。发包人承担由此发生的费用,顺延延误的工期。

所发现的地下障碍物有归属单位时,发包人应报请有关部门协同处置。

44. 合同解除

44.1　发包人承包人协商一致,可以解除合同。

44.2　发生本通用条款第26.4款情况,停止施工超过56天,发包人仍不支付工程款(进度款),承包人有权解除合同。

44.3　发生本通用条款第38.2款禁止的情况,承包人将其承包的全部工程转包给他人或者肢解以后以分包的名义分别转包给他人,发包人有权解除合同。

44.4　有下列情形之一的,发包人承包人可以解除合同:

(1)因不可抗力致使合同无法履行;

(2)因一方违约(包括因发包人原因造成工程停建或缓建)致使合同无法履行。

44.5　一方依据44.2、44.3、44.4款约定要求解除合同的,应以书面形式向对方发出解除合同的通知,并在发出通知前7天告知对方,通知到达对方时合同解除。对解除合同有争议的,按本通用条款第37条关于争议的约定处理。

44.6　合同解除后,承包人应妥善做好已完工程和已购材料、设备的保护和移交工作,按发包人要求将自有机械设备和人员撤出施工场地。发包人应为承包人撤出提供必要条件,支付以上所发生的费用,并按合同约定支付已完工程价款。已经订货的材料、设备由订货方负责退货或解除订货合同,不能退还的货款和因退货、解除订货合同发生的费用,由发包人承担,因未及时退货造成的损失由责任方承担。除此之外,有过错的一方应当赔偿因合同解除给对方造成的损失。

44.7　合同解除后,不影响双方在合同中约定的结算和清理条款的效力。

45. 合同生效与终止

45.1　双方在协议书中约定合同生效方式。

45.2　除本通用条款第34条外,发包人承包人履行合同全部义务,竣工结算价款支付完毕,承包人向发包人交付竣工工程后,本合同即告终止。

45.3　合同的权利义务终止后,发包人承包人应当遵循诚实信用原则,履行通知、协助、保密等义务。

46. 合同份数

46.1　本合同正本两份,具有同等效力,由发包人承包人分别保存一份。

46.2　本合同副本份数,由双方根据需要在专用条款内约定。

47. 补充条款

双方根据有关法律、行政法规规定,结合工程实际经协商一致后,可对本通用条款内容具体化、补充或修改,在专用条款内约定。

第三部分　专用条款

一、词语定义及合同文件

2. 合同文件及解释顺序

合同文件组成及解释顺序:____________________

3. 语言文字和适用法律、标准及规范

3.1　本合同除使用汉语外,还使用语言文字。

3.2　适用法律和法规需要明示的法律、行政法规:________________

3.3　适用标准、规范

适用标准、规范的名称:____________________

发包人提供标准、规范的时间:____________________

国内没有相应标准、规范时的约定:____________________

4. 图纸

4.1　发包人向承包人提供图纸日期和套数:____________________

发包人对图纸的保密要求:____________________

使用国外图纸的要求及费用承担:____________________

二、双方一般权利和义务

5. 工程师

5.2　监理单位委派的工程师

姓名:________________职务:________________发包人委托的职权:________

需要取得发包人批准才能行使的职权:____________________

5.3　发包人派驻的工程师

姓名:________________职务:________________

职权:________________________________

5.6　不实行监理的,工程师的职权:____________________

7. 项目经理

姓名:________________职务:________________

8. 发包人工作

8.1　发包人应按约定的时间和要求完成以下工作：

(1)施工场地具备施工条件的要求及完成的时间：________________

(2)将施工所需的水、电、电讯线路接至施工场地的时间、地点和供应要求：________________

____

(3)施工场地与公共道路的通道开通时间和要求：________________

(4)工程地质和地下管线资料的提供时间：________________

(5)由发包人办理的施工所需证件、批件的名称和完成时间：________________

(6)水准点与坐标控制点交验要求：________________

(7)图纸会审和设计交底时间：________________

(8)协调处理施工场地周围地下管线和邻近建筑物、构筑物(含文物保护建筑)、古树名木的保护工作：________________

(9)双方约定发包人应做的其他工作：________________

8.2　发包人委托承包人办理的工作：________________

9. 承包人工作

9.1　承包人应按约定时间和要求，完成以下工作：

(1)需由设计资质等级和业务范围允许的承包人完成的设计文件提交时间：________________

(2)应提供计划、报表的名称及完成时间：________________

(3)承担施工安全保卫工作及非夜间施工照明的责任和要求：________________

(4)向发包人提供的办公和生活房屋及设施的要求：________________

(5)需承包人办理的有关施工场地交通、环卫和施工噪音管理等手续：________________

(6)已完工程成品保护的特殊要求及费用承担：________________

(7)施工场地周围地下管线和邻近建筑物、构筑物(含文物保护建筑)、古树名木的保护要求及费用承担：________________

(8)施工场清洁卫生的要求：________________

(9)双方约定承包人应做的其他工作：________________

三、施工组织设计和工期

10. 进度计划

10.1　承包人提供施工组织设计(施工方案)和进度计划的时间：________________

工程师确认的时间：________________

10.2　群体工程中有关进度计划的要求：________________

13. 工期延误

13.1　双方约定工期顺延的其他情况：________________

四、质量与验收

17. 隐蔽工程和中间验收

17.1　双方约定中间验收部位：________________

19. 工程试车

19.5　试车费用的承担：＿＿＿＿＿＿＿＿

五、安全施工

六、合同价款与支付

23. 合同价款及调整

23.2　本合同价款采用＿＿＿＿＿＿＿＿方式确定。

(1)采用固定价格合同，合同价款中包括的风险范围：＿＿＿＿＿＿＿＿

风险费用的计算方法：＿＿＿＿＿＿＿＿

风险范围以外合同价款调整方法：＿＿＿＿＿＿＿＿

(2)采用可调价格合同，合同价款调整方法：＿＿＿＿＿＿＿＿

(3)采用成本加酬金合同，有关成本和酬金的约定：＿＿＿＿＿＿＿＿

23.3　双方约定合同价款的其他调整因素：＿＿＿＿＿＿＿＿

24. 工程预付款

发包人向承包人预付工程款的时间和金额或占合同价款总额的比例：＿＿＿＿＿＿＿＿

扣回工程款的时间、比例：＿＿＿＿＿＿＿＿

25. 工程量确认

25.1　承包人向工程师提交已完工程量报告的时间：＿＿＿＿＿＿＿＿

26. 工程款(进度款)支付

双方约定的工程款(进度款)支付的方式和时间：＿＿＿＿＿＿＿＿

七、材料设备供应

27. 发包人供应

27.4　发包人供应的材料设备与一览表不符时，双方约定发包人承担责任如下：

(1)材料设备单价与一览表不符：＿＿＿＿＿＿＿＿

(2)材料设备的品种、规格、型号、质量等级与一览表不符：＿＿＿＿＿＿＿＿

(3)承包人可代为调剂串换的材料：＿＿＿＿＿＿＿＿

(4)到货地点与一览表不符：＿＿＿＿＿＿＿＿

(5)供应数量与一览表不符：＿＿＿＿＿＿＿＿

(6)到货时间与一览表不符：＿＿＿＿＿＿＿＿

27.6　发包人供应材料设备的结算方法：＿＿＿＿＿＿＿＿

28. 承包人采购材料设备

28.1　承包人采购材料设备的约定：＿＿＿＿＿＿＿＿

八、工程变更

(本部分内容省略。)

九、竣工验收与结算

32. 竣工验收

32.1 承包人提供竣工图的约定:________________

32.6 中间交工工程的范围和竣工时间:________________

十、违约、索赔和争议

35. 违约

35.1 本合同中关于发包人违约的具体责任如下:

本合同通用条款第24条约定发包人违约应承担的违约责任:________________

本合同通用条款第26.4款约定发包人违约应承担的违约责任:________________

本合同通用条款第33.3款约定发包人违约应承担的违约责任:________________

双方约定的发包人其他违约责任:________________

35.2 本合同中关于承包人违约的具体责任如下:

本合同通用条款第14.2款约定承包人违约承担的违约责任:________________

本合同通用条款第15.1款约定承包人违约应承担的违约责任:________________

双方约定的承包人其他违约责任:________________

37. 争议

37.1 双方约定,在履行合同过程中产生争议时:

(1)请________________调解;

(2)采取第________种方式解决,并约定向________仲裁委员会提请仲裁或向________人民法院提起诉讼。

十一、其他

38. 工程分包

38.1 本工程发包人同意承包人分包的工程:________________

分包施工单位为:________________

39. 不可抗力

39.1 双方关于不可抗力的约定:________________

40. 保险

40.6 本工程双方约定投保内容如下:

(1)发包人投保内容:________________

发包人委托承包人办理的保险事项:________________

(2)承包人投保内容:________________

41. 担保

41.3 本工程双方约定担保事项如下:________________

(1)发包人向承包人提供履约担保,担保方式为:担保合同作为本合同附件。

(2)承包人向发包人提供履约担保,担保方式为:担保合同作为本合同附件。

(3)双方约定的其他担保事项:________________

46. 合同份数

46.1 双方约定合同副本份数:________________

47. 补充条款

附件 1:承包人承揽工程项目一览表(略)

附件 2:发包人供应材料设备一览表(略)

附件 3:工程质量保修书(略)

建筑安装工程设计合同

工程名称：
委托单位：
设计单位：
设计编号：
合同编号：

________年________月________日订

建筑安装工程设计合同(示范文本)

合同双方：
建设单位：______________________________,以下简称甲方；
设计单位：______________________________,以下简称乙方。

为了明确责任，分工协作，共同完成国家建设项目的设计任务，根据《建设工程勘察设计合同条例》的规定和______________批准的计划任务书，经甲乙双方充分协商，特签订本合同，以便共同遵守。

一、工程名称，规模，投资额，建设地点

甲方委托乙方承担______________工程的设计项目，建筑安装面积为____________平方米，批准总投资为______________万元，建设地点在____________。

二、甲方的义务

1. 甲方应在________年______月______日以前，向乙方提交业经上级批准的设计任务书，工程选址报告，以及原料(或经过批准的资源报告)，燃料，水，电，运输等方面的协议文件和能满足初步设计要求的勘察资料，需要经过科研取得的技术资料。甲方在________年______月______日施工图设计前，应提供经过批准的初步设计文件和能满足施工图设计要求的勘察资料，施工的条件，以及有关设备的技术资料。甲方对上述资料必须保证质量，不得随意变更。

2. 及时办理各设计阶段的设计文件审批工作。

3. 在工程开工前，甲方应组织有关施工单位，与乙方进行设计技术交底；工程竣工后，甲方应通知乙方参加竣工验收。

4. 在设计人员进入施工现场进行工作时，甲方应提供必要的工作条件，并在生活上予

以方便。在设计和施工过程中因技术上的特殊需要进行试制试验，所需一切费用以及为配合甲方到外地的差旅费均由甲方负责。

5. 甲方必须维护乙方的设计文件，不得擅自修改；未经乙方同意，甲方不得复制，重复使用或擅自扩大建设范围。甲方有义务保护乙方的设计版权，不得转让给第三方重复使用。

三、乙方的义务

1. 乙方必须在________年______月______日以前，向甲方交付初步设计文件；在________年______月______日以前，向甲方交付技术设计文件；在________年______月______日以前，向甲方交付施工图设计文件。其中，初步设计文件一式______份，技术设计文件一式______份，施工图设计文件一式______份，甲方另需增添文件份数和需要模型费，另行收费。________年______月______日以前，乙方必须向甲方提交完毕所有设计文件(包括概预算文件，材料设备清单)。

大型建筑安装工程，甲乙双方可视具体情况分阶段进行设计，在具备设计条件时，双方签订阶段设计合同，具体规定甲方应提交各阶段设计资料的名称和日期，乙方交付设计文件的日期，作为本合同的附件，详见附件(2)。

2. 乙方必须根据批准的设计任务书或上一阶段设计的批准文件，以及有关设计技术经济协议文件，设计标准，技术规范，规程，定额等提出勘察技术要求和进行设计，提交符合质量的设计文件。

3. 初步设计经上级主管部门审查后，在原定任务书范围内的必要修改，乙方应负责承担。

4. 设计单位对所承担设计任务的建设项目应配合施工单位进行施工前技术交底，解决施工中的有关设计问题，负责设计变更和修改预算，参加隐蔽工程验收和工程竣工验收。

四、设计的修改和停止

1. 甲方因故要求修改工程的设计，经乙方同意后，除设计文件交付时间另定外，甲方应按乙方实际返工修改工日，每工日按________元增付设计费，或按设计阶段中返工的工作量百分比计算。

2. 原定任务书如有重大变更而重做或修改设计时，须具有设计审批机关或设计任务书批准机关的意见书，经双方协商，另订合同。已经进行了的设计费用的支付，按前条办法计算。

3. 甲方因故要求中途停止设计时，应及时用书面通知乙方，已付设计费不退，并按该阶段的实际耗工日，增付和结清设计费，同时结束合同关系。

五、设计费的数量和交付办法

本设计合同生效后________天内，甲方应向乙方交付相当于设计费的20%的定金，设计合同履行后，定金抵作设计费；乙方向甲方提交初步设计方案后________天内，甲方应向乙方支付________%的设计费；乙方向甲方提交施工图文件后________天内，甲方应向乙方结清全部设计费(设计周期较长的大型工程项目，施工图阶段的设计费，可按单项工程设计完成后分别拨付)。

六、奖励与违约责任

1. 在合理的工程投资控制数内,由于乙方采用先进技术或合理建议而节省了工程投资,可以从节约投资额中提取________%奖励乙方。

2. 由于甲方不能按期、准确提供有关设计资料,致使乙方无法进行设计或造成设计返工,乙方除可将设计文件交付日期顺延外,还应由甲方按乙方实际损失工日,以每日________元计算增付设计费。

3. 甲方不按照合同规定的时间向乙方支付定金和设计费,应根据银行关于延期付款的规定,向乙方偿付违约金。

4. 由于乙方的原因,延误设计文件的交付时间,每延误________天,乙方应向甲方偿付相当于设计费的________%的违约金(甲方可在设计费中扣除)。

5. 因乙方设计质量低劣引起返工,应由乙方继续完善设计任务,并视造成的损失浪费大小减收或免收设计费。对于因乙方设计错误造成工程重大质量事故者,乙方除免收受损失部分的设计费外,还应付与直接受损失部分设计费相等的赔偿金。

七、其他____。

本合同自________年______月______日双方签字后生效,全部设计任务完成后失效。本合同如有未尽事宜,需经双方共同协商,作出补充协定。补充协定与本合同具有同等效力,但不得与本合同内容抵触。

在合同执行中如发生纠纷,双方应及时协商解决。协商不成时,双方属于同一部门的,由上级主管部门调解;调解不成,或不属于同一部门的,可向国家规定的合同管理机关申请仲裁,也可以直接向人民法院起诉。

本合同正本一式二份,甲乙双方各执一份;合同副本一式________份,送计委,建委,建行……等单位各留存一份。

建设单位(甲方):	设计单位(乙方):
代表人:	代表人:
联系人:	联系人:
通讯处:	通讯处:
电话或电报:	电话或电报:
开户银行:	开户银行:
账号:	账号:

________年______月______日订

附:

(1)______________________________设计项目收费表;

(2)______________________________工程设计补充协议书。

附件(1)

____________设计项目收费表

项目编号	项目名称	单位(m^2)	设计内容	单位造价(元/m^2)	工程款量(m^2)	投资估算(元)	设计费收费率(%)	设计费(元)
本工程委托设计共　　项　　平方米　　投资估算总计　　元,估计设计费总计　　元。签订合同时由甲方付给乙方设计费50%,暂按　　元拨付。								

注:投资估算为甲方所提,设计后的投资金额以批准的初步设计概算或修正设计概算为准。

建设单位:(盖章)　　　　设计单位:(盖章)

基建负责人:　　　　基建负责人:

签订收费协议　　　年　　　月　　　日

附件(2)

____________工程设计补充协议书

编号:××××

本协议依据××号建筑设计合同签订,为原合同的附件。××××业经××需编制××××设计,双方协定:

一、甲方应按时交下列建设文件设计基础资料:

序　号	文件和资料名称	交付日期(或期间)

二、乙方在甲方按时提交上述文件,资料的前提下,应按时交付下列设计文件:

序　号	文件和资料名称	交付日期(或期间)

建设单位(盖章)　　　　设计单位:(盖章)

基建负责人:　　　　设计室主任:

签订协议日期　　　年　　　月　　　日

建设工程设计合同(一)(示范文本)

(民用建设工程设计合同)

工程名称:________________

工程地点:________________

合同编号:________________

(由设计人编填)

设计证书等级:________________

发包人:________________

设计人:________________

签订日期:________________

中华人民共和国建设部

监制

国家工商行政管理局

二〇〇〇年三月

发包人:________________________________

设计人:________________________________

发包人委托设计人承担________________工程设计,经双方协商一致,签订本合同。

第一条 本合同依据下列文件签订:

1.1 《中华人民共和国合同法》《中华人民共和国建筑法》《建设工程勘察设计市场管理规定》。

1.2 国家及地方有关建设工程勘察设计管理法规和规章。

1.3 建设工程批准文件。

第二条 本合同设计项目的内容:名称、规模、阶段、投资及设计费等见下表。

序号	分项目名称	建设规模		设计阶段及内容			估算总投资(万元)	费率	估算设计费(元)
		层数	建筑面积(m^2)	方案	初步设计	施工图			
说明									

第三条 发包人应向设计人提交的有关资料及文件：

序号	资料及文件名称	份数	提交日期	有关事宜

第四条 设计人应向发包人交付的设计资料及文件：

序号	资料及文件名称	份数	提交日期	有关事宜

第五条 本合同设计收费估算为元人民币。设计费支付进度详见下表。

占总设计费(%) 付费次序	付费额(元)	付费时间 (由交付设计文件所决定)
第一次付费	20%定金	本合同签订后三日内
第二次付费		
第三次付费		
第四次付费		
第五次付费		

说明：1. 提交各阶段设计文件的同时支付各阶段设计费。

2. 在提交最后一部分施工图的同时结清全部设计费，不留尾款。

3. 实际设计费按初步设计概算(施工图设计概算)核定，多退少补。

实际设计费与估算设计费出现差额时，双方另行签订补充协议。

4. 本合同履行后，定金抵作设计费。

第六条 双方责任

6.1 发包人责任：

6.1.1 发包人按本合同第三条规定的内容，在规定的时间内向设计人提交资料及文件，并对其完整性、正确性及时限负责，发包人不得要求设计人违反国家有关标准进行设计。

发包人提交上述资料及文件超过规定期限15天以内，设计人按合同第四条规定交付设计文件时间顺延；超过规定期限15天以上时，设计人员有权重新确定提交设计文件的时间。

6.1.2 发包人变更委托设计项目、规模、条件或因提交的资料错误，或所提交资料作较大修改，以致造成设计人设计需返工时，双方除需另行协商签订补充协议(或另订合同)、重新明确有关条款外，发包人应按设计人所耗工作量向设计人增付设计费。

在未签合同前发包人已同意，设计人为发包人所做的各项设计工作，应按收费标准，相应支付设计费。

6.1.3 发包人要求设计人比合同规定时间提前交付设计资料及文件时，如果设计人能够做到，发包人应根据设计人提前投入的工作量，向设计人支付赶工费。

6.1.4 发包人应为派赴现场处理有关设计问题的工作人员，提供必要的工作生活及交通等方便条件。

6.1.5 发包人应保护设计人的投标书、设计方案、文件、资料图纸、数据、计算软件和专利技术。未经设计人同意，发包人对设计人交付的设计资料及文件不得擅自修改、复制或向第三人转让或用于本合同外的项目,如发生以上情况,发包人应负法律责任,设计人有权向发包人提出索赔。

6.2 设计人责任:

6.2.1 设计人应按国家技术规范、标准、规程及发包人提出的设计要求,进行工程设计,按合同规定的进度要求提交质量合格的设计资料,并对其负责。

6.2.2 设计人采用的主要技术标准是:

6.2.3 设计合理使用年限为________年。

6.2.4 设计人按本合同第二条和第四条规定的内容、进度及份数向发包人交付资料及文件。

6.2.5 设计人交付设计资料及文件后,按规定参加有关的设计审查,并根据审查结论负责对不超出原定范围的内容做必要调整补充。设计人按合同规定时限交付设计资料及文件,本年内项目开始施工,负责向发包人及施工单位进行设计交底、处理有关设计问题和参加竣工验收。在一年内项目尚未开始施工,设计人仍负责上述工作,但应按所需工作量向发包人适当收取咨询服务费,收费额由双方商定。

6.2.6 设计人应保护发包人的知识产权,不得向第三人泄露、转让发包人提交的产品图纸等技术经济资料。如发生以上情况并给发包人造成经济损失,发包人有权向设计人索赔。

第七条 违约责任

7.1 在合同履行期间,发包人要求终止或解除合同,设计人未开始设计工作的,不退还发包人已付的定金;已开始设计工作的,发包人应根据设计人已进行的实际工作量,不足一半时,按该阶段设计费的一半支付;超过一半时,按该阶段设计费的全部支付。

7.2 发包人应按本合同第五条规定的金额和时间向设计人支付设计费,每逾期支付一天,应承担支付金额千分之二的逾期违约金。逾期超过30天以上时,设计人有权暂停履行下阶段工作,并书面通知发包人。发包人的上级或设计审批部门对设计文件不审批或本合同项目停缓建,发包人均按7.1条规定支付设计费。

7.3 设计人对设计资料及文件出现的遗漏或错误负责修改或补充。由于设计人员错误造成工程质量事故损失,设计人除负责采取补救措施外,应免收直接受损失部分的设计费。损失严重的根据损失的程度和设计人责任大小向发包人支付赔偿金,赔偿金由双方商定为实际损失的%。

7.4 由于设计人自身原因,延误了按本合同第四条规定的设计资料及设计文件的交付时间,每延误一天,应减收该项目应收设计费的千分之二。

7.5 合同生效后,设计人要求终止或解除合同,设计人应双倍返还定金。

第八条 其 他

8.1 发包人要求设计人派专人留驻施工现场进行配合与解决有关问题时,双方应另行签订补充协议或技术咨询服务合同。

8.2 设计人为本合同项目所采用的国家或地方标准图,由发包人自费向有关出版部门购买。本合同第四条规定设计人交付的设计资料及文件份数超过《工程设计收费标准》规定的份数,设计人另收工本费。

8.3 本工程设计资料及文件中，建筑材料、建筑构配件和设备，应当注明其规格、型号、性能等技术指标，设计人不得指定生产厂、供应商。发包人需要设计人的设计人员配合加工订货时，所需要费用由发包人承担。

8.4 发包人委托设计配合引进项目的设计任务，从询价、对外谈判、国内外技术考察直至建成投产的各个阶段，应吸收承担有关设计任务的设计人参加。出国费用，除制装费外，其他费用由发包人支付。

8.5 发包人委托设计人承担本合同内容之外的工作服务，另行支付费用。

8.6 由于不可抗力因素致使合同无法履行时，双方应及时协商解决。

8.7 本合同发生争议，双方当事人应及时协商解决。也可由当地建设行政主管部门调解，调解不成时，双方当事人同意由____________仲裁委员会仲裁。双方当事人未在合同中约定仲裁机构，事后又未达成仲裁书面协议的，可向人民法院起诉。

8.8 本合同一式______份，发包人______份，设计人______份。

8.9 本合同经双方签章并在发包人向设计人支付订金后生效。

8.10 本合同生效后，按规定到项目所在省级建设行政主管部门规定的审查部门备案。双方认为必要时，到项目所在地工商行政管理部门申请鉴证。双方履行完合同规定的义务后，本合同即行终止。

8.11 本合同未尽事宜，双方可签订补充协议，有关协议及双方认可的来往电报、传真、会议纪要等，均为本合同组成部分，与本合同具有同等法律效力。

8.12 其他约定事项：

发包人名称：	设计人名称：
（盖章）	（盖章）
法定代表人：（签字）	法定代表人：（签字）
委托代理人：（签字）	委托代理人：（签字）
住所：	住所：
邮政编码：	邮政编码：
电话：	电话：
传真：	传真：
开户银行：	开户银行：
银行账号：	银行账号：
建设行政主管部门备案：	鉴证意见：
（盖章）	（盖章）
备案号：	经办人：
备案日期：　　年　　月　　日	鉴证日期：　　年　　月　　日

建设工程勘察合同(一)(示范文本)

〔岩土工程勘察、水文地质勘察(含凿井)工程测量、工程物探〕

工程名称：____________

工程地点：____________

合同编号：____________

(由勘察人编填)

勘察证书等级：____________

发包人：____________

勘察人：____________

签订日期：____________

中华人民共和国建设部

监制

国家工商行政管理局

二〇〇〇年三月

发包人：____________

勘察人：____________

发包人委托勘察人承担____________

____________任务。

根据《中华人民共和国合同法》及国家有关法规规定，结合本工程的具体情况，为明确责任，协作配合，确保工程勘察质量，经发包人、勘察人协商一致，签订本合同，共同遵守。

第一条 工程概况

1.1 工程名称：____________

1.2 工程建设地点：____________

1.3 工程规模、特征：____________

1.4 工程勘察任务委托文号、日期：____________

1.5 工程勘察任务(内容)与技术要求：____________

1.6 承接方式：____________

1.7 预计勘察工作量：____________

第二条 发包人应及时向勘察人提供下列文件资料，并对其准确性、可靠性负责。

2.1 提供本工程批准文件(复印件)，以及用地(附红线范围)、施工、勘察许可等批件(复印件)。

2.2 提供工程勘察任务委托书、技术要求和工作范围的地形图、建筑总平面布置图。

2.3　提供勘察工作范围已有的技术资料及工程所需的坐标与标高资料。

2.4　提供勘察工作范围地下已有埋藏物的资料(如电力、电讯电缆、各种管道、人防设施、洞室等)及具体位置分布图。

2.5　发包人不能提供上述资料,由勘察人收集的,发包人需向勘察人支付相应费用。

第三条　勘察人向发包人提交勘察成果资料并对其质量负责。

勘察人负责向发包人提交勘察成果资料四份,发包人要求增加的份数另行收费。

第四条　开工及提交勘察成果资料的时间和收费标准及付费方式

4.1　开工及提交勘察成果资料的时间

4.1.1　本工程的勘察工作定于________年________月________日开工,________年________月________日提交勘察成果资料,由于发包人或勘察人的原因未能按期开工或提交成果资料时,按本合同第六条规定办理。

4.1.2　勘察工作有效期限以发包人下达的开工通知书或合同规定的时间为准,如遇特殊情况(设计变更、工作量变化、不可抗力影响以及非勘察人原因造成的停、窝工等)时,工期顺延。

4.2　收费标准及付费方式

4.2.1　本工程勘察按国家规定的现行收费标准____________________计取费用;或以“预算包干”、“中标价加签证”、“实际完成工作量结算”等方式计取收费。国家规定的收费标准中没有规定的收费项目,由发包人、勘察人另行议定。

4.2.2　本工程勘察费预算为________元(大写____________),合同生效后3天内,发包人应向勘察人支付预算勘察费的20%作为定金,计________元(本合同履行后,定金抵作勘察费);勘察规模大、工期长的大型勘察工程,发包人还应按实际完成工程进度________%时,向勘察人支付预算勘察费的________%的工程进度款,计________元;勘察工作外业结束后______天内,发包人向勘察人支付预算勘察费的________%,计________元;提交勘察成果资料后10天内,发包人应一次付清全部工程费用。

第五条　发包人、勘察人责任

5.1　发包人责任

5.1.1　发包人委托任务时,必须以书面形式向勘察人明确勘察任务及技术要求,并按第二条规定提供文件资料。

5.1.2　在勘察工作范围内,没有资料、图纸的地区(段),发包人应负责查清地下埋藏物,若因未提供上述资料、图纸,或提供的资料图纸不可靠、地下埋藏物不清,致使勘察人在勘察工作过程中发生人身伤害或造成经济损失时,由发包人承担民事责任。

5.1.3　发包人应及时为勘察人提供并解决勘察现场的工作条件和出现的问题(如:落实土地征用、青苗树木赔偿、拆除地上地下障碍物、处理施工扰民及影响施工正常进行的有关问题、平整施工现场、修好通行道路、接通电源水源、挖好排水沟渠以及水上作业用船等),并承担其费用。

5.1.4　若勘察现场需要看守,特别是在有毒、有害等危险现场作业时,发包人应派人负责安全保卫工作,按国家有关规定,对从事危险作业的现场人员进行保健防护,并承担费用。

5.1.5　工程勘察前,若发包人负责提供材料的,应根据勘察人提出的工程用料计划,按时提供各种材料及其产品合格证明,关承担费用和运到现场,派人与勘察人的人员一起验收。

5.1.6 勘察过程中的任何变更,经办理正式变更手续后,发包人应按实际发生的工作量支付勘察费。

5.1.7 为勘察人的工作人员提供必要的生产、生活条件,并承担费用;如不能提供时,应一次性付给勘察人临时设施费________元。

5.1.8 由于发包人原因造成勘察人停、窝工,除工期顺延外,发包人应支付停、窝工费(计算方法见 6.1);发包人若要求在合同规定时间内提前完工(或提交勘察成果资料)时,发包人应按每提前一天向勘察人支付________元计算加班费。

5.1.9 发包人应保护勘察人的投标书、勘察方案、报告书、文件、资料图纸、数据、特殊工艺(方法)、专利技术和合理化建议,未经勘察人同意,发包人不得复制、不得泄露、不得擅自修改、传送或向第三人转让或用于本合同外的项目;如发生上述情况,发包人应负法律责任,勘察人有权索赔。

5.1.10 本合同有关条款规定和补充协议中发包人应负的其他责任。

5.2 勘察人责任

5.2.1 勘察人应按国家技术规范、标准、规程和发包人的任务委托书及技术要求进行工程勘察,按本合同规定的时间提交质量合格的勘察成果资料,并对其负责。

5.2.2 由于勘察人提供的勘察成果资料质量不合格,勘察人应负责无偿给予补充完善使其达到质量合格;若勘察人无力补充完善,需另委托其他单位时,勘察人应承担全部勘察费用;或因勘察质量造成重大经济损失或工程事故时,勘察人除应负法律责任和免收直接受损失部分的勘察费外,并根据损失程度向发包人支付赔偿金,赔偿金由发包人、勘察人商定为实际损失的________%。

5.2.3 在工程勘察前,提出勘察纲要或勘察组织设计,派人与发包人的人员一起验收发包人提供的材料。

5.2.4 勘察过程中,根据工程的岩土工程条件(或工作现场地形地貌、地质和水文地质条件)及技术规范要求,向发包人提出增减工作量或修改勘察工作的意见,并办理正式变更手续。

5.2.5 在现场工作的勘察人的人员,应遵守发包人的安全保卫及其他有关的规章制度,承担其有关资料保密义务。

5.2.6 本合同有关条款规定和补充协议中勘察人应负的其他责任。

第六条 违约责任

6.1 由于发包人未给勘察人提供必要的工作生活条件而造成停、窝工或来回进出场地,发包人除应付给勘察人停、窝工费(金额按预算的平均工日产值计算),工期按实际工日顺延外,还应付给勘察人来回进出场费和调遣费。

6.2 由于勘察人原因造成勘察成果资料质量不合格,不能满足技术要求时,其返工勘察费用由勘察人承担。

6.3 合同履行期间,由于工程停建而终止合同或发包人要求解除合同时,勘察人未进行勘察工作的,不退还发包人已付定金;已进行勘察工作的,完成的工作量在50%以内时,发包人应向勘察人支付预算额50%的勘察费计________元；完成的工作量超过50%时，则应向勘察人支付预算额100%的勘察费。

6.4　发包人未按合同规定时间(日期)拨付勘察费，每超过一日，应偿付未支付勘察费的千分之一逾期违约金。

6.5　由于勘察人原因未按合同规定时间(日期)提交勘察成果资料，每超过一日，应减收勘察费千分之一。

6.6　本合同签订后，发包人不履行合同时，无权要求返还定金；勘察人不履行合同时，双倍返还定金。

第七条　本合同未尽事宜，经发包人与勘察人协商一致，签订补充协议，补充协议与本合同具有同等效力。

第八条　其他约定事项：________________。

第九条　本合同发生争议，发包人、勘察人应及时协商解决，也可由当地建设行政主管部门调解，协商或调解不成时，发包人、勘察人同意由________仲裁委员会仲裁。发包人、勘察人未在本合同中约定仲裁机构，事后又未达成书面仲裁协议的，可向人民法院起诉。

第十条　本合同自发包人、勘察人签字盖章后生效；按规定到省级建设行政主管部门规定的审查部门备案；发包人、勘察人认为必要时，到项目所在地工商行政管理部门申请鉴证。发包人、勘察人履行完合同规定的义务后，本合同终止。

本合同一式______份，发包人______份、勘察人______份。

发包人名称：	勘察人名称：
(盖章)	(盖章)
法定代表人：(签字)	法定代表人：(签字)
委托代理人：(签字)	委托代理人：(签字)
住所：	住所：
邮政编码：	邮政编码：
电话：	电话：
传真：	传真：
开户银行：	开户银行：
银行账号：	银行账号：
建设行政主管部门备案：	鉴证意见：
(盖章)	(盖章)
备案号：	经办人：
备案日期：　年　月　日	鉴证日期：　年　月　日

建设工程委托监理合同(示范文本)

第一部分　建设工程委托监理合同

委托人____________________与监理人____________________经双方协商一致,签订本合同。

一、委托人委托监理人监理的工程(以下简称"本工程")概况如下:

工程名称:

工程地点:

工程规模:

总 投 资:

二、本合同中的有关词语含义与本合同第二部分《标准条件》中赋予它们的定义相同。

三、下列文件均为本合同的组成部分:

①监理投标书或中标通知书;

②本合同标准条件;

③本合同专用条件;

④在实施过程中双方共同签署的补充与修正文件。

四、监理人向委托人承诺,按照本合同的规定,承担本合同专用条件中议定范围内的监理业务。

五、委托人向监理人承诺按照本合同注明的期限、方式、币种,向监理人支付报酬。

本合同自________年________月________日开始实施,至________年________月________日完成。

委 托 人:(签章)	监 理 人:(签章)
住　　所:	住　　所:
法定代表人:(签章)	法定代表人:(签章)
开户银行:	开户银行:
账　　号:	账　　号:
邮　　编:	邮　　编:
电　　话:	电　　话:
本合同签订于:______年____月____日	签 订 地:______________

工商行政管理部门签证： （签证章） 经办人：　　　　年　　月　　日	建设行政主管部门登记备案： （印章） 经办人：　　　　年　　月　　日

第二部分　标准条件

词语定义、适用范围和法规

第一条　下列名词和用语，除上下文另有规定外，有如下含义：

(1)"工程"是指委托人委托实施监理的工程。

(2)"委托人"是指承担直接投资责任和委托监理业务的一方以及其合法继承人。

(3)"监理人"是指承担监理业务和监理责任的一方以及其合法继承人。

(4)"监理机构"是指监理人派驻本工程现场实施监理业务的组织。

(5)"总监理工程师"是指经委托人同意，监理人派到监理机构全面履行本合同的全权负责人。

(6)"承包人"是指除监理人以外，委托人就工程建设有关事宜签订合同的当事人。

(7)"工程监理的正常工作"是指双方在专用条件中约定，委托人委托的监理工作范围和内容。

(8)"工程监理的附加工作"是指：①委托人委托监理范围以外，通过双方书面协议另外增加的工作内容；②由于委托人或承包人原因，使监理工作受到阻碍或延误，因增加工作量或持续时间而增加的工作。

(9)"工程监理的额外工作"是指正常工作和附加工作以外，或非监理人自己的原因而暂停或终止监理业务，其善后工作及恢复监理业务的工作。

(10)"日"是指任何一天零时至第二天零时的时间段。

(11)"月"是指根据公历从一个月份中任何一天开始到下一个月相应日期的前一天的时间段。

第二条　建设工程委托监理合同适用的法律是指国家的法律、行政法规，以及专用条件中议定的部门规章或工程所在地的地方法规、地方规章。

第三条　本合同文件使用汉语语言文字书写、解释和说明。如专用条件约定使用两种以上(含两种)语言文字时，汉语应为解释和说明本合同的标准语言文字。

监理人义务

第四条 监理人按合同约定派出监理工作需要的监理机构及监理人员,向委托人报送委派的总监理工程师及其监理机构主要成员名单、监理规划,完成监理合同专用条件中约定的监理工程范围内的监理业务。在履行合同义务期间,应按合同约定定期向委托人报告监理工作。

第五条 监理人在履行本合同的义务期间,应认真、勤奋地工作,为委托人提供与其水平相适应的咨询意见,公正维护各方面的合法权益。

第六条 监理人使用委托人提供的设施和物品属委托人的财产。在监理工作完成或中止时,应将其设施和剩余的物品按合同约定的时间和方式移交给委托人。

第七条 在合同期内或合同终止后,未征得有关方同意,不得泄露与本工程、本合同业务有关的保密资料。

委托人义务

第八条 委托人在监理人开展监理业务之前应向监理人支付预付款。

第九条 委托人应当负责工程建设的所有外部关系的协调,为监理工作提供外部条件。根据需要,如将部分或全部协调工作委托监理人承担,则应在专用条件中明确委托的工作和相应的报酬。

第十条 委托人应当在双方约定的时间内免费向监理人提供与工程有关的为监理工作所需要的工程资料。

第十一条 委托人应当在专用条款约定的时间内就监理人书面提交并要求作出决定的一切事宜作出书面决定。

第十二条 委托人应当授权一名熟悉工程情况、能在规定时间内作出决定的常驻代表(在专用条款中约定),负责与监理人联系。更换常驻代表,要提前通知监理人。

第十三条 委托人应当将授予监理人的监理权利,以及监理人主要成员的职能分工、监理权限及时书面通知已选定的承包合同的承包人,并在与第三人签订的合同中予以明确。

第十四条 委托人应在不影响监理人开展监理工作的时间内提供如下资料:

(1)与本工程合作的原材料、构配件、机械设备等生产厂家名录。

(2)提供与本工程有关的协作单位、配合单位的名录。

第十五条 委托人应免费向监理人提供办公用房、通讯设施、监理人员工地住房及合同专用条件约定的设施,对监理人自备的设施给予合理的经济补偿(补偿金额=设施在工程使用时间占折旧年限的比例×设施原值+管理费)。

第十六条 根据情况需要,如果双方约定,由委托人免费向监理人提供其他人员,应在监理合同专用条件中予以明确。

监理人权利

第十七条 监理人在委托人委托的工程范围内,享有以下权利:

(1)选择工程总承包人的建议权。

(2)选择工程分包人的认可权。

(3)对工程建设有关事项包括工程规模、设计标准、规划设计、生产工艺设计和使用功能要求,向委托人的建议权。

(4)对工程设计中的技术问题,按照安全和优化的原则,向设计人提出建议;如果拟提出的建议可能会提高工程造价,或延长工期,应当事先征得委托人的同意。当发现工程设计不符合国家颁布的建设工程质量标准或设计合同约定的质量标准时,监理人应当书面报告委托人并要求设计人更正。

(5)审批工程施工组织设计和技术方案,按照保质量、保工期和降低成本的原则,向承包人提出建议,并向委托人提出书面报告。

(6)主持工程建设有关协作单位的组织协调,重要协调事项应当事先向委托人报告。

(7)征得委托人同意,监理人有权发布开工令、停工令、复工令,但应当事先向委托人报告。如在紧急情况下未能事先报告时,则应在24小时内向委托人作出书面报告。

(8)工程上使用的材料和施工质量的检验权。对于不符合设计要求和合同约定及国家质量标准的材料、构配件、设备,有权通知承包人停止使用;对于不符合规范和质量标准的工序、分部分项工程和不安全施工作业,有权通知承包人停工整改、返工。承包人得到监理机构复工令后才能复工。

(9)工程施工进度的检查、监督权,以及工程实际竣工日期提前或超过工程施工合同规定的竣工期限的签认权。

(10)在工程施工合同约定的工程价格范围内,工程款支付的审核和签认权,以及工程结算的复核确认权与否决权。未经总监理工程师签字确认,委托人不支付工程款。

第十八条 监理人在委托人授权下,可对任何承包人合同规定的义务提出变更。如果由此严重影响了工程费用或质量、或进度,则这种变更须经委托人事先批准。在紧急情况下未能事先报委托人批准时,监理人所做的变更也应尽快通知委托人。在监理过程中如发现工程承包人人员工作不力,监理机构可要求承包人调换有关人员。

第十九条 在委托的工程范围内,委托人或承包人对对方的任何意见和要求(包括索赔要求),均必须首先向监理机构提出,由监理机构研究处置意见,再同双方协商确定。当委托人和承包人发生争议时,监理机构应根据自己的职能,以独立的身份判断,公正地进行调解。当双方的争议由政府建设行政主管部门调解或仲裁机关仲裁时,应当提供作证的事实材料。

委托人权利

第二十条 委托人有选定工程总承包人,以及与其订立合同的权利。

第二十一条 委托人有对工程规模、设计标准、规划设计、生产工艺设计和设计使用功能要求的认定权,以及对工程设计变更的审批权。

第二十二条 监理人调换总监理工程师须事先经委托人同意。

第二十三条 委托人有权要求监理人提交监理工作月报及监理业务范围内的专项报告。

第二十四条 当委托人发现监理人员不按监理合同履行监理职责,或与承包人串通给委托人或工程造成损失的,委托人有权要求监理人更换监理人员,直到终止合同并要求监理人承担相应的赔偿责任或连带赔偿责任。

监理人责任

第二十五条 监理人的责任期即委托监理合同有效期。在监理过程中,如果因工程建设进度的推迟或延误而超过书面约定的日期,双方应进一步约定相应延长的合同期。

第二十六条 监理人在责任期内,应当履行约定的义务,如果因监理人过失而造成了委托人的经济损失,应当向委托人赔偿。累计赔偿总额(除本合同第二十四条规定以外)不应超过监理报酬总额(除去税金)。

第二十七条 监理人对承包人违反合同规定的质量要求和完工(交图、交货)时限,不承担责任。因不可抗力导致委托监理合同不能全部或部分履行,监理人不承担责任。但对违反第五条规定引起的与之有关的事宜,向委托人承担赔偿责任。

第二十八条 监理人向委托人提出赔偿要求不能成立时,监理人应当补偿由于该索赔所导致委托人的各种费用支出。

委托人责任

第二十九条 委托人应当履行委托监理合同约定的义务,如有违反则应当承担违约责任,赔偿给监理人造成的经济损失。

监理人处理委托业务时,因非监理人原因的事由受到损失的,可以向委托人要求补偿损失。

第三十条 委托人如果向监理人提出赔偿的要求不能成立,则应当补偿由该索赔所引起的监理人的各种费用支出。

合同生效、变更与终止

第三十一条 由于委托人或承包人的原因使监理工作受到阻碍或延误,以致发生了附加工作或延长了持续时间,则监理人应当将此情况与可能产生的影响及时通知委托人。完成监理业务的时间相应延长,并得到附加工作的报酬。

第三十二条 在委托监理合同签订后,实际情况发生变化,使得监理人不能全部或部分执行监理业务时,监理人应当立即通知委托人。该监理业务的完成时间应予延长。当恢复执行监理业务时,应当增加不超过 42 日的时间用于恢复执行监理业务,并按双方约定的数量支付监理报酬。

第三十三条 监理人向委托人办理完竣工验收或工程移交手续,承包人和委托人已签订工程保修责任书,监理人收到监理报酬尾款,本合同即终止。保修期间的责任,双方在专用条款中约定。

第三十四条 当事人一方要求变更或解除合同时,应当在 42 日前通知对方,因解除合同使一方遭受损失的,除依法可以免除责任的外,应由责任方负责赔偿。

变更或解除合同的通知或协议必须采取书面形式,协议未达成之前,原合同仍然有效。

第三十五条 监理人在应当获得监理报酬之日起 30 日内仍未收到支付单据,而委托人又未对监理人提出任何书面解释时,或根据第三十三条及第三十四条已暂停执行监理业务时限超过六个月的,监理人可向委托人发出终止合同的通知,发出通知后 14 日内仍未得到委托人答复,可进一步发出终止合同的通知,如果第二份通知发出后 42 日内仍未得到委托人答复,可终止合同或自行暂停或继续暂停执行全部或部分监理业务。委托人承担违约责任。

第三十六条 监理人由于非自己的原因而暂停或终止执行监理业务,其善后工作以及恢复执行监理业务的工作,应当视为额外工作,有权得到额外的报酬。

第三十七条 当委托人认为监理人无正当理由而又未履行监理义务时,可向监理人发出指明其未履行义务的通知。若委托人发出通知后21 日内没有收到答复,可在第一个通知发出后 35 日内发出终止委托监理合同的通知,合同即行终止。监理人承担违约责任。

第三十八条 合同协议的终止并不影响各方应有的权利和应当承担的责任。

监理报酬

第三十九条 正常的监理工作、附加工作和额外工作的报酬,按照监理合同专用条件中约定的方法计算,并按约定的时间和数额支付。

第四十条 如果委托人在规定的支付期限内未支付监理报酬,自规定之日起,还应向监理人支付滞纳金。滞纳金从规定支付期限最后一日起计算。

第四十一条 支付监理报酬所采取的货币币种、汇率由合同专用条件约定。

第四十二条 如果委托人对监理人提交的支付通知中报酬或部分报酬项目提出异议,应当在收到支付通知书 24 小时内向监理人发出表示异议的通知,但委托人不得拖延其他无异议报酬项目的支付。

其 他

第四十三条 委托的建设工程监理所必要的监理人员出外考察、材料设备复试,其费用支出经委托人同意的,在预算范围内向委托人实报实销。

第四十四条 在监理业务范围内,如需聘用专家咨询或协助,由监理人聘用的,其费用由监理人承担;由委托人聘用的,其费用由委托人承担。

第四十五条 监理人在监理工作过程中提出的合理化建议,使委托人得到了经济效益,委托人应按专用条件中的约定给予经济奖励。

第四十六条 监理人驻地监理机构及其职员不得接受监理工程项目施工承包人的任何报酬或者经济利益。

监理人不得参与可能与合同规定的与委托人的利益相冲突的任何活动。

第四十七条 监理人在监理过程中,不得泄露委托人申明的秘密,监理人亦不得泄露设计人、承包人等提供并申明的秘密。

第四十八条 监理人对于由其编制的所有文件拥有版权,委托人仅有权为本工程使用或复制此类文件。

争议的解决

第四十九条 因违反或终止合同而引起的对对方损失和损害的赔偿,双方应当协商解决,如未能达成一致,可提交主管部门协调,如仍未能达成一致时,根据双方约定提交仲裁机关仲裁,或向人民法院起诉。

第三部分　专用条件

第一条　本合同适用的法律及监理依据:中华人民共和国《建筑法》、中华人民共和国《合同法》;国家计委《工程建设监理规定》和省、市主管部门发布的法律法规。

该工程项目的上级各部门的批准文件;国家有关法律、法规;建筑工程贯彻的标准、规范和规程;工程设计文件;工程承包合同等。

第二条　监理范围和监理工作内容:工程施工阶段及保修阶段全过程监理,对工程进行进度、质量、投资三控制和合同、信息管理、安全生产监督及协调施工现场各方关系等。

1. 协助委托人与施工单位签订施工合同。

2. 协助委托人做好开工前的准备工作。

3. 协助委托人确定分包单位。

4. 审定施工单位的施工组织计划,并编写有针对性的监理细则。

5. 协调各施工单位各工种间的配合。

6. 参与有关材料、设备供货厂家的考察、订货及生产过程的监督检查;检验其合格证、质保书及试验报告等;核定施工单位开具的材料设备清单,检查工程所用材料、构件、设备的规格、质量、数量,并对质量有疑问的材料,采取实物抽样复试,不合格的材料不得用于工程。材料的价格控制,已购材料、设备价格的签证。

7. 主持工程图纸会审,确认工程设计变更及签证、核定工程量,且每周定期主持召开监理例会,并整理会议纪要。

8. 审定施工进度计划,督促工程施工进度。负责检查工程质量,采取实物见证送样,抽样数据并记录。

9. 组织工程初验,并提出整改意见报委托人,最后参加工程竣工验收,并由总监签署竣工报告。

10. 督促履行工程承包合同,主持协商合同条款变更,协调双方的争议。

11. 根据合同付款方法,由总监出具工程付款签证。定期报送监理月报,记录监理日志。根据情况需要,不定期出具监理业务范围内的专项报告(包括质量分析报告)。

12. 核定工程变更工程量及价款,须经业主认可后生效。

13. 督促施工承包单位依约进行工程验收及保修。

14. 监理动态管理贯彻始终,建立监理工作台账制度。

第三条　外部条件包括:委托人负责与主管部门、规划、环保及水电等管理部门的关系协调,以确保施工的正常进行。委托人负责本工程项目的可行性研究及报批;场地"三通一平"工作;确定设计单位并完成方案和施工图的设计;施工占地的申请与报批,以及与建设主管部门、当地质量监督部门、招标局、工商局、消防、交通管理、供水、供电等部门的关系沟通等。

第四条　委托人应提供的工程资料及提供时间:

1. 提供项目批文及《建设工程规划许可证》;

2. 在本合同签订的一周内委托人提供工程地质勘察报告；

3. 在施工前提供与设计、施工单位和材料、设备供货单位签订的合同文件附件。

第五条 委托人应在______天内对监理人书面提交并要求作出决定的事宜作出书面答复。

第六条 委托人的常驻代表为__________。

第七条 委托人免费向监理机构提供如下设施：__________。

第八条 在监理期间，委托人免费向监理机构提供______名工作人员，由总监理工程师安排其工作，凡涉及服务时，此类职员只应从总监理工程师处接受指示。并免费提供______名服务人员。监理机构应与此类服务的提供者合作，但不对此类人员及其行为负责。

第九条 监理人在责任期内如果失职，同意按以下办法承担责任，赔偿损失[累计赔偿额不超过监理报酬总数(扣税)]：

赔偿金＝直接经济损失×报酬比率(扣除税金)

第十条 委托人同意按以下的计算方法、支付时间与金额，支付监理人的报酬：

委托人同意按以下的计算方法、支付时间与金额，支付附加工作报酬：

报酬＝附加工作日数×合同报酬/监理服务日

(1)由于非监理单位的原因而延长本合同认定的工期，委托人应向监理人支付延长监理时间的酬金；若为监理单位监督不力造成工程返工而耽误的工期，委托人将不支付返工期间的监理费用。

计算方法为：延长监理时间的酬金＝延长工作的月数×月平均工程监理费。该项酬金决算审计后及时付清。

(2)若单个项目工程质量在经有合法资质检测单位的检测后达不到合格标准的，则扣除监理总费用的5%。

第十一条 双方同意用__________支付报酬，按______汇率计付。

第十二条 奖励办法：

奖励金额＝工程费用节省额×报酬比率

第十三条 本合同在履行过程中发生争议时，当事人双方应及时协商解决。协商不成的按下列第______种方式解决：

(一)提交______仲裁委员会仲裁；

(二)依法向人民法院起诉。

房屋建筑工程质量保修书(示范文本)

发包人(全称):________________

承包人(全称):________________

发包人、承包人根据《中华人民共和国建筑法》、《建设工程质量管理条例》和《房屋建筑工程质量保修办法》,经协商一致,对________________(工程全称)签订工程质量保修书。

一、工程质量保修范围和内容

承包人在质量保修期内,按照有关法律、法规、规章的管理规定和双方约定,承担本工程质量保修责任。质量保修范围包括地基基础工程、主体结构工程,屋面防水工程、有防水要求的卫生间、房间和外墙面的防渗漏,供热与供冷系统,电气管线、给排水管道、设备安装和装修工程,以及双方约定的其他项目。具体保修的内容,双方约定如下:

____

____

________________。

二、质量保修期

双方根据《建设工程质量管理条例》及有关规定,约定本工程的质量保修期如下:

1. 地基基础工程和主体结构工程为设计文件规定的该工程合理使用年限;
2. 屋面防水工程、有防水要求的卫生间、房间和外墙面的防渗漏为________年;
3. 装修工程为________年;
4. 电气管线、给排水管道、设备安装工程为________年;
5. 供热与供冷系统为________个采暖期、供冷期;
6. 住宅小区内的给排水设施、道路等配套工程为________年;
7. 其他项目保修期限约定如下:

________________。

质量保修期自工程竣工验收合格之日起计算。

三、质量保修责任

1. 属于保修范围、内容的项目,承包人应当在接到保修通知之日起7天内派人保修。承包人不在约定期限内派人保修的,发包人可以委托他人修理。

2. 发生紧急抢修事故的,承包人在接到事故通知后,应当立即到达事故现场抢修。

3. 对于涉及结构安全的质量问题,应当按照《房屋建筑工程质量保修办法》的规定,立即向当地建设行政主管部门报告，采取安全防范措施；由原设计单位或者具有相应资质等级的设计单位提出保修方案，承包人实施保修。

4. 质量保修完成后，由发包人组织验收。

四、保修费用

保修费用由造成质量缺陷的责任方承担。

五、其他

双方约定的其他工程质量保修事项：

____

____。

本工程质量保修书，由施工合同发包人、承包人双方在竣工验收前共同签署，作为施工合同附件，其有效期限至保修期满。

发　包　人（公章）：

承　包　人（公章）：

法定代表人（签字）：

法定代表人（签字）：

年　　月　　日

材料与设备采购合同(示范文本)

合同编号：

卖　　方：

买　　方：

签订地点：

一、根据《中华人民共和国合同法》，经买卖双方协商，签订本合同。

二、供应设备：

采购(供应)材料或设备清单如下：

序号	使用单位	品名	品牌	型号	规格	产地	保修期单价(元)	数量(套)	采购金额(元)
1									
2									
3									
4									
5									
6									

合计：

三、质量与检验

1. 卖方须准时提供全新的、包装完美无破损的、备件齐全的、完全符合国家的有关质量标准的设备。

2. 设备验收包括：数量、外观质量、备件备品、装箱单、技术参数资料(中文)、设备安装调试运行良好。

3. 设备应钉有铭牌(包括：制造商、设备名称、型号规格、出厂日期等)并附有产品质量检验合格标志。

四、交货及验收

1. 合同签订后，卖方免费送货至买方的使用单位(名称：____________，地址：______________；电话：______________)。

2. 在货到后3天内，卖方免费完成设备安装调试工作。

3. 设备验收：使用单位按国家规定的标准或厂方出厂标准验收，使用确认设备运行良好，并在验收报告上签字盖章。

4. 设备出现质量问题，卖方负责免费“三包”，7 天包退、15 天包换和不少于 1 年的保修。如果每件设备一年内出现 3 次质量故障，同类设备总货量一年内出现质量故障超过 15%的，应包换。

五、付款方式

1. 卖方提交合同、验收报告、发票复印件（加盖采购单位公章）和拨款凭证复印件给广州市海珠区政府采购中心。

2. 广州市海珠区国库支付中心 15 天内用转账方式支付货款。

六、售后服务

1. 卖方提供的免费上门保修服务，自验收报告签字之日起计算。

2. 保修期内设备出现故障，属于产品质量问题，由卖方负责维修，不再收取费用；属于人为造成的，卖方提供服务，但须收取材料费。

3. 故障报修的响应时间：工作时间 8:00～18:00 期间为 4 小时，非工作时间为 16 小时（报修电话：　　　　　　　　；地址：　　　　　　　　）。

4. 设备故障在检修 8 小时后仍无法排除，卖方应在 24 小时内提供不低于故障设备规格型号档次的备用设备使用，直至故障修复。

5. 保修服务方式，即由卖方免费派员到使用单位现场维修。

七、培训

1. 卖方免费向使用单位提供设备的基本使用的培训。

2. 培训时间由使用单位安排进行 1～2 次集中的培训。

八、违约责任

1. 买方无正当理由拒收设备、拒付设备款的，向卖方赔付货款总值的 5%违约金。

2. 买方逾期支付设备款的，向卖方赔付欠款 5%。

3. 卖方所交的设备品种、型号、规格不符合合同规定的，买方有权拒收设备，卖方赔付货款总值 5%的违约金。

4. 卖方不能交付设备的，向买方赔付货款总值 5%的违约金。

5. 卖方逾期交付设备，向买方赔付逾期交货部分货款总额的 5%。逾期交付超过 10 天，买方有权终止合同。

九、争议及仲裁

1. 因设备的质量问题发生争议，由广州市技术监督局或其指定的质量鉴定单位进行质量鉴定。设备符合质量标准的，鉴定费由买方承担；设备不符合质量标准的，鉴定费由卖方承担。

2. 因本合同引起的争议，双方应协商解决，也可以向合同签订所在地人民法院提出诉讼。

十、生效及文本

本合同一式三份，买卖双方和海珠区政府采购中心各 1 份，自双方签字盖章之日起生效。

卖　　方：　　　　　　　　　　　　；买　　方：

地　　址：　　　　　　　　　　　　；地　　址：

法人代表：	；	法人代表：
委托代理人：	；	委托代理人：
电　　话：	；	电　　话：
传　　真：	；	传　　真：
邮政编码：	；	邮政编码：
开户银行：	；	开户银行：
账　　号：	；	账　　号：
年　月　日		年　月　日

图书在版编目(CIP)数据

园林建设工程总论/王慧忠编著．—合肥：合肥工业大学出版社，2012.2

ISBN 978-7-5650-0671-5

Ⅰ.①园…　Ⅱ.①王…　Ⅲ.①园林—建筑工程　Ⅳ.①TU986.3

中国版本图书馆 CIP 数据核字(2012)第 016891 号

园林建设工程总论

王慧忠　编著　　　　责任编辑　朱移山　霍俊樟

出　版	合肥工业大学出版社	版　次	2012 年 2 月第 1 版
地　址	合肥市屯溪路 193 号	印　次	2012 年 2 月第 1 次印刷
邮　编	230009	开　本	787 毫米×1092 毫米　1/16
电　话	总编室：0551-2903038	印　张	22.5
	发行部：0551-2903198	字　数	533 千字
网　址	www.hfutpress.com.cn	印　刷	安徽江淮印务有限责任公司
E-mail	hfutpress@163.com	发　行	全国新华书店

ISBN 978-7-5650-0671-5　　　　定价：45.00 元